U0923011

"十二五"职业教育国家规划教材
经全国职业教育教材审定委员会审定

典型机电设备安装与调试（三菱）

主　编　周建清　吴仁玉
副主编　王金娟　陈东红
参　编　陈　丽　陈雪艳　杭　萍
严亚东　居　蕾　于晓平
谢　敏
主　审　杨少光

机械工业出版社
CHINA MACHINE PRESS

本书是经全国职业教育教材审定委员会审定的“十二五”职业教育国家规划教材，是根据教育部于2014年公布的《中等职业学校机电技术应用专业教学标准》编写的。本书从中职学生理论、技能水平和企业用工需求的实际出发，坚持“工学结合、校企合作”的人才培养模式，采用项目化的教学形式，对机电设备组装与调试的知识、技能进行重新建构，突出学生技能培养，力争做学合一。

教材分两个单元，第一单元的主要内容有：送料机构的安装与调试，机械手搬运机构的安装与调试，物料传送及分拣机构的安装与调试，物料搬运、传送及分拣机构的安装与调试，YL-235A型光机电设备的安装与调试，生产加工设备的安装与调试，生产线分拣设备的安装与调试，多功能加工及分拣设备的安装与调试等8个工作项目。根据机电设备装调工的工种考级要求，每个项目按施工任务—施工前准备（识读设备图样及技术文件、清点设备等）—实施任务（机械装配、电气回路连接、程序输入、设备调试、现场清理、设备验收等）—设备改造的顺序进行编排，以企业工作任务为引领，力求还原企业生产环境。第二单元编写了8个机电设备装调任务书，供学生实战训练。

本书可作为中等职业学校机电技术应用专业教材，也可作为相应的岗位培训教材。同时还可供机电、电气、自动化等相关专业学生实训、考级及备战技能大赛使用。

为便于教学，本书配有丰富的数字化教学资源，包括书中所有项目的电路图、梯形图程序（包括西门子、三菱、松下三种PLC的主流机型）；亚龙YL-235A型光机电设备的产品说明、实训指导书、教学视频；书中涉及变频器及触摸屏的使用手册。选择本书作为教材的教师可来电（010-88379195）索取，或登录www.cmpedu.com网站，注册、免费下载。

图书在版编目（CIP）数据

典型机电设备安装与调试．三菱/周建清，吴仁玉主编．—北京：机械工业出版社，2015.9（2019.1重印）

“十二五”职业教育国家规划教材

ISBN 978-7-111-50586-0

Ⅰ.①典… Ⅱ.①周…②吴… Ⅲ.①机电设备-设备安装-中等专业学校-教材②机电设备-调试方法-中等专业学校-教材 Ⅳ.①TH17

中国版本图书馆CIP数据核字（2015）第136191号

机械工业出版社（北京市百万庄大街22号 邮政编码100037）

策划编辑：张晓媛 责任编辑：张晓媛 责任校对：闫玥红

封面设计：张 静 责任印制：孙 炜

保定市中画美凯印刷有限公司印刷

2019年1月第1版第7次印刷

184mm×260mm · 20.75印张 · 509千字

标准书号：ISBN 978-7-111-50586-0

定价：44.80元

前　言

本书是根据教育部《关于中等职业教育专业技能课教材选题立项的函》（教职成司［2012］95号），由全国机械职业教育教学指导委员会和机械工业出版社联合组织编写的“十二五”职业教育国家规划教材，是根据教育部于2014年公布的《中等职业学校机电技术应用专业教学标准》编写的。

编者以亚龙YL-235A型光机电设备为平台，从企业、学校及学生的实际出发，结合自己多年的教学经验，围绕精心设计的工作项目，模拟企业工程实施环境，将传感器、机械传动、气动控制、PLC、变频器及触摸屏等知识融为一体，全面介绍了机械安装、电路连接、气路连接、程序输入、参数设置、人机界面工程创建和设备调试等机电技术应用技能。

本书具有以下特点：

1. 坚持“工学结合、校企合作”的人才培养模式，模拟企业生产环境，渗透企业文化，重点强调学生职业习惯、职业素养的养成。

2. 遵循学生的认知规律，打破传统的学科课程体系，坚持以企业工作任务为引领，以企业生产流程为依托，采取项目化的形式对机电设备安装与调试知识、技能进行重新建构。教材突出技能的培养，力求做到学做合一，理实一体。

3. 以就业为导向，坚持“够用、实用、会用”的原则，以图片、操作表格代替繁琐抽象的原理分析，吸收了新产品、新知识、新工艺与新技能，重点培养学生的技术应用能力，帮助学生学会方法，养成习惯，更好地满足企业岗位的需要。

4. 采取图文并茂的表现形式，尽可能使用图片和表格展示各个知识点与小任务，从而提高教材的可读性和可操作性。

5. 本书配有丰富的数字化教学资源，包含装调视频、电路图、源程序代码、主要设备使用手册、实训指导书等。其中源程序除涉及三菱机型PLC外，还包括西门子、松下等机型。

本书由武进技师学院周建清、吴仁玉担任主编，武进技师学院王金娟、亚龙科技集团高级工程师陈东红担任副主编。武进技师学院陈丽、陈雪艳、杭萍、严亚东、居蕾、于晓平及谢敏参与了教材编写工作。本书由全国职业院校技能大赛中职组电工电子竞赛项目首席评委杨少光主审。

本书的编写得到陈东红工程师的支持与配合，配套光盘中的各种产品使用手册均由亚龙科技集团提供，在此致以最诚挚的感谢！同时在本书的编写过程中还得到武进技师学院领导及应用电子技术专业名师工作室成员的大力支持与帮助，在此一并表示感谢！

本书经全国职业教育教材审定委员会审定，评审专家对本书提出了宝贵的建议，在此对他们表示衷心的感谢！编写过程中，编者参阅了国内外出版的有关教材和资料，在此一并表示衷心感谢！

由于编者水平有限，书中难免有错漏之处，恳请读者批评指正，联系方式：zjqwjj@yahoo.com.cn。

编　者

目　录

前言

第一单元　机电设备的安装与调试 …… 1

项目一　送料机构的安装与调试 …… 2
项目二　机械手搬运机构的安装与调试 …… 21
项目三　物料传送及分拣机构的安装与调试 …… 47
项目四　物料搬运、传送及分拣机构的安装与调试 …… 77
项目五　YL-235A 型光机电设备的安装与调试 …… 104
项目六　生产加工设备的安装与调试 …… 150
项目七　生产线分拣设备的安装与调试 …… 188
项目八　多功能加工及分拣设备的安装与调试 …… 219

第二单元　机电设备装调工考级训练（中级） …… 259

项目九　物料加工及分拣设备的安装与调试 …… 260
项目十　物料分拣及组合设备的安装与调试 …… 265
项目十一　自动送料生产加工设备的安装与调试 …… 268
项目十二　人工送料生产加工设备的安装与调试（一） …… 274
项目十三　人工送料生产加工设备的安装与调试（二） …… 280
项目十四　物料搬运、分拣及组合设备的安装与调试（一） …… 286
项目十五　物料搬运、分拣及组合设备的安装与调试（二） …… 292
项目十六　物料搬运、分拣及组合设备的安装与调试（三） …… 298

附录 …… 305

附录 A　机电设备安装与调试竞赛常用图形符号 …… 306
附录 B　FX 系列 PLC 的指令列表 …… 312
附录 C　三菱 FR-E540 型变频器的参数设定表 …… 320

参考文献 …… 325

第一单元 机电设备的安装与调试

- 项目一　送料机构的安装与调试
- 项目二　机械手搬运机构的安装与调试
- 项目三　物料传送及分拣机构的安装与调试
- 项目四　物料搬运、传送及分拣机构的安装与调试
- 项目五　YL-235A型光机电设备的安装与调试
- 项目六　生产加工设备的安装与调试
- 项目七　生产线分拣设备的安装与调试
- 项目八　多功能加工及分拣设备的安装与调试

项 目 一

送料机构的安装与调试

一、施工任务

1. 根据设备装配示意图组装送料机构。
2. 按照设备电路图连接送料机构的电气回路。
3. 输入设备控制程序，调试送料机构实现功能。

二、施工前准备

施工人员在施工前应仔细阅读机电设备随机配套技术文件，了解送料机构的组成及其工作情况，彻底弄懂其装配示意图、电路图及梯形图等图样，再根据施工任务制定施工计划及方案等准备性措施。

1. 识读设备图样及技术文件

（1）装置简介　送料机构主要起上料作用，其工作流程如图 1-1 所示。

1）起停控制。按下起动按钮，机构起动。按下停止按钮，机构停止工作。

2）送料功能。机构起动后，自动检测物料支架上的物料，警示灯绿灯闪烁。若无物料，PLC 便控制转盘电动机工作，驱动页扇旋转，物料在页扇推挤下，从放料转盘中移至出料口。当物料检测传感器检测到物料时，电动机停止运转。

3）物料报警功能。若转盘电动机运行 4s 后，物料检测传感器仍未检测到物料，则说明料盘内已无物料，此时机构停止工作并报警，警示灯红灯闪烁。

（2）识读机械装配图样　送料机构的设备布局如图 1-2 所示，其功能是将料盘中的物料移至出料口。

1）结构组成。如图 1-3 所示，送料机构由放料转盘、调节固定支架、转盘电动机（直流减速电动机）、物料检测光电传感器（出料口检测传感器）和物料检测支架等组成，其中放料转盘固定在调节固定支架上，物料检测传感器固定在物料检测支架上。

起动按钮
出料口有物料?
Y
等待取料
取走
N
放料转盘旋转
4s到?
N
Y
停机报警

图 1-1　送料机构工作流程图

送料机构的实物如图 1-4 所示，放料转盘放置物料，其内部页扇经 24V 直流减速电动机驱动旋转后，便将物料推挤出料盘，滑向出料口，电动机的转速为 6r/min。改变转盘支架

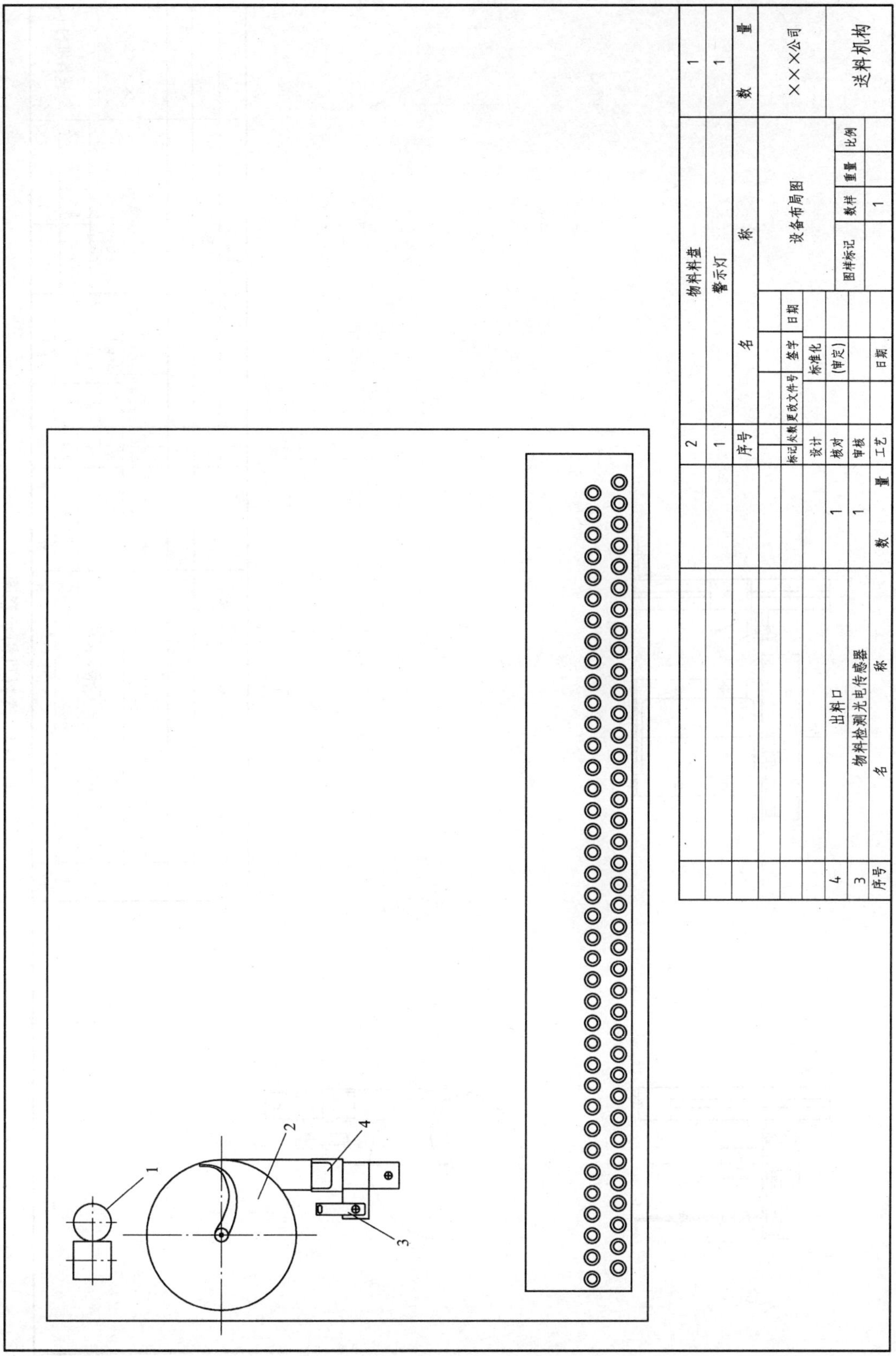

序号	名　　称	数　　量
2	物料料盘	1
1	警示灯	1

序号	名　　称	数　　量
4	出料口	1
3	物料检测光电传感器	1

标记	处数	更改文件号	签字	日期	设备布局图				×××公司
设计			标准化						
核对			(审定)		图样标记	数样	重量	比例	送料机构
审核									
工艺			日期			1			

图 1-2　送料机构设备布局图

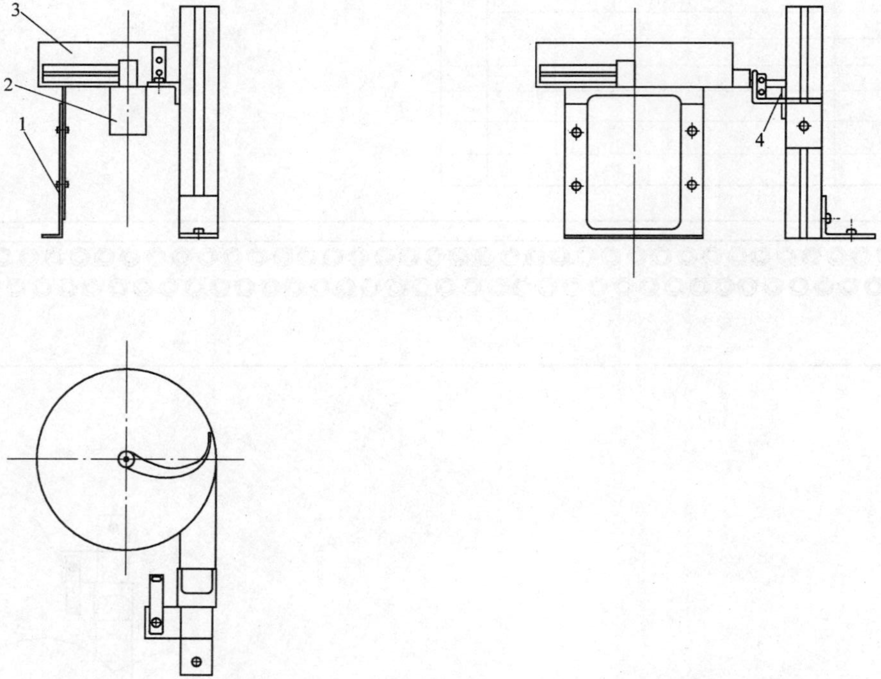

序号	名称	数量
2	直流减速电动机	1
1	调节固定支架	2

序号	名称	数量
4	物料检测光电传感器及支架	1
3	料盘	1

标记	处数	更改文件号	签字	日期	示意图	×××公司
设计		标准化				
核对		(审定)			图样标记 / 数样 / 重量 / 比例	送料机构
审核						
工艺		日期			1	

图 1-3　送料机构示意图

上下的位置可调整转盘的高度。物料检测支架有物料定位功能，并保证每次只上一个物料。

出料口检测使用的传感器为光电漫反射型传感器，是一种光电式接近开关，通常简称为光电开关，此处用途是检测出料口有无物料，为 PLC 提供输入信号。

2）尺寸分析。送料机构各部件的定位尺寸见图 1-5。

（3）识读电路图　如图 1-6 所示，送料机构的电气控制以 PLC 为核心，PLC 输入起停及物料检测信号，输出信号驱动直流电动机、警示灯和蜂鸣器。

1）PLC 机型。PLC 的机型为三菱 FX_{2N}-48MR。

2）I/O 点分配。PLC 输入/输出设备及输入/输出点的分配情况见表 1-1。

图 1-4　送料机构
1—放料转盘　2—转盘支架　3—直流减速电动机　4—物料　5—物料检测光电传感器　6—物料检测支架

表 1-1　输入/输出设备及输入/输出点分配表

输　入			输　出		
元件代号	功能	输入点	元件代号	功能	输出点
SB1	起动按钮	X0	M	直流减速电动机	Y3
SB2	停止按钮	X1	HA	警示报警声	Y15
SQP3	物料检测光电传感器	X11	IN1	警示灯绿灯	Y21
			IN2	警示灯红灯	Y22

3）输入/输出设备连接特点。本设备中所使用的光电传感器都是三线传感器，它们均有三根引出线，其中一根接 PLC 的输入信号端子，一根接 PLC 的直流输出电源 24V “+”（此线在图形符号中隐含了），第三根接 PLC 的输入公共端 COM。从 PLC 的输出回路看，输出点 Y3 控制直流减速电动机（从 COM1 引入外部 24V 直流电源）运转；输出点 Y15 控制蜂鸣器（从 COM4 引入外部的 24V 直流电源）发出报警声；输出点 Y21 控制警示灯（绿色线与 COM5 接入的公共端棕色线相连）绿灯闪烁；输出点 Y22 控制警示灯（红色线与 COM5 接入的公共端棕色线相连）红灯闪烁。

（4）识读梯形图　送料机构系统控制程序如图 1-7 所示，其动作过程如下：

1）起停控制。按下起动按钮 SB1，起停标志辅助继电器 M1 为 ON，送料机构起动。按下停止按钮 SB2，M1 为 OFF，送料机构停止工作。

2）直流减速电动机控制。当 M1 为 ON 时，Y21 为 ON，警示灯绿灯闪烁。若出料口无物料，则物料检测传感器 SQP3 不动作，X11 = OFF，Y3 为 ON，驱动直流减速电动机旋转，物料挤压上料。当物料检测传感器 SQP3 检测到物料时，X11 = ON，Y3 为 OFF，直流减速电动机停转，一次上料结束。

3）报警控制。Y3 为 ON 时，报警标志 M2 为 ON 且保持，定时器 T0 开始计时 4s。时间到，若传感器检测不到物料，T0 动作，Y21、Y3 为 OFF，绿灯熄灭，直流减速电动机停转；同时 Y22、Y15 为 ON，警示灯红灯闪烁，蜂鸣器发出报警声。当 SQP3 动作时，报警标志 M2 复位。

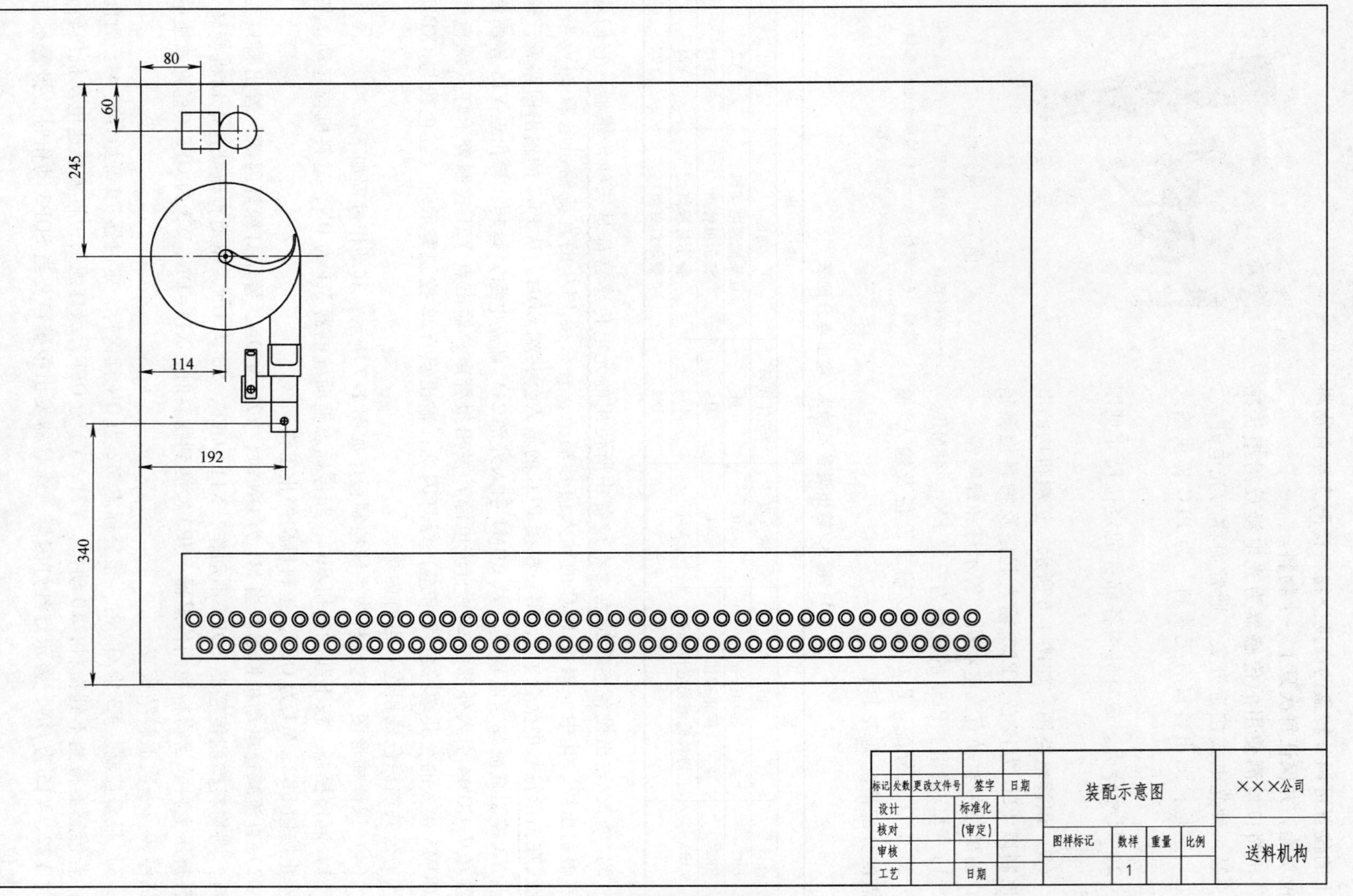

图 1-5 送料机构装配示意图

转盘电动机
M
蜂鸣器HA
外部电源24V-
外部电源24V+
警示灯绿灯
警示灯红灯
警示灯公共端
IN1
IN2
Y0
Y2
Y3
Y4
Y5
Y6
Y7
Y10
Y11
Y12
Y13
Y14
Y15
COM1
COM2
COM3
COM4
Y20
Y21
Y22
COM5
三菱FX2N-48MR
X0
X1
X2
X3
X4
X5
X6
X7
X10
X11
X12
X13
X14
X15
X16
X17
X20
X21
X22
X23
COM
SB1
SB2
起动按钮
停止按钮
SQP3
物料检测光电传感器
送料机构电路图
图号
比例
设计
审核
×××公司

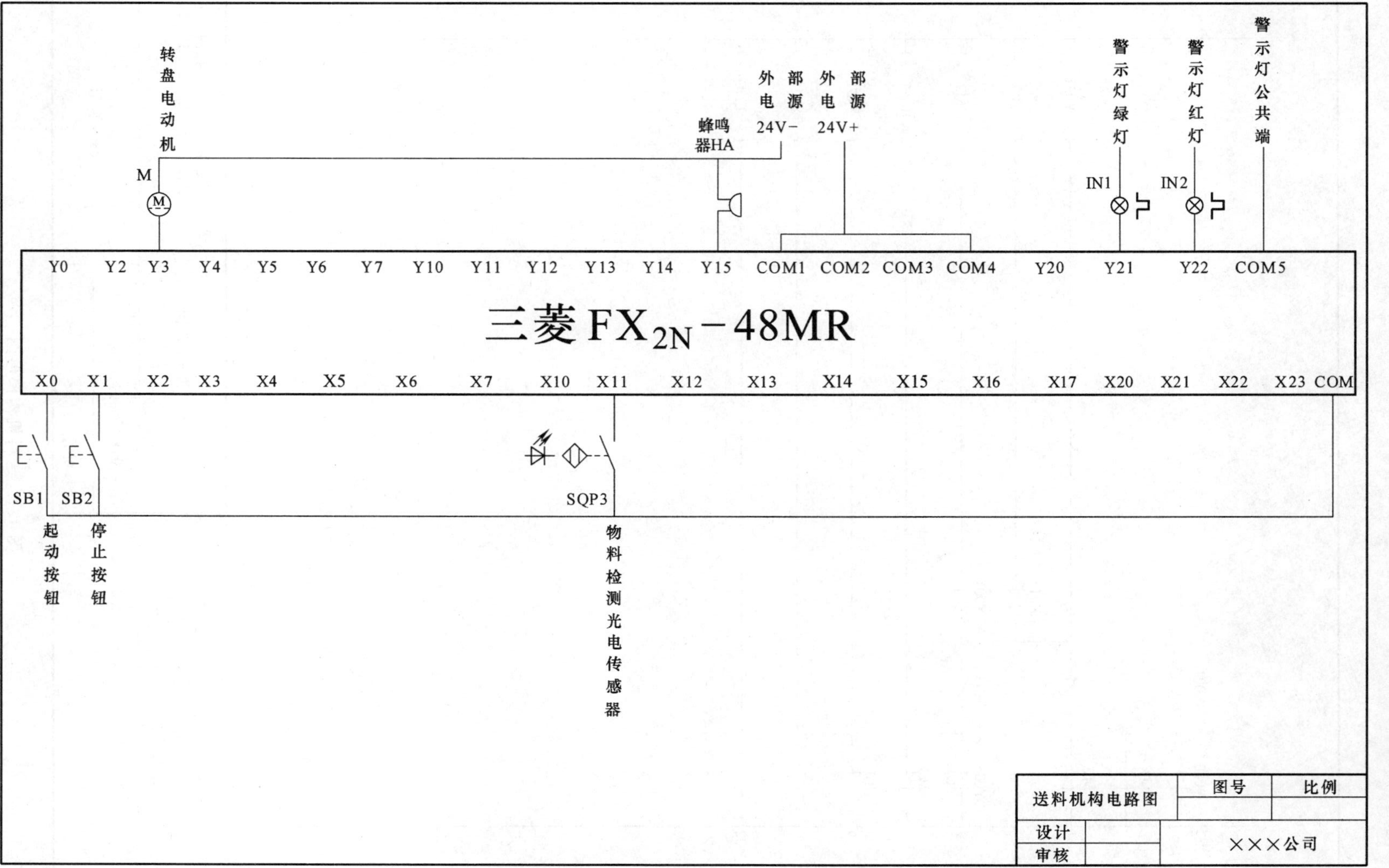

图 1-6　送料机构电路图

0
X000
X001
M1
M1
4
M1
T0
Y021
X011
Y003
9
Y003
X011
X001
M2
M2
T0
K40
19
T0
Y022
Y015
22
END
送料机构梯形图
图号
比例
设计
审核
×××公司

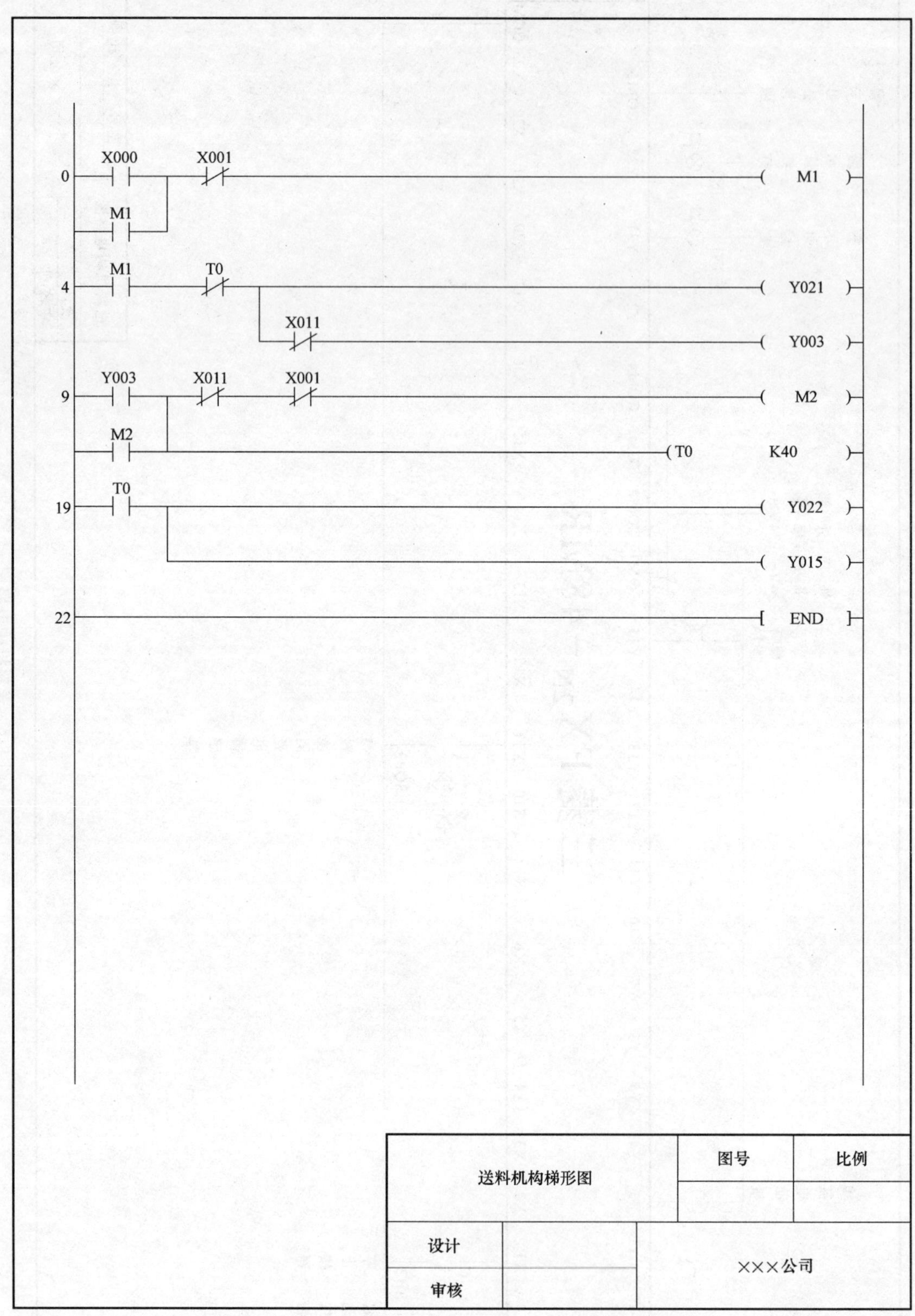

图 1-7　送料机构梯形图

（5）制定施工计划　送料机构的安装与调试流程如图1-8所示，施工人员应根据施工任务制定计划，填写施工计划表1-2，确保在定额时间内完成规定的工作任务。

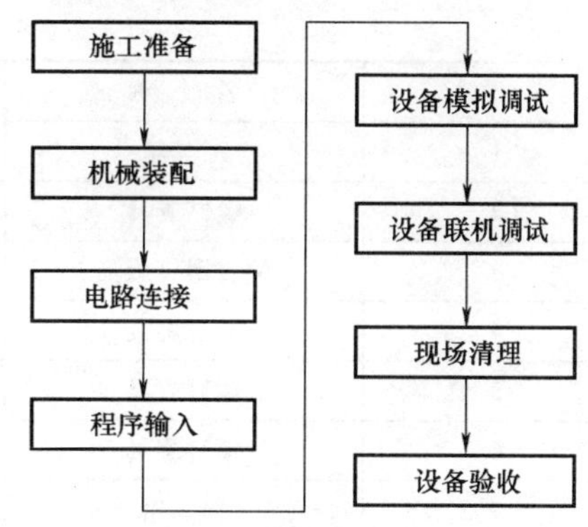

图1-8　送料机构的安装与调试流程图

2. 施工准备

（1）设备清点　检查送料机构的部件是否齐全，并归类放置。送料机构的设备清单见表1-3。

（2）工具清点　设备组装工具清单见表1-4，施工人员应清点工量具的数量，并认真检查其性能是否完好。

表1-2　施工计划表

设备名称	施工日期	总工时/h	施工人数/人	施工负责人
送料机构				

序号	施工任务	施工人员	工序定额	备注
1	阅读设备技术文件			
2	机械装配、调整			
3	电路连接、检查			
4	程序输入			
5	设备模拟调试			
6	设备联机调试			
7	现场清理，技术文件整理			
8	设备验收			

表1-3　设备清单

序号	名称	型号规格	数量	单位	备注
1	直流减速电动机	24V	1	只	
2	放料转盘		1	个	
3	转盘支架		2	个	
4	光电传感器	E3Z-LS31	1	只	出料口
5	物料检测支架		1	套	
6	警示灯及其支架	红、绿两色、闪烁	1	套	
7	PLC模块	YL050、FX_{2N}-48MR	1	块	
8	按钮模块	YL157	1	块	
9	电源模块	YL046	1	块	
10	螺钉	不锈钢内六角螺钉 M6×12	若干	只	
11		不锈钢内六角螺钉 M4×12	若干	只	
12		不锈钢内六角螺钉 M3×10	若干	只	
13	螺母	椭圆形螺母 M6	若干	只	
14		M4	若干	只	
15		M3	若干	只	
16	垫圈	$\phi4$	若干	只	

表 1-4　工具清单

序　号	名　　称	规格、型号	数　　量	单　　位
1	工具箱		1	只
2	螺钉旋具	一字、100mm	1	把
3	钟表螺钉旋具		1	套
4	螺钉旋具	十字、150mm	1	把
5	螺钉旋具	十字、100mm	1	把
6	螺钉旋具	一字、150mm	1	把
7	斜口钳	150mm	1	把
8	尖嘴钳	150mm	1	把
9	剥线钳		1	把
10	内六角扳手（组套）	PM-C9	1	套
11	万用表		1	只

三、实施任务

根据制定的施工计划实施任务，施工中应注意及时调整进度，保证定额。施工时必须严格遵守安全操作规程，加强安全保障措施，确保人身和设备安全。

1. 机械装配

（1）机械装配前的准备

1）清理现场，保证施工环境干净整洁，施工通道畅通，无安全隐患。

2）备齐机械装配的相关图样，以方便施工时查阅核对。

3）选用机械组装的工具，且有序摆放。

4）根据装配示意图 1-5 和送料机构示意图 1-3 合理确定设备组装顺序，参考流程见图 1-9 所示。

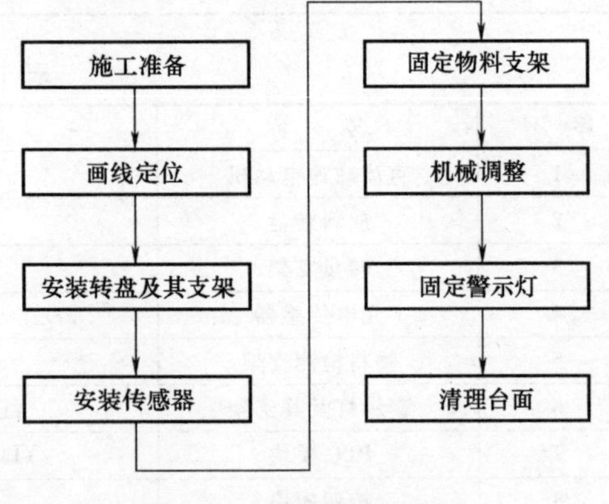

图 1-9　机械装配流程图

（2）机械装配步骤　根据机械装配流程图 1-9 组装送料机构。

1）画线定位。根据送料机构装配示意图对物料检测支架、转盘支架、警示灯支架等固定尺寸画线定位。

2）安装转盘及其支架。如图 1-10 所示，将放料转盘装好支架后固定在定位处，支架的弯脚应在其外侧。

3）安装传感器。如图 1-11 所示，将物料检测传感器固定在物料支架上，固定时应用力均匀，紧固程度适中，防止因用力过猛而损坏传感器。

4）安装物料检测支架。如图 1-12 所示，安装出料口并将物料检测支架固定在定位处。

5）机械调整。如图 1-13 所示，调整出料口的上下、左右位置，保证物料滑移平稳、不会产生堆积或翻倒现象，完成后将各部件紧固。

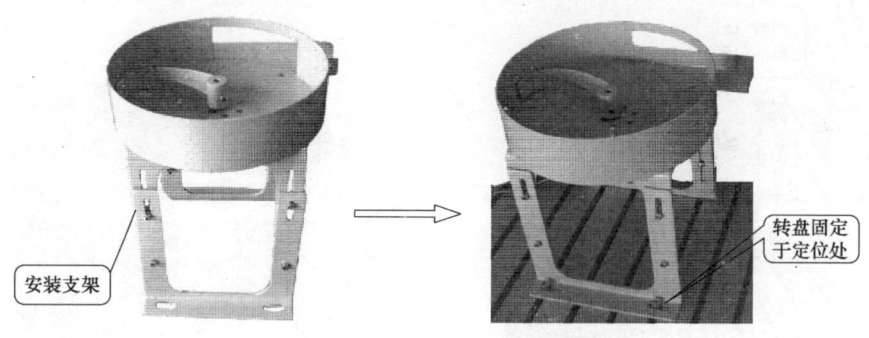

图 1-10　放料转盘的安装过程

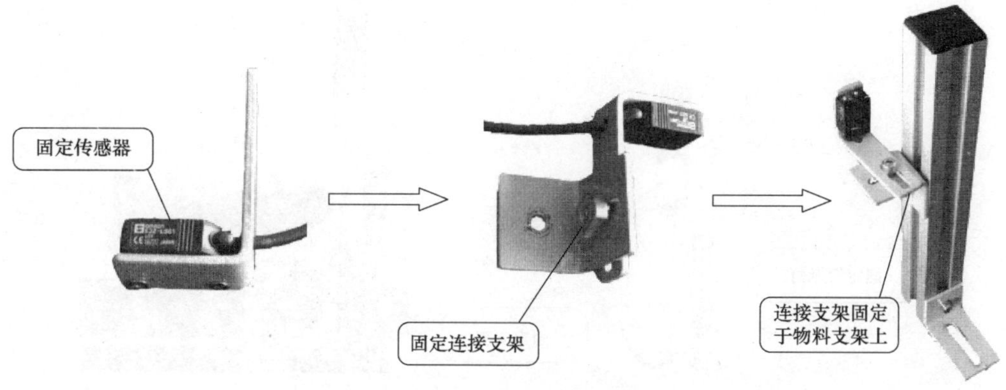

图 1-11　物料检测光电传感器的安装过程

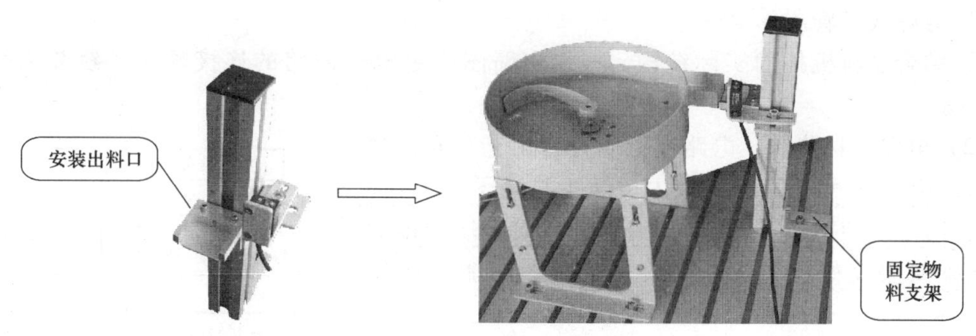

图 1-12　物料检测支架的安装过程

6）固定警示灯。如图 1-14 所示，将警示灯装好支架后固定于定位处。

7）清理台面，保持台面无杂物或多余部件。

2. 电路连接

（1）电路连接前的准备

1）检查电源处于断开状态，做到施工无安全隐患。

2）备齐电路安装的相关图样，供作业时查阅。

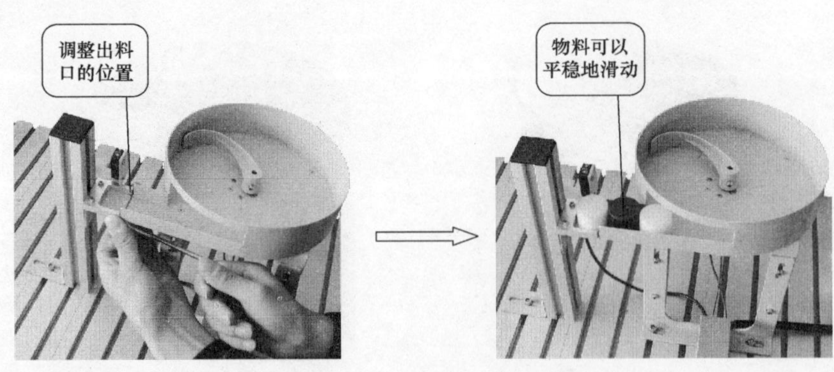

图 1-13　机械调整过程

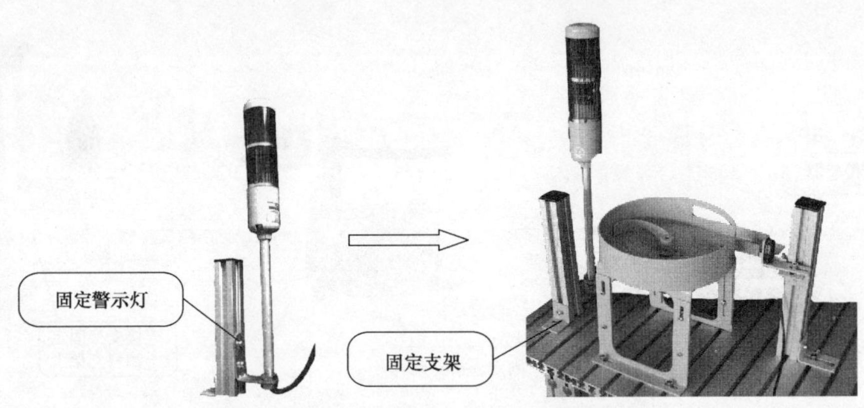

图 1-14　警示灯的安装过程

3）选用电气安装的电工工具，并有序摆放。

4）剪好线号管。

5）结合送料机构的实际结构，根据电路图确定电气回路的连接顺序，参考流程见图 1-15 所示。

（2）电路连接步骤　电路连接应符合工艺、安全规范等要求，所有导线要置于线槽内。导线与端子排连接时，应套线号管并及时编号，避免错编漏编。插入端子排的连接线必须接触良好且紧固。接线端子排的功能分配如图 1-16 所示。

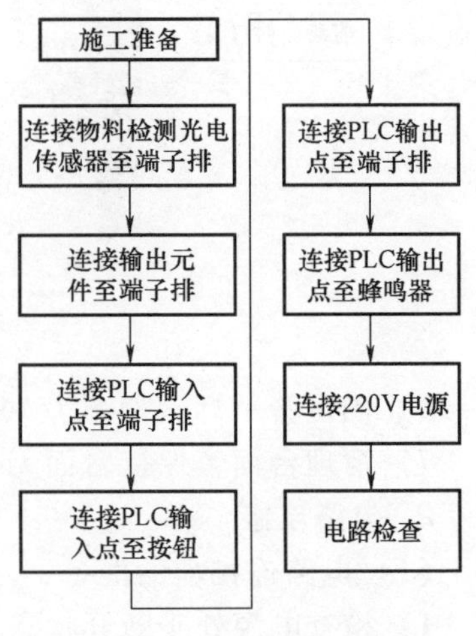

图 1-15　电路连接流程图

1）连接物料检测光电传感器至端子排。如图 1-17 所示，物料检测光电传感器有三根引出线，其连接方法为：黑色线接 PLC 的输入信号端子、棕色线接 PLC 的 24V 电源输出端子、蓝色线接 PLC 的输入公共端 COM，其连接情况如图 1-18 所示。

图 1-18 中，接线端子排主要用于外部设备与 PLC 模块、电源模块的连接，其上侧连接电气元件的引出线，下侧是安全插座，方便与模块单元连接。

端子接线布置图

端子号	接线说明
1	驱动起动警示灯红
2	驱动停止警示灯绿
3	指示灯信号公共端
4	警示灯电源正
5	警示灯电源负
6	转盘电动机电源正
7	转盘电动机电源负
8	触摸屏电源正
9	触摸屏电源负
10	驱动手爪抓紧双向电控阀1
11	驱动手爪抓紧双向电控阀2
12	驱动手爪松开双向电控阀1
13	驱动手爪松开双向电控阀2
14	驱动手爪提升双向电控阀1
15	驱动手爪提升双向电控阀2
16	驱动手爪下降双向电控阀1
17	驱动手爪下降双向电控阀2
18	驱动手臂伸出双向电控阀1
19	驱动手臂伸出双向电控阀2
20	驱动手臂缩回双向电控阀1
21	驱动手臂缩回双向电控阀2
22	驱动手臂左转双向电控阀1
23	驱动手臂左转双向电控阀2
24	驱动手臂右转双向电控阀1
25	驱动手臂右转双向电控阀2
26	驱动推料一伸出单向电控阀1
27	驱动推料一伸出单向电控阀2
28	驱动推料二伸出单向电控阀1
29	驱动推料二伸出单向电控阀2
30	驱动推料三伸出单向电控阀1
31	驱动推料三伸出单向电控阀2
32	
33	
34	物料检测光电传感器正
35	物料检测光电传感器负
36	物料检测光电传感器输出
37	手臂旋转左限位接近传感器正
38	手臂旋转左限位接近传感器负
39	手臂旋转左限位接近传感器输出
40	手臂旋转右限位接近传感器正
41	手臂旋转右限位接近传感器负
42	手臂旋转右限位接近传感器输出
43	手臂伸缩气缸伸出限位磁性传感器正
44	手臂伸缩气缸伸出限位磁性传感器负
45	手臂伸缩气缸缩回限位磁性传感器正
46	手臂伸缩气缸缩回限位磁性传感器负
47	手爪提升气缸上限位磁性传感器正
48	手爪提升气缸上限位磁性传感器负
49	手爪提升气缸下限位磁性传感器正
50	手爪提升气缸下限位磁性传感器负
51	手爪磁性传感器正
52	手爪磁性传感器负
53	推料一气缸伸出磁性传感器正
54	推料一气缸伸出磁性传感器负
55	推料一气缸缩回磁性传感器正
56	推料一气缸缩回磁性传感器负
57	推料二气缸伸出磁性传感器正
58	推料二气缸伸出磁性传感器负
59	推料二气缸缩回磁性传感器正
60	推料二气缸缩回磁性传感器负
61	推料三气缸伸出磁性传感器正
62	推料三气缸伸出磁性传感器负
63	推料三气缸缩回磁性传感器正
64	推料三气缸缩回磁性传感器负
65	落料口检测光电传感器正
66	落料口检测光电传感器负
67	落料口检测光电传感器输出
68	起动推料一传感器正
69	起动推料一传感器负
70	起动推料一传感器输出
71	起动推料二传感器一正
72	起动推料二传感器一负
73	起动推料二传感器一输出
74	起动推料三传感器二正
75	起动推料三传感器二负
76	起动推料三传感器二输出
77	
78	
79	
80	
81	电动机PE
82	U
83	V
84	W

注：

1.传感器引出线，棕色表示“正”，蓝色表示“负”，黑色表示“输出”

2.电控阀分单向和双向，单向一个线圈，双向两个线圈。图中“1”“2”表示一个线圈的两个接头

图 1-16　端子接线布置图

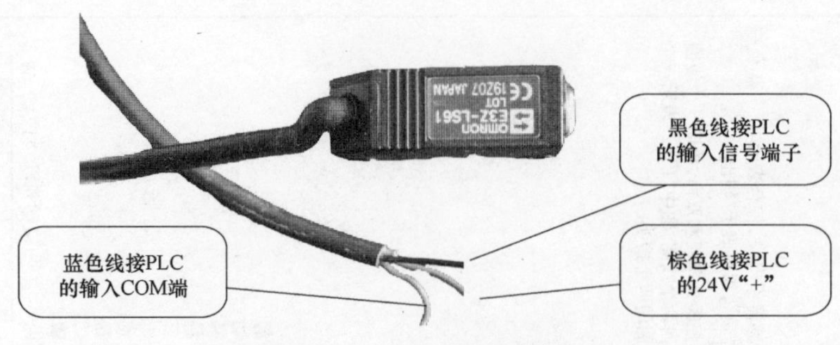

图 1-17　物料检测传感器

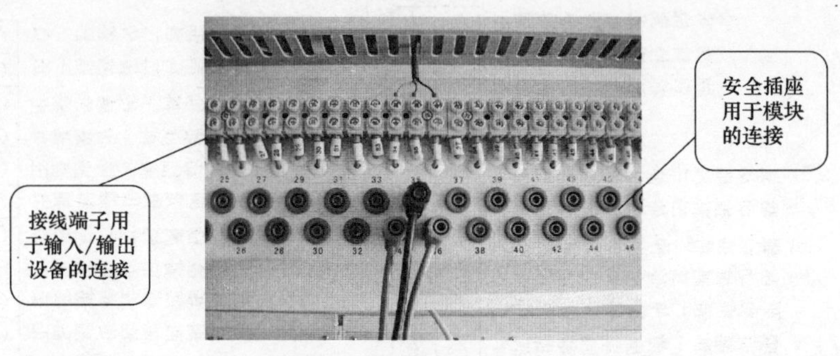

图 1-18　传感器的连接

2）连接输出元件至端子排。输出元件的引出线都为单芯线。连接时，应做到导线与接线端子紧固，无露铜，线槽外的引出线整齐、美观，如图 1-19 所示。

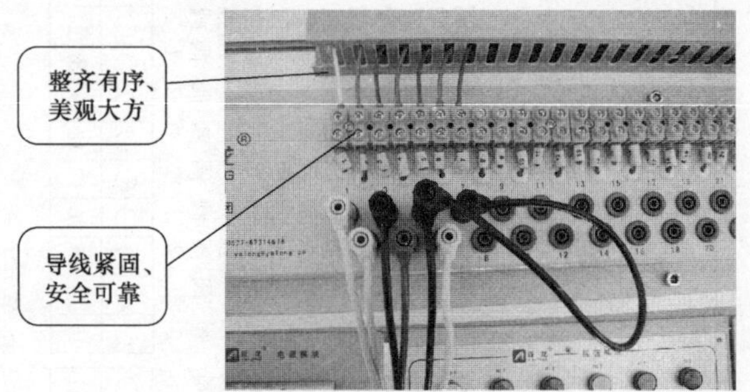

图 1-19　输出元件的连接

① 连接转盘电动机（直流减速电动机）。如图 1-20 所示，直流转盘电动机有两根线，红色线连接其对应的 PLC 输出端子（直流电源 24V“+”），蓝色线接直流电源 24V“−”。

② 连接警示灯。如图 1-21 所示，警示灯有 5 根引出线，其中较粗的两芯扁平线为电源线，其红色线接直流电源 24V“+”，黑色线接直流电源 24V“−”；其余三根线是信号控制线，棕色线为信号控制的公共端，红色线接红色警示灯，绿色线接绿色警示灯。

3）连接 PLC 的输入端子至端子排。如图 1-22 所示，YL-235A 型光机电设备的 PLC 模块（三菱机型）右侧部分是输入部分，设置的钮子开关可用于模拟调试 PLC 程序。

PLC 模块采用安全插座连接，连接时应将安全插头完全置于插座内，以保证两者有效接触，避免出现电路开路现象。传感器与 PLC 连接时，应看清三线的颜色，确保连接正确，避免烧坏传感器。

4）连接 PLC 的输入端子至按钮模块。如图 1-23 所示，YL-235A 型光机电设备设有按

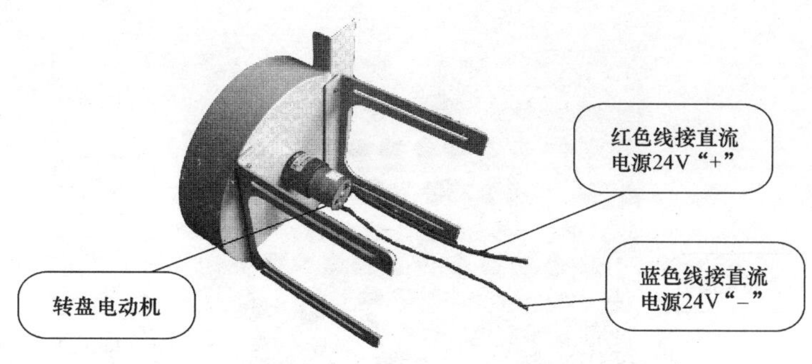

图 1-20　直流减速电动机

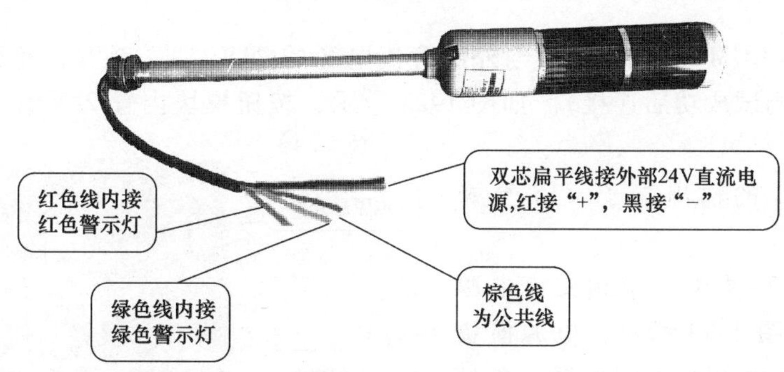

图 1-21　警示灯

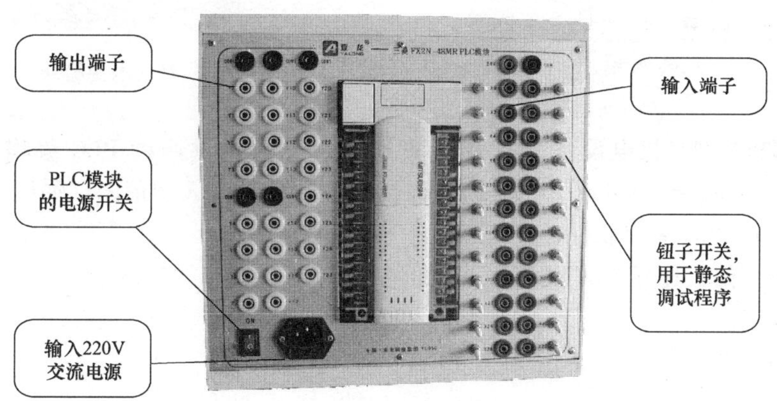

图 1-22　PLC 模块

钮模块，根据电路图将起动、停止按钮与其对应的 PLC 输入信号端子连接。

5）连接 PLC 的输出端子至端子排。如图 1-22 所示，PLC 的左侧部分是输出部分，三菱 FX_{2N}-48MR 型 PLC 共有 5 组输出端子，其中 Y0～Y3 公用 COM1、Y4～Y7 公用 COM2、Y10～Y13 公用 COM3、Y14～Y17 公用 COM4、Y20～Y27 公用 COM5。

依据图 1-6 所示设备电路图，Y21 接警示灯的绿色线、Y22 接警示灯的红色线、COM5 接警示灯的棕色线；对于转盘电动机回路，红色线接 Y3、黑色线接外部直流电源的 24 V

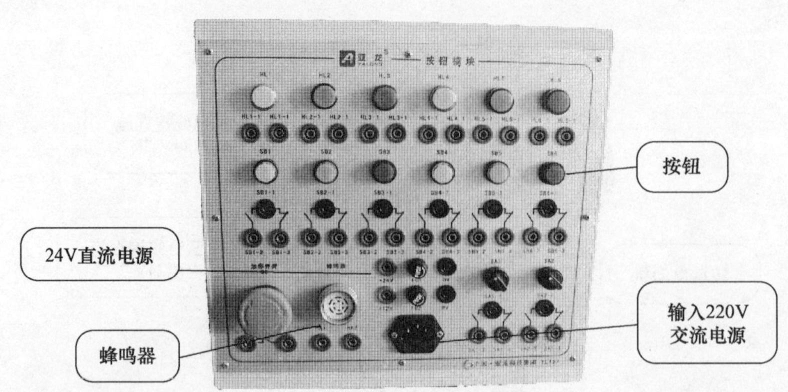

图 1-23　按钮模块

“-”，而 COM1 和 COM4 则需短接后与外部直流电源的 24V “+” 连接。（负载电源暂时开路，待 PLC 模拟调试成功后连接）。如图 1-23 所示，按钮模块内置 24V 开关电源，专为外部设备供电。

6）连接 PLC 的输出端子 Y15 至蜂鸣器。

7）连接电源模块中的单相交流电源至 PLC 模块。如图 1-24 所示，电源模块提供一组三相电源和两个单相电源，单相电源供 PLC 模块和按钮模块使用。

8）电路检查。对照电路图检查是否掉线、错线、漏编、错编，接线是否牢固等。

9）清理台面，工具入箱。

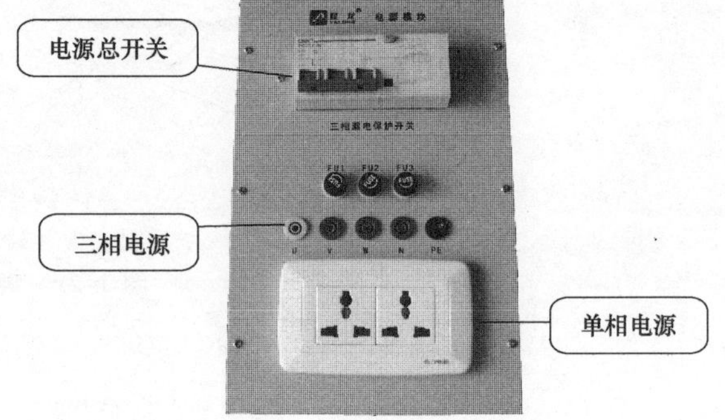

图 1-24　电源模块

3. 程序输入

亚龙 YL-235A 型光机电设备（三菱模块）随机光盘提供两种 PLC 编程软件：FXGP/WIN-C 与 GX Developer Version。启动三菱 PLC 编程软件，输入梯形图，如图 1-7 所示。

1）启动三菱 PLC 编程软件。

2）创建新文件，选择 PLC 类型。

3）输入程序。

4）转换梯形图。

5）保存文件。

4. 设备调试

为确保调试工作的顺利进行，避免事故的发生，施工人员必须进一步确认设备机械组装及电路安装的正确性、安全性，做好设备调试前的各项准备工作。

（1）设备调试前的准备

1）清扫设备上的杂物，保证无设备之外的金属物。

2）检查机械部分动作完全正常。

3）检查电路连接的正确性，严禁出现短路现象，特别加强传感器接线的检查，避免因接线错误而烧毁传感器。

4）如图 1-25 所示，细化设备调试流程，理清设备调试步骤，保证设备的安全性。

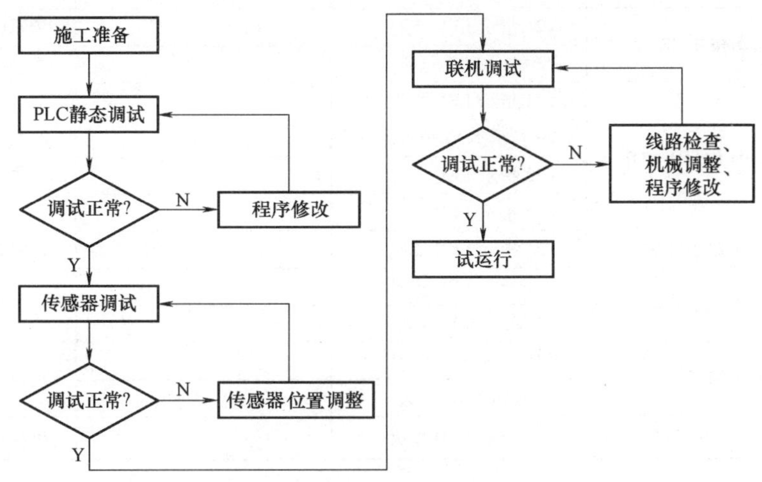

图 1-25　设备调试流程图

（2）设备模拟调试

1）PLC 静态调试

① 连接计算机与 PLC。如图 1-26 所示，用 SC-09 编程线缆连接计算机的串行接口和 PLC 的编程接口。SC-09 编程线缆具有 RS-232/RS-422 通信转化功能。

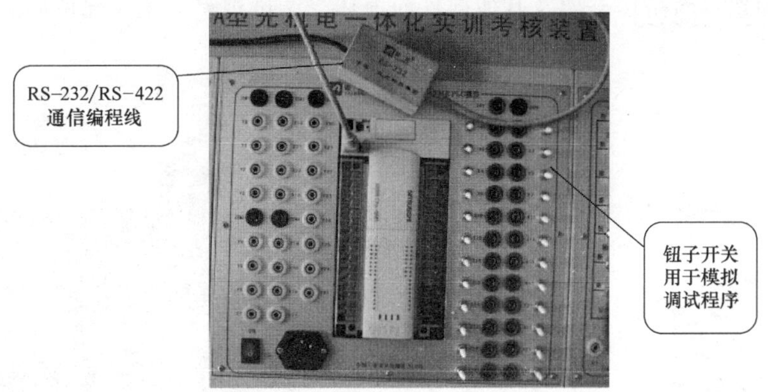

图 1-26　计算机与 PLC 的编程连接

② 确认 PLC 输出负载回路电源处于断开状态。

③ 合上断路器，给设备供电。

④ 将 PLC 的 RUN/STOP 开关置“STOP”位置，写入程序。

⑤ 将 PLC 的 RUN/STOP 开关置“RUN”位置，按表 1-5 用 PLC 模块上的钮子开关模拟调试程序，观察 PLC 输出指示 LED 的动作情况。

⑥ 将 PLC 的 RUN/STOP 开关置“STOP”位置。

⑦ 复位 PLC 模块上的钮子开关。

表 1-5　静态调试记载表

步　骤	操作任务	观察任务		备　注
		正确结果	观察结果	
1	按下起动按钮 SB1	Y21 指示 LED 点亮		警示绿灯闪烁
		Y3 指示 LED 点亮		电动机旋转，上料
2	X11 在 4s 后仍不动作	Y21 指示 LED 熄灭		4s 后无料，红灯闪烁，停机报警
		Y3 指示 LED 熄灭		
		Y22 指示 LED 点亮		
		Y15 指示 LED 点亮		
3	动作 X11 钮子开关	Y21 指示 LED 点亮		出料口有料，等待取料
4	复位 X11 钮子开关	Y21 指示 LED 点亮		电动机旋转，上料
		Y3 指示 LED 点亮		
5	动作 X11 钮子开关	Y21 指示 LED 点亮		出料口有料，等待取料
		Y3 指示 LED 熄灭		
6	按下停止按钮 SB2	Y21 指示 LED 熄灭		机构停止

2）传感器调试。出料口放置物料，观察 PLC 的输入指示 LED，若能点亮，说明光电传感器及其位置正常；若不能点亮，需调整传感器的位置、调节光线漫反射灵敏度或检查传感器及其线路的好坏。传感器的位置调整示意如图 1-27 所示。

（3）设备联机调试　模拟调试正常后，接通 PLC 输出负载的电源回路，进入联机调试阶段。此阶段要求施工人员认真观察设备的动作情况，若出现问题，应立即解决或切断电源，避免扩大故障范围。必须提醒的是，若程序有误，可能会使直流电动机处于连续运转状态，这将直接导致物料挤压支架及其他部件而损坏，调试观察的主要部位如图 1-28 所示。

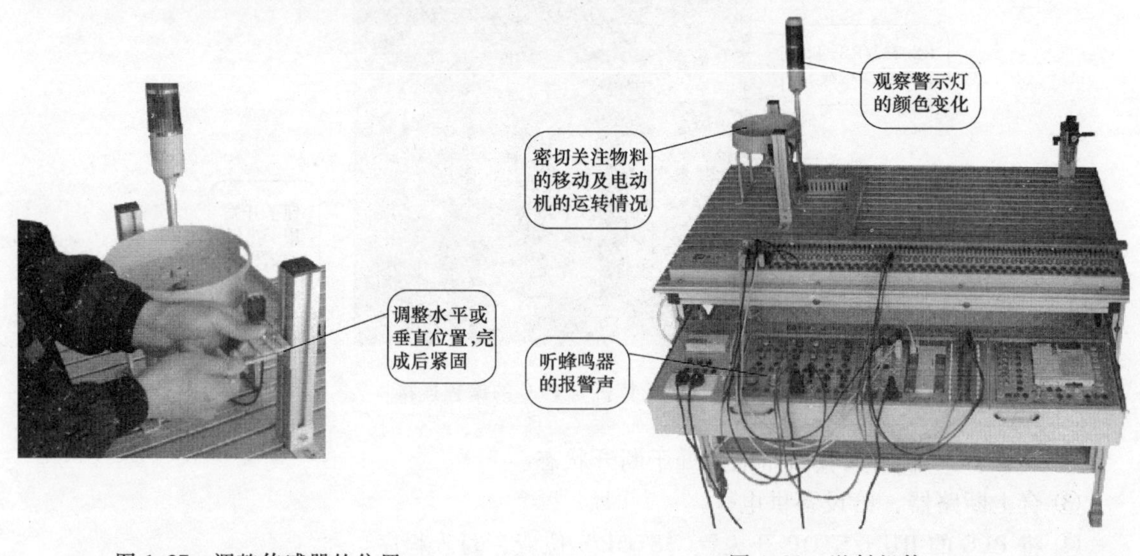

图 1-27　调整传感器的位置　　图 1-28　送料机构

表 1-6 为联机调试的正确结果，若调试中有与之不符的情况，施工人员应首先根据现场情况，判断是否需要切断电源，在分析、判断故障形成的原因（机械、电气或程序问题）的基础上，进行检修、调试，直至机构完全实现功能。

表 1-6　联机调试结果一览表

步　骤	操 作 过 程	设备实现的功能	备　　注
1	按下起动按钮 SB1 （出料口无物料）	绿灯闪烁	送料
		电动机旋转	
2	4s 后出料口无料	绿灯熄灭	停机报警
		红灯闪烁	
		电动机停转	
		发出报警声	
3	给出料口加物料	绿灯闪烁	等待取料
4	取走出料口的物料	绿灯闪烁	送料
		电动机旋转	
5	出料口有物料	绿灯闪烁	等待取料
		电动机停转	
6	按下停止按钮 SB2	绿灯熄灭	机构停止工作

（4）试运行　施工人员操作送料机构，观察一段时间，确保设备稳定可靠运行。

5. 现场清理

设备调试完毕，要求施工人员清点工量具、归类整理资料、清扫现场卫生，并填写设备安装登记表。

1）清点工量具。对照工量具清单清点工具，并按要求装入工具箱。

2）资料整理。整理归类技术说明书、电气元件明细表、施工计划表、设备电路图、梯形图、安装图等资料。

3）清扫设备周围卫生，保持环境整洁。

4）填写设备安装登记表，记录设备调试过程中出现的问题及解决的办法。

6. 设备验收

设备质量验收见表 1-7。

表 1-7　设备质量验收表

验收项目及要求		配分	配 分 标 准	扣分	得分	备注
设备组装	1. 设备部件安装可靠，各部件位置衔接准确 2. 电路安装正确，接线规范	35	1. 部件安装位置错误，每处扣 2 分 2. 部件衔接不到位、零件松动，每处扣 2 分 3. 电路连接错误，每处扣 2 分 4. 导线反圈、压皮、松动，每处扣 2 分 5. 错、漏编号，每处扣 1 分 6. 导线未入线槽、布线零乱，每处扣 2 分			
设备功能	1. 设备起停正常 2. 警示灯动作及报警正常 3. 送料功能正常	60	1. 设备未按要求起动或停止，每处扣 10 分 2. 警示灯未按要求动作，每处扣 10 分 3. 驱动转盘的电动机未按要求旋转，扣 20 分 4. 送料不准确或未按要求送料，扣 10 分			
设备附件	资料齐全，归类有序	5	1. 设备组装图缺少，每份扣 2 分 2. 电路图、梯形图缺少，每份扣 2 分 3. 技术说明书、工具明细表、元件明细表缺少，每份扣 2 分			
安全生产	1. 自觉遵守安全文明生产规程 2. 保持现场干净整洁，工具摆放有序		1. 漏接接地线，一处扣 5 分 2. 每违反一项规定，扣 3 分 3. 发生安全事故，0 分处理 4. 现场凌乱、乱放工具、乱丢杂物、完成任务后不清理现场扣 5 分			
时间	3h		提前正确完成，每 5min 加 5 分 超过定额时间，每 5min 扣 2 分			
开始时间：		结束时间：		实际时间：		

四、设备改造

送料机构的改造。改造要求及任务如下：

（1）功能要求

1）送料功能。起动后，机构开始检测物料支架上的物料，警示灯绿灯闪烁。若无物料，PLC 便起动送料电动机工作，驱动页扇旋转，物料在页扇推挤下，从放料转盘中移至出料口。当物料检测传感器检测到物料时，电动机停止旋转。

2）物料报警功能。若送料电动机运行 10s 后，物料检测传感器仍未检测到物料，则说明料盘内已无物料，此时机构停止工作并报警，警示灯红灯闪烁。

3）当物料被取走 10 个时，要求打包，打包指示灯点亮，20s 后开始新的工作循环。

（2）技术要求

1）机构的起停控制要求：

① 按下起动按钮，上料机构开始工作。

② 按下停止按钮，上料机构必须完成当前循环后停止。

③ 按下急停按钮，机构立即停止工作。

2）电源要有信号指示灯，电气线路的设计符合工艺要求、安全规范。

（3）工作任务

1）按机构要求画出电路图。

2）按机构要求编写 PLC 控制程序。

3）改装送料机构实现功能。

4）绘制设备装配示意图。

项 目 二

机械手搬运机构的安装与调试

一、施工任务

1. 根据设备装配示意图组装机械手搬运机构。
2. 按照设备电路图连接机械手搬运机构的电气回路。
3. 按照设备气路图连接机械手搬运机构的气动回路。
4. 输入设备控制程序，调试机械手搬运机构实现功能。

二、施工前准备

机械手搬运机构为 YL-235A 型光机电设备的第二站（本项目对 YL-235A 型光机电设备的机械手释放物料的去处作了适当修改，变传送带的落料口为料盘），其结构部件相对比较复杂，施工前应仔细阅读设备随机技术文件，了解机械手搬运机构的组成及其动作情况，看懂机械手机构的装配示意图、电路图、气动回路图及梯形图等图样，然后根据施工任务制定施工计划、施工方案等。

1. 识读设备图样及技术文件

（1）装置简介　机械手是一种在程序控制下模仿人手进行自动抓取物料、搬运物料的装置，它通过四个自由度的动作完成物料搬运的工作。如图 2-1 所示，在气压控制下它能实现以下功能：

1）复位功能。PLC 上电，机械手手爪放松、上伸，手臂缩回、左旋至左侧限位处停止。

2）起停控制。机械手复位后，按下起动按钮，机构起动。按下停止按钮，机构完成当前工作循环后停止。

3）搬运功能。起动后，若加料站出料口有物料，气动机械手臂伸出→到位后提升臂伸出，手爪下降→到位后，手爪抓物夹紧 1s→时间到，提升臂缩回，手抓上升→到位后机械手臂缩回→到位后机械手臂向右旋转→至右侧限位处，定时 2s 后手臂伸出→到位后提升臂伸出，手爪下降→到位后定时 0.5s，手爪放松、释放物料→手爪放松到位后，提升臂缩回，手抓上升→到位后机械手臂缩回→到位后机械手臂向左旋转至左侧限位处，等待物料开始新的工作循环。

（2）识读装配示意图　机械手搬运机构的设备布局如图 2-2 所示，其功能是准确无误地将加料站出料口的物料搬运至物料料盘内，这就要求机械手与两者之间的衔接紧密，安装尺寸误差要小，且前后部件配合良好。施工前，施工人员应认真阅读结构示意图 2-3，了解各部分的组成及其用途。

1）结构组成。机械手搬运机构由气动手爪部件、提升气缸部件、手臂伸缩气缸（简称伸缩气缸）部件、旋转气缸部件及固定支架等组成。这些部件实现了机械手的 4 个自由度的动作：手爪松紧、手爪上下、手臂伸缩和手臂左右旋转。具体表现为手爪气缸张开即机械手松开、手爪气缸夹紧即机械手夹紧；提升气缸伸出即手爪下降、提升气缸缩回即手爪上升；伸缩气缸伸出即手臂前伸、伸缩气缸缩回即手臂后缩；旋转气缸左旋即手臂左旋、旋转气缸右旋即手臂右旋。

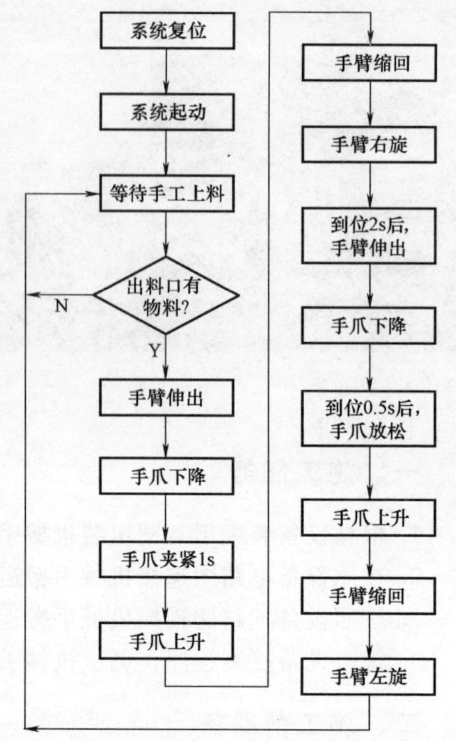

图 2-1　机械手搬运机构动作流程图

为了控制气动回路中的气体流量，在每一个气缸的气管连接处都设有节流阀，以调节机械手各个方向的运动速度。

图 2-4 所示为机械手的实物图，气动手爪、提升气缸和伸缩气缸上均有到位检测传感器，它们是一种磁性开关，气缸动作到位后，开关动作，便给 PLC 发出到位信号。旋转气缸的到位检测由左右限位传感器完成，它是一种金属检测传感器，又称电感式接近开关。为防止伸缩气缸撞击限位传感器，在安装支架上还设有缓冲器。

2）尺寸分析。机械手搬运机构各部件的定位尺寸如图 2-5 所示。

（3）识读电路图　如图 2-6 所示，机械手搬运机构主要通过 PLC 驱动电磁换向阀来实现其 4 个自由度的动作控制。输入为起停按钮、物料检测光电传感器、旋转限位传感器及各气缸伸缩到位检测传感器，输出为驱动电磁换向阀的线圈。

1）PLC 机型。PLC 的机型为三菱 FX_{2N}-48MR。

2）I/O 点分配。PLC 输入/输出设备及输入/输出点数的分配情况见表 2-1。

3）输入/输出设备连接特点。气动手爪夹紧放松检测传感器、手臂伸缩到位检测传感器、手爪升降限位检测传感器均为两线磁性传感器（也称磁性开关）。手臂旋转左右限位检测使用的是三线电感式传感器（也称电感式接近开关），其中一根线接 PLC 的输入信号端子，一根线接 PLC 的直流电源 24V“+”（此线由图形符号隐含），另一根线接 PLC 的输入公共端 COM。

PLC 的输出负载均为电磁换向阀的线圈。

（4）识读气动回路图　机械手搬运工作主要是通过电磁换向阀改变气缸运动方向来实现的。

1）气路组成。如图 2-7 所示，气动回路中的气动控制元件是 4 个两位五通双控电磁换向阀及 8 个节流阀；气动执行元件是提升气缸、伸缩气缸、旋转气缸及气动手爪；同时气路配有气动二联件及气源等辅助元件。

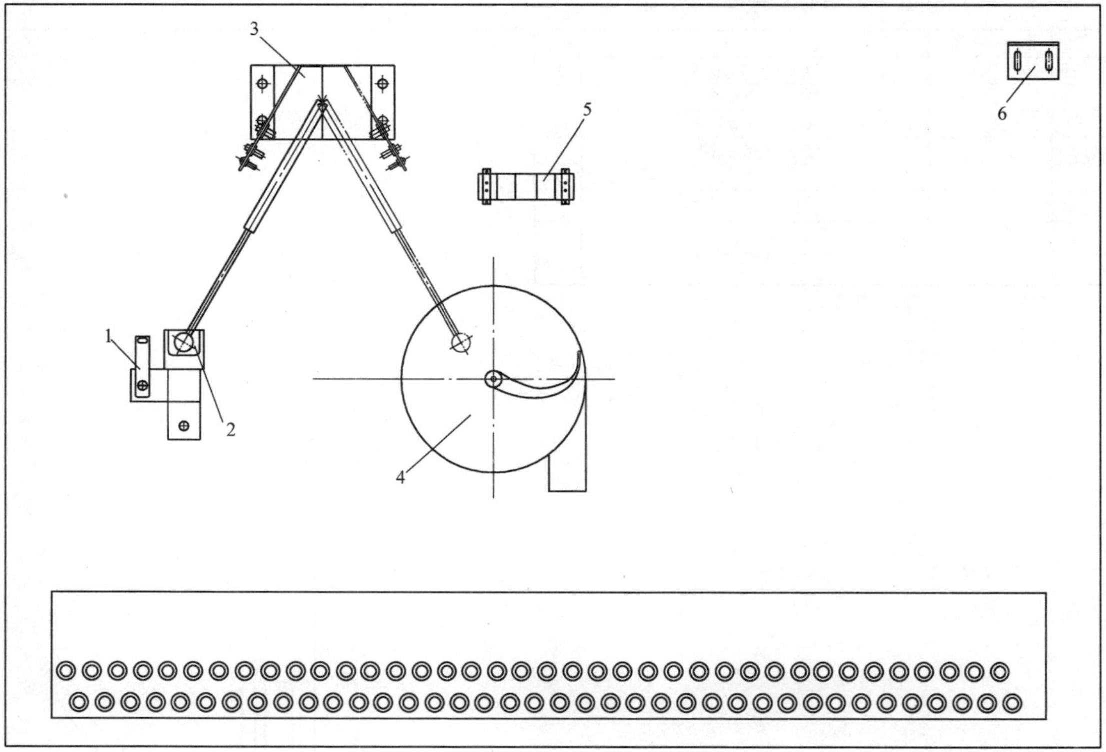

序号	名称	数量
2	出料口	1
1	物料检测光电传感器	1

序号	名称	数量
6	气动二联件	1
5	电磁阀阀组	1
4	放料转盘	1
3	机械手	1

标记	处数	更改文件号	签字	日期	设备布局图				×××公司
设计		标准化			图样标记	数样	重量	比例	机械手搬运机构
核对		(审定)				1			
审核									
工艺		日期							

图 2-2　机械手搬运机构的设备布局图

序号	名称	数量
2	提升气缸支架	1
1	气动手爪	1

序号	名称	数量
6	旋转气缸固定支架	1
5	搬运单元固定支架	1
4	左右限位固定支架	1
3	伸缩气缸固定支架	1

标记	处数	更改文件号	签字	日期	示意图				×××公司
设计			标准化						
核对			(审定)		图样标记	数样	重量	比例	机械手
审核									
工艺			日期			1			

图 2-3　机械手的结构示意图

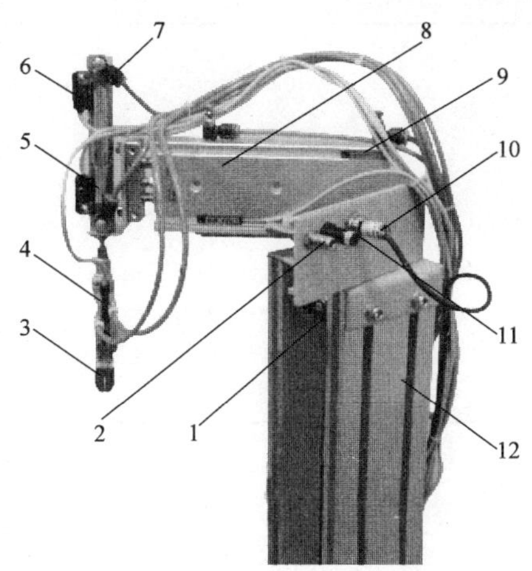

图 2-4　机械手

1—旋转气缸　2—非标螺钉　3—气动手爪　4—手爪传感器　5—提升气缸　6—手爪升降限位传感器　7—节流阀　8—伸缩气缸　9—手臂伸缩限位传感器　10—左右限位传感器　11—缓冲器　12—安装支架

表 2-1　PLC 输入/输出设备及 I/O 点分配表

输　入			输　出		
元件代号	功能	输入点	元件代号	功能	输出点
SB1	起动按钮	X0	YV1	手臂右旋	Y0
SB2	停止按钮	X1	YV2	手臂左旋	Y2
SCK1	气动手爪传感器	X2	YV3	气动手爪夹紧	Y4
SQP1	旋转左限位传感器	X3	YV4	气动手爪松开	Y5
SQP2	旋转右限位传感器	X4	YV5	提升气缸下降	Y6
SCK2	气动手臂伸出传感器	X5	YV6	提升气缸上升	Y7
SCK3	气动手臂缩回传感器	X6	YV7	伸缩气缸伸出	Y10
SCK4	手爪提升限位传感器	X7	YV8	伸缩气缸缩回	Y11
SCK5	手爪下降限位传感器	X10			
SQP3	物料检测光电传感器	X11			

2）工作原理。机械手搬运机构气动回路的动作原理见表 2-2。

若 YV1 得电、YV2 失电，电磁换向阀 A 口出气、B 口回气，从而控制旋转气缸 A 正转，手臂右旋；若 YV1 失电、YV2 得电，电磁换向阀 A 口回气、B 口出气，从而改变气动回路的气压方向，旋转气缸 A 反转，手臂左旋。机构的其他气动回路工作原理与之相同。

（5）识读梯形图　图 2-8 为机械手搬运机构的梯形图，其动作过程如图 2-9 所示。

1）起停控制。按下起动按钮 SB1，X0 为 ON，起停标志辅助继电器 M1 为 ON，为初始状态 S0 向工作状态 S20 转移提供了必要的条件。按下停止按钮 SB2，X1 为 ON，M1 为 OFF，初始状态 S0 向工作状态 S20 转移的条件不成立，PLC 无法从 S0 状态向下执行程序，机构停止工作。

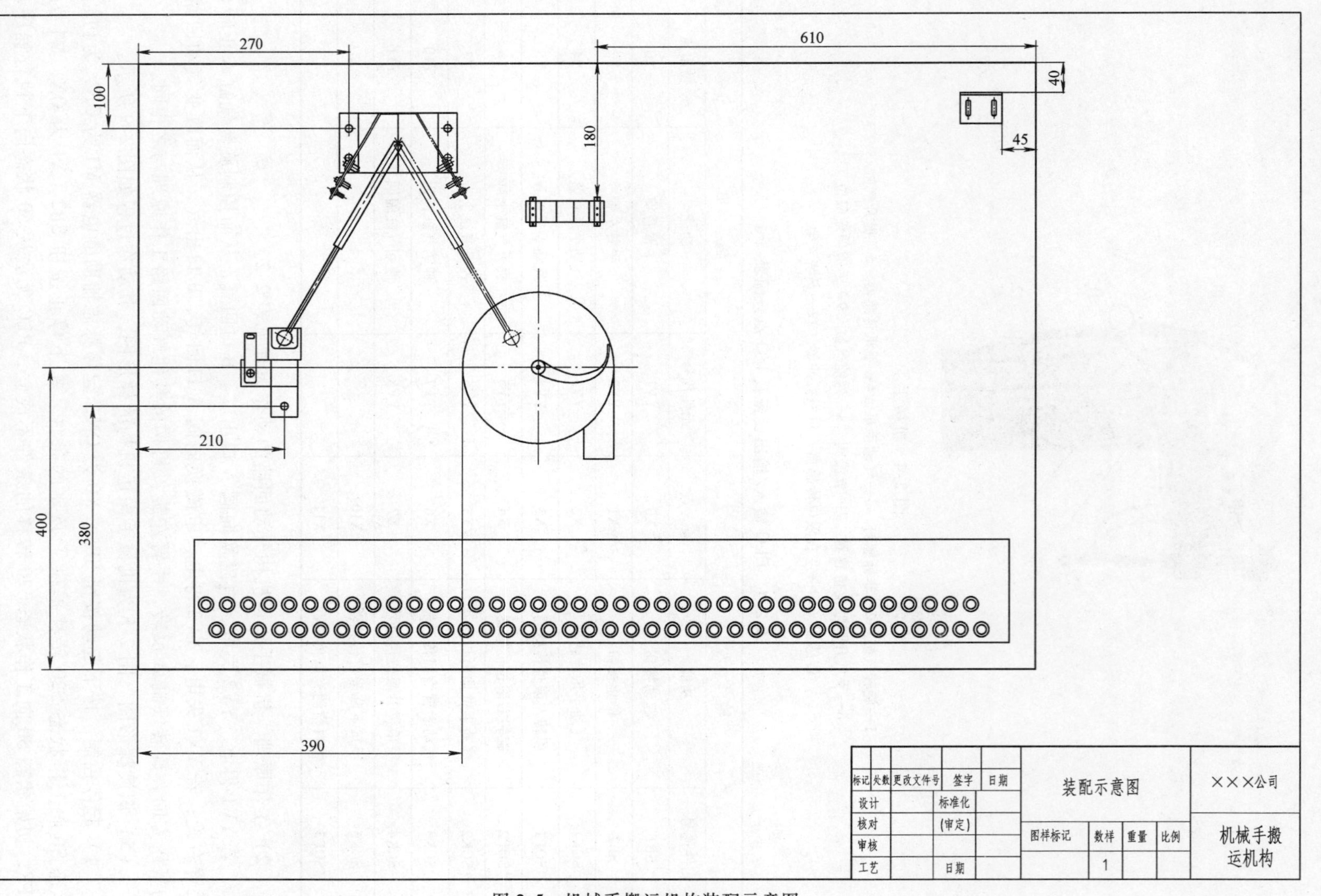

图 2-5 机械手搬运机构装配示意图

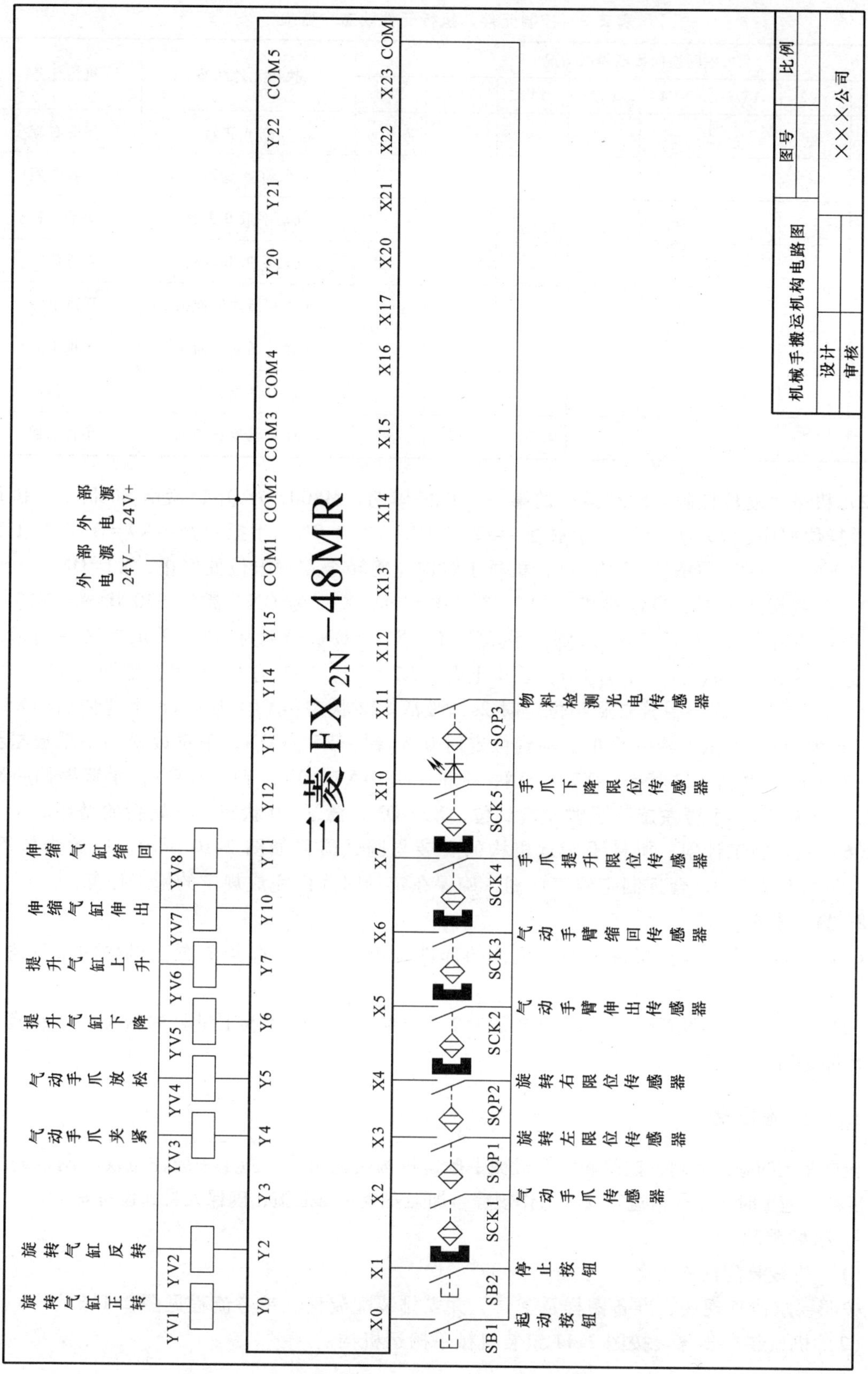

图 2-6　机械手搬运机构电路图

表 2-2 控制元件、执行元件状态一览表

电磁阀换向线圈得电情况								执行元件状态	机构任务
YV1	YV2	YV3	YV4	YV5	YV6	YV7	YV8		
+	−							气缸 A 正转	手臂右旋
−	+							气缸 A 反转	手臂左旋
		+	−					气动手爪 B 夹紧	手爪抓料
		−	+					气动手爪 B 放松	手爪放料
				+	−			气缸 C 活塞杆伸出	手爪下降
				−	+			气缸 C 活塞杆缩回	手爪上升
						+	−	气缸 D 活塞杆伸出	手臂伸出
						−	+	气缸 D 活塞杆缩回	手臂缩回

2）机械手复位控制。PLC 运行的第一个扫描周期，M8002 为 ON，激活 S0 状态，执行机械手复位程序，Y5 为 ON，手爪放松→X2 = OFF，Y7 为 ON，手抓上升→X7 = ON，Y11 为 ON，手臂缩回→X6 = ON，Y2 为 ON，机械手臂向左旋转至左侧限位处停止，X3 = ON。

3）物料搬运控制。当送料机构出料口有物料时，X11 为 ON，激活 S20 状态→Y10 为 ON，手臂伸出→X5 = ON，Y6 为 ON，手爪下降→X10 = ON，Y4 为 ON，手爪夹紧→夹紧定时 1s 到，激活 S21 状态→Y7 为 ON，手爪上升→X7 = ON，Y11 为 ON，手臂缩回→X6 = ON，Y0 为 ON，手臂右旋→手臂右旋到位定时 2s，激活 S22 状态→Y10 为 ON，手臂伸出→X5 = ON，Y6 为 ON，手爪下降→手爪下降到位定时 0.5s 到，Y5 为 ON，手爪放松→手爪放松到位，X2 = OFF，激活 S23 状态→Y7 为 ON，手爪上升→X7 = ON，Y11 为 ON，手臂缩回→X6 = ON，Y2 为 ON，手臂左旋→手臂左旋到位，X3 = ON，激活 S0 状态，开始新的循环。

（6）制定施工计划　机械手搬运机构的安装与调试流程如图 2-10 所示。以此为依据，施工人员填写表 2-3，合理制定施工计划，确保在定额时间内完成规定的施工任务。

2. 施工准备

（1）设备清点　检查机械手搬运机构的部件是否齐全，并归类放置。机构的设备清单见表 2-4。

（2）工具清点　设备组装工具清单见表 2-5，施工人员应清点工量具的数量，并认真检查其性能是否完好。

三、实施任务

根据制定的施工计划，按照顺序对机械手搬运机构实施组装，施工中应注意及时调整进度，保证定额。施工时必须严格遵守安全操作规程，加强安全保障措施，确保人身和设备安全。

1. 机械装配

（1）机械装配前的准备

按照要求清理现场、准备图样及工具，并安排装配流程。参考流程见图 2-11。

（2）机械装配步骤　按图 2-11 组装机械手搬运机构。

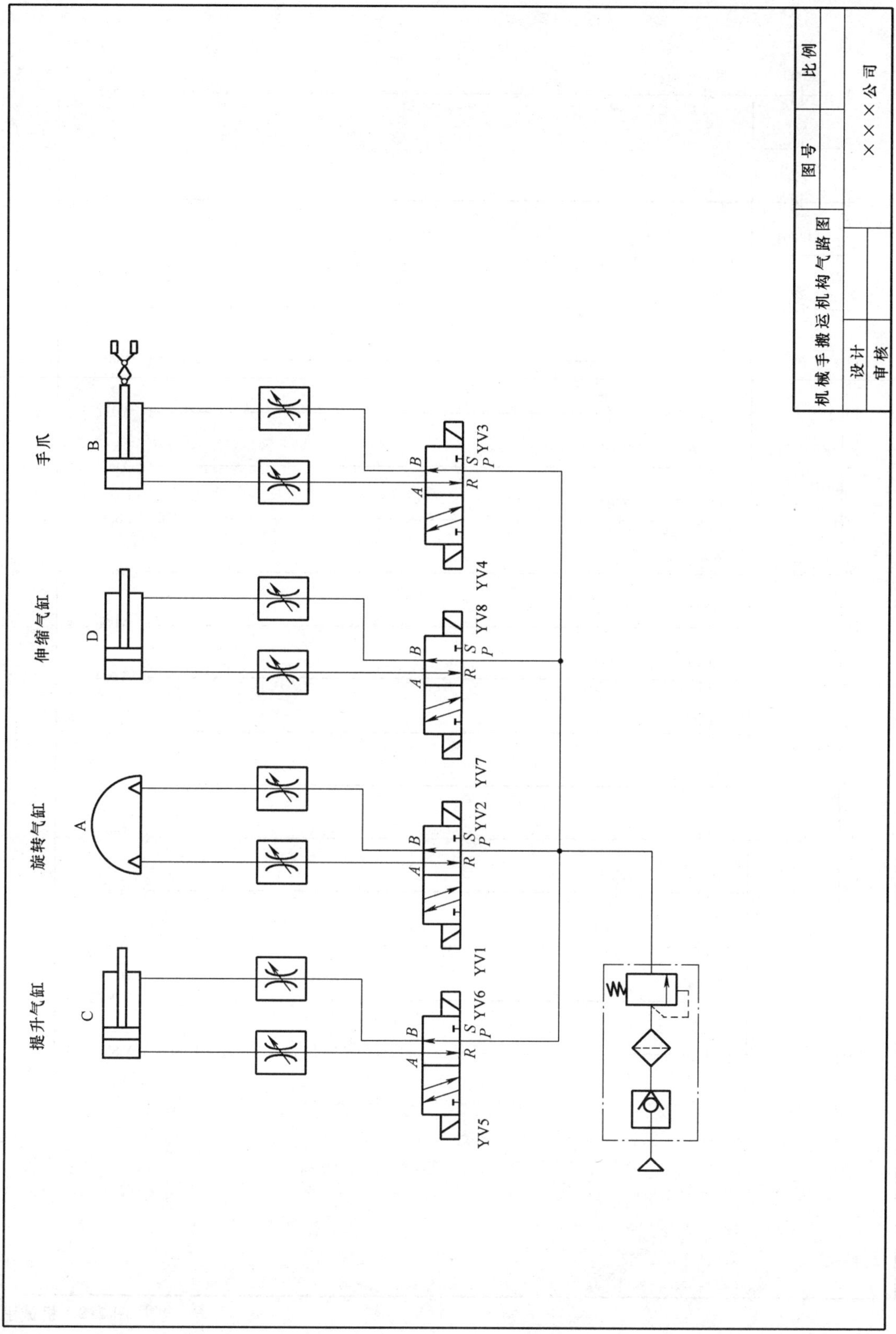

图 2-7　机械手搬运机构气动回路图

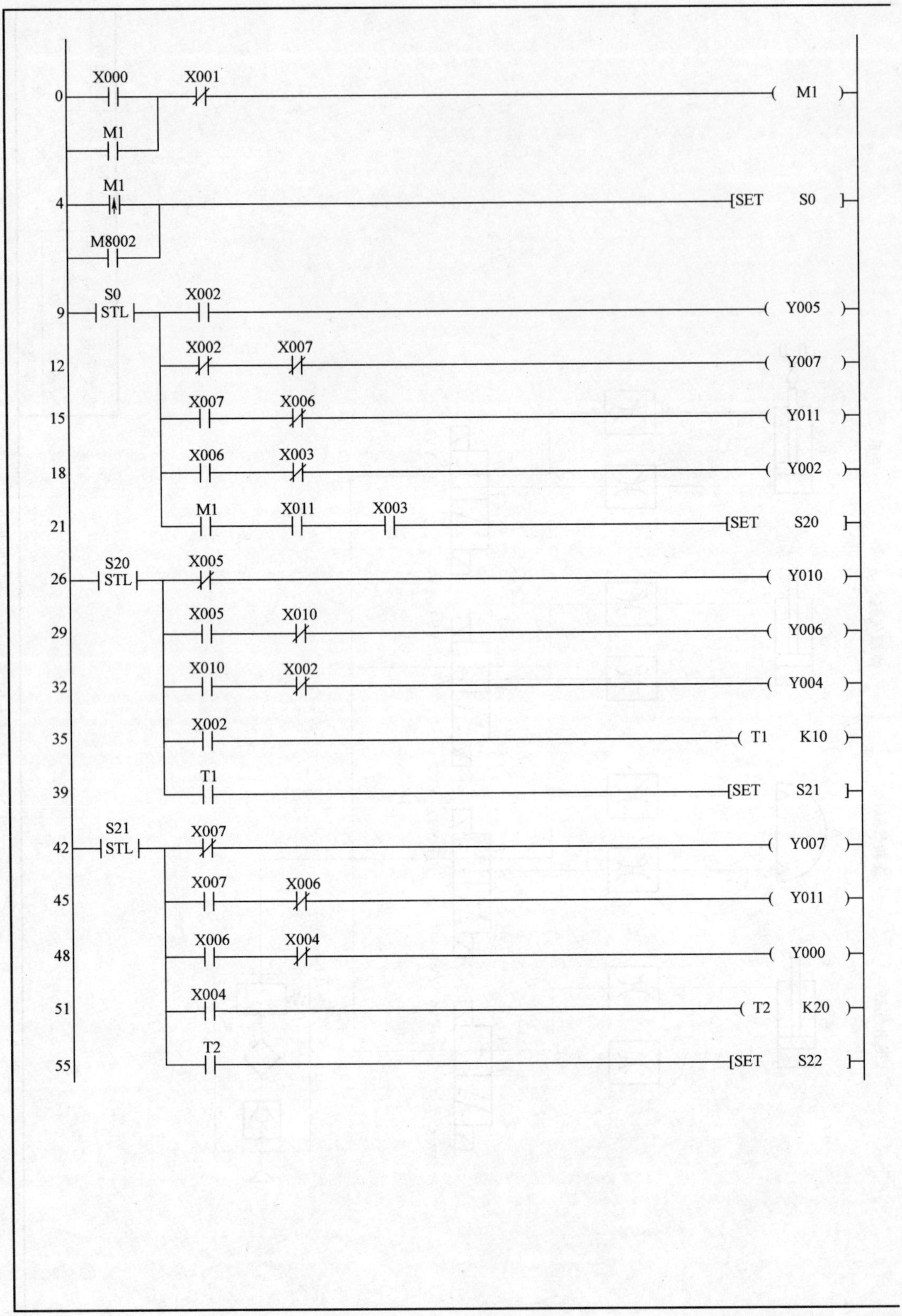

0 X000 X001 (M1)
M1

4 M1 [SET S0]
M8002

9 S0 STL X002 (Y005)

12 X002 X007 (Y007)

15 X007 X006 (Y011)

18 X006 X003 (Y002)

21 M1 X011 X003 [SET S20]

26 S20 STL X005 (Y010)

29 X005 X010 (Y006)

32 X010 X002 (Y004)

35 X002 (T1 K10)

39 T1 [SET S21]

42 S21 STL X007 (Y007)

45 X007 X006 (Y011)

48 X006 X004 (Y000)

51 X004 (T2 K20)

55 T2 [SET S22]

图 2-8　机械手

步号	触点	输出/指令
58	S22 STL	(Y010)
60	X005（常开） X010（常闭）	(Y006)
63	X010（常开）	(T3 K5)
67	T3（常开）	(Y005)
69	X002（常闭）	[SET S23]
72	S23 STL　X007（常闭）	(Y007)
75	X007（常开） X006（常闭）	(Y011)
78	X006（常开） X003（常闭）	(Y002)
81	X003（常开）	(S0)
84		[RET]
85		[END]

机械手搬运机构梯形图		图号	比例
设计		×××公司	
审核			

搬运机构梯形图

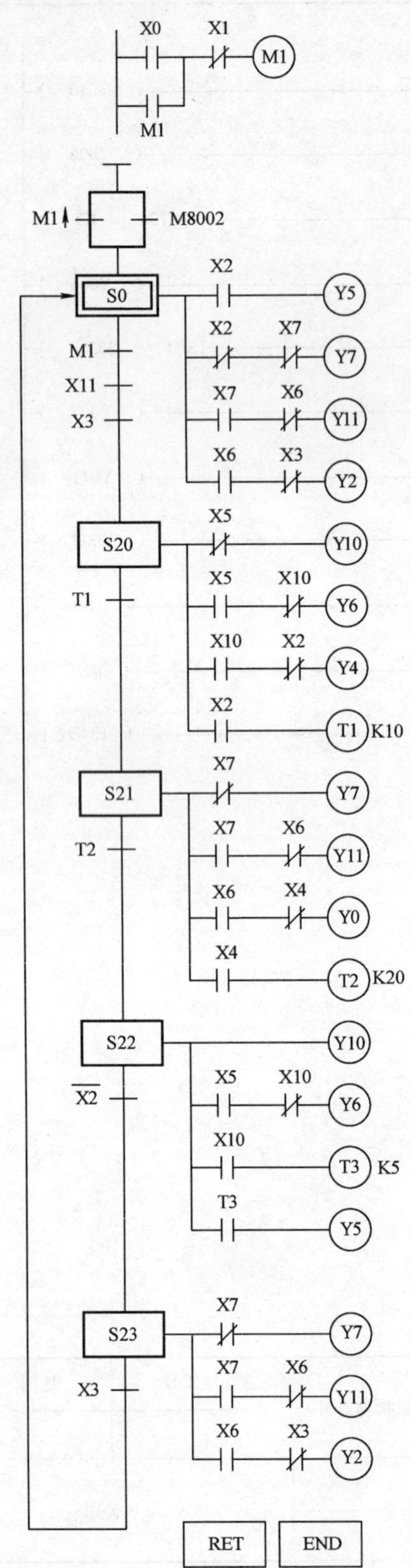

图 2-9　机械手搬运机构状态图

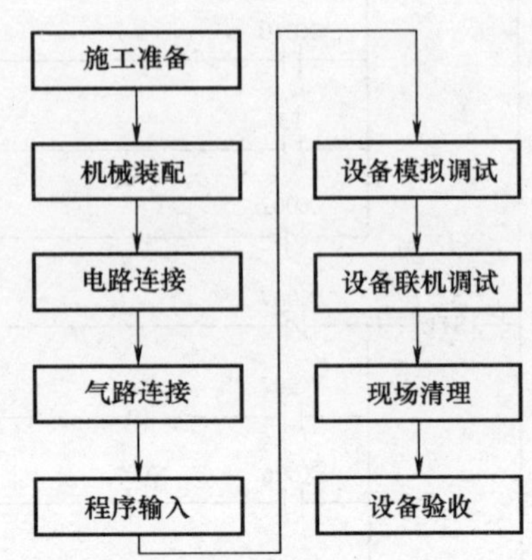

图 2-10　机械手搬运机构的安装与调试流程图

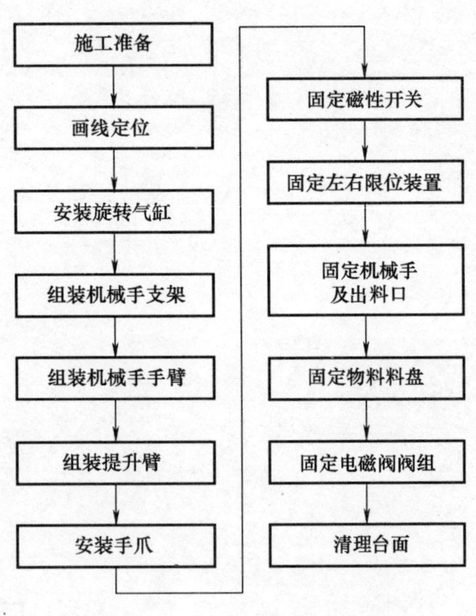

图 2-11　机械装配流程图

表 2-3 施工计划表

设备名称	施工日期	总工时/h	施工人数/人	施工负责人
机械手搬运机构				

序 号	施 工 任 务	施工人员	工序定额	备 注
1	阅读设备技术文件			
2	机械装配、调整			
3	电路连接、检查			
4	气路连接、检查			
5	程序输入			
6	设备模拟调试			
7	设备联机调试			
8	现场清理,技术文件整理			
9	设备验收			

表 2-4 设备清单

序 号	名 称	型 号 规 格	数 量	单 位	备 注
1	伸缩气缸套件	CXSM15-100	1	套	
2	提升气缸套件	CDJ2KB16-75-B	1	套	
3	手爪套件	MHZ2-10D1E	1	套	
4	旋转气缸套件	CDRB2BW20-180S	1	套	
5	固定支架		1	套	
6	加料站套件		1	套	
7	料盘套件		1	套	
8	电感式传感器	NSN4-2M60-E0-AM	2	只	
9	光电传感器	E3Z-LS61	1	只	
10	磁性传感器	D-59B	1	只	手爪紧松
11		SIWKOD-Z73	2	只	手臂伸缩
12		D-C73	2	只	手爪升降
13	缓冲器		2	只	
14	PLC 模块	YL050、FX_{2N}-48MR	1	块	
15	按钮模块	YL157	1	块	
16	电源模块	YL046	1	块	
17	螺钉	不锈钢内六角螺钉 M6×12	若干	只	
18		不锈钢内六角螺钉 M4×12	若干	只	
19		不锈钢内六角螺钉 M3×10	若干	只	
20	螺母	椭圆形螺母 M6	若干	只	
21		M4	若干	只	
22		M3	若干	只	
23	垫圈	$\phi 4$	若干	只	

表 2-5　工具清单

序　号	名　称	规格、型号	数　量	单　位
1	工具箱		1	只
2	螺钉旋具	一字、100mm	1	把
3	钟表螺钉旋具		1	套
4	螺钉旋具	十字、150mm	1	把
5	螺钉旋具	十字、100mm	1	把
6	螺钉旋具	一字、150mm	1	把
7	斜口钳	150mm	1	把
8	尖嘴钳	150mm	1	把
9	剥线钳		1	把
10	内六角扳手(组套)	PM-C9	1	套
11	万用表		1	只

1）画线定位。

2）安装旋转气缸。如图 2-12 所示，将旋转气缸的两个工作口装上节流阀后固定在安装支架上。固定节流阀时，既要保证连接可靠、密封，又不可用力过大，以防节流阀损坏。

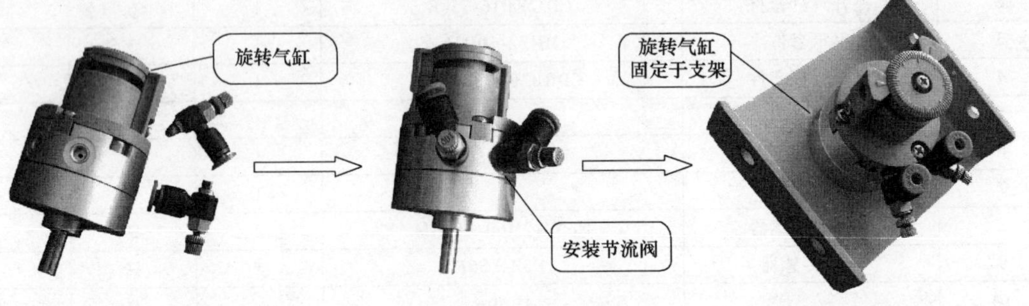

图 2-12　旋转气缸的组装过程

3）组装机械手支架。如图 2-13 所示，将旋转气缸的安装支架固定在机械手垂直主支架上，注意两主支架的垂直度、平行度，完成后装上弯脚支架。

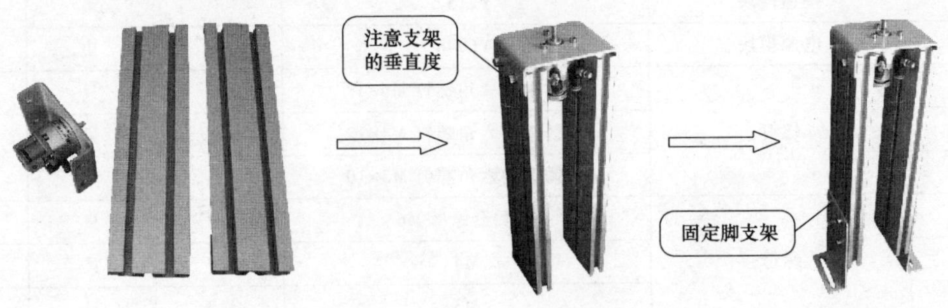

图 2-13　机械手支架的组装过程

4）组装机械手手臂。如图 2-14 所示，提升臂支架固定在伸缩气缸的活塞杆上后，将其固定在手臂支架上。

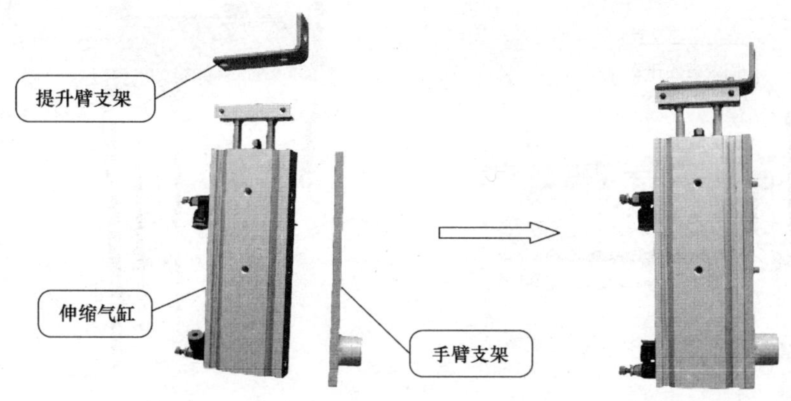

图 2-14　机械手手臂的组装过程

5）组装提升臂。如图 2-15 所示，将提升气缸装好节流阀后固定在提升臂支架上。

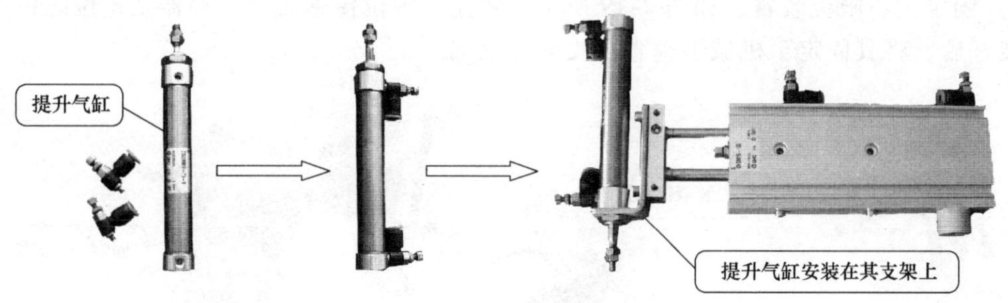

图 2-15　提升臂的组装过程

6）安装手爪。如图 2-16 所示，将气动手爪固定在提升气缸的活塞杆上。

7）固定磁性传感器。图 2-17 所示为机械手机构所用的磁性传感器，将它们固定在其对应的气缸上，固定时要用力适中，避免损坏。完成后将手臂装在旋转气缸上，如图 2-18 所示。

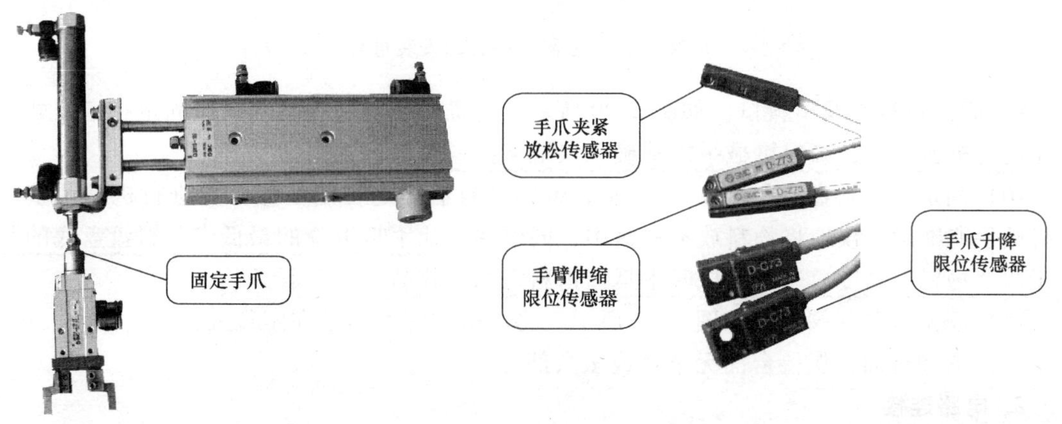

图 2-16　固定手爪　　　　图 2-17　机械手搬运机构所用的磁性传感器

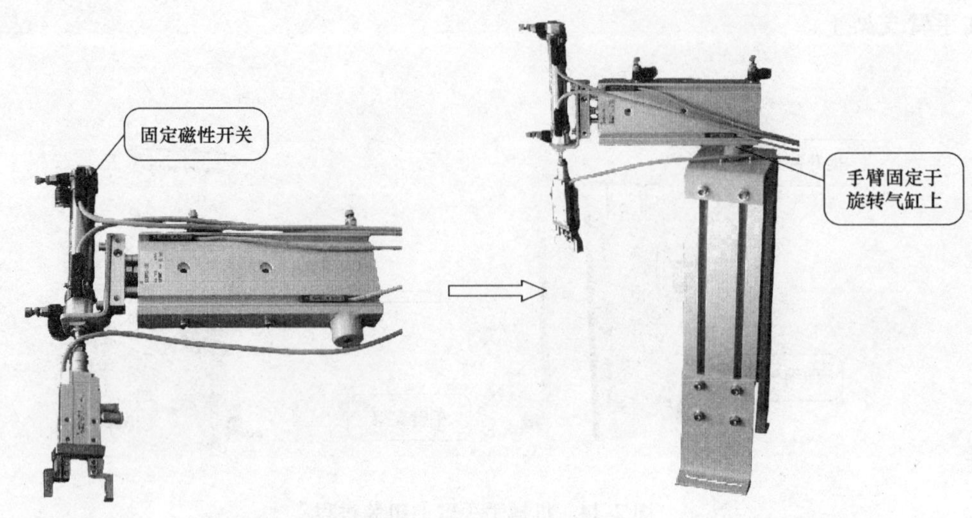

图 2-18　固定手臂

8）固定左右限位装置。如图 2-19 所示，将左右限位传感器、缓冲器及定位螺钉在其支架上装好后，将其固定于机械手垂直主支架的顶端。

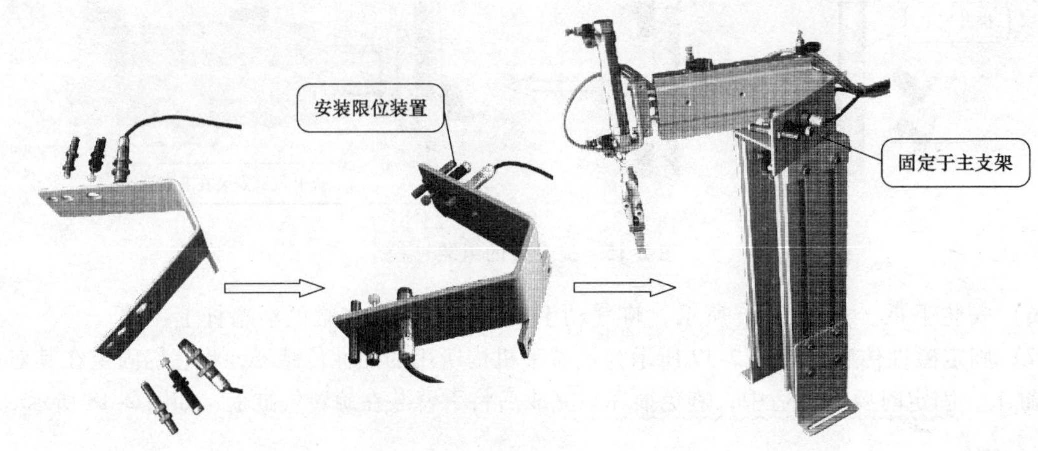

图 2-19　左右限位装置的安装过程

9）固定机械手及出料口。如图 2-20 所示，将机械手及加料站出料口固定在定位处。注意需进行机械调整，确保机械手能准确无误地从出料口抓取物料。

10）固定物料料盘。如图 2-21 所示，将物料料盘固定在定位处，并进行机械调整，保证机械手能准确无误地将物料放进料盘中，同时注意让手爪下降的最低点与料盘盘底的距离大于两个物料的高度，避免调试时手爪撞击料盘内的物料。

11）固定电磁阀阀组。如图 2-22 所示，将电磁阀阀组固定在定位处。

12）清理台面，保持台面无杂物或多余部件。

2. 电路连接

（1）电路连接

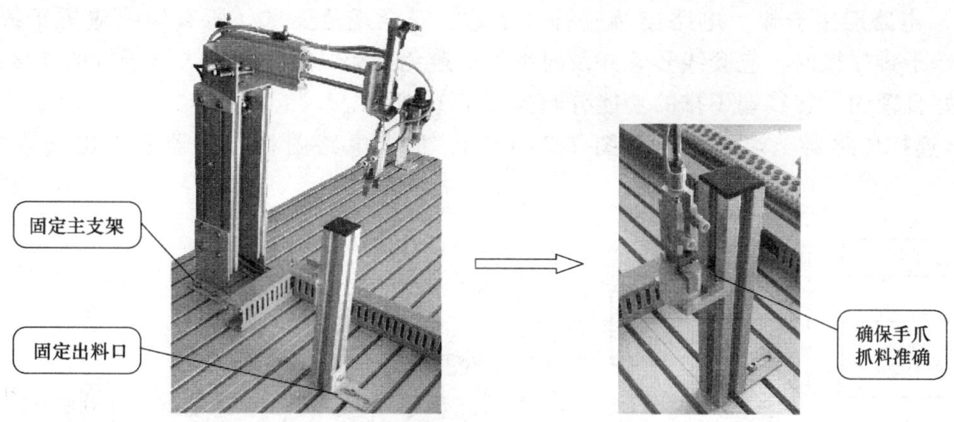

图 2-20　固定机械手

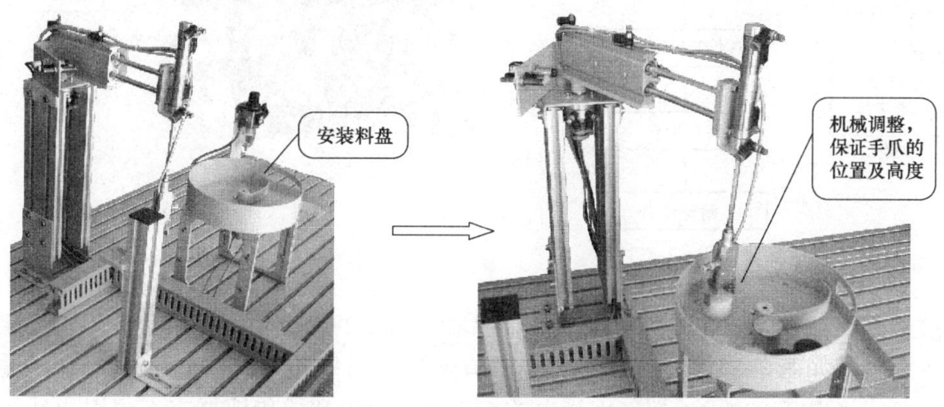

图 2-21　固定物料料盘

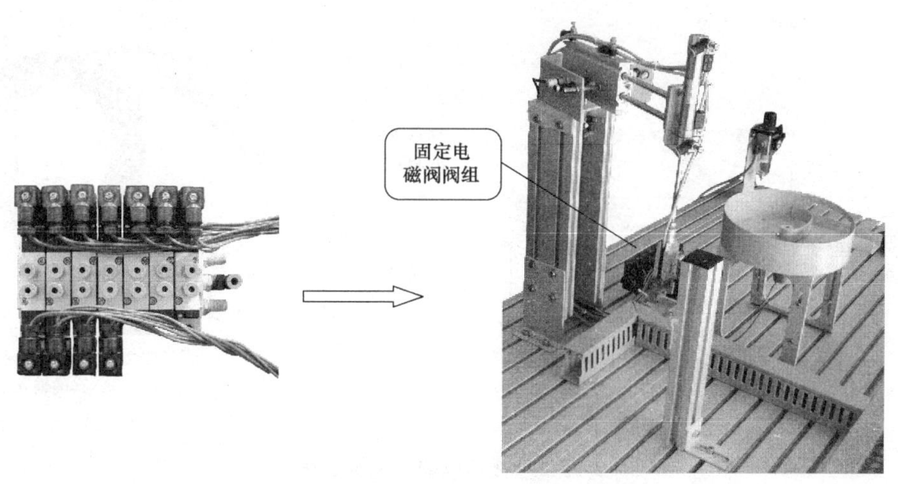

图 2-22　固定电磁阀阀组

按照要求检查电源状态、准备图样、工具及线号管，并安排电路连接流程。参考流程如图 2-23 所示。

（2）电路连接步骤　电路连接应符合工艺、安全规范要求，所有导线应置于线槽内。导线与端子排连接时，应套线号管并及时编号，避免错编、漏编。插入端子排的连接线必须接触良好且紧固，接线端子排的功能分配如图 1-16 所示。

1）连接传感器至端子排。如图 2-24 所示，根据电路图将传感器的引出线连接至端子排。

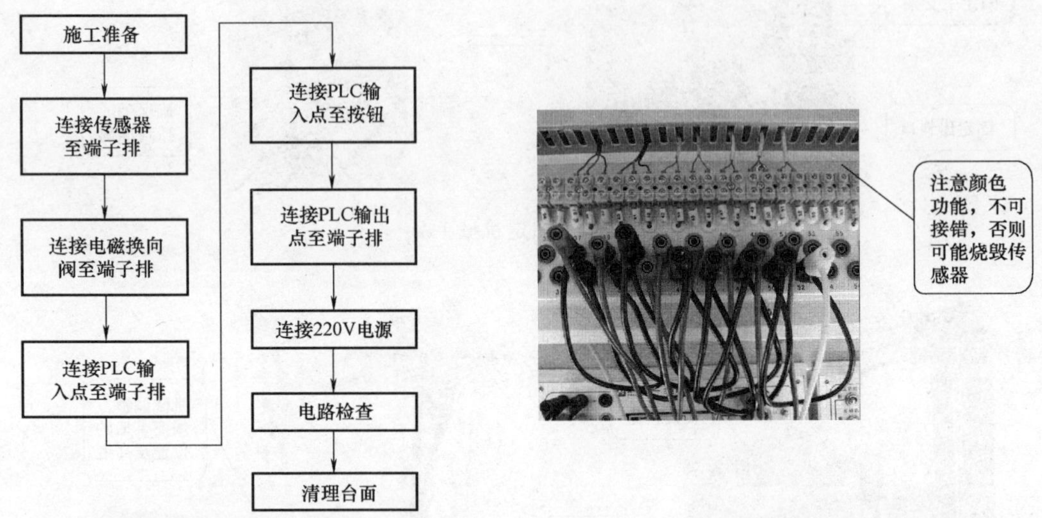

图 2-23　电路连接流程图　　　图 2-24　输入端子接线

连接时要注意区分两线传感器与三线传感器引出线的颜色功能，引出线不可接错，否则会损坏传感器。如图 2-25 所示，磁性传感器有两根引出线，其中棕色线接 PLC 的输入信号端子、蓝色线接 PLC 的 COM 端。而光电式接近开关、电感式传感器有三根引出线，其中黑色线接 PLC 的输入信号端子、棕色线接 PLC 直流电源 24V“+”、蓝色线接 PLC 的输入公共端 COM。

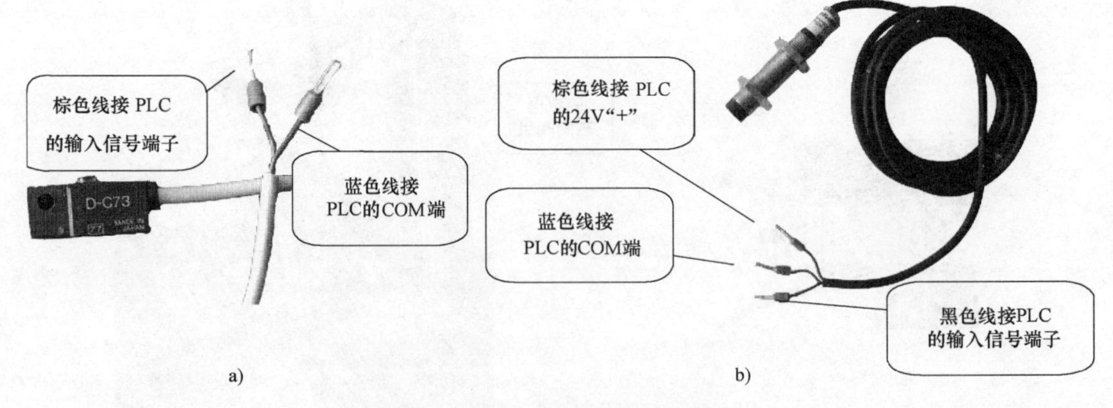

图 2-25　磁性传感器、电感式传感器

a）磁性传感器　b）电感式传感器

2）连接输出元件至端子排。机械手搬运结构 PLC 的输出元件都为电磁换向阀的线圈，根据电路图将它们的引出线连接至端子排。由于这些电磁换向阀被集束为一个单元，其内部

将各个换向阀的进气口、排气口连通，称为阀组，故气路连接时只需一根引气管连接其进气口即可，如图 2-26 所示。

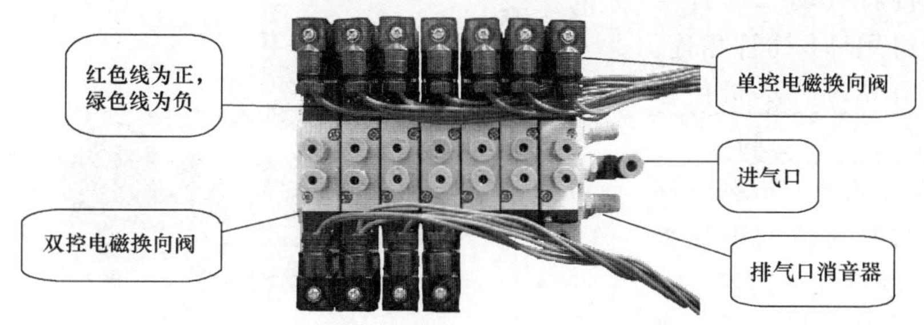

图 2-26　电磁阀阀组

阀组中有两种电磁换向阀：两位五通双控电磁换向阀和两位五通单控电磁换向阀，所以施工人员应首先根据设备气路图及电路图，分配、明确及标识各电磁换向阀的具体控制功能，如哪只阀控制手爪气动回路、哪只阀控制旋转气缸气动回路等。再将确定功能的电磁换向阀线圈按端子分布图连接至端子排，如图 2-27 所示。

电磁换向阀线圈有两根引出线，其中红色线接 PLC 的输出信号端子（直流电源 24V“+”），绿色线接直流电源 24V“-”。若两线接反，电磁换向阀的指示 LED 不能点亮，但不会影响电磁换向阀的动作功能。

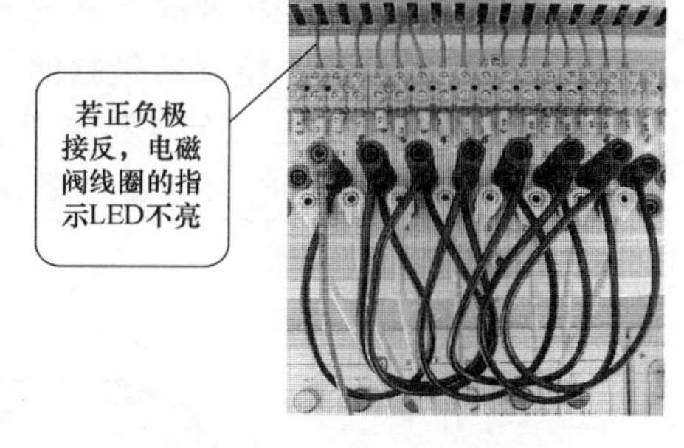

图 2-27　输出端子接线

3）连接 PLC 的输入信号端子至端子排。

4）连接 PLC 的输入信号端子至按钮模块。

5）连接 PLC 的输出信号端子至端子排。将输出信号端子与对应的端子排连接，同时将 COM1、COM2 和 COM3 短接。（负载电源暂不连接，待 PLC 模拟调试成功后连接）。

6）连接电源模块中的单相交流电源至 PLC 模块。

7）电路检查。

8）清理台面，工具入箱。

3. 气动回路连接

（1）气路连接前的准备

按照要求检查空气压缩机状态、准备图样及工具，并安排气动回路连接步骤。

（2）气路连接步骤

YL-235A 型光机电设备气动回路的连接方法：快速接头与气管对接。气管插入接头时，应用手拿着气管端部轻轻压入，使气管通过弹簧片和密封圈到达底部，保证气动回路连接可靠、牢固、密封；气管从接头拔出时，应用手将管子向接头里推一下，然后压下接头上的压紧圈再拔出，禁止强行拔出。用软管连接气路时，不允许急剧弯曲，通常弯曲半径应大于其外径的 9~10 倍。管路的走向要合理，尽量平行布置，力求最短，弯曲要少且平缓，避免直角弯曲。

1）连接气源。如图 2-28 所示，用 $\phi6$ 气管连接空气压缩机与气动二联件，再将气动二联件与电磁换向阀阀组用 $\phi4$ 气管相连。剪割气管要垂直切断，尽量使截断面平整，并修去切口毛刺。

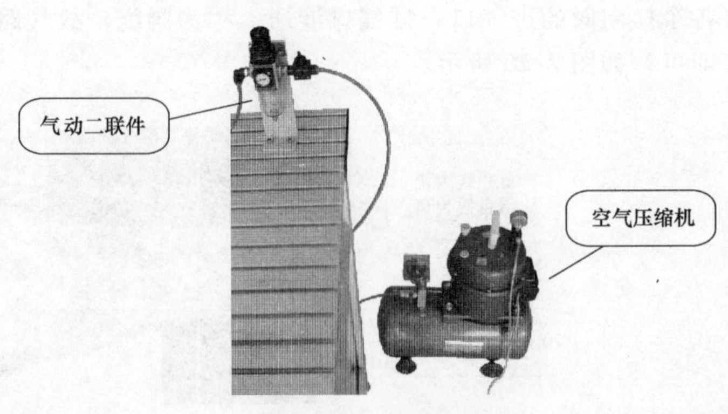

图 2-28　气源连接

2）连接执行元件。根据气路图，将各气缸与其对应的电磁换向阀用 $\phi4$ 气管进行气路连接。

① 手爪气缸的连接。将手爪气缸气腔节流阀的气管接头分别与控制它的电磁换向阀的两个工作口相连。连接时，不可用力过猛，避免损坏气管接头而造成漏气现象；同时保证管路连接牢固，避免软管脱出引起事故。

② 提升气缸的连接。将提升气缸的气腔节流阀与控制它的电磁换向阀进行气路连接。

③ 伸缩气缸的连接。将伸缩气缸的气腔节流阀与控制它的电磁换向阀进行气路连接。

④ 旋转气缸的连接。将旋转气缸的气腔节流阀与控制它的电磁换向阀进行气路连接。

3）整理、固定气管。以保证机械手正常动作所需气管长度及安全要求为前提，对气管进行扎束固定，要求气管通路美观、紧凑，避免气管吊挂、杂乱、过长或过短等现象，如图 2-29 所示。

图 2-29　气路连接

4）封闭阀组上的未用电磁换向阀的气路通道。阀组除了备有机械手机构所需的电磁换向阀外，还剩有未用电磁换向阀，因它们的进气口相通，故必须对本次施工中未用阀的气口进行封闭。如图 2-30 所示，将一根气管对折后用尼龙扎头扎紧，再将此气管的两端分别插入剩余电磁换向阀的两个工作口。

5）清理杂物，工具入箱。

4. 程序输入

启动三菱 PLC 编程软件，输入梯形图，如图 2-8 所示。

1）启动三菱 PLC 编程软件。

2）创建新文件，选择 PLC 类型。

3）输入程序。

4）转换梯形图。

5）保存文件。

图 2-30　未用电磁换向阀的气路封闭

5. 设备调试

为了避免设备调试出现事故，确保调试工作的顺利进行，施工人员必须进一步确认设备机械安装、电路安装及气路安装的正确性、安全性，做好设备调试前的各项准备工作。

（1）设备调试前的准备

1）清扫设备上的杂物，保证无设备之外的金属物。

2）检查机械部分动作完全正常。

3）检查电路连接的正确性，严禁短路现象，加强传感器接线的检查，避免因接线错误而烧毁传感器。

4）检查气动回路连接的正确性、可靠性，绝不允许调试过程中有气管脱出现象。

5）细化设备调试流程，理清设备调试步骤，保证设备的安全性，调试流程如图 2-31 所示。

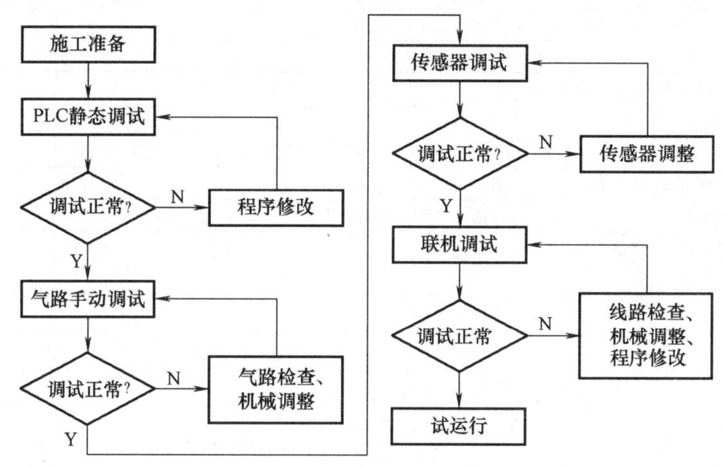

图 2-31　设备调试流程图

（2）模拟调试

1）PLC 静态调试

① 连接计算机与 PLC。

② 确认 PLC 的输出负载回路电源处于断开状态，并检查空气压缩机的阀门是否关闭。

③ 合上断路器，给设备供电。

④ 写入程序。

⑤ 运行 PLC，按表 2-6 所示步骤用 PLC 模块上的钮子开关模拟 PLC 输入信号，观察 PLC 的输出指示 LED，将结果记入表 2-6 中。

表 2-6 静态调试情况记载表

步骤	操作任务	观察任务		备注
		正确结果	观察结果	
1	动作 X2 钮子开关，PLC 上电	Y5 指示 LED 点亮		手爪放松
2	复位 X2 钮子开关	Y5 指示 LED 熄灭		放松到位
		Y7 指示 LED 点亮		手爪上升
3	动作 X7 钮子开关	Y7 指示 LED 熄灭		上升到位
		Y11 指示 LED 点亮		手臂缩回
4	动作 X6 钮子开关	Y11 指示 LED 熄灭		缩回到位
		Y2 指示 LED 点亮		手臂左旋
5	动作 X3 钮子开关	Y2 指示 LED 熄灭		左旋到位
6	动作 X11 钮子开关，按下起动按钮 SB1	Y10 指示 LED 点亮		有料，手臂伸出
7	动作 X5 钮子开关，复位 X6 钮子开关	Y10 指示 LED 熄灭		伸出到位
		Y6 指示 LED 点亮		手爪下降
8	动作 X10 钮子开关，复位 X7 钮子开关	Y6 指示 LED 熄灭		下降到位
		Y4 指示 LED 点亮		手爪夹紧抓物
9	动作 X2 钮子开关	Y7 指示 LED 点亮		
	1s 后			手爪上升
10	动作 X7 钮子开关，复位 X10 钮子开关	Y7 指示 LED 熄灭		上升到位
		Y11 指示 LED 点亮		手臂缩回
11	动作 X6 钮子开关，复位 X5 钮子开关	Y11 指示 LED 熄灭		缩回到位
		Y0 指示 LED 点亮		手臂右旋
12	动作 X4 钮子开关，复位 X3 钮子开关	Y0 指示 LED 熄灭		右旋到位
13	2s 后	Y10 指示 LED 点亮		手臂伸出
14	动作 X5 钮子开关，复位 X6 钮子开关	Y10 指示 LED 熄灭		伸出到位
		Y6 指示 LED 点亮		手爪下降
15	动作 X10 钮子开关，复位 X7 钮子开关	Y6 指示 LED 熄灭		下降到位
16	0.5s 后	Y5 指示 LED 点亮		手爪放松
17	复位 X2 钮子开关	Y5 指示 LED 熄灭		放松到位
		Y7 指示 LED 点亮		手爪上升
18	动作 X7 钮子开关，复位 X10 钮子开关	Y7 指示 LED 熄灭		上升到位
		Y11 指示 LED 点亮		手臂缩回
19	动作 X6 钮子开关，复位 X5 钮子开关	Y11 指示 LED 熄灭		缩回到位
		Y2 指示 LED 点亮		手臂左旋
20	动作 X3 钮子开关，复位 X4 钮子开关	Y2 指示 LED 熄灭		左旋到位
21	一次物料搬运结束，等待加料			
22	重新加料，按下停止按钮 SB2，机构完成当前工作循环后停止工作			

⑥ 将 PLC 的 RUN/STOP 开关置“STOP”位置。

⑦ 复位 PLC 模块上的钮子开关。

2）气动回路手动调试

① 接通空气压缩机电源，起动机器压缩空气，等待气源充足。

② 将气源压力调整到工作范围（0.4~0.5MPa）。打开空气压缩机阀门，旋转气动二联件的调压手柄，将压力调到0.4~0.5MPa，然后开启气动二联件上的阀门给机构供气，如图2-32所示。此时施工人员注意观察气路系统有无泄漏现象，若有，应立即解决，确保调试工作在无气体泄漏环境下进行。

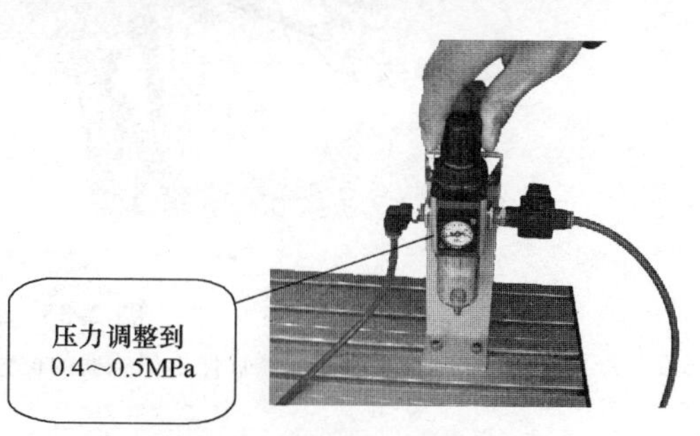

图2-32　调节空气压力

③ 如图2-33所示，在正常工作压力下，按照机械手动作节拍逐一进行手动调试，直至机构动作完全正常为止。对于出现的机械部分异常现象，施工人员应注意关闭气源，再进行排除工作；若需气路拆卸或改建，应关闭气源，待排净回路中的残余气体后方可重新搭建。手动调试时，不可将电磁换向阀锁死。若发现气缸动作方向相反，对调其两个工作口的气管即可。

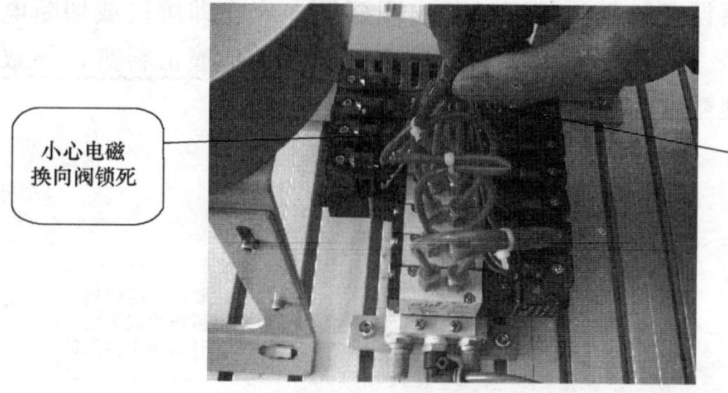

图2-33　气动回路手动调试

④ 调整节流阀至合适开度，使气缸的运动速度趋于合理，避免动作速度过快而产生机械撞击。图2-34所示为气缸运动速度的（手臂伸出速度）调整。

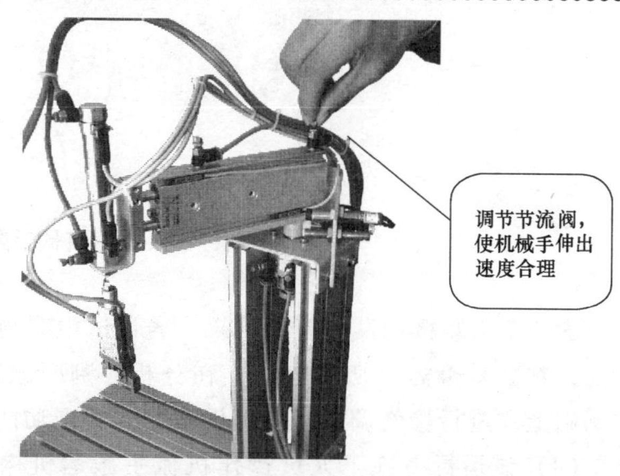

图2-34　调整气缸运动速度

3）传感器调试。图2-35所示为伸缩气缸伸出传感器、左旋限位传感器及缓冲器的调整固定。

① 手动调试气缸动作到位，观察各限位传感器所对应的PLC输入指示LED。若点亮，说明传感器及其位置正常；若不能点亮，需调整传感器的位置、检查传感器及其电路质量的好坏。

② 将物料放于加料站出料口，观察物料检测传感器对应的PLC输入指示

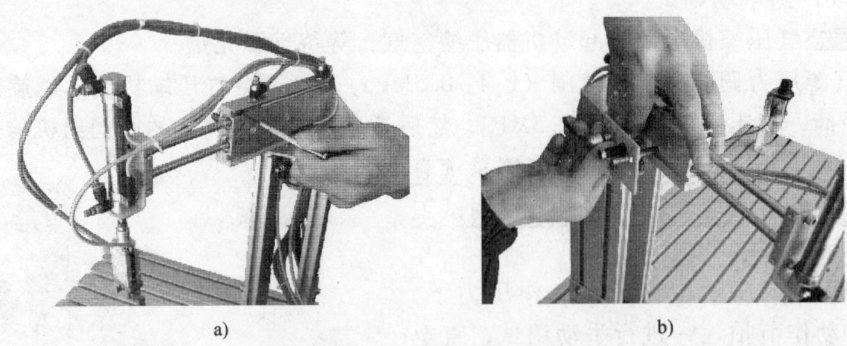

a)　　　　　　b)

图 2-35　传感器的调整固定

a）伸缩气缸伸出传感器的位置调整　b）左旋限位传感器的位置调整

LED。若点亮，说明光电传感器及其位置正常；若不能点亮，需调整传感器的位置、调节光线漫反射灵敏度或检查传感器及其电路质量的好坏。

③ 机械手复位至初始位置。

（3）联机调试　模拟调试正常后，接通 PLC 输出负载的电源回路，进入联机调试阶段，此阶段要求施工人员认真观察设备的动作情况，若出现问题，应立即解决或切断电源，避免扩大故障范围。必须提醒的是，若程序有误，可能会使机械手手爪撞击料盘，导致手爪或提升气缸的作用杆损坏，调试观察的主要部位如图 2-36 所示。

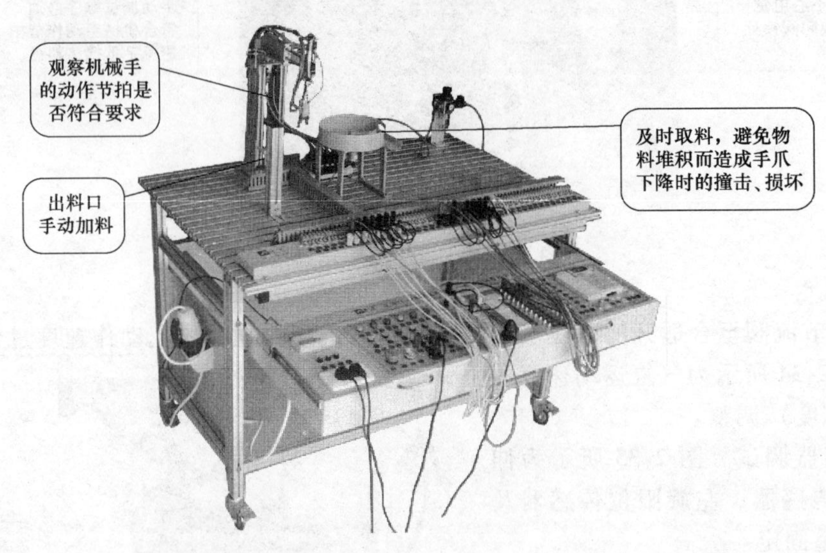

图 2-36　机械手搬运机构

表 2-7 为联机调试的正确结果，若调试中有与之不符的情况，施工人员首先应根据现场情况，判断是否需要切断电源，在分析、判断故障形成的原因（机械、电气或程序问题）的基础上，进行检修调试，直至设备完全实现功能。

（4）试运行　施工人员操作机械手搬运机构，运行、观察一段时间，确保设备合格、稳定、可靠。

表 2-7　联机调试结果一览表

步　骤	操 作 过 程	设备实现的功能	备　　注
1	PLC 上电 （出料口无物料）	手爪放松	机构初始复位
		手爪上升	
		手臂缩回	
		手臂左旋	
2	按下起动按钮 SB1 给出料口加物料	手臂伸出	物料搬运
		手爪下降	
		手爪夹紧	
3	1s 后	手爪上升	
		手臂缩回	
		手臂右旋	
4	右旋到位 2s 后	手臂伸出	
		手爪下降	
5	下降到位 0.5s 后	手爪放松	
		手爪上升	
		手臂缩回	
		手臂左旋到位后停在初始位置	
6	重新加料，按下停止按钮 SB2，机构完成当前工作循环后停止工作		

6. 现场清理

设备调试完毕，要求施工人员清点工量具，归类整理资料，清扫现场卫生，并填写设备安装登记表。

7. 设备验收

设备质量验收见表 2-8。

表 2-8　设备质量验收表

验收项目及要求		配分	配 分 标 准	扣分	得分	备注
设备组装	1. 设备部件安装可靠，各部件位置衔接准确 2. 电路安装正确，接线规范 3. 气路连接正确，规范美观	35	1. 部件安装位置错误，每处扣 2 分 2. 部件衔接不到位、零件松动，每处扣 2 分 3. 电路连接错误，每处扣 2 分 4. 导线反圈、压皮、松动，每处扣 2 分 5. 错、漏编号，每处扣 1 分 6. 导线未入线槽、布线零乱，每处扣 2 分 7. 气路连接错误，每处扣 2 分 8. 气路漏气、掉管，每处扣 2 分 9. 气管过长、过短、乱接，每处扣 2 分			
设备功能	1. 设备起停正常 2. 手爪夹紧放松正常 3. 手爪上升下降正常 4. 手臂伸出缩回正常 5. 手臂左右旋转正常 6. 机械手搬运机构动作准确、完整	60	1. 设备未按要求起动或停止，每处扣 10 分 2. 手爪未按要求夹紧、放松，每处扣 5 分 3. 手爪未按要求升降，扣 10 分 4. 手臂未按要求伸缩，扣 10 分 5. 手臂未按要求旋转，扣 10 分 6. 物料不能准确搬运，扣 10 分			
设备附件	资料齐全，归类有序	5	1. 设备组装图缺少，扣 2 分 2. 电路图、梯形图、气路图缺少，扣 2 分 3. 技术说明书、工具明细表、元件明细表缺少，扣 2 分			
安全生产	1. 自觉遵守安全文明生产规程 2. 保持现场干净整洁，工具摆放有序		1. 漏接接地线一处扣 5 分 2. 每违反一项规定，扣 3 分 3. 发生安全事故，0 分处理 4. 现场凌乱、乱放工具、乱丢杂物、完成任务后不清理现场扣 5 分			
时间	6h		提前正确完成，每 5min 加 5 分 超过定额时间，每 5min 扣 2 分			
开始时间：		结束时间：		实际时间：		

四、设备改造

机械手搬运机构的改造。改造要求及任务如下：

（1）功能要求

1）复位功能。PLC上电，机械手手爪放松、手爪上伸、手臂缩回、手臂左旋至左侧限位处停止。

2）搬运功能。机构起动后，若加料站出料口上有物料→提升臂伸出，手爪下降→到位后，手爪抓物夹紧1s→时间到，提升臂缩回，手抓上升→到位后机械手臂向右旋转→至右侧限位，定时2s后手臂伸出→到位后提升臂伸出，手爪下降→到位后定时0.5s，手爪放松、放下物料→手爪放松到位后，提升臂缩回，手抓上升→到位后机械手臂缩回→到位后机械手臂向左旋转至左侧限位处，等待物料开始新的工作循环（与项目二不同，本机构起动后，手爪是直接下降抓取物料，故应调整加料站的位置方可实现功能）。

（2）技术要求

1）工作方式要求。机构有两种工作方式：单步运行和自动运行。

2）系统的起停控制要求：

① 按下起动按钮，机构开始工作。

② 按下停止按钮，机构完成当前工作循环后停止。

③ 按下急停按钮，机构立即停止工作。

3）电源要有信号指示灯，电气线路的设计符合工艺要求、安全规范。

4）气动回路的设计符合控制要求、正确规范。

（3）工作任务

1）按机构要求画出电路图。

2）按机构要求画出气路图。

3）按机构要求编写PLC控制程序。

4）改装机械手搬运机构实现功能。

5）绘制设备装配示意图。

项目三 物料传送及分拣机构的安装与调试

一、施工任务

1. 根据设备装配示意图组装物料传送及分拣机构。
2. 按照设备电路图连接物料传送及分拣机构的电气回路。
3. 按照设备气路图连接物料传送及分拣机构的气动回路。
4. 输入设备控制程序，正确设置变频器的参数，调试物料传送及分拣机构实现功能。

二、施工前准备

物料传送及分拣机构为YL-235A型光机电设备的终端（YL-235A型光机电设备的分拣装置有三个料槽。考虑到项目的难度，本次任务只进行两槽分拣机构的组装）。与前面一样，施工前应仔细阅读设备随机技术文件，了解机构的组成及其运行情况，看懂组装图、电路图、气动回路图及梯形图等图样，然后再根据施工任务制定施工计划、施工方案等。

1. 识读设备图样及技术文件

（1）装置简介　物料传送及分拣机构主要实现对入料口落下的物料进行输送，并按物料性质进行分类存放的功能，其工作流程如图3-1所示。

1）起停控制。按下起动按钮，机构开始工作。按下停止按钮，机构完成当前工作循环后停止。

2）传送功能。当传送带落料口的光电传感器检测到物料时，变频器起动，驱动三相异步电动机以频率30Hz正转运行，传送带开始自左向右输送物料，分拣完毕，传送带停止运转。

3）分拣功能

① 分拣金属物料。当起动推料一传感器检测到金属物料时，推料一气缸（简称气缸一）动作，活塞杆伸出将它推入料槽一内。当推料一气缸伸出限位传感器检测到活塞杆伸出到位后，活塞杆缩回；缩回限位传感器检测气缸缩回到位后，传送带停止运行。

② 分拣白色塑料物料。当起动推料二传感器检测到白色塑料物料时，推料二气缸（简称气缸二）动作，活塞杆伸出，将它推入料槽二内。当推料二气缸伸出限位传感器检测到活塞杆伸出到位后，活塞杆缩回；缩回限位传感器检测到气缸缩回到位后，传送带停止运行。

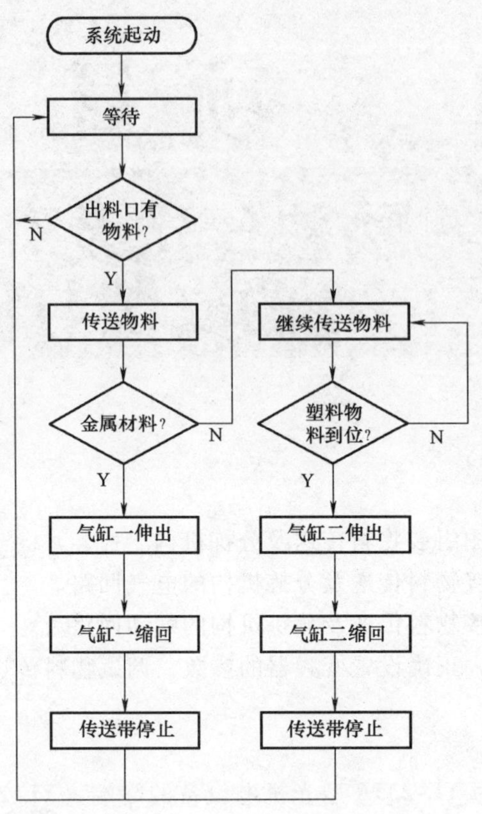

图 3-1　物料传送及分拣机构动作流程图

（2）识读装配示意图　物料传送及分拣机构的设备布局如图 3-2 所示，它主要有两部分组成：传送装置和分拣装置，两者协调配合，平稳传送、迅速分拣。

1）结构组成。如图 3-3 所示，物料传送及分拣机构由落料口、直线带传送线（简称传送线）、料槽、推料气缸、三相异步电动机、电磁换向阀及检测传感器等组成，其中落料口起物料入料、定位用，当固定在其左侧的光电传感器检测到物料时，便给 PLC 发出传送带起动信号，由此控制三相异步电动机驱动传送带传送物料。机构实物如图 3-4 所示。

起动推料一传感器为电感式接近传感器，用来检测判别金属物料，并起动气缸一动作。起动推料二传感器为光纤传感器，调节其放大器的颜色灵敏度，可检测判别白色塑料物料，起动气缸二动作。电感式接近传感器的检测距离为 3～5mm。

2）尺寸分析。物料传送及分拣机构的各部件定位尺寸如图 3-5 所示。

（3）识读变频器相关技术文件　YL-235A 型光机电设备使用三菱 FR-E540 型变频器（或 FR-E700 型，使用手册附在本书数字化资源中）对传送带的电动机进行变频调速拖动控制。图 3-6 所示为 FR-E540 型变频器，通过其外部控制端子、操作面板改变或设定运行参数，达到控制电机拖动的目的。

1）外部接线端子。如图 3-7 所示，三菱 FR-E540 型变频器的外部接线端子主要由主回路接线端子和控制回路接线端子两部分组成，端子接线如图 3-8 所示。

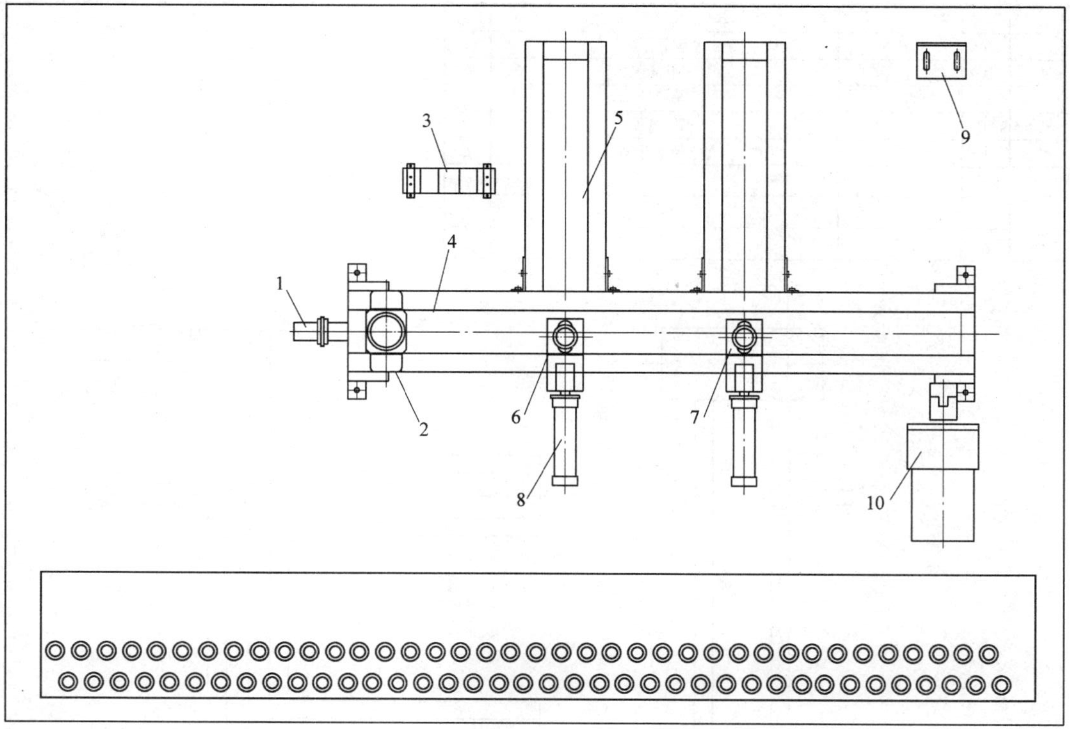

序号	名称	数量
10	三相异步电动机	2
9	气动二联件	1
8	推料气缸	2
7	光纤传感器(白)	1
6	电感式传感器	1
5	料槽	2
4	传送线	1
3	电磁阀阀组	1
2	落料口	1
1	落料口检测光电传感器	1

标记	处数	更改文件号	签字	日期	设备布局图				×××公司
设计		标准化			图样标记	数样	重量	比例	物料传送及分拣机构
核对		(审定)				1			
审核									
工艺		日期							

图 3-2　物料传送及分拣机构设备布局图

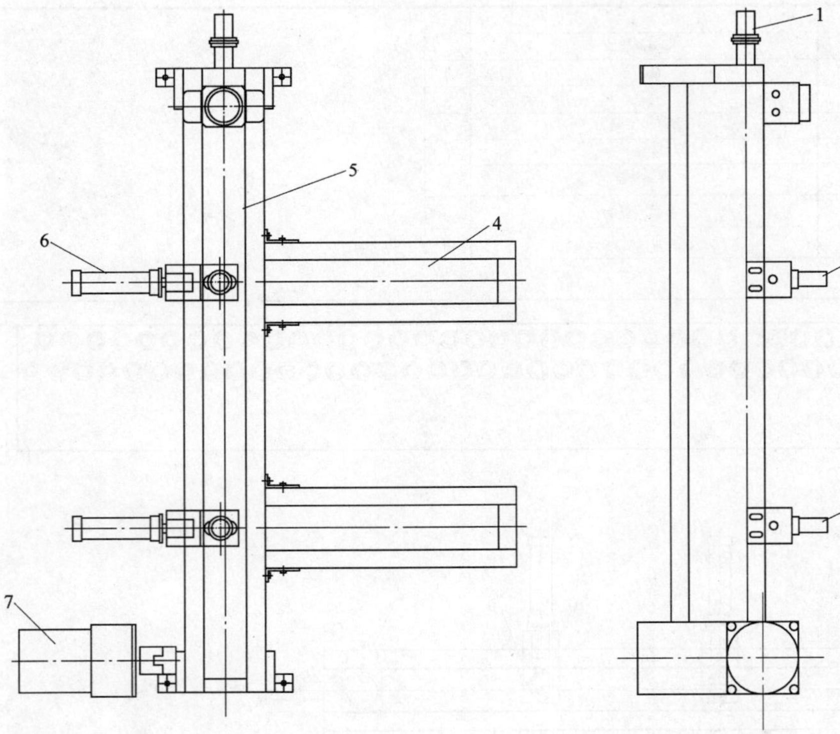

序号	名称	数量
2	电感传感器	1
1	落料口检测光电传感器	1

序号	名称	数量
7	三相异步电动机	1
6	推料气缸	2
5	传送线	1
4	料槽	2
3	光纤传感器	1

标记	处数	更改文件号	签字	日期	示意图				×××公司
设计			标准化						
核对			(审定)		图样标记	数样	重量	比例	两类物料传送及分拣机构
审核									
工艺			日期			1			

图 3-3　物料传送及分拣机构结构示意图

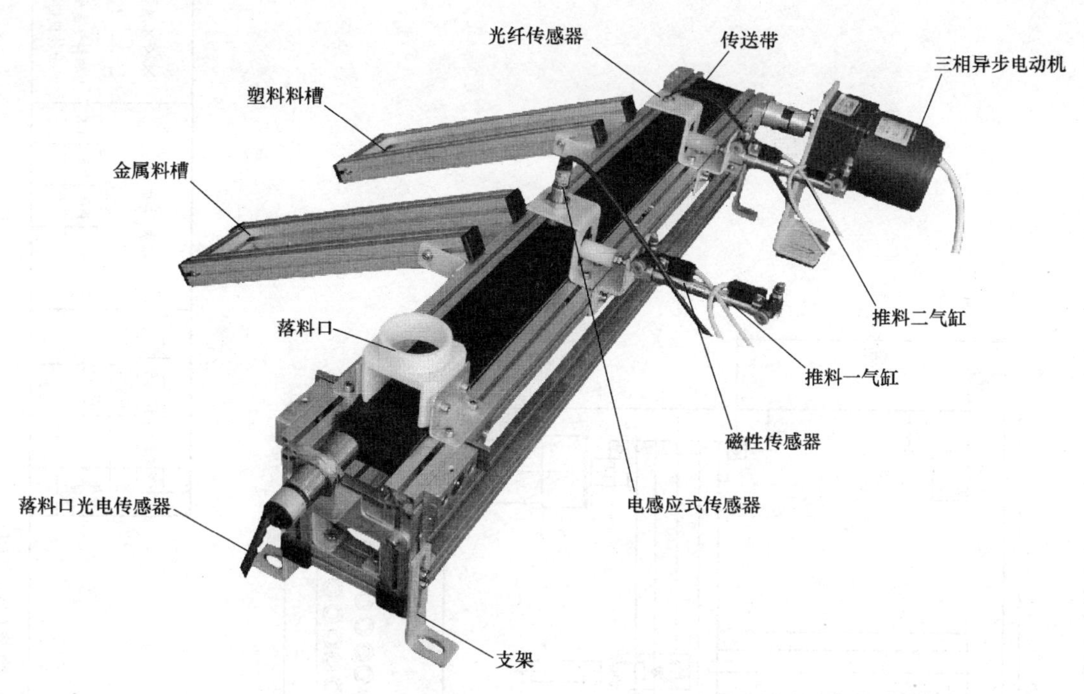

图 3-4　物料传送及分拣机构

① 主回路接线端子。主回路接线端子如图 3-9 所示，各端子功能见表 3-1。

② 控制回路接线端子。控制回路接线端子如图 3-10 所示，各端子功能见表 3-2。

2）操作面板。图 3-11 为三菱 FR-E540 型变频器的操作面板，它的上半部分为显示部分，下半部分为按键部分。

① 按键。三菱 FR-E540 型变频器操作面板上的按键功能见表 3-3。

② 显示部分。三菱 FR-E540 型变频器操作面板上 LED 的作用见表 3-4。

3）变频器的基本操作

① 改变监示显示模式。如图 3-12 所示，操作 MODE 键，可改变监示显示模式，图中的频率设定模式仅在操作模式为 PU 操作模式 Pr. 79 = 1 时显示。

② 改变监示类型。如图 3-13 所示，在监示模式下，按 SET 键，可改变监示类型，图 3-14 所示为频率设定模式下的频率设定过程。

③ 设定参数。以图 3-15 为例，在参数设定模式下，将外部操作模式“2”变更为 PU 操作模式“1”，用 ▲ 或 ▼ 键，可改变参数及参数设定值，用 SET 键写入更新设定值。设定参数时，必须注意两点：第一，除一部分参数外，参数的设定仅在 PU 操作模式Pr. 79 = 1 时可以实施。第二，写入更新参数设定值时，按下 SET 键的时间必须在 1.5s 以上。

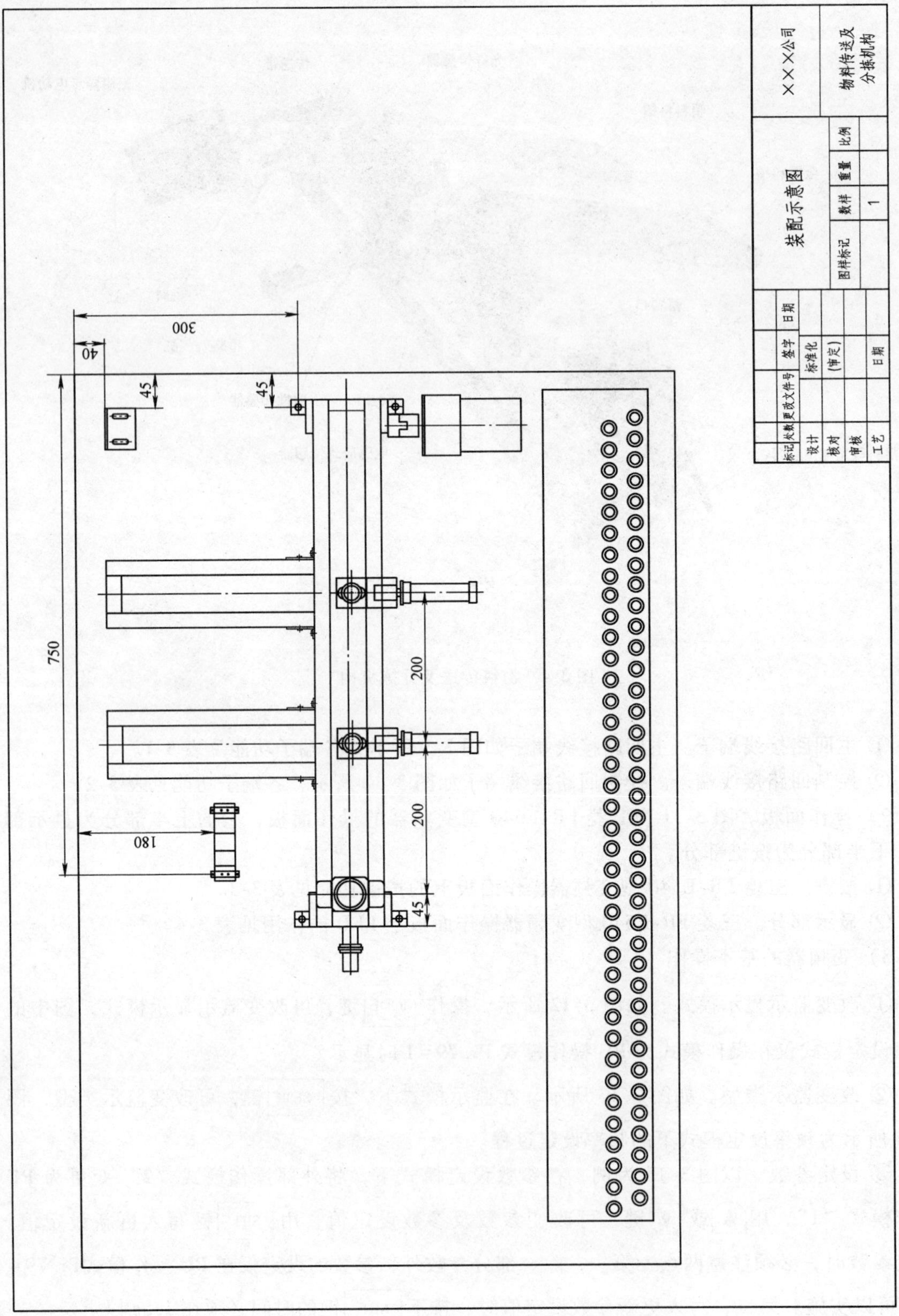

图 3-5　物料传送及分拣机构装配示意图

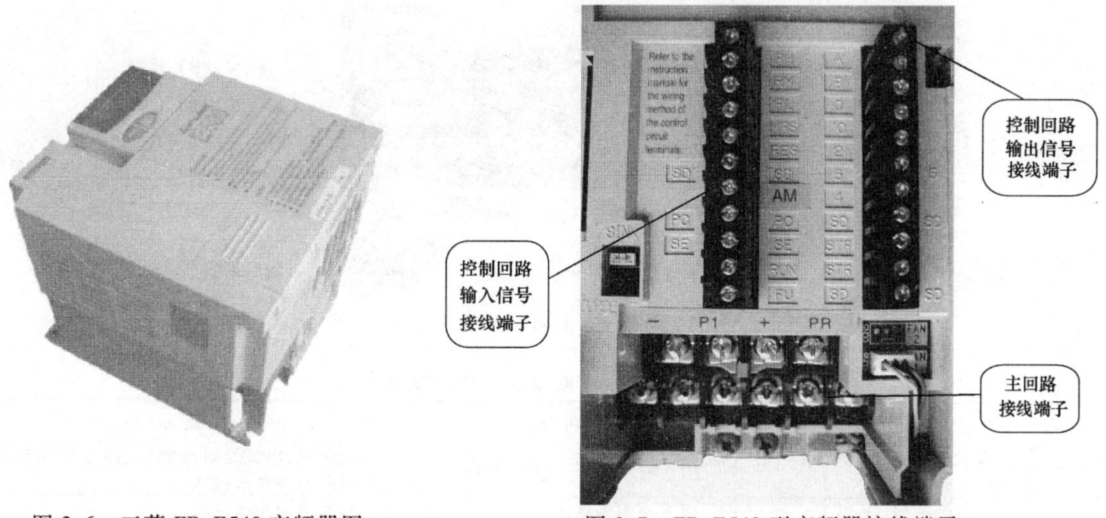

图 3-6　三菱 FR-E540 变频器图　　图 3-7　FR-E540 型变频器接线端子

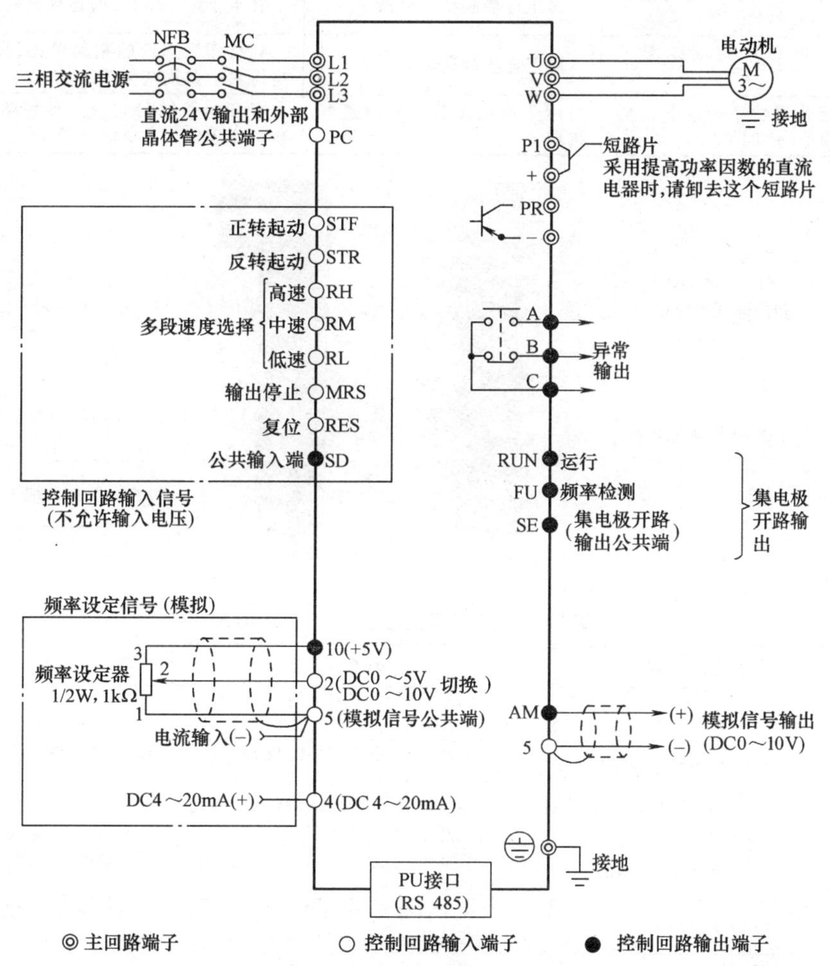

图 3-8　端子接线图

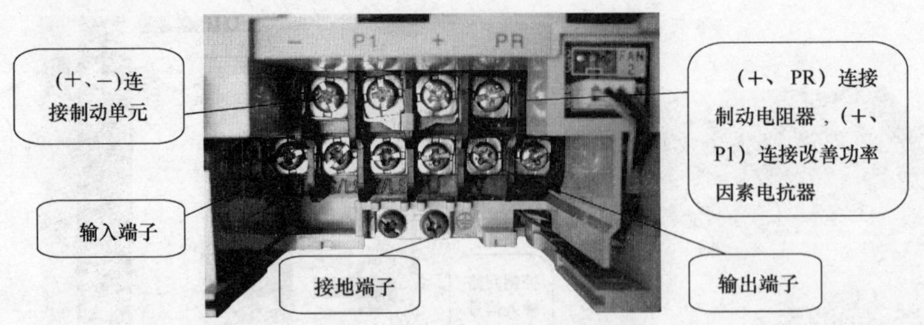

图 3-9 主回路接线端子

表 3-1 主回路接线端子的功能表

序号	接线端子名称	端子功能	要点提示
1	输入端子（R/L1、S/L2、T/L3）	用于输入三相工频电源	为安全起见，电源通过接触器、漏电断路器或无熔丝断路器与插头接入
2	输出端子（U、V、W）	用于变频器输出	接三相笼型异步电动机
3	接地端子（⏚）	用于变频器外壳接地	必须接大地
4	连接制动电阻器接线端子（+、PR）	用于连接制动电阻器	在端子（+、PR）之间连接选件制动电阻器
5	连接制动单元接线端子（+、-）	用于连接制动单元	连接作为选件的制动单元、高功率整流器及电源再生共用整流器
6	连接改善功率因素电抗器接线端子（+、P1）	用于连接改善功率因素电抗器	拆开端子（+、P1）之间的短路片，连接选件改善功率因素用直流电抗器

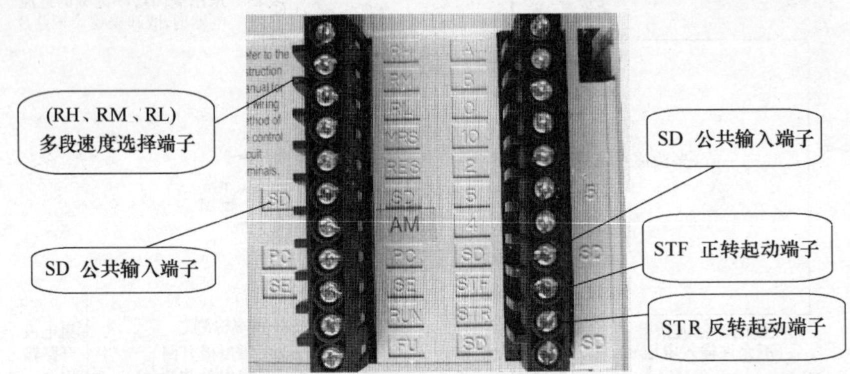

图 3-10 控制回路接线端子

表 3-2 控制回路接线端子的功能表

<table>
<tr><th>序号</th><th colspan="3">接线端子名称</th><th>端子功能</th><th>要点提示</th></tr>
<tr><td>1</td><td rowspan="7">输入信号端子</td><td rowspan="5">接点输入</td><td>正转起动端子（STF）</td><td>STF 信号处于 ON 便正转，处于 OFF 便停止</td><td rowspan="2">当 STF 和 STR 信号同时为 ON 时，相当于给出停止指令</td></tr>
<tr><td>2</td><td>反转起动端子（STR）</td><td>STR 信号处于 ON 便反转，处于 OFF 便停止</td></tr>
<tr><td>3</td><td>多段速度选择端子（RH、RM、RL）</td><td>用 RH、RM 和 RL 信号的组合可以选择多段速度</td><td rowspan="2">输入端子功能通过设定参数（Pr. 180～Pr. 183）改变</td></tr>
<tr><td>4</td><td>停止输出端子（MRS）</td><td>MRS 信号为 ON（20ms 以上）时，变频器输出停止</td></tr>
<tr><td>5</td><td>复位端子（RES）</td><td>RES 信号为 ON 在 0.1s 后断开，变频器解除保护回路动作的保持状态</td><td>复位解除后需要 1s 左右进行复原</td></tr>
<tr><td>6</td><td colspan="2">公共输入端子（SD）</td><td>接点输入端子的公共端</td><td>漏型</td></tr>
<tr><td>7</td><td colspan="2">公共输入端子（PC）</td><td>直流 24V 输出和外部晶体管公共端子</td><td>源型</td></tr>
</table>

（续）

<table>
<tr><th>序号</th><th colspan="3">接线端子名称</th><th>端子功能</th><th>要点提示</th></tr>
<tr><td>8</td><td rowspan="3">模拟信号端子</td><td rowspan="3">频率设定</td><td>频率设定用电源端子(10)</td><td>频率设定用电源端子</td><td>DC5V，允许负荷电流 10mA</td></tr>
<tr><td>9</td><td>频率设定用电压端子(2)</td><td>频率设定用电压端子</td><td>输入 0~5V(或 0~10V)时，5V(或 10V)对应于最大输出频率</td></tr>
<tr><td>10</td><td>频率设定用电流端子(4)</td><td>频率设定用电流端子</td><td>输入 DC4~20mA 时，20mA 为最大输出频率</td></tr>
<tr><td>11</td><td rowspan="5">输出信号端子</td><td>接点</td><td>异常输出端子(A、B、C)</td><td>变频器异常时，B—C 间不导通，A—C 间导通；正常时，B—C 间导通，A—C 间不导通</td><td rowspan="3">输出端子功能通过设定参数(Pr. 190~Pr. 192)改变</td></tr>
<tr><td>12</td><td rowspan="2">集电极开路</td><td>变频器正在运行端子(RUN)</td><td>输出频率在起动频率以上时，RUN 为低电平；否则为高电平</td></tr>
<tr><td>13</td><td>频率检测端子(FU)</td><td>输出频率在检测频率以上时，FU 为低电平；否则为高电平</td></tr>
<tr><td>14</td><td colspan="2">集电极开路公共端子(SD)</td><td>端子 RUN 和 FU 的公共端子</td><td></td></tr>
<tr><td>15</td><td>模拟</td><td>模拟信号输出端子(AM)</td><td>模拟信号输出</td><td>输出信号的大小与监示项目的大小成正比</td></tr>
</table>

注：Pr. ×××参数序号具体说明见附录 D。

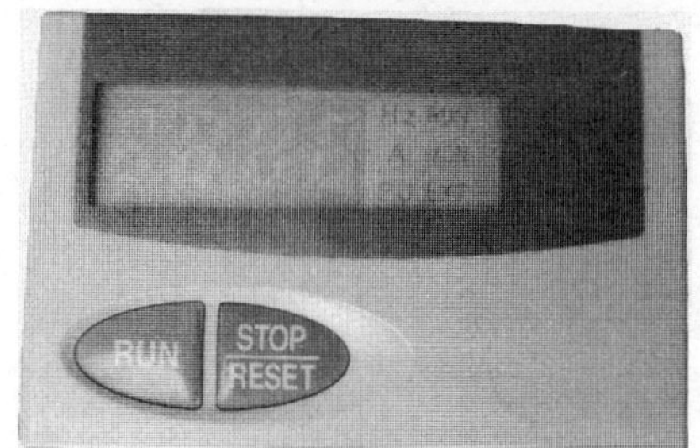

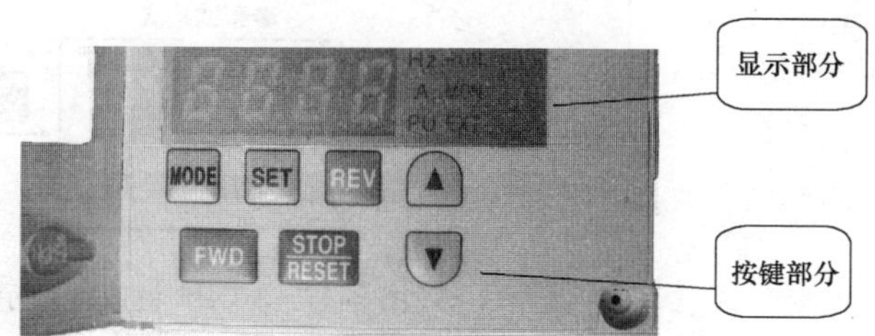

图 3-11　操作面板

表 3-3　操作面板的按键功能

序号	按键名称	按键功能
1	正转键 RUN	用于给出正转指令
2	停止及复位键 STOP/RESET	用于停止运行 用于保护功能动作输出停止时复位变频器
3	模式键 MODE	用于选择操作模式或设定模式
4	设置键 SET	用于确定频率和参数的设定
5	增减键 ▲ / ▼	用于连续增加或降低运行频率，按下此键改变运行频率在设定模式中按下此键，可连续改变设定参数
6	正转键 FWD	用于给出正转指令
7	反转键 REV	用于给出反转指令
8	停止及复位键 STOP/RESET	用于停止运行 用于保护功能动作输出停止时复位变频器

表 3-4　LED 的显示作用

序　　号	LED 名称	动 作 表 示
1	4 位七段显示 LED	显示变频器的参数
2	频率指示 LED：Hz	显示频率时，"Hz"点亮
3	电流指示 LED：A	显示电流时，"A "点亮
4	电压指示 LED：V	显示电压时，"V"点亮
5	运行监示指示 LED：RUN	变频器运行时，"RUN"点亮
6	面板操作模式显示 LED：PU	面板操作时，"PU"点亮
7	外部操作模式显示 LED：EXT	外部操作时，"EXT"点亮

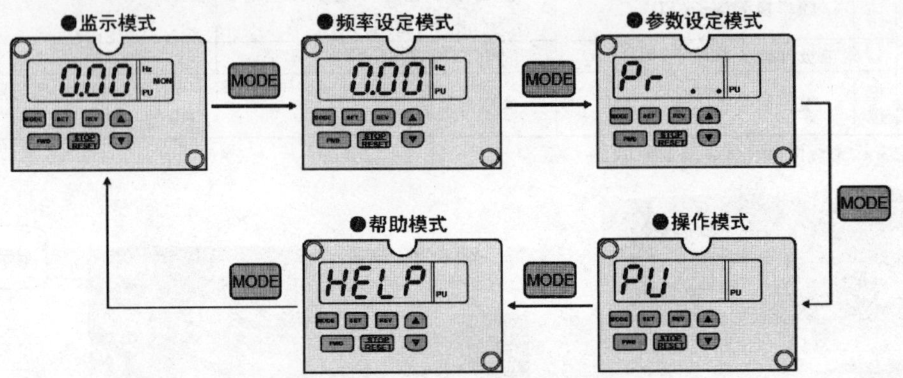

图 3-12　MODE 键改变监示显示模式

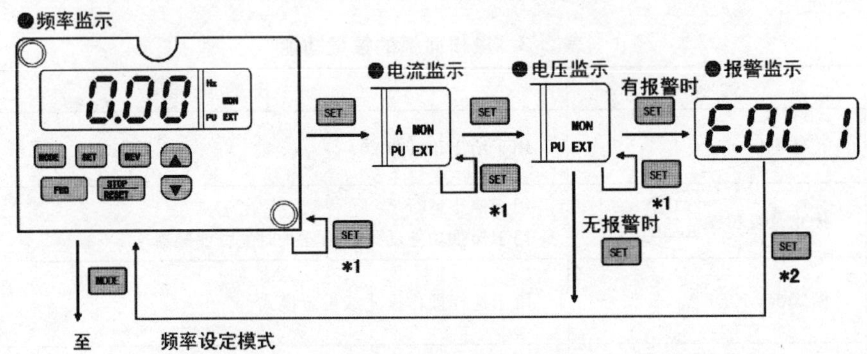

图 3-13　SET 键改变监示类型

注：按下标有＊1 的 SET 键超过 1.5s 时，能将电流监示模式改为上电监示模式；按下标有＊2 的 SET 键超过 1.5s 时，能显示包括最近 4 次的错误指示。

三菱 FR-E540 型变频器常用参数的设定见表 3-5。

（4）识读电路图　如图 3-16 所示，PLC 的输入信号端子接起停按钮、光电传感器、电感式传感器、光纤传感器及磁性传感器，输出信号端子接驱动电磁换向阀的线圈。

物料传送装置主要由 PLC 输出供给变频器正转及低速起动信号，驱动传送带低速正转。物料分拣装置主要由电磁换向阀控制推料气缸的伸缩，实现物料的分拣。

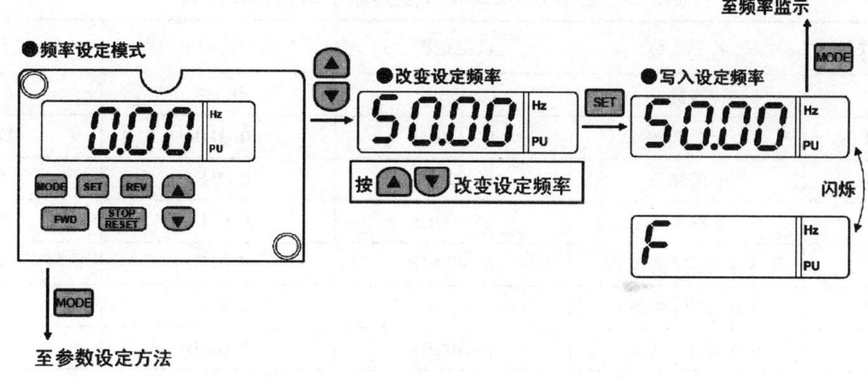

图 3-14　设定运行频率

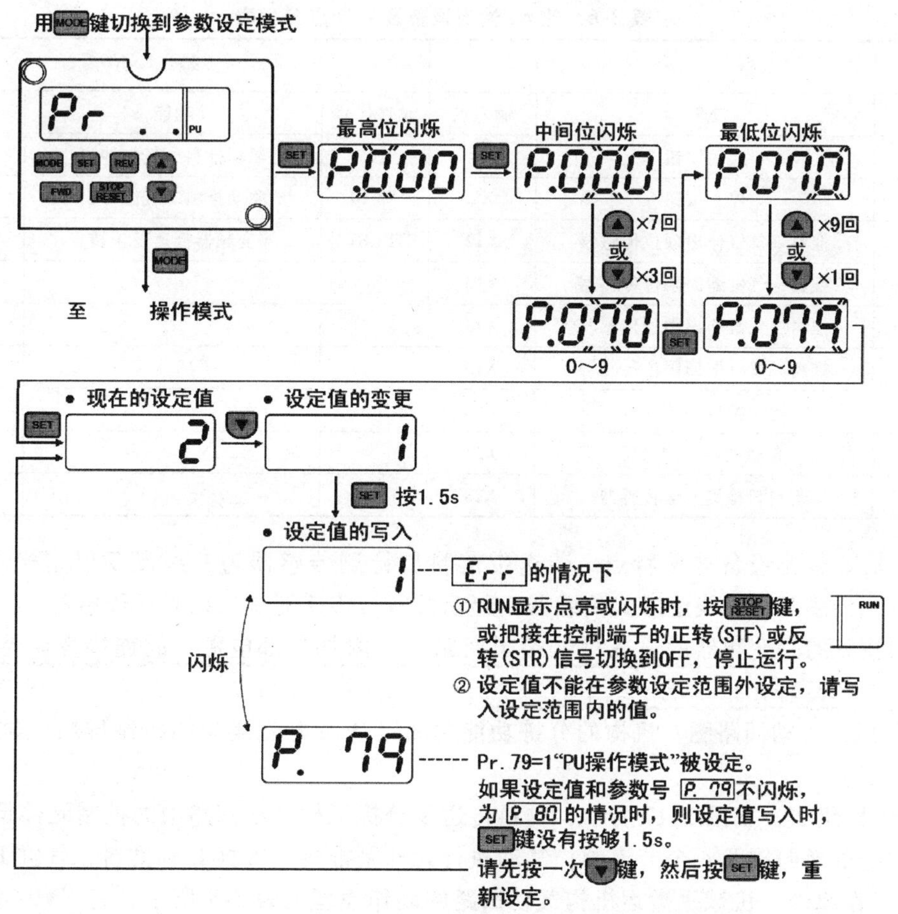

图 3-15　设定参数

1）PLC 机型。PLC 的机型为三菱 FX_{2N}-48MR。

2）I/O 点分配。PLC 输入/输出设备及 I/O 点数的分配情况见表 3-6。

表 3-5　三菱 FR-E540 型变频器基本参数设定表

功能	参数号	名　称	设定范围	最小设定单位	出厂设定
基本功能	0	转速提升	0~30%	0.1%	6%/4
	1	上限频率	0~120Hz	0.01Hz	120Hz
	2	下限频率	0~120Hz	0.01Hz	0Hz
	3	基准频率	0~400Hz	0.01Hz	50Hz
	4	3 速设定(高速)	0~400Hz	0.01Hz	50Hz
	5	3 速设定(中速)	0~400Hz	0.01Hz	30Hz
	6	3 速设定(低速)	0~400Hz	0.01Hz	10Hz
	7	加速时间	0~3600s/0~360s	0.1s/0.01s	5s/10
	8	减速时间	0~3600s/0~360s	0.1s/0.01s	5s/10
	9	电子过电流保护	0~500A	0.01A	稳定输出电流

表 3-6　输入/输出设备及 I/O 点分配表

输　入			输　出		
元件代号	功能	输入点	元件代号	功能	输出点
SB1	起动按钮	X0	YV9	驱动推料一气缸伸出	Y12
SB2	停止按钮	X1	YV10	驱动推料二气缸伸出	Y13
SCK6	推料一气缸伸出限位传感器	X12	STF(RL)	变频器低速及正转	Y20
SCK7	推料一气缸缩回限位传感器	X13			
SCK8	推料二气缸伸出限位传感器	X14			
SCK9	推料二气缸缩回限位传感器	X15			
SQP4	起动推料一传感器	X20			
SQP5	起动推料二传感器	X21			
SQP7	落料口检测光电传感器	X23			

3）输入/输出设备连接特点。传送带落料口检测传感器为三线漫反射型光电传感器，起动推料一传感器为三线电感式传感器，起动推料二传感器是三线光纤传感器。

必须注意的是变频器的输入信号端子回路不可附加外部电源，故连接变频器的输出点 Y20 为独立 PLC 输出信号端子组中的一个。

（5）识读气动回路图　机构的分拣功能主要是通过电磁换向阀控制推料气缸的伸缩来实现的。

1）气路组成。如图 3-17 所示，物料传送及分拣机构气动回路中的控制元件是 2 个两位五通单控电磁换向阀及 4 个节流阀；气动执行元件是推料一气缸 E 和推料二气缸 F。

2）工作原理。机械手搬运机构气动回路的动作原理见表 3-7 所示，若 YV9 得电，单控电磁换向阀 *A* 口出气、*B* 口回气，气缸 E 伸出，将金属物料推入料槽一内；若 YV9 失电，单控电磁换向阀则在弹簧作用下复位，*A* 口回气、*B* 口出气，从而改变气动回路的气压方向，气缸 E 缩回，等待下一次分拣。推料二气缸的气动回路工作原理与之相同。

（6）识读梯形图　图 3-18 为物料传送及分拣机构梯形图，其动作过程如图 3-19 所示。

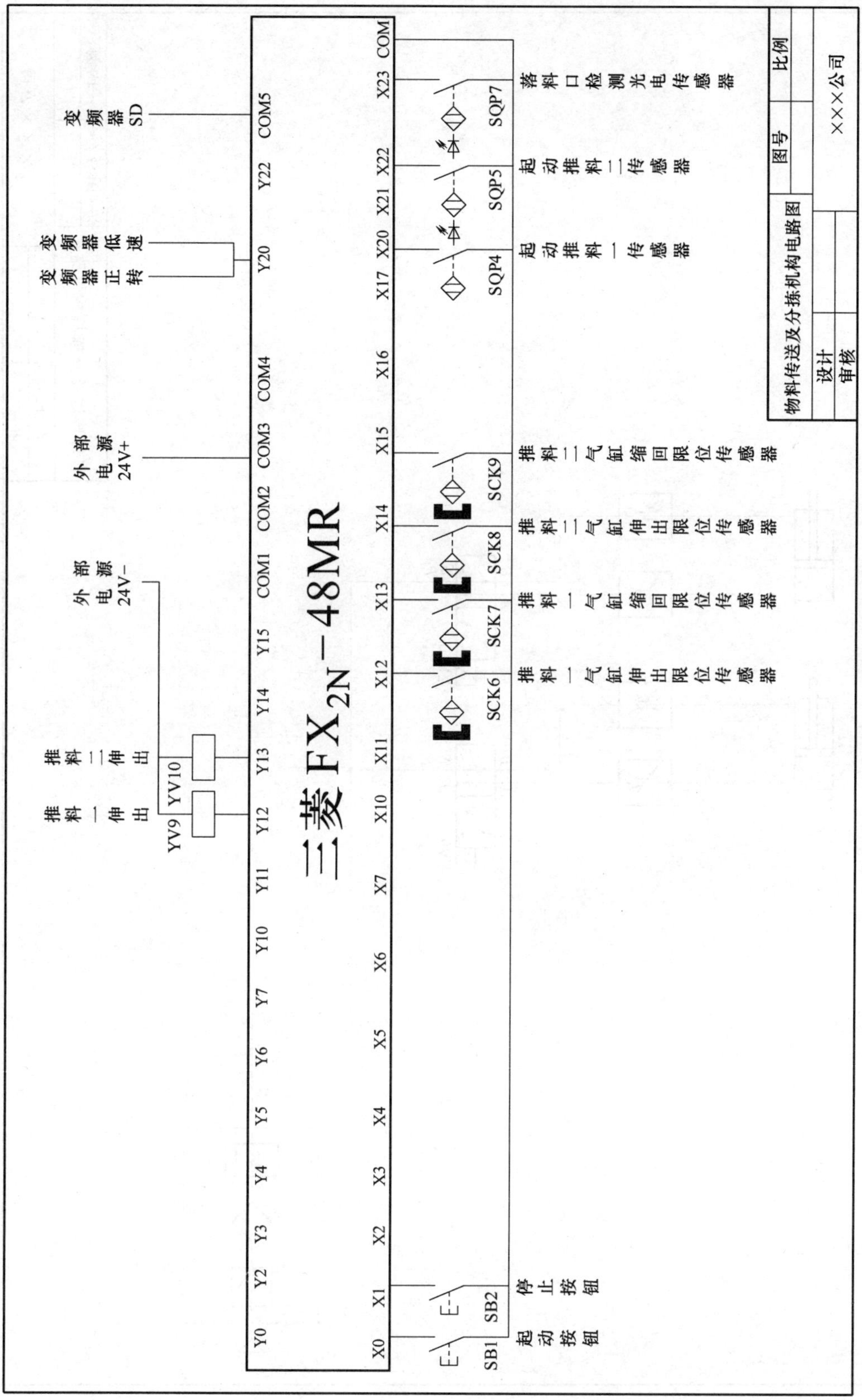

推料一伸出　推料二伸出　外部电源24V−　外部电源24V+　变频器正转　变频器低速　变频器SD

YV9　YV10

Y0　Y2　Y3　Y4　Y5　Y6　Y7　Y10　Y11　Y12　Y13　Y14　Y15　COM1　COM2　COM3　COM4　Y20　Y22　COM5

三菱 FX_{2N}−48MR

X0　X1　X2　X3　X4　X5　X6　X7　X10　X11　X12　X13　X14　X15　X16　X17　X20　X21　X22　X23　COM

SB1　SB2　SCK6　SCK7　SCK8　SCK9　SQP4　SQP5　SQP7

起动按钮　停止按钮　推料一气缸伸出限位传感器　推料一气缸缩回限位传感器　推料二气缸伸出限位传感器　推料二气缸缩回限位传感器　起动推料一传感器　起动推料二传感器　落料口检测光电传感器

物料传送及分拣机构电路图	图号	比例
设计		×××公司
审核		

图 3-16　物料传送及分拣机构电路图

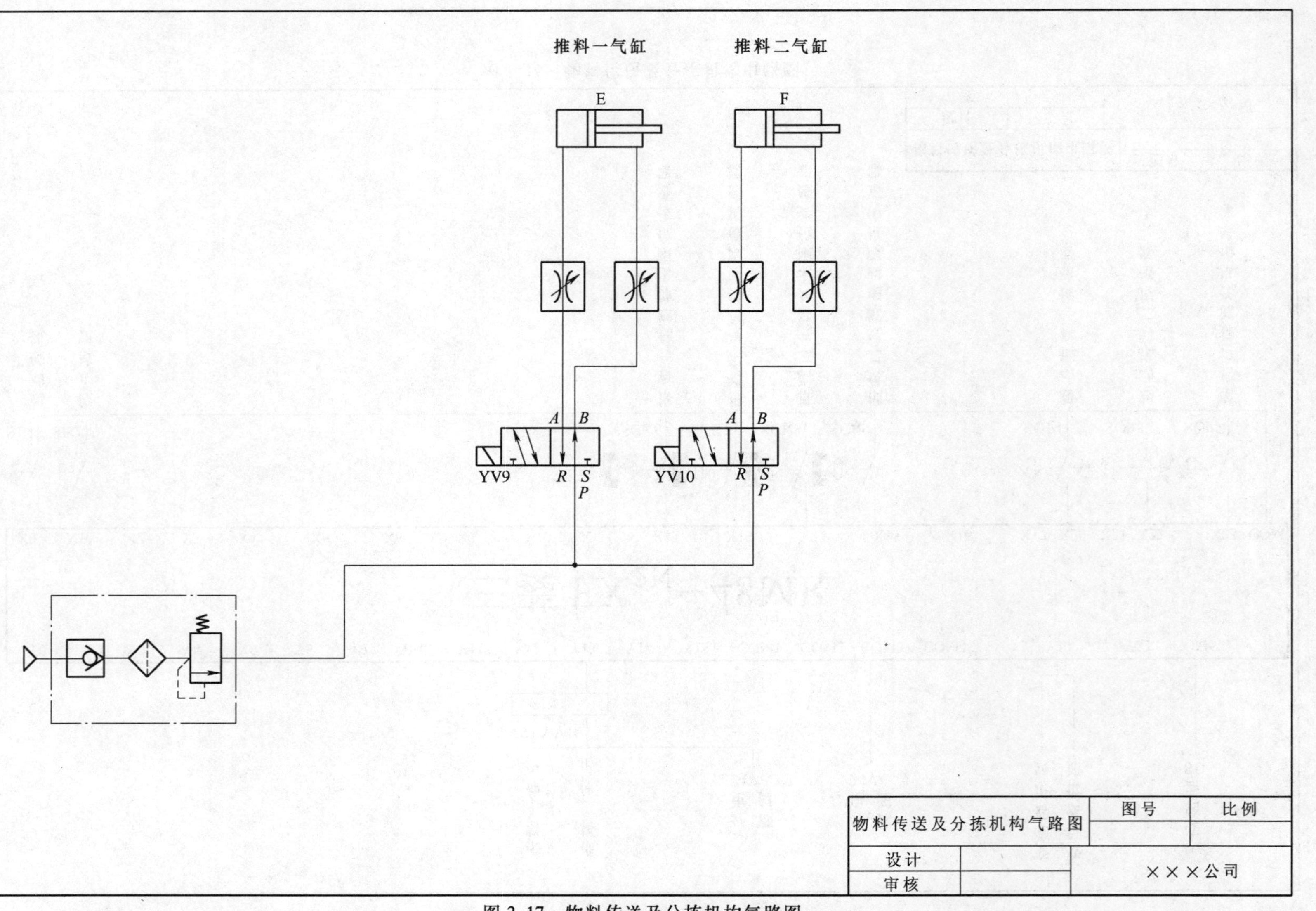

图 3-17　物料传送及分拣机构气路图

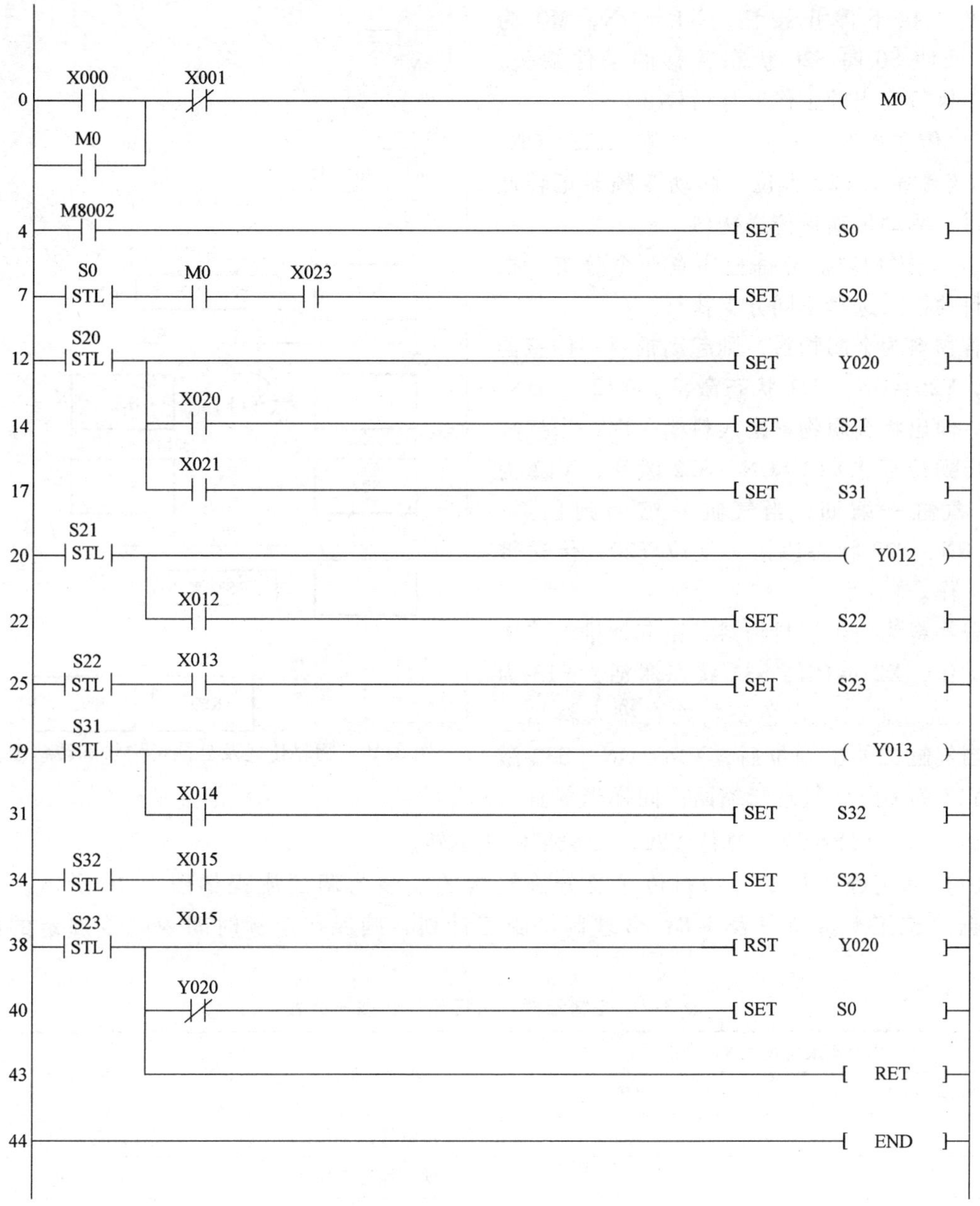

```
0   X000  X001(NC)                    ( M0 )
    M0
4   M8002                             [ SET  S0 ]
7   S0 STL  M0  X023                  [ SET  S20 ]
12  S20 STL                           [ SET  Y020 ]
14        X020                        [ SET  S21 ]
17        X021                        [ SET  S31 ]
20  S21 STL                           ( Y012 )
22        X012                        [ SET  S22 ]
25  S22 STL  X013                     [ SET  S23 ]
29  S31 STL                           ( Y013 )
31        X014                        [ SET  S32 ]
34  S32 STL  X015                     [ SET  S23 ]
38  S23 STL  X015                     [ RST  Y020 ]
40        Y020(NC)                    [ SET  S0 ]
43                                    [ RET ]
44                                    [ END ]
```

物料传送及分拣机构梯形图		图号	比例
设计		×××公司	
审核			

图 3-18 物料传送及分拣机构梯形图

1）起停控制。按下起动按钮，X0 = ON，M0 为 ON 且保持，为激活 S20 状态提供了必要条件。按下停止按钮，X1 = ON，M0 为 OFF，致使 S0 向 S20 状态转移的条件缺失，故程序执行完当前工作循环后停止。

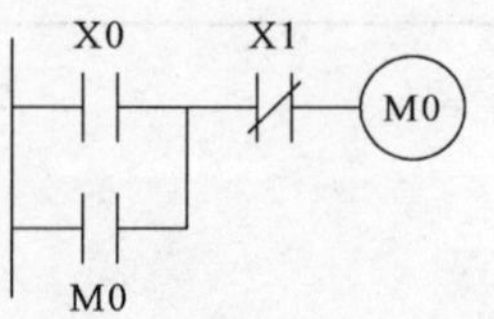

2）传送物料。入料口有物料，X23 = ON，S20 状态激活，Y20 置位，起动变频器正转低速运行，驱动传输带传送物料。

3）分拣物料。分拣程序有两个分支，根据物料的性质选择不同分支执行。

若物料为金属物料，则起动推料一传感器动作，X20 = ON，S21 状态激活，Y12 为 ON，气缸一伸出将金属物料推入料槽一内；当气缸一伸出到位后，X12 = ON，S22 激活，Y12 为 OFF，气缸一缩回；当气缸一缩回到位后，X13 = ON，S23 状态激活，复位 Y20，传送带停止工作。

若物料为白色塑料物料，则起动推料二传感器动作，X21 = ON，S31 状态激活，Y13 为 ON，气缸二伸出将白色塑料物料推入料槽二内；当气缸二伸出到位后，X14 = ON，S32 激活，Y13 为 OFF，气缸二缩回；同样当气缸二缩回到位后，X15 = ON，复位 Y20，传送带停止运转。

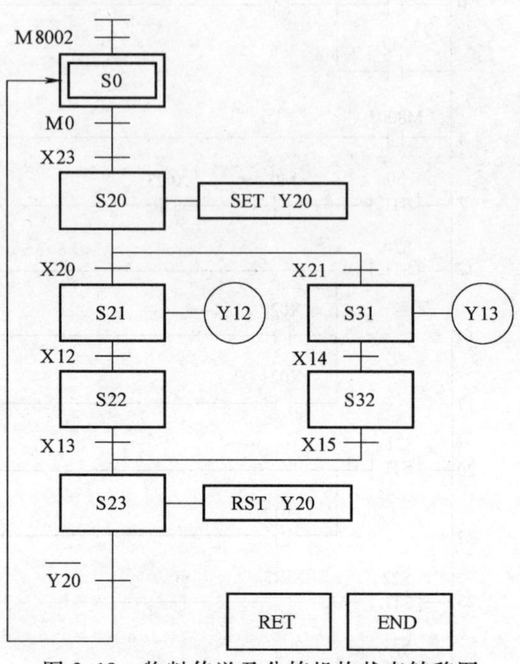

图 3-19　物料传送及分拣机构状态转移图

（7）制定施工计划　物料传送及分拣机构的安装与调试流程如图 3-20 所示。以此为依据，施工人员填写表 3-8，合理制定施工计划，确保在定额时间内完成规定的施工任务。

表 3-7　控制元件、执行元件状态一览表

电磁阀换向线圈得电情况		执行元件状态	机构任务
YV9	YV10		
+		推料气缸 E 伸出	分拣金属物料
−		推料气缸 E 缩回	等待分拣
	+	推料气缸 F 伸出	分拣塑料物料
	−	推料气缸 F 缩回	等待分拣

2. 施工准备

（1）设备清点　检查物料传送及分拣机构的部件是否齐全，并归类放置，其部件清单见表 3-9。

（2）工具清点　设备组装工具清单见表 3-10，施工人员应清点工具的数量，并认真检查其性能是否完好。

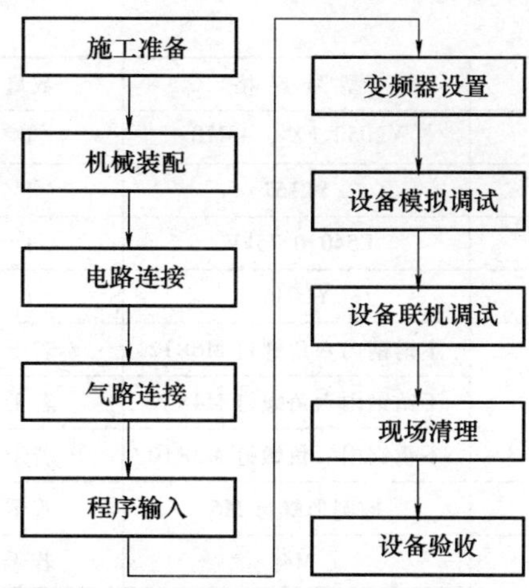

图 3-20　物料传送及分拣机构的安装与调试流程图

表 3-8　施工计划表

设备名称	施工日期	总工时/h	施工人数/人	施工负责人
物料传送及分拣机构				

序号	施工任务	施工人员	工序定额	备注
1	阅读设备技术文件			
2	机械装配、调整			
3	电路连接、检查			
4	气路连接、检查			
5	程序输入			
6	设置变频器参数			
7	设备模拟调试			
8	设备联机调试			
9	现场清理，技术文件整理			
10	设备验收			

表 3-9　设备清单

序号	名　称	型号规格	数量	单位	备注
1	传送线套件	50×700	1	套	
2	推料气缸套件	CDJ2KB10-60-B	2	套	
3	料槽套件		2	套	
4	电动机及安装套件	380V、25W	1	套	
5	落料口		1	只	
6	电感式传感器及其支架	NSN4-2M60-E0-AM	1	套	
7	光电传感器及其支架	GO12-MDNA-A	1	套	落料口
8	光纤传感器及其支架	E3X-NA11	1	套	
9	磁性传感器	D-C73	4	套	

（续）

序号	名　称	型号规格	数量	单位	备注
10	PLC 模块	YL050、FX_{2N}-48MR	1	块	
11	按钮模块	YL157	1	块	
12	变频器模块	E540、0.75kW	1	块	
13	电源模块	YL046	1	块	
14	螺钉	不锈钢内六角螺钉 M6×12	若干	只	
15		不锈钢内六角螺钉 M4×12	若干	只	
16		不锈钢内六角螺钉 M3×10	若干	只	
17	螺母	椭圆形螺母 M6	若干	只	
18	垫圈	M4	若干	只	
19		M3	若干	只	
20		$\phi 4$	若干	只	

表 3-10　工具清单

序　号	名　称	规格、型号	数　量	单　位
1	工具箱		1	只
2	螺钉旋具	一字、100mm	1	把
3	钟表螺钉旋具		1	套
4	螺钉旋具	十字、150mm	1	把
5	螺钉旋具	十字、100mm	1	把
6	螺钉旋具	一字、150mm	1	把
7	斜口钳	150mm	1	把
8	尖嘴钳	150mm	1	把
9	剥线钳		1	把
10	内六角扳手（组套）	PM-C9	1	套
11	万用表		1	只

三、实施任务

根据制定的施工计划，按照顺序对物料传送及分拣机构实施组装，施工中应注意及时调整进度，保证定额。施工时必须严格遵守安全操作规程，加强安全保障措施，确保人身和设备安全。

1. 机械装配

（1）机械装配前的准备

按照要求清理现场、准备图样及工具，并安排装配流程。参考流程如图 3-21 所示。

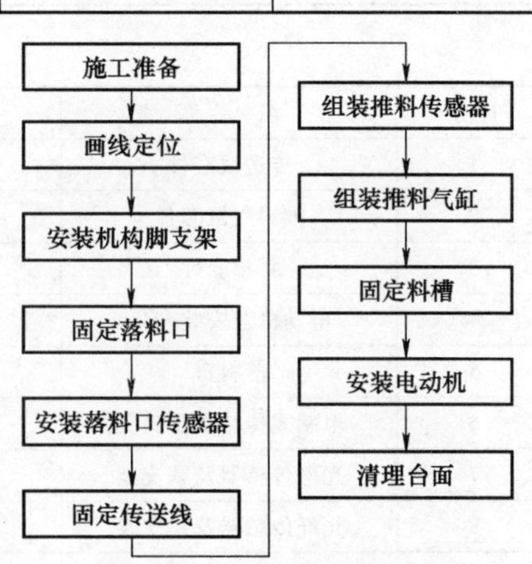

图 3-21　机械装配流程图

（2）机械装配步骤　按图 3-21 组装物料传送及分

拣机构。

1）画线定位。根据物料传送及分拣机构装配示意图对机构支架、三相异步电动机和电磁换向阀的固定尺寸进行画线定位。

2）安装机构脚支架。如图3-22所示，固定传送线的四只脚支架。

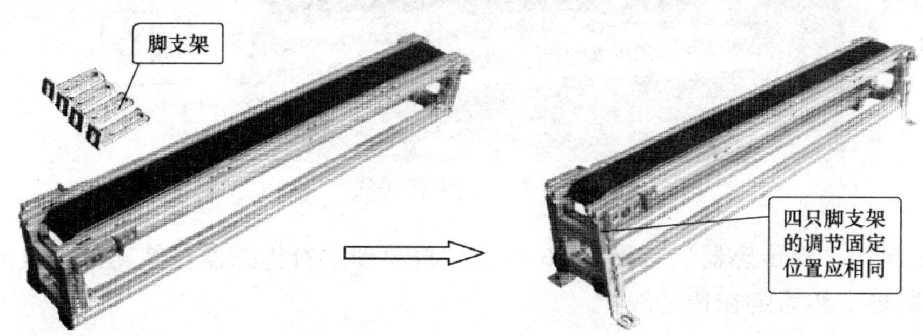

图3-22　安装机构脚支架

3）固定落料口。如图3-23所示，根据装配示意图固定落料口。固定时应注意不可将传送线左右颠倒，否则将无法安装三相异步电动机。落料口的位置相对于传送线的左侧需存有一定距离，以此保证物料能平稳地落在传送带上，不致因物料与传送带接触面积过小而出现倾斜、翻滚或漏落现象。

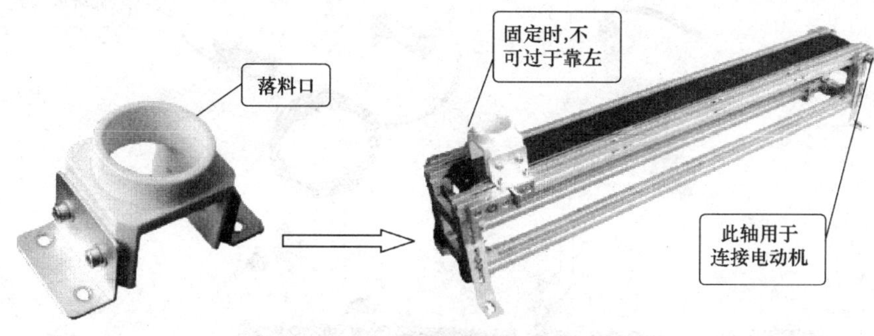

图3-23　固定落料口

4）安装落料口传感器。如图3-24所示，根据装配示意图安装落料口传感器。

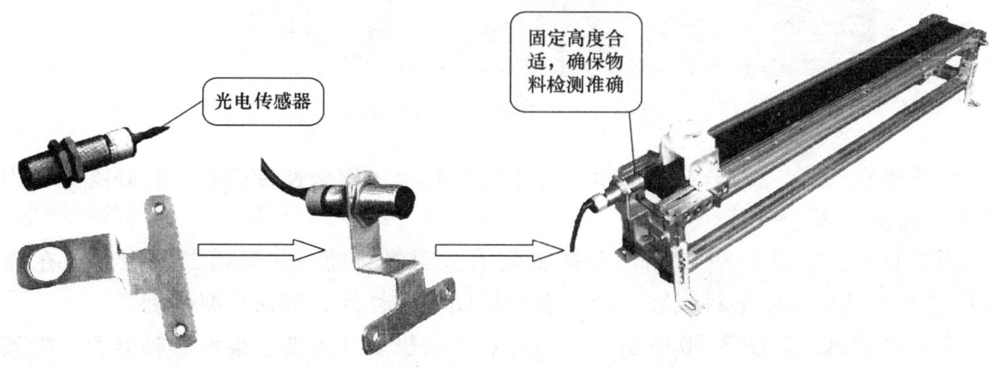

图3-24　安装落料口传感器

5）固定传送线。如图 3-25 所示，将传送线固定在定位处。

图 3-25　固定传送线

6）组装起动推料传感器。如图 3-26 所示，将起动推料传感器在其支架上装好后，再根据装配示意图将支架固定在传送线上。

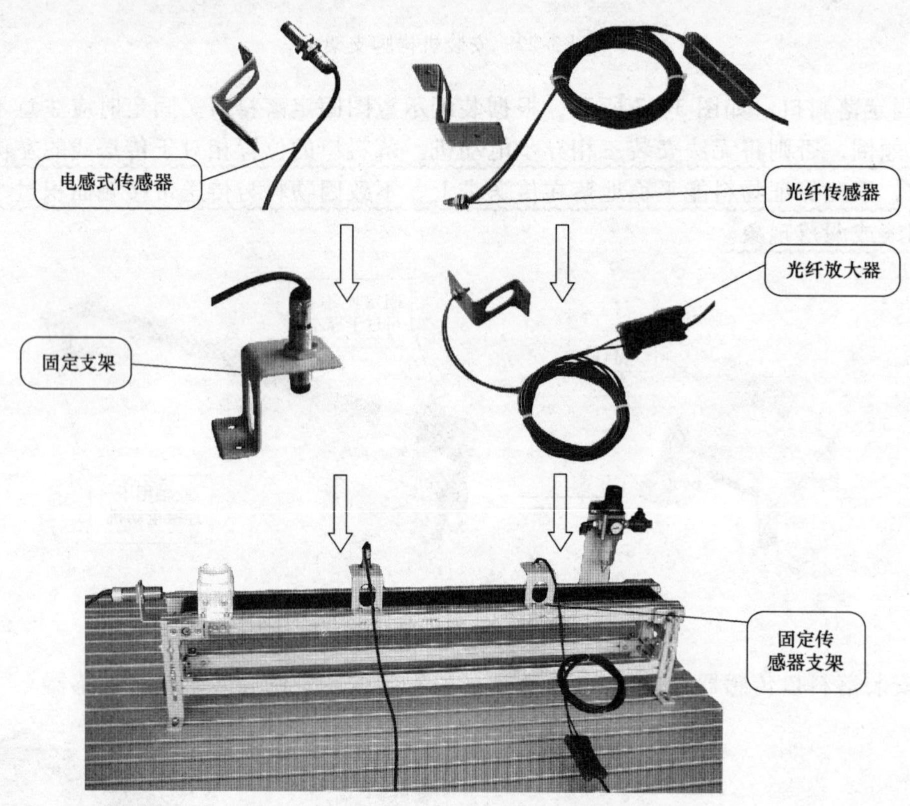

图 3-26　组装起动推料传感器

7）组装推料气缸。如图 3-27 所示，在推料气缸上固定磁性传感器，装好支架后固定在传送线上，见图 3-28。

8）固定料槽。如图 3-29 所示，根据装配示意图将料槽一和料槽二分别固定在传送线上，并调整它与其对应的推料气缸，使二者保持同一中性线，确保推料准确。

9）安装电动机。如图 3-30 所示，三相异步电动机装好支架、柔性联轴器后，将其支架固定在定位处。固定前应调整好电动机的高度、垂直度，使电动机与传送带同轴。完成后，试旋电动机，观察两者连接、运转是否正常。

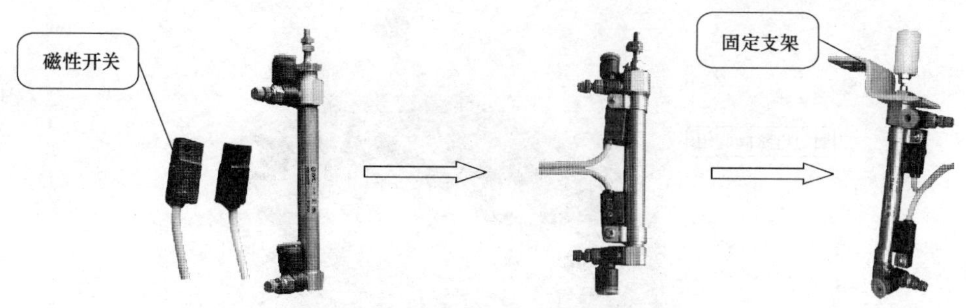

图 3-27 固定磁性传感器及气缸支架

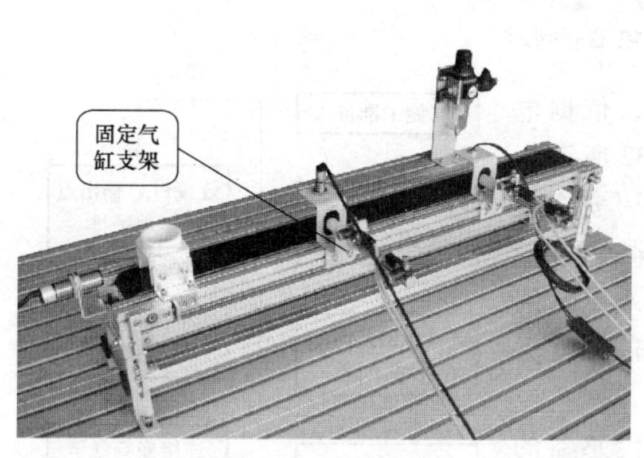

图 3-28 固定推料气缸

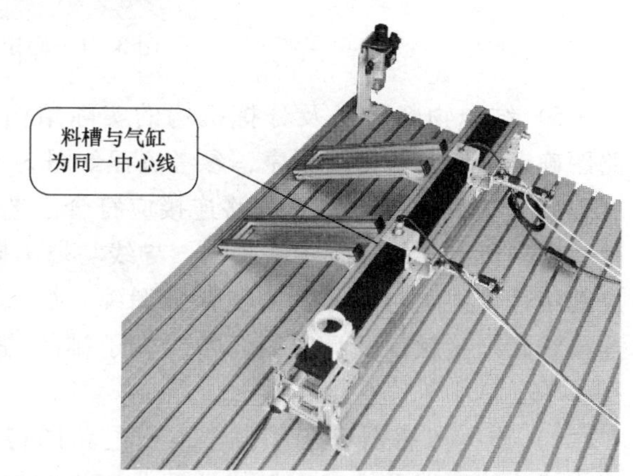

图 3-29 固定料槽

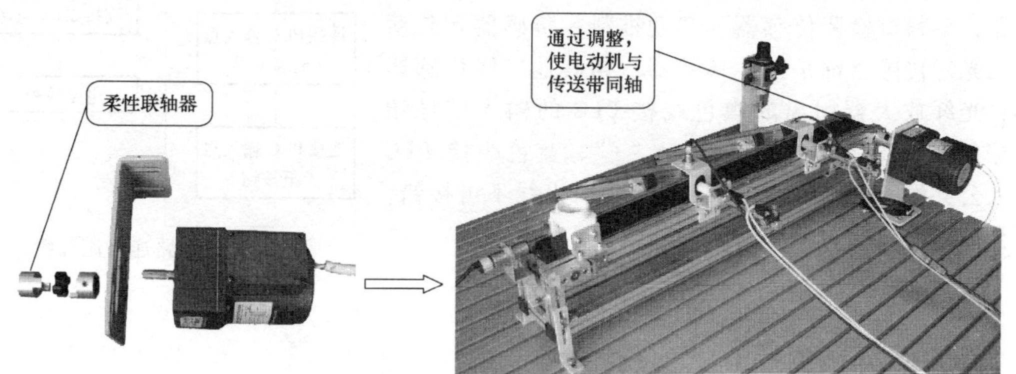

图 3-30 安装电动机

10）固定电磁阀阀组。如图 3-31 所示，将电磁阀阀组固定在定位处。

11）清理设备台面，保持台面无杂物或多余部件。

2. 电路连接

（1）电路连接前的准备

1）检查电源处于断开状态，做到施工无安全隐患。

2）准备好电路安装的相关图样，供作业时查阅。

3）选用电气安装连接的电工工具，且有序摆放。

4）剪好编号管。

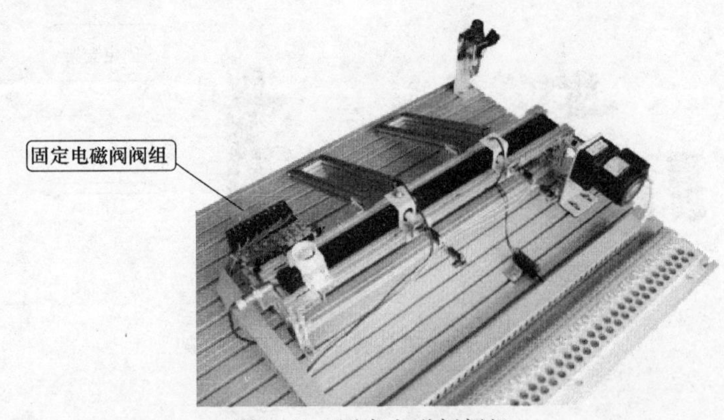

图 3-31　固定电磁阀阀组

5）结合物料传送及分拣机构的实际结构，依据电路图确定电气回路连接顺序，参考流程如图 3-32 所示。

（2）电路连接步骤　电路连接应符合工艺、安全规范要求，所有导线应置于线槽内。导线与端子排连接时，应套编号管并及时编号，避免错编漏编。插入端子排的连接线必须接触良好且紧固。接线端子排的功能分配见图 1-16。

1）连接传感器至端子排。根据电路图将传感器的引出线连接至端子排。物料传送及分拣机构使用了两种传感器：两线传感器与三线传感器。磁性传感器为两线传感器，落料口检测传感器、起动推料一传感器和起动推料二光纤传感器都是三线传感器。与其他三线传感器一样，光纤放大器引出的黑色线接 PLC 的输入信号端子、棕色线接 PLC 直流电源 24V“+”、蓝色线接 PLC 的输入公共端 COM，如图 3-33 所示。引出线不可接错，否则会损坏。

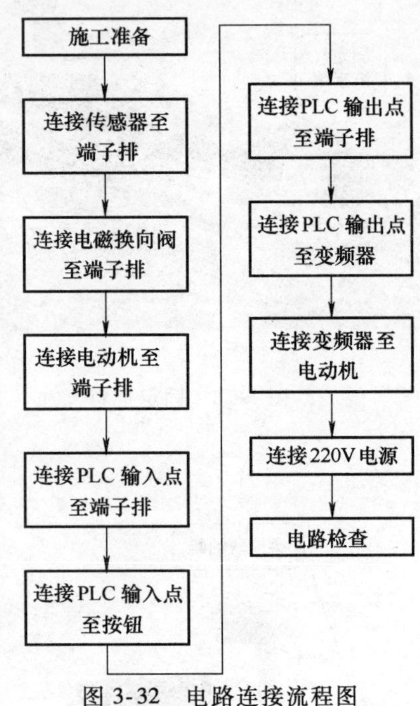

图 3-32　电路连接流程图

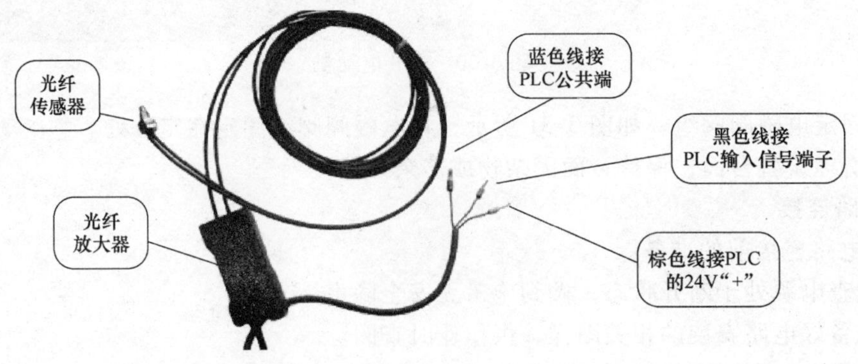

图 3-33　光纤传感器

2）连接输出元件至端子排。物料传送及分拣机构使用的是阀组中的单控电磁换向阀，此阀只有一只线圈。根据电路图，将两片单控电磁换向阀的线圈按端子分布图连接至端子排。

3）连接电动机至端子排。

4）连接 PLC 的输入信号端子至端子排。

5）连接 PLC 的输入信号端子至按钮模块。

6）连接 PLC 的输出信号端子至端子排（负载电源暂不连接，待 PLC 模拟调试成功后连接）。

7）连接 PLC 的输出信号端子至变频器。图 3-34 所示为变频器模块。将 PLC 输出信号端子 Y20 与变频器的 STF 相连，再将 STF 和 RL 短接。

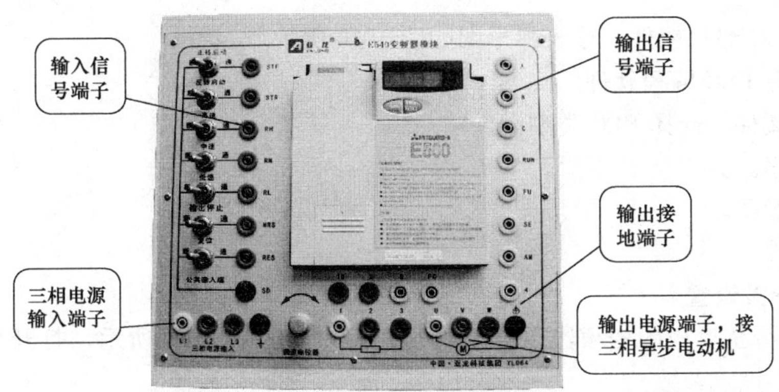

图 3-34　变频器模块

8）连接变频器至电动机。将变频器的主回路输出端子 U、V、W、PE 与三相异步电动机相连。接线时严禁将变频器的主回路输出端子 U、V、W 与电源输入端子 L1、L2、L3 错接，否则会烧毁变频器。

9）将电源模块中的单相交流电源引至 PLC 模块。

10）将电源模块中的三相电源和接地线引至变频器的主回路输入端子 L1、L2、L3、PE。

11）电路检查。

12）清理设备台面，工具入箱。

3. 气动回路连接

（1）气路连接前的准备

按照要求检查空气压缩机状态、准备图样及工具，并安排气动回路连接步骤。

（2）气路连接步骤　如图 3-35 所示，管路连接时，应避免直角或锐角弯曲，尽量平行布置，力求走向合理且气管最短。

1）连接气源。

2）连接执行元件。

3）整理、固定气管。

4）封闭阀组上未用电磁换向阀的气路通道。

5）清理台面杂物，工具入箱。

图 3-35　气路连接

4. 程序输入

启动三菱 PLC 编程软件，输入梯形图如图 3-18 所示。

1）启动三菱 PLC 编程软件。

2）创建新文件，选择 PLC 类型。

3）输入程序。

4）转换梯形图。

5）保存文件。

5. 变频器参数设置

物料传送及分拣机构的变频器设定参数见表 3-11。如图 3-36 所示，打开变频器的面板盖板，按表 3-11 设定参数。

表 3-11　变频器参数设定表

序　号	参 数 号	名　称	设 定 值	备　注
1	Pr. 1	上限频率	50Hz	
2	Pr. 2	下限频率	0Hz	
3	Pr. 6	3 速设定(低速)	30Hz	低速设定
4	Pr. 7	加速时间	5s	
5	Pr. 8	减速时间	5s	
6	Pr. 79	操作模式	2	外部操作模式

1）选择面板操作模式。变频器参数设定必须在面板操作模式下进行，否则无效。先用 MODE 键将监示显示切换至参数设定模式，再在此模式下设定操作模式为 PU 操作模式 Pr. 79 = 1。

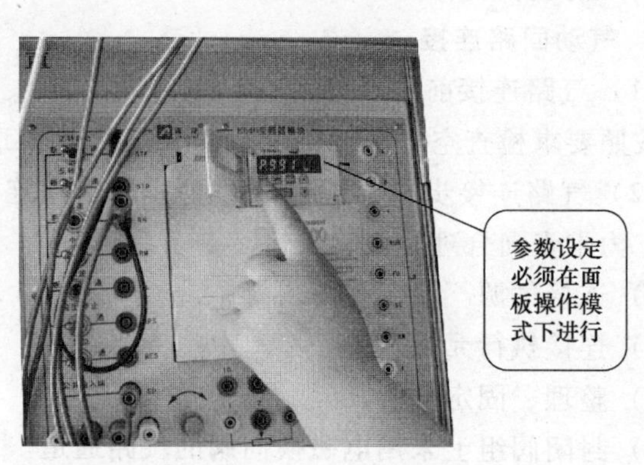

图 3-36　变频器参数设定

2）设定上限频率 Pr. 1 = 50。

3）设定下限频率 Pr. 2 = 0。

4）设定 3 速设定（低速）频率 Pr. 6 = 30。

5）设定加速时间 Pr. 7=5。

6）设定减速时间 Pr. 8=5。

7）设定操作模式为外部操作模式 Pr. 79=2。所谓外部操作模式是指变频器的起停信号和运行频率信号都是由外部输入。在此模式下，变频器不接受面板按键发出的起停信号与频率信号。

6. 设备调试

（1）设备调试前的准备

按照要求清理设备、检查机械装配、电路连接、气路连接等情况，确认其安全性、正确性。在此基础上确定调试流程，本设备的调试流程如图 3-37 所示。

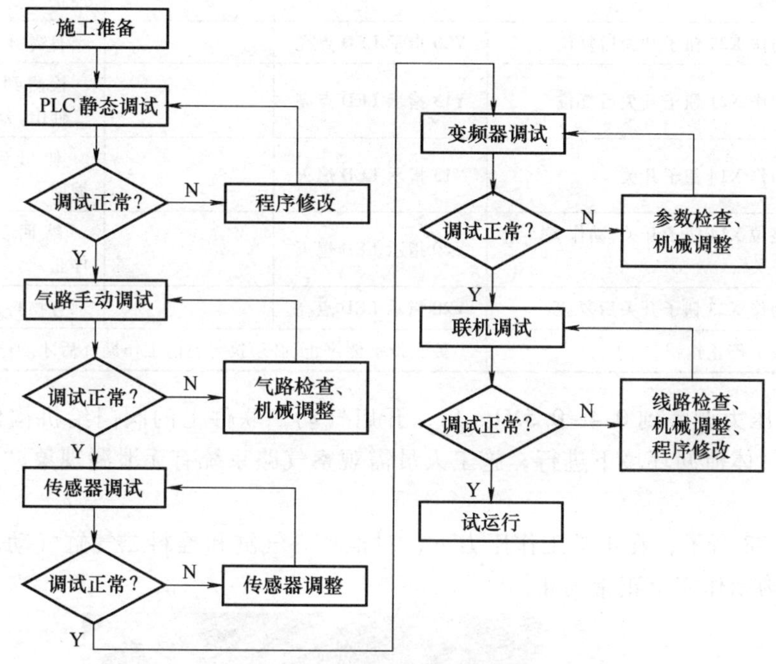

图 3-37　设备调试流程图

（2）模拟调试

1）PLC 静态调试

① 连接计算机与 PLC。

② 确认 PLC 的输出负载回路电源处于断开状态，并检查空气压缩机的阀门是否关闭。

③ 合上断路器，给设备供电。

④ 写入程序。

⑤ 运行 PLC，按表 3-12 用 PLC 模块上的钮子开关模拟 PLC 输入信号，观察 PLC 的输出指示 LED。

⑥ 将 PLC 的 RUN/STOP 开关置"STOP"位置。

⑦ 复位 PLC 模块上的钮子开关。

2）气动回路手动调试

① 接通空气压缩机电源，起动空压机压缩空气，等待气源充足。

表 3-12　静态调试情况记载表

步骤	操作任务	观察任务		备注
		正确结果	观察结果	
1	按下起动按钮 SB1，动作 X23 钮子开关后复位	Y20 指示 LED 点亮		起动后，有物料，传送带运转
2	动作 X20 钮子开关后复位	Y12 指示 LED 点亮		检测到金属物料，气缸一伸出，分拣至金属料槽
3	动作 X12 钮子开关	Y12 指示 LED 熄灭		伸出到位后，气缸一缩回
4	复位 X12 钮子开关，动作 X13 钮子开关	Y20 指示 LED 熄灭		缩回到位后，传送带停止
5	动作 X23 钮子开关后复位	Y20 指示 LED 点亮		有物料，传送带运转
6	动作 X21 钮子开关后复位	Y13 指示 LED 点亮		检测到塑料物料，气缸二伸出，分拣至塑料料槽
7	动作 X14 钮子开关	Y13 指示 LED 熄灭		伸出到位后，气缸二缩回
8	复位 X14 钮子开关，动作 X15 钮子开关	Y20 指示 LED 熄灭		缩回到位后，传送带停止
9	动作 X23 钮子开关后复位	Y20 指示 LED 点亮		有物料，传送带运转
10	按下停止按钮	传送带不能停止，必须执行当前工作循环后才能停止		

② 将气源压力调整到 0.4~0.5MPa 后，开启气动二联件上的阀门给机构供气。为确保调试工作在无气体泄漏环境下进行，施工人员需观察气路系统有无泄漏现象，若有，应立即解决。

③ 如图 3-38 所示，在正常工作压力下，对推料一气缸和推料二气缸气动回路进行手动调试，直至机构动作完全正常为止。

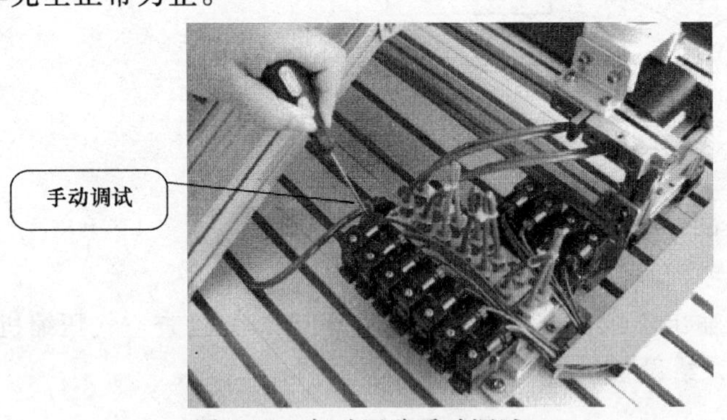

图 3-38　气动回路手动调试

④ 如图 3-39 所示，调整节流阀至合适开度，使推料气缸的运动速度趋于合理，避免动作速度过快而打飞物料、速度过慢而打偏物料。

3）传感器调试。调整传感器的位置，观察 PLC 的输入指示 LED。

① 动作气缸，调整、固定各磁性传感器。

② 如图 3-40 所示，在落料口中先后放置金属物料和塑料物料，调整落料口光电传感器

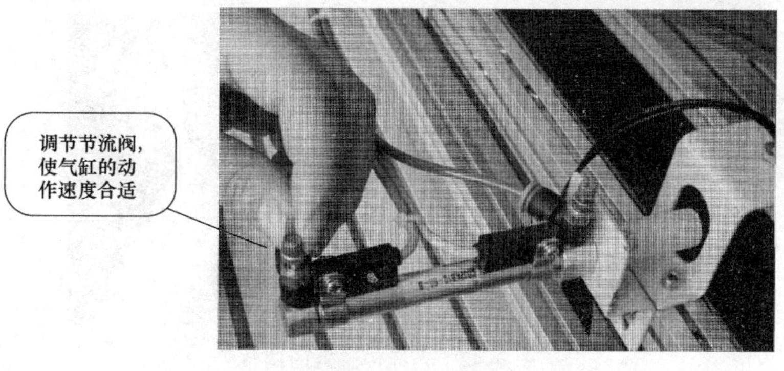

图 3-39　调整气缸动作速度

图 3-40　落料口物料检测传感器的调整固定

的水平位置或光线漫反射灵敏度。

③ 如图 3-41 所示，在起动推料一传感器下放置金属物料，调整后固定。

图 3-41　起动推料一传感器的调整固定

④ 如图 3-42 所示，调整光纤放大器的颜色灵敏度，使光纤传感器检测到白色塑料物料。

4）变频器调试。闭合变频器模块上的 STF、RL 钮子开关，电动机运转，传送带自左向右运行。若电动机反转，须关闭电源后对调输出三相电源 U、V、W 中的任意两根，改变输出三相电源相序后重新调试。调试时注意观察变频器的运行频率是否与要求值相符。

图 3-42　光纤传感器的调整

（3）联机调试　模拟调试正常后，接通 PLC 输出负载的电源回路，便可联机调试。调试时，要求施工人员认真观察设备的运行情况，若出现问题，应立即解决或切断电源，避免扩大故障范围。调试观察的主要部位如图 3-43 所示。

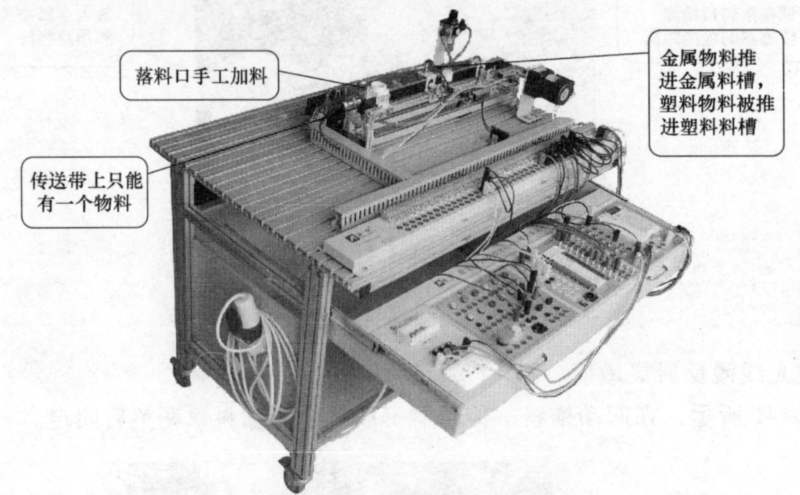

图 3-43　物料传送及分拣机构

表 3-13 为联机调试的正确结果，若调试中有与之不符的情况，施工人员首先应根据现场情况，判断是否需要切断电源，在分析、判断故障形成的原因（机械、电路、气路或程序问题）的基础上，进行检修、重新调试，直至设备完全实现功能。

表 3-13　联机调试结果一览表

步　骤	操 作 过 程	设备实现的功能	备　注
1	按下起动按钮 SB1	机构起动	
2	落料口放入金属物料	传送带运转	
3	物料传送至金属传感器	气缸一伸出,物料分拣至金属料槽	
4	气缸一伸出到位后	气缸一缩回,传送带停转	
5	落料口放入塑料物料	传送带运转	
6	物料传送至光纤传感器	气缸二伸出,物料分拣至塑料料槽	
7	气缸二伸出到位后	气缸二缩回,传送带停转	
8	重新加料,按下停止按钮 SB2,机构完成当前工作循环后停止工作		

（4）试运行　施工人员操作物料传送及分拣机构，运行、观察一段时间，确保设备合格、稳定、可靠。

7. 现场清理

设备调试完毕，要求施工人员清点工量具，归类整理资料，清扫现场卫生，并填写设备安装登记表。

8. 设备验收

设备质量验收见表3-14。

表3-14　设备质量验收表

验收项目及要求		配分	配分标准	扣分	得分	备注
设备组装	1. 设备部件安装可靠，各部件位置衔接准确 2. 电路安装正确，接线规范 3. 气路连接正确，规范美观	35	1. 部件安装位置错误，每处扣2分 2. 部件衔接不到位、零件松动，每处扣2分 3. 电路连接错误，每处扣2分 4. 导线反圈、压皮、松动，每处扣2分 5. 错、漏编号，每处扣1分 6. 导线未入线槽、布线零乱，每处扣2分 7. 气路连接错误，每处扣2分 8. 气路漏气、掉管，每处扣2分 9. 气管过长、过短、乱接，每处扣2分			
设备功能	1. 设备起停正常 2. 传送带运转正常 3. 金属物料分拣正常 4. 塑料物料分拣正常 5. 变频器参数设置正确	60	1. 设备未按要求起动或停止，扣10分 2. 传送带未按要求运转，扣10分 3. 金属物料未按要求分拣，扣10分 4. 塑料物料未按要求分拣，扣10分 5. 变频器参数未按要求设置，扣10分			
设备附件	资料齐全，归类有序	5	1. 设备组装图缺少，每处扣2分 2. 电路图、梯形图、气路图缺少，每处扣2分 3. 技术说明书、工具明细表、元件明细表缺少，每处扣2分			
安全生产	1. 自觉遵守安全文明生产规程 2. 保持现场干净整洁，工具摆放有序		1. 漏接接地线一处扣5分 2. 每违反一项规定，扣3分 3. 发生安全事故，0分处理 4. 现场凌乱、乱放工具、乱丢杂物、完成任务后不清理现场扣5分			
时间	5h		提前正确完成，每5min加5分 超过定额时间，每5min扣2分			
开始时间：		结束时间：		实际时间：		

四、设备改造

物料传送及分拣机构的改造。改造要求及任务如下：

（1）功能要求

1）传送功能。当传送带入料口的光电传感器检测到物料时，变频器起动，驱动三相交流异步电机以15Hz的频率正转运行，传送带开始输送物料，分拣完毕，传送带停止运转。

2）分拣功能

① 分拣黑色塑料物料。当起动推料一传感器检测到黑色塑料物料时，推料一气缸动作，

活塞杆伸出将黑色塑料物料推入料槽一内。当推料一气缸伸出限位传感器检测到活塞杆伸出到位后，活塞杆缩回；缩回限位传感器检测气缸缩回到位后，三相异步电动机停止运行。（提示：黑色物料需到达推料二位置后再返回，以此排除金属物料确定为黑色塑料物料，返回的速度也为 15Hz。）

② 分拣金属物料。当起动推料二传感器检测到金属物料时，推料二气缸动作，活塞杆伸出将金属物料推入料槽二内。当推料二气缸伸出限位传感器检测到活塞杆伸出到位后，活塞杆缩回；缩回限位传感器检测气缸缩回到位后，三相交流异步电动机停止运行。

3）打包功能。当料槽中已有 5 个物料时，要求物料打包取走，打包指示灯点亮，5s 后继续传送分拣工作。

（2）技术要求

1）机构的起停控制要求：

① 按下起动按钮，机构开始工作。

② 按下停止按钮，机构完成当前工作循环后停止。

2）电源要有信号指示灯，电气线路的设计符合工艺要求、安全规范。

3）气动回路的设计符合控制要求、正确规范。

（3）工作任务

1）按机构要求画出电路图。

2）按机构要求画出气路图。

3）按机构要求编写 PLC 控制程序。

4）改装物料传送及分拣机构实现功能。

5）绘制设备装配示意图。

项 目 四

物料搬运、传送及分拣机构的安装与调试

一、施工任务

1. 根据设备装配示意图组装物料搬运、传送及分拣机构。

2. 按照设备电路图连接物料搬运、传送及分拣机构的电气回路。

3. 按照设备气路图连接物料搬运、传送及分拣机构的气动回路。

4. 输入设备控制程序，正确设置变频器参数，调试物料搬运、传送及分拣机构实现功能。

二、施工前准备

施工人员在施工前应仔细阅读设备随机技术文件，了解物料搬运、传送及分拣机构的组成及其运行情况，看懂装配示意图、电路图、气动回路图及梯形图等图样，然后再根据施工任务制定施工计划、施工方案等。

1. 识读设备图样及技术文件

（1）装置简介　物料搬运、传送及分拣机构主要实现对加料站出料口的物料进行搬运、输送，并能根据物料性质进行分类存放的功能，其工作流程如图 4-1 所示。

1）机械手复位功能。PLC 上电，机械手手爪放松、手爪上升、手臂缩回、手臂左旋至左侧限位处停止。

2）起停控制。机械手复位后，按下起动按钮，机构开始工作。按下停止按钮，机构完成当前工作循环后停止。

3）搬运功能。若加料站出料口有物料，机械手臂伸出→手爪下降→手爪夹紧抓物→0.5s 后手爪上升→手臂缩回→手臂右旋→0.5s 后手臂伸出→手爪下降→0.5s 后，若传送带上无物料，则手爪放松、释放物料→手爪上升→手臂缩回→左旋至左侧限位处停止。

4）传送功能。当传送带入料口的光电传感器检测到物料时，变频器起动，驱动三相交流异步电机以 25Hz 的频率正转运行，传送带自左向右传送物料。当物料分拣完毕时，传送带停止运转。

5）分拣功能

① 分拣金属物料。当金属物料被传送至 A 点位置时，推料一气缸（简称气缸一）伸出，

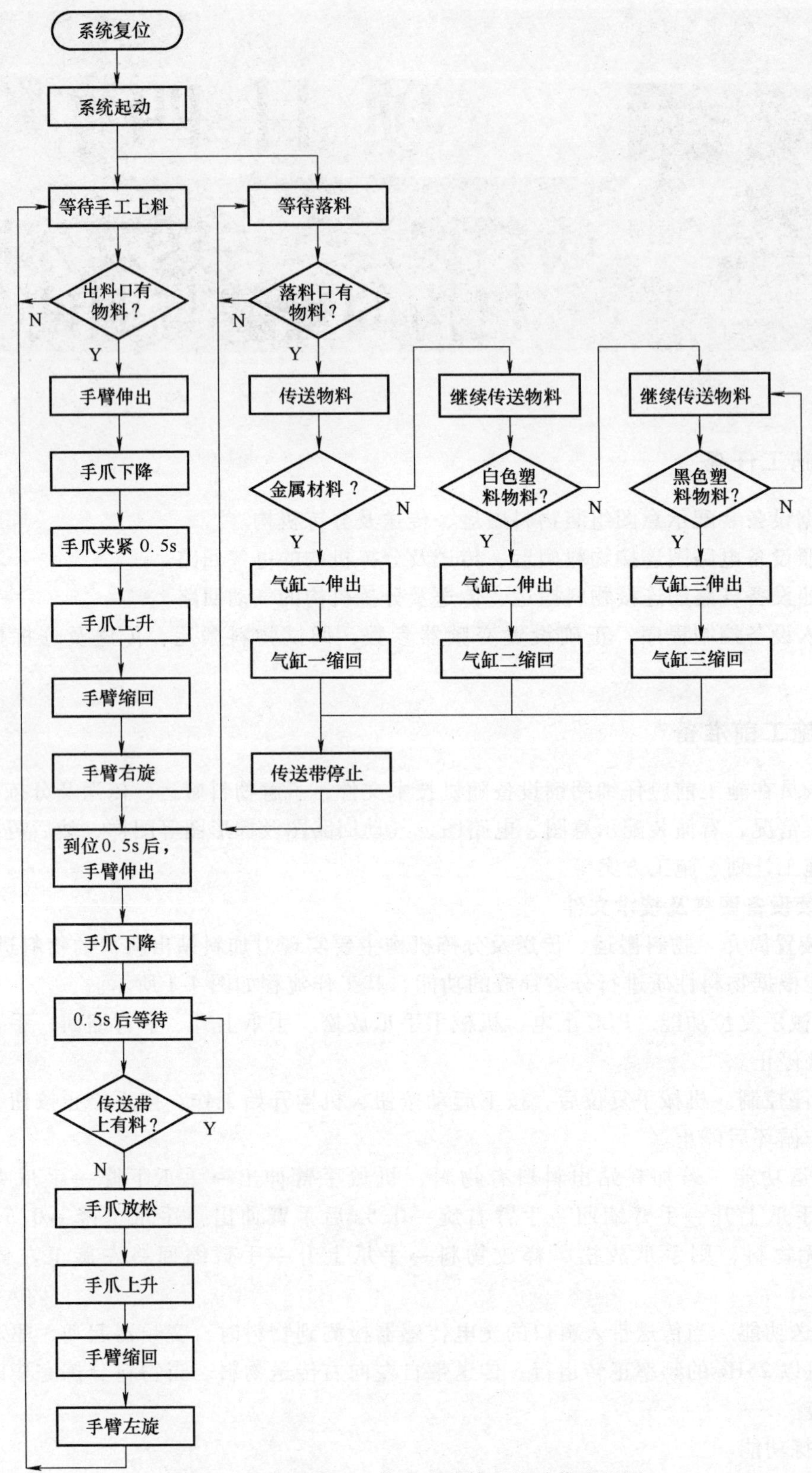

图 4-1 物料搬运、传送及分拣机构动作流程图

将它推入料槽一内。气缸一伸出到位后，活塞杆缩回；缩回到位后，三相异步电动机停止运行。

② 分拣白色塑料物料。当白色塑料物料被传送至 B 点位置时，推料二气缸（简称气缸二）伸出，将它推入料槽二内。气缸二伸出到位后，活塞杆缩回；缩回到位后，三相异步电动机停止运行。

③ 分拣黑色塑料物料。当黑色塑料物料被传送至 C 点位置时，推料三气缸（简称气缸三）伸出，将它推入料槽三内。气缸三伸出到位后，活塞杆缩回；缩回到位后，三相异步电动机停止运行。

（2）识读装配示意图　如图 4-2 所示，物料搬运、传送及分拣机构是机械手搬运装置、传送及分拣装置的组合，其安装难点在于机械手气动手爪既能抓取加料站出料口的物料，又能准确地将其送进传送带的落料口内，这就要求机械手、加料站和传送带之间衔接准确，安装尺寸误差小。

1）结构组成。物料搬运、传送及分拣机构主要由加料站、机械手搬运装置、传送装置及分拣装置等组成。其中机械手主要由气动手爪部件、提升气缸部件、手臂伸缩气缸部件、旋转气缸部件及固定支架等组成；传送装置主要由落料口、落料检测传感器、直线皮带输送线（简称传送线）和三相异步电动机等组成；分拣装置由三组物料检测传感器、料槽、推料气缸及电磁阀阀组组成。物料搬运、传送及分拣机构的示意图如图 4-3 所示。

物料搬运、传送及分拣机构的实物如图 4-4 所示，各部件的功能与项目二、项目三相同。

2）尺寸分析。物料搬运、传送及分拣机构的各部件定位尺寸如图 4-5 所示。

（3）识读电路图　图 4-6 为物料搬运、传送及分拣机构控制电路图。

1）PLC 机型。PLC 的机型为三菱 FX_{2N}-48MR。

2）I/O 点分配。PLC 输入/输出设备及输入/输出点数的分配情况见表 4-1。

3）输入/输出设备连接特点。起动推料二传感器和起动推料三传感器都为光纤传感器，通过调节传感器内光纤放大器的颜色感应灵敏度，便可分别识别白色物料和黑色物料。变频器的输入信号端子回路不可附加外部电源，故选择连接变频器的输出点 Y20 为 PLC 输出端子独立组中的一个。

（4）识读气动回路图　机构的搬运和分拣工作主要是通过电磁换向阀控制气缸的动作来实现的。

1）气路组成。如图 4-7 所示，气动回路中的控制元件分别是 4 个两位五通双控电磁换向阀、3 个两位五通单控电磁换向阀及 14 个节流阀；气动执行元件分别是提升气缸、伸缩气缸、旋转气缸、气动手爪及 3 个推料气缸。

2）工作原理。物料搬运、传送及分拣机构气动回路的控制原理见表 4-2。

以伸缩气缸为例，若 YV7 得电、YV8 失电，电磁换向阀 *A* 口为出气、*B* 口回气，从而控制气缸伸出，机械手臂伸出；若 YV7 失电、YV8 得电，电磁换向阀 *A* 口回气、*B* 口出气，从而改变气动回路的气压方向，气缸缩回，机械手臂缩回。其他双控电磁换向阀控制的气动回路工作原理与之相同。

以推料气缸一为例，若 YV9 得电，单控电磁换向阀 *A* 口出气、*B* 口回气，气缸伸出，将金属物料推进料槽一内；若 YV9 失电，则单控电磁换向阀则在弹簧作用下复位，*A* 口回气、*B* 口出气，从而气动回路气压方向改变，气缸缩回，等待下一次分拣。推料二、推料三气缸的气动回路工作原理与之相同。

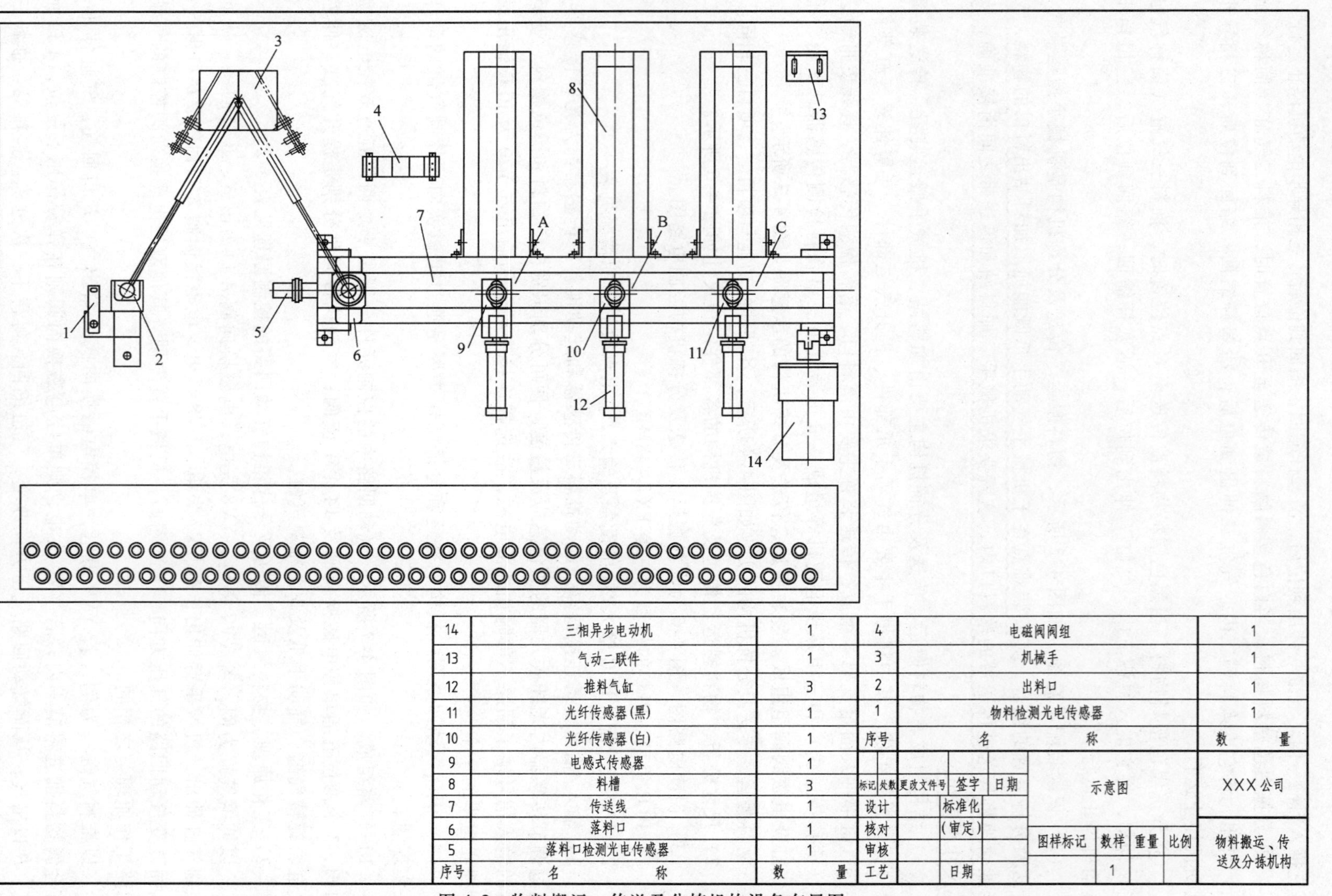

序号	名称	数量	序号	名称	数量
14	三相异步电动机	1	4	电磁阀阀组	1
13	气动二联件	1	3	机械手	1
12	推料气缸	3	2	出料口	1
11	光纤传感器(黑)	1	1	物料检测光电传感器	1
10	光纤传感器(白)	1			
9	电感式传感器	1			
8	料槽	3			
7	传送线	1			
6	落料口	1			
5	落料口检测光电传感器	1			

图 4-2 物料搬运、传送及分拣机构设备布局图

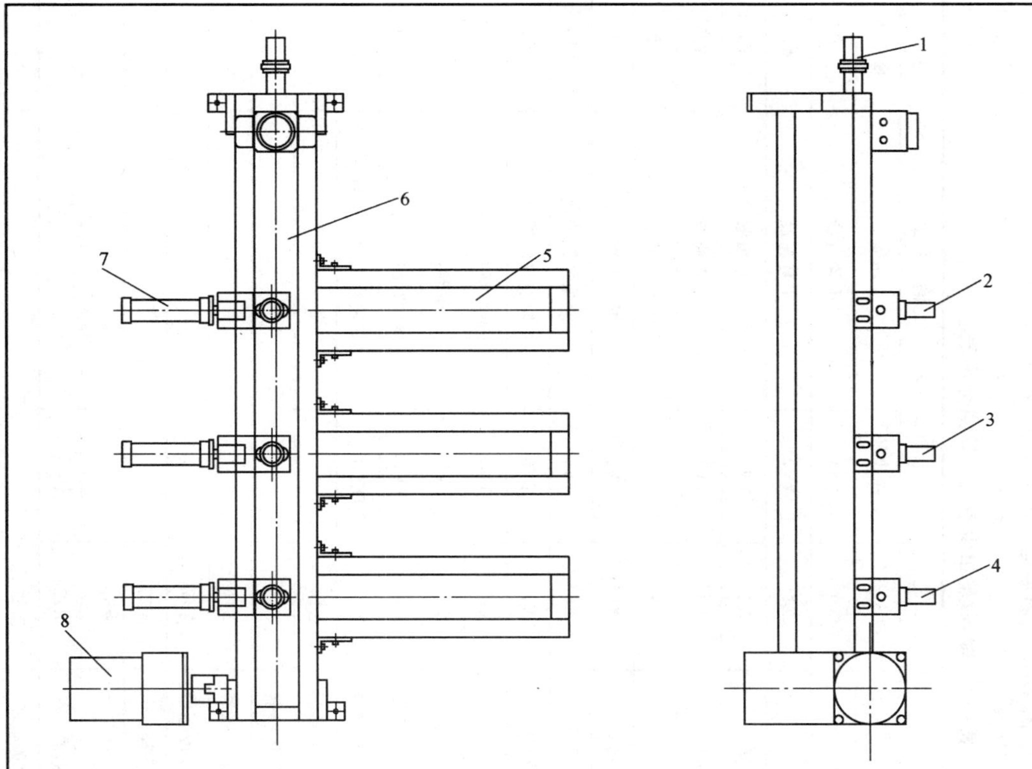

8	三相异步电动机	1	1	落料口检测光电传感器					1
7	推料气缸	3	序号	名　称					数　量
6	传送线	1				示意图			XXX公司
5	料槽	3	标记 处数 更改文件号	签字	日期				
4	光纤传感器(黑)	1	设计	标准化					
3	光纤传感器(白)	1	核对	(审定)		图样标记	数样	重量 比例	三类物料传送及分拣机构
2	电感式传感器	1	审核						
序号	名　称	数　量	工艺	日期			1		

图 4-3　三类物料传送及分拣机构示意图

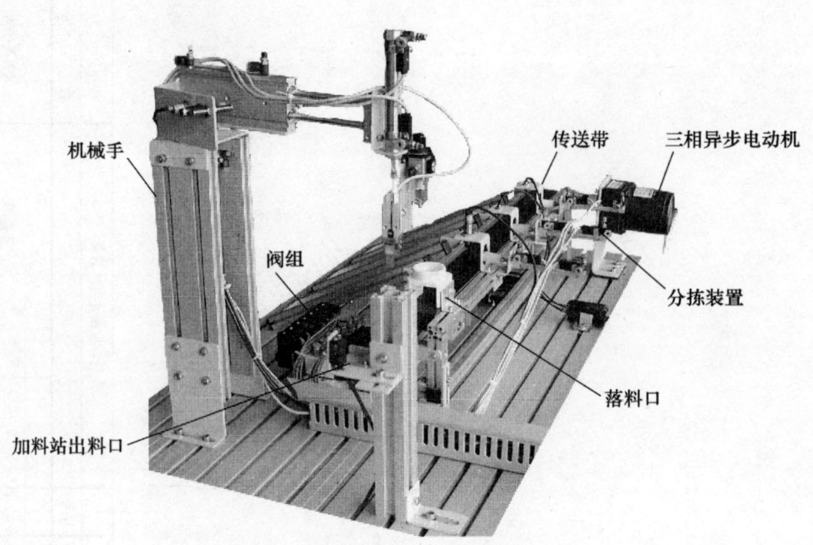

图 4-4 物料搬运、传送及分拣机构

表 4-1 输入/输出设备及 I/O 点分配表

输入			输出		
元件代号	功能	输入点	元件代号	功能	输出点
SB1	起动按钮	X0	YV1	手臂右旋	Y0
SB2	停止按钮	X1	YV2	手臂左旋	Y2
SCK1	气动手爪传感器	X2	YV3	手爪夹紧	Y4
SQP1	旋转左限位传感器	X3	YV4	手爪放松	Y5
SQP2	旋转右限位传感器	X4	YV5	提升气缸下降	Y6
SCK2	气动手臂伸出传感器	X5	YV6	提升气缸上升	Y7
SCK3	气动手臂缩回传感器	X6	YV7	伸缩气缸伸出	Y10
SCK4	手爪提升限位传感器	X7	YV8	伸缩气缸缩回	Y11
SCK5	手爪下降限位传感器	X10	YV9	驱动推料一伸出	Y12
SQP3	物料检测光电传感器	X11	YV10	驱动推料二伸出	Y13
SCK6	推料一气缸伸出限位传感器	X12	YV11	驱动推料三伸出	Y14
SCK7	推料一气缸缩回限位传感器	X13	STF(RL)	变频器低速及正转	Y20
SCK8	推料二气缸伸出限位传感器	X14			
SCK9	推料二气缸缩回限位传感器	X15			
SCK10	推料三气缸伸出限位传感器	X16			
SCK11	推料三气缸缩回限位传感器	X17			
SQP4	起动推料一传感器	X20			
SQP5	起动推料二传感器	X21			
SQP6	起动推料三传感器	X22			
SQP7	传送带入料口检测传感器	X23			

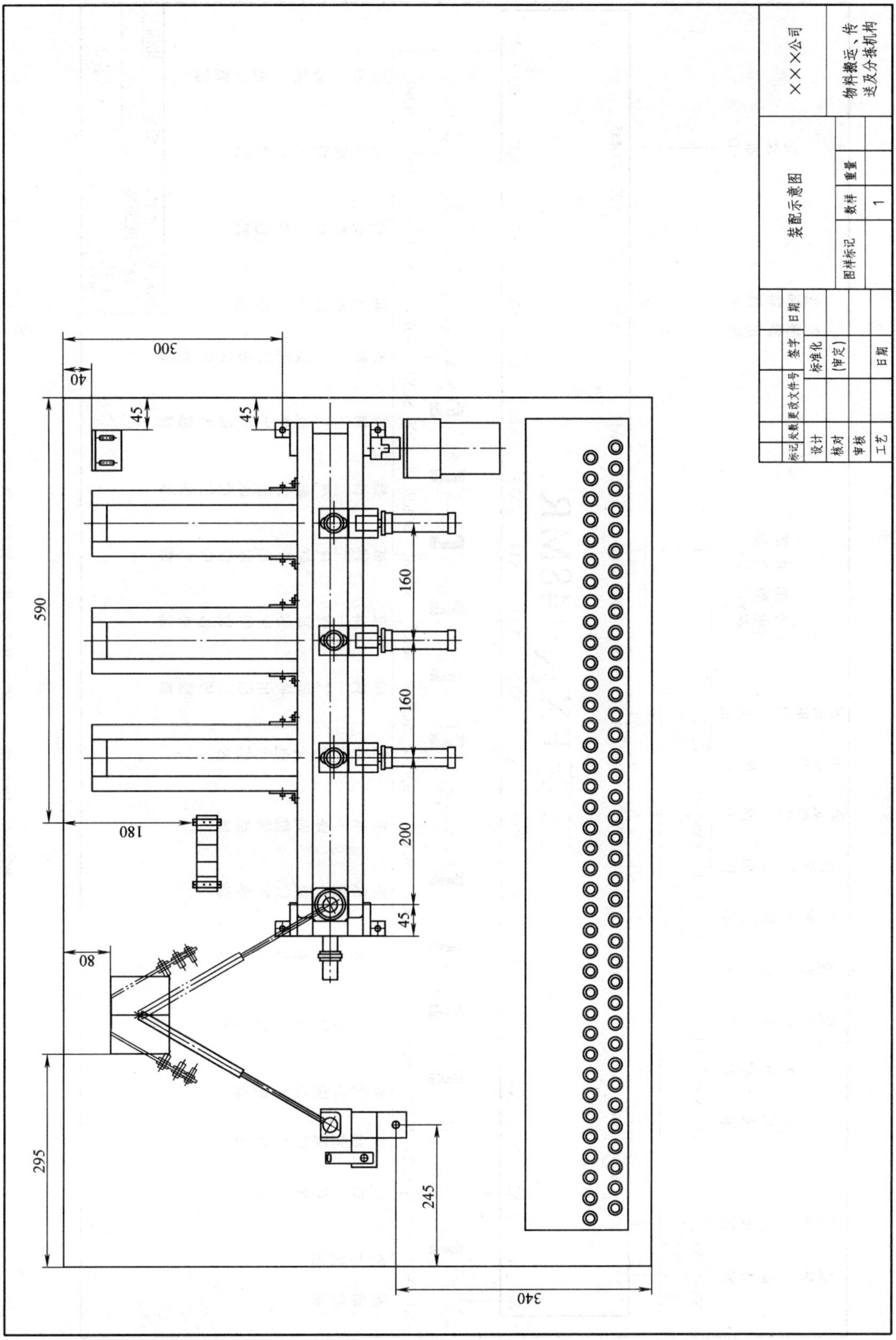

图 4-5　物料搬运、传送及分拣机构装配示意图

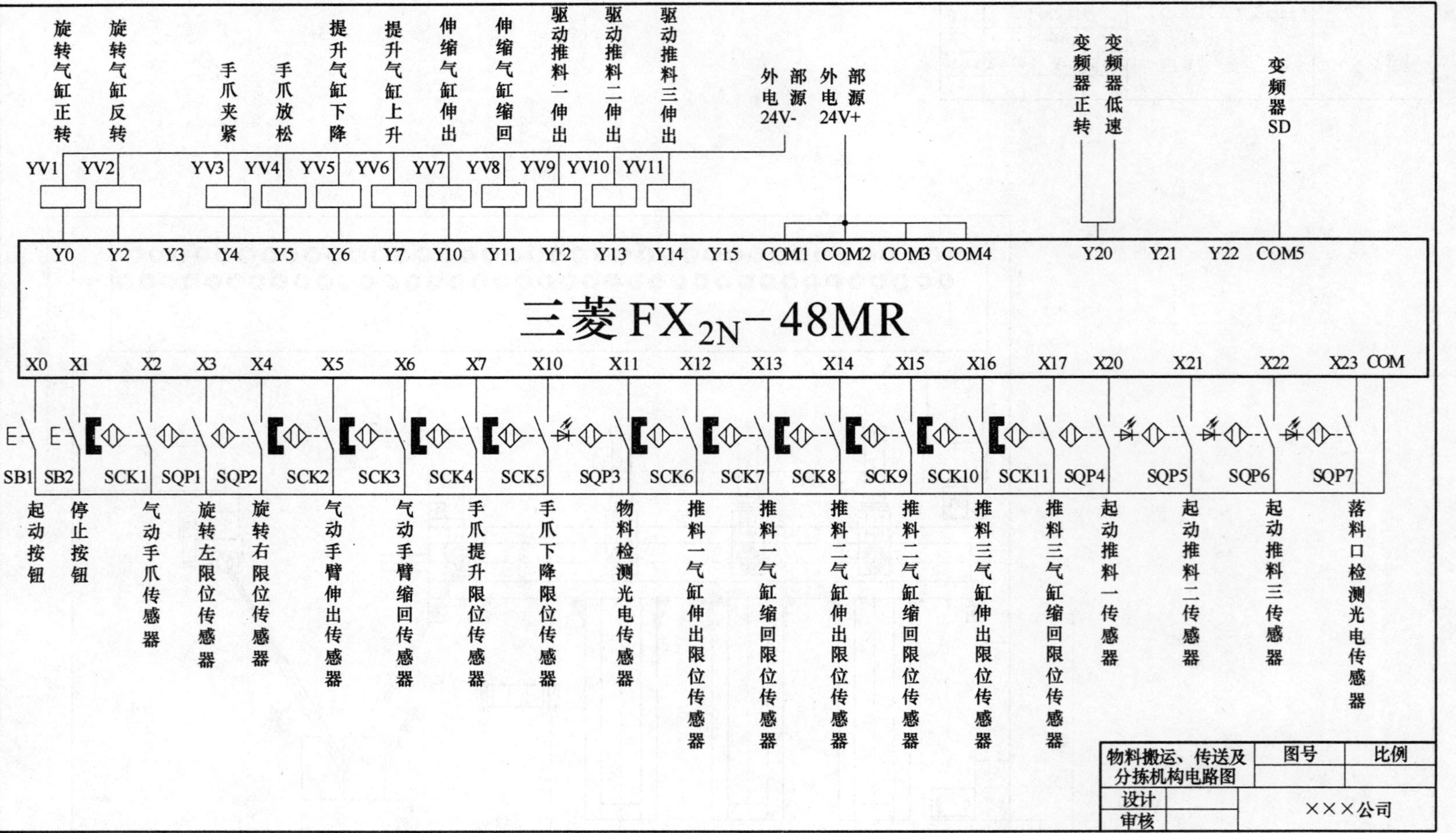

图 4-6 物料搬运、传送及分拣机构控制电路图

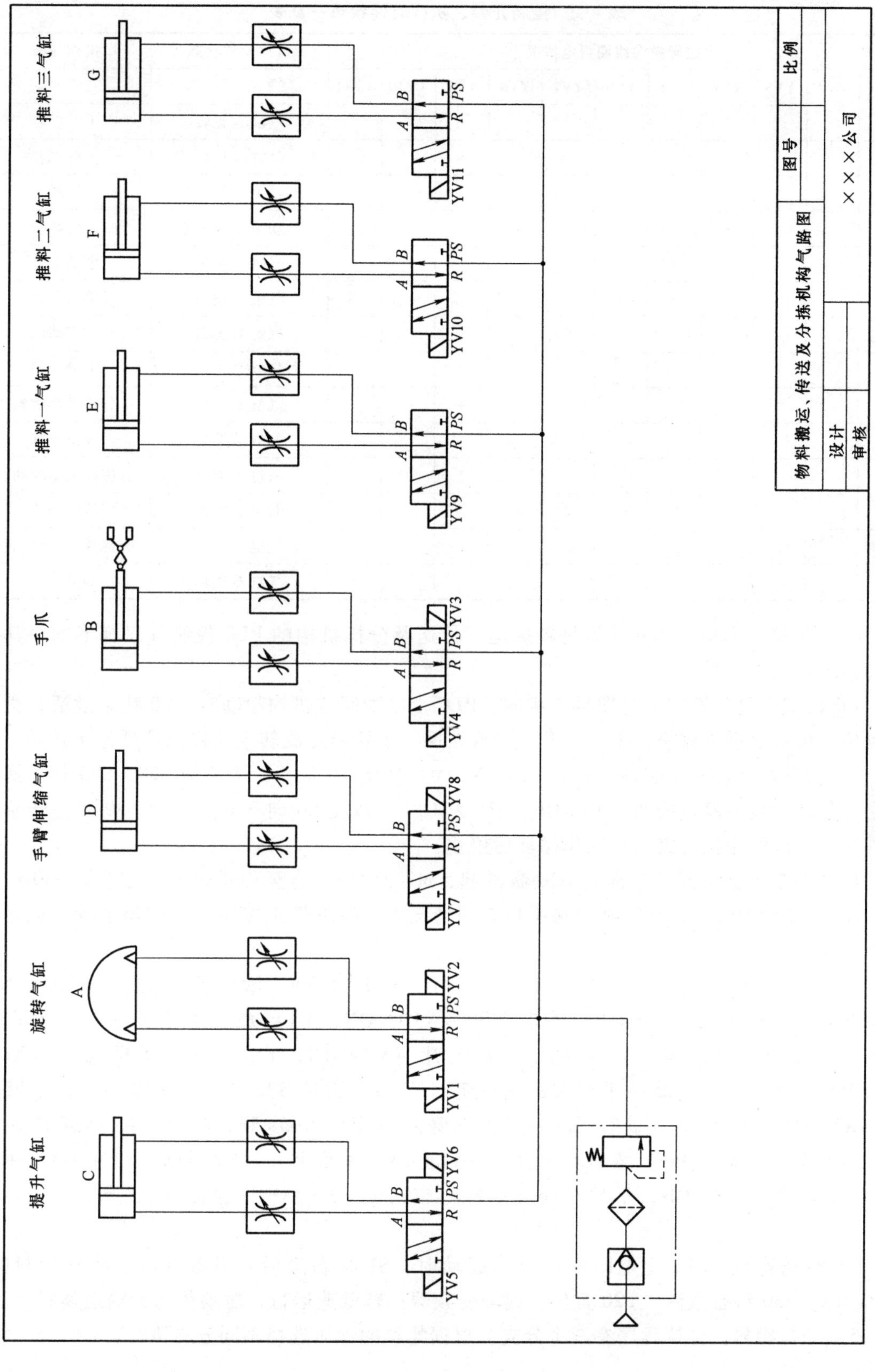

图 4-7　物料搬运、传送及分拣机构气路图

表 4-2　控制元件、执行元件状态一览表

电磁阀换向线圈得电情况											执行元件状态	机构任务
YV1	YV2	YV3	YV4	YV5	YV6	YV7	YV8	YV9	YV10	YV11		
+	-										气缸 A 正转	手臂右旋
-	+										气缸 A 反转	手臂左旋
		+	-								气动手爪 B 夹紧	抓料
		-	+								气动手爪 B 放松	放料
				+	-						气缸 C 伸出	手爪下降
				-	+						气缸 C 缩回	手爪上升
						+	-				气缸 D 伸出	手臂伸出
						-	+				气缸 D 缩回	手臂缩回
								+			气缸 E 伸出	分拣金属物料
								-			气缸 E 缩回	等待分拣
									+		气缸 F 伸出	分拣白色塑料物料
									-		气缸 F 缩回	等待分拣
										+	气缸 G 伸出	分拣黑色塑料物料
										-	气缸 G 缩回	等待分拣

（5）识读梯形图　图 4-8 为物料搬运、传送及分拣机构的 PLC 控制程序梯形图，其状态转移图如图 4-9 所示。

1）机械手复位控制。与项目二相同，PLC 上电瞬间或机构起动时，S0 状态激活，机械手复位：机械手手爪放松、手抓上升、手臂缩回、手臂向左旋转至左侧限位处停止。

2）起停控制。按下起动按钮，X0 = ON，M1 为 ON 且保持，为激活 S20、S30 状态提供了必要条件。按下停止按钮，X1 = ON，M1 为 OFF，致使 S0 向 S20、S1 向 S30 状态转移的条件缺失，故程序执行完当前工作循环后停止。

机械手搬运物料开始，即自 S20 激活起，M2 为 ON，直至传送带开始工作，S30 激活止，M2 才变为 OFF，以保证在机械手抓料的情况下，按下停止按钮后机构仍继续完成当前动作后才停止。

3）搬运物料。当加料站出料口有物料时，X11 为 ON，激活 S20 状态→Y10 = ON，手臂伸出→X5 = ON，Y6 = ON，手爪下降→X10 = ON，Y4 = ON，手爪夹紧→夹紧定时 0.5s 到，激活 S21 状态→Y7 = ON，手爪上升→X7 = ON，Y11 = ON，手臂缩回→X6 = ON，Y0 = ON，手臂右旋→手臂右旋到位定时 0.5s，激活 S22 状态→Y10 = ON，手臂伸出→X5 = ON，Y6 = ON，手爪下降→手爪下降到位定时 0.5s 到，Y5 = ON，手爪放松→手爪放松到位，X2 = OFF，激活 S23 状态→Y7 = ON，手爪上升→X7 = ON，Y11 = ON，手臂缩回→X6 = ON，Y2 = ON，手臂左旋→手臂左旋到位，X3 = ON，激活 S0 状态，开始新的循环。

4）传送物料。PLC 上电瞬间或机构起动时，S1 状态激活。当落料口检测到物料时，X23 = ON，S30 状态激活，Y20 置位，起动变频器正转低速运行，驱动传送带输送物料。

5）分拣物料。分拣程序有三个分支，根据物料的性质选择不同分支执行。

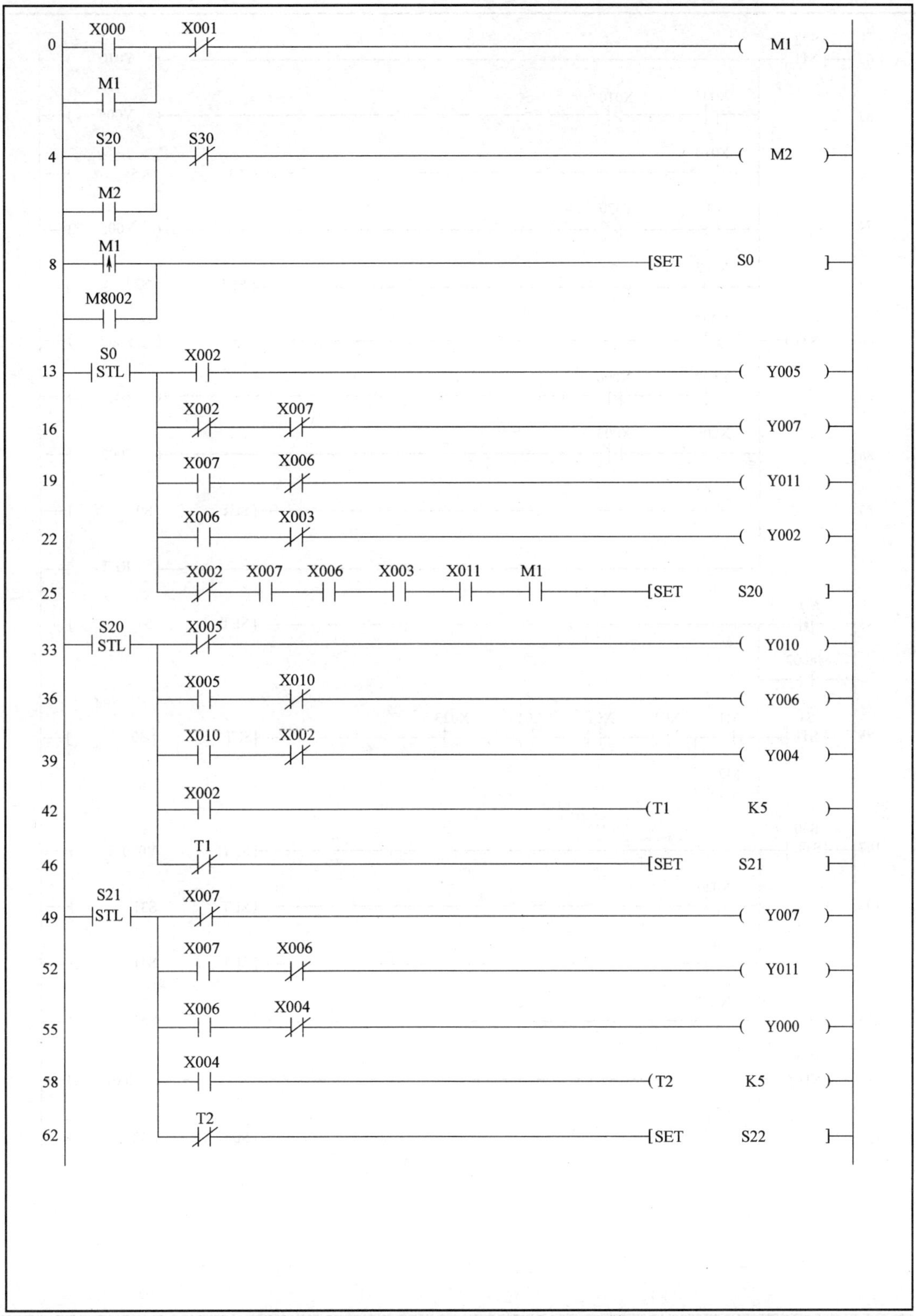

```
0   X000  X001                              ( M1 )
    M1
4   S20   S30                               ( M2 )
    M2
8   M1                                      [SET  S0 ]
    M8002
13  S0 STL  X002                            ( Y005 )
16  X002  X007                              ( Y007 )
19  X007  X006                              ( Y011 )
22  X006  X003                              ( Y002 )
25  X002  X007  X006  X003  X011  M1        [SET  S20 ]
33  S20 STL  X005                           ( Y010 )
36  X005  X010                              ( Y006 )
39  X010  X002                              ( Y004 )
42  X002                                    (T1   K5 )
46  T1                                      [SET  S21 ]
49  S21 STL  X007                           ( Y007 )
52  X007  X006                              ( Y011 )
55  X006  X004                              ( Y000 )
58  X004                                    (T2   K5 )
62  T2                                      [SET  S22 ]
```

图 4-8　物料搬运、传送及分拣机构梯形图

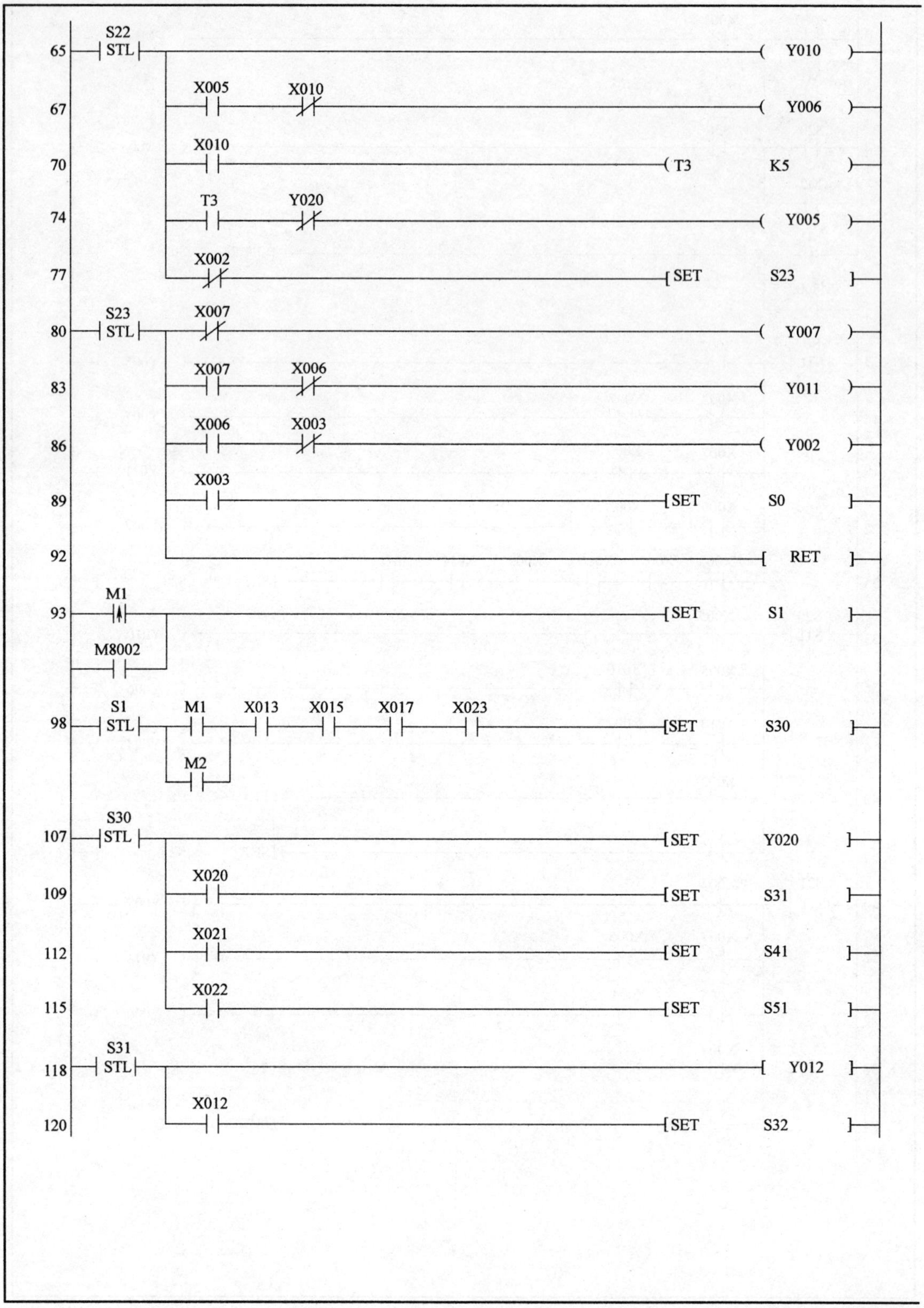

```
 65  S22 STL ─────────────────────────────────────────( Y010 )
 67       X005 ─┤├─ X010 ─┤/├─────────────────────────( Y006 )
 70       X010 ─┤├────────────────────────────────────( T3  K5 )
 74       T3 ─┤├─ Y020 ─┤/├───────────────────────────( Y005 )
 77       X002 ─┤/├───────────────────────────────────[ SET  S23 ]
 80  S23 STL ─ X007 ─┤/├──────────────────────────────( Y007 )
 83       X007 ─┤├─ X006 ─┤/├─────────────────────────( Y011 )
 86       X006 ─┤├─ X003 ─┤/├─────────────────────────( Y002 )
 89       X003 ─┤├────────────────────────────────────[ SET  S0 ]
 92       ────────────────────────────────────────────[ RET ]
 93  M1 ─┤↑├─ (OR M8002 ─┤├─) ────────────────────────[ SET  S1 ]
 98  S1 STL ─ (M1 ─┤├─ OR M2 ─┤├─) ─ X013 ─┤├─ X015 ─┤├─ X017 ─┤├─ X023 ─┤├─ [SET  S30 ]
107  S30 STL ─────────────────────────────────────────[ SET  Y020 ]
109       X020 ─┤├────────────────────────────────────[ SET  S31 ]
112       X021 ─┤├────────────────────────────────────[ SET  S41 ]
115       X022 ─┤├────────────────────────────────────[ SET  S51 ]
118  S31 STL ─────────────────────────────────────────[ Y012 ]
120       X012 ─┤├────────────────────────────────────[ SET  S32 ]
```

图 4-8　物料搬运、

```
      S32     X013
123 ─┤STL├────┤ ├──────────────────────[SET     S33     ]─
      S41
127 ─┤STL├─┬───────────────────────────(       Y013     )─
           │  X014
129        └──┤ ├──────────────────────[SET     S42     ]─
      S42     X015
132 ─┤STL├────┤ ├──────────────────────[SET     S33     ]─
      S51
136 ─┤STL├─┬───────────────────────────(       Y014     )─
           │  X016
138        └──┤ ├──────────────────────[SET     S52     ]─
      S52     X017
141 ─┤STL├────┤ ├──────────────────────[SET     S33     ]─
      S33
145 ─┤STL├─┬───────────────────────────[RST     Y020    ]─
           │  X020
147        ├──┤/├──────────────────────[SET     S1      ]─
           │
150        └───────────────────────────[        RET     ]─

151 ───────────────────────────────────[        END     ]─
```

物料搬运、传送及分拣机构梯形图		图号	比例
设计		×××公司	
审核			

传送及分拣机构梯形图（续）

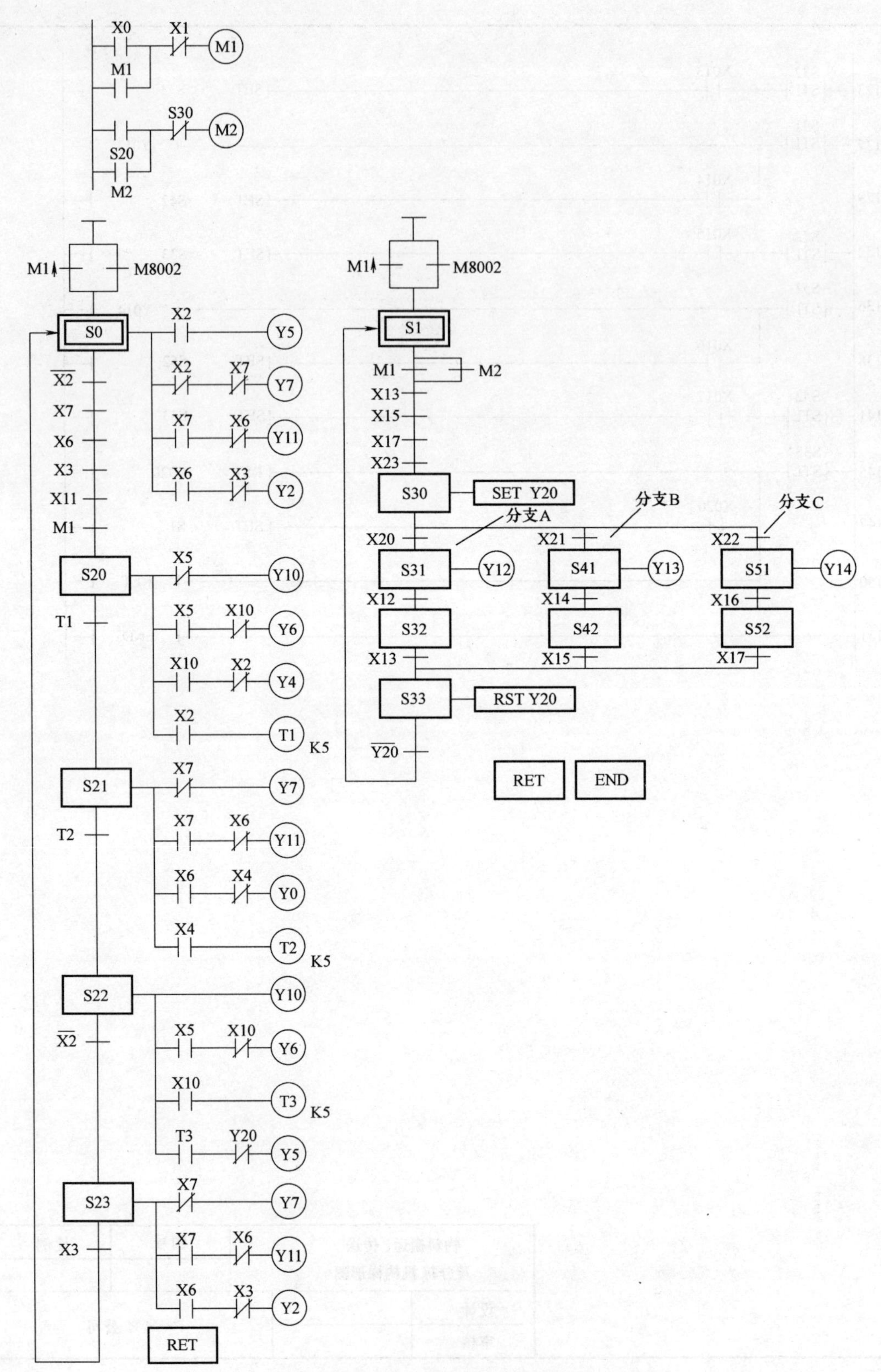

图 4-9　物料搬运、传送及分拣机构状态转移图

① 金属物料被传送至A点位置时，X20=ON，执行分支A，S31状态激活，Y12为ON，推料一气缸伸出，将它推入料槽一内；当气缸一伸出到位后，X12=ON，S32激活，Y12为OFF，气缸一缩回。

② 白色塑料物料被传送至B点位置时，X21=ON，执行分支B，S41状态激活，Y13为ON，推料气缸伸出，将它推入料槽二内；当气缸二伸出到位后，X14=ON，S42激活，Y13为OFF，气缸二缩回。

③ 黑色塑料物料被传送至C点位置时，X22=ON，执行分支C，S51状态激活，Y14为ON，推料三气缸伸出，将它推入料槽三内；当气缸三伸出到位后，X16=ON，S52激活，Y17为OFF，气缸三缩回。

当任一分支执行完毕，即推料气缸活塞杆缩回到位时，X13=ON、X15=ON或X17=ON，S33状态激活，复位Y20，传送带停止工作。

(6) 制定施工计划　物料搬运、传送及分拣机构的安装与调试流程如图4-10所示。以此为依据，施工人员填写表4-3，合理制定施工计划，确保在定额时间内完成规定的施工任务。

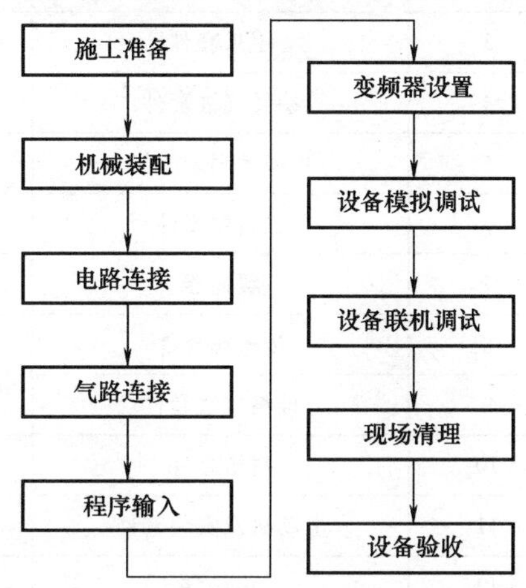

图4-10　物料搬运、传送及分拣机构的安装与调试流程图

表4-3　施工计划表

设备名称		施工日期	总工时/h	施工人数/人	施工负责人
物料搬运、传送及分拣机构					
序号	施工任务		施工人员	工序定额	备注
1	阅读设备技术文件				
2	机械装配、调整				
3	电路连接、检查				
4	气路连接、检查				
5	程序输入				
6	设置变频器参数				
7	设备模拟调试				
8	设备联机调试				
9	现场清理，技术文件整理				
10	设备验收				

2. 施工准备

(1) 设备清点　检查物料搬运、传送及分拣机构的部件是否齐全，并归类放置。机构的部件清单见表4-4。

表 4-4 设备清单

序号	名　　称	型号规格	数量	单位	备注
1	伸缩气缸套件	CXSM15-100	1	套	
2	提升气缸套件	CDJ2KB16-75-B	1	套	
3	手爪套件	MHZ2-10D1E	1	套	
4	旋转气缸套件	CDRB2BW20-180S	1	套	
5	机械手固定支架		1	套	
6	加料站套件		1	套	
7	缓冲器		2	只	
8	传送线套件	50×700	1	套	
9	推料气缸套件	CDJ2KB10-60-B	3	套	
10	料槽套件		3	套	
11	电动机及安装套件	380V、25W	1	套	
12	落料口		1	只	
13	光电传感器及其支架	E3Z-LS61	1	套	出料口
14		GO12-MDNA-A	1	套	落料口
15	电感式传感器	NSN4-2M60-E0-AM	3	套	
16	光纤传感器及其支架	E3X-NA11	2	套	
17	磁性传感器	D-59B	1	套	手爪紧松
18		SIWKOD-Z73	2	套	手臂伸缩
19		D-C73	8	套	手爪升降、推料限位
20	PLC 模块	YL050、FX_{2N}-48MR	1	块	
21	变频器模块	E540、0.75kW	1	块	
22	按钮模块	YL157	1	块	
23	电源模块	YL046	1	块	
24	螺钉	不锈钢内六角螺钉 M6×12	若干	只	
25		不锈钢内六角螺钉 M4×12	若干	只	
26		不锈钢内六角螺钉 M3×10	若干	只	
27	螺母	椭圆形螺母 M6	若干	只	
28		M4	若干	只	
29		M3	若干	只	
30	垫圈	$\phi4$	若干	只	

（2）工具清点　设备组装工具清单见表 4-5，施工人员应清点工具的数量，并认真检查其性能是否完好。

表 4-5 工具清单

序号	名 称	规格、型号	数 量	单 位
1	工具箱		1	只
2	螺钉旋具	一字、100mm	1	把
3	钟表螺钉旋具		1	套
4	螺钉旋具	十字、150mm	1	把
5	螺钉旋具	十字、100mm	1	把
6	螺钉旋具	一字、150mm	1	把
7	斜口钳	150mm	1	把
8	尖嘴钳	150mm	1	把
9	剥线钳		1	把
10	内六角扳手(组套)	PM-C9	1	套
11	万用表		1	只

三、实施任务

根据制定的施工计划，按顺序对物料搬运、传送及分拣机构实施组装，施工中应注意及时调整进度，保证定额。施工时必须严格遵守安全操作规程，加强安全保障措施，确保人身和设备安全。

1. 机械装配

（1）机械装配前的准备

按照要求清理现场、准备图样及工具，并安排装配流程。参考流程如图 4-11 所示。

（2）机械装配步骤 结合项目二、项目三的装配方法，按确定的设备组装顺序组装物料搬运、传送及分拣机构。

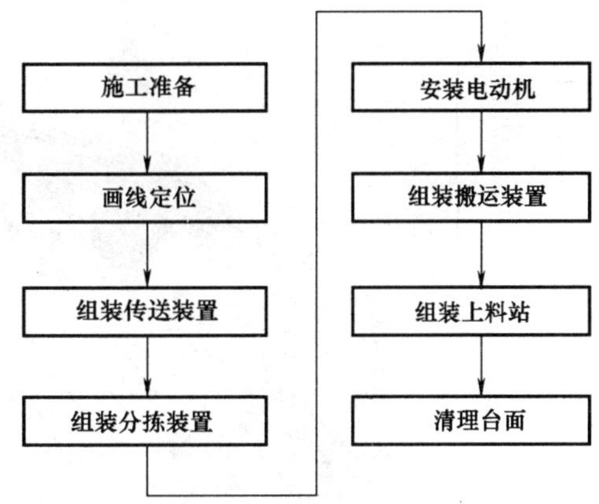

图 4-11 机械装配流程图

1）画线定位。

2）组装传送装置。参考图 4-12 组装传送装置。

① 安装传送线脚支架。

② 固定落料口。

③ 安装落料口传感器。

④ 固定传送线。

3）组装分拣装置。参考图 4-13 组装分拣装置。

① 固定三个起动推料传感器。

② 固定三个推料气缸。

③ 固定、调整三个料槽与其对应的推料气缸，使之共用同一中性线。

4）安装电动机。调整电动机的高度、垂直度，直至电动机与传送带同轴，如图 4-14 所示。

图 4-12　组装传送装置

图 4-13　组装分拣装置

图 4-14　安装电动机

5）固定电磁阀阀组。如图 4-15 所示，将电磁阀阀组固定在定位处。

6）组装搬运装置。参考图 4-16 组装机械手。

① 安装旋转气缸。

② 组装机械手支架。

③ 组装机械手臂。

图 4-15　安装电磁阀

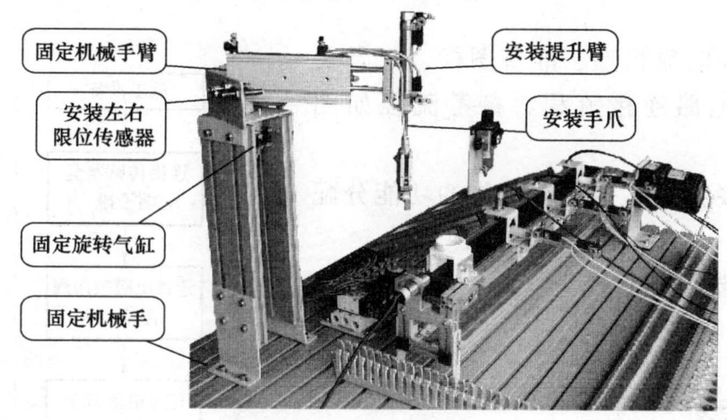

图 4-16　组装机械手

④ 组装提升臂。

⑤ 安装手爪。

⑥ 固定磁性传感器。

⑦ 固定左右限位装置。

⑧ 固定机械手。调整机械手摆幅、高度等尺寸，使机械手能准确地将物料放入传送线落料口内，如图 4-17 所示。

7）固定加料站。如图 4-18 所示，将加料站固定在定位处，调整出料口的高度等尺寸，同时配合调整机械手的部分尺寸，保证机械手气动手爪能准确无误地从出料口抓取物料，同时又能准确无误的释放物料至传送线的落料口内，如图 4-19 所示。

8）清理台面，保持台面无杂物或多余部件。

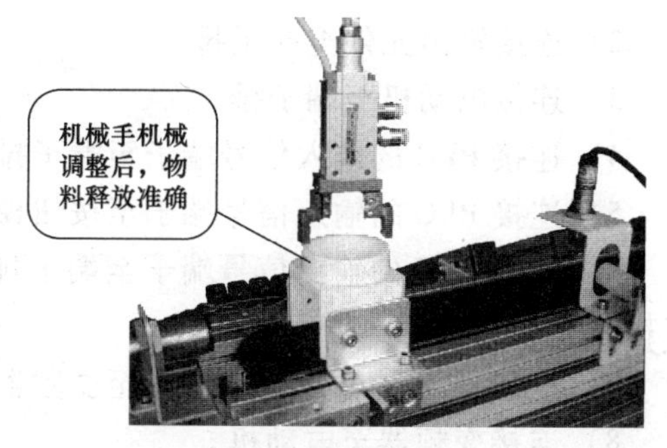

图 4-17　落料准确

2. 电路连接

（1）电路连接前的准备

图 4-18　固定加料站

按照要求检查电源状态、准备图样、工具及线号管，并安排电路连接流程。参考流程如图4-20所示。

（2）电路连接步骤　接线端子排的功能分配如图 1-16 所示。

1）连接传感器至端子排。

图 4-19　出料口调整

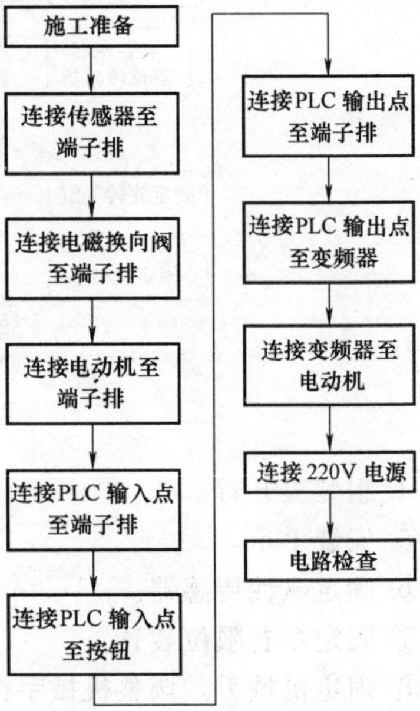

施工准备
连接传感器至端子排
连接电磁换向阀至端子排
连接电动机至端子排
连接PLC 输入点至端子排
连接PLC 输入点至按钮
连接PLC 输出点至端子排
连接PLC 输出点至变频器
连接变频器至电动机
连接 220V 电源
电路检查

图 4-20　电路连接流程图

2）连接输出元件至端子排。

3）连接电动机至端子排。

4）连接 PLC 的输入信号端子至端子排。

5）连接 PLC 的输入信号端子至按钮模块。

6）连接 PLC 的输出信号端子至端子排。（负载电源暂不连接，待 PLC 模拟调试成功后连接）。

7）连接 PLC 的输出信号端子至变频器。

8）连接变频器至电动机。

9）将电源模块中的单相交流电源引至 PLC 模块。

10）将电源模块中的三相电源和接地线引至变频器的主回路输入端子 L1、L2、L3、PE。

11）电路检查。

12）清理台面，工具入箱。

3. 气动回路连接

（1）气路连接前的准备

按照要求检查空气压缩机状态、准备图样及工具，并安排气动回路连接步骤。

（2）气路连接步骤　根据气路图连接气路。连接时，应避免直角或锐角弯曲，尽量平行布置，力求走向合理且气管最短，如图 4-21 所示。

1）连接气源。

2）连接执行元件。

3）整理、固定气管。

4）清理台面杂物，工具入箱。

4. 程序输入

启动三菱 PLC 编程软件，输入梯形图（图 4-8）。

1）启动三菱 PLC 编程软件。

2）创建新文件，选择 PLC 类型。

3）输入程序。

4）转换梯形图。

5）保存文件。

图 4-21　气路连接

5. 变频器参数设置

打开变频器的面板盖板，按表 4-6 设定参数。

表 4-6　变频器参数设定表

序号	参数号	名　称	设 定 值	备　注
1	Pr. 1	上限频率	50Hz	
2	Pr. 2	下限频率	0Hz	
3	Pr. 6	3 速设定（低速）	25Hz	低速设定
4	Pr. 7	加速时间	2s	
5	Pr. 8	减速时间	2s	
6	Pr. 79	操作模式	2	外部操作模式

1）用 MODE 键将监示显示切换至参数设定模式，设定操作模式为 PU 操作模式 Pr. 79 = 1。

2）设定上限频率 Pr. 1 = 50。

3）设定下限频率 Pr. 2 = 0。

4）设定 3 速设定（低速）频率 Pr. 6 = 25。

5）设定加速时间 Pr. 7=2。

6）设定减速时间 Pr. 8=2。

7）设定操作模式为外部操作模式 Pr. 79=2。

6. 设备调试

（1）设备调试前的准备

按照要求清理设备、检查机械装配、电路连接、气路连接等情况，确认其安全性、正确性。在此基础上确定调试流程，本设备的调试流程如图 4-22 所示。

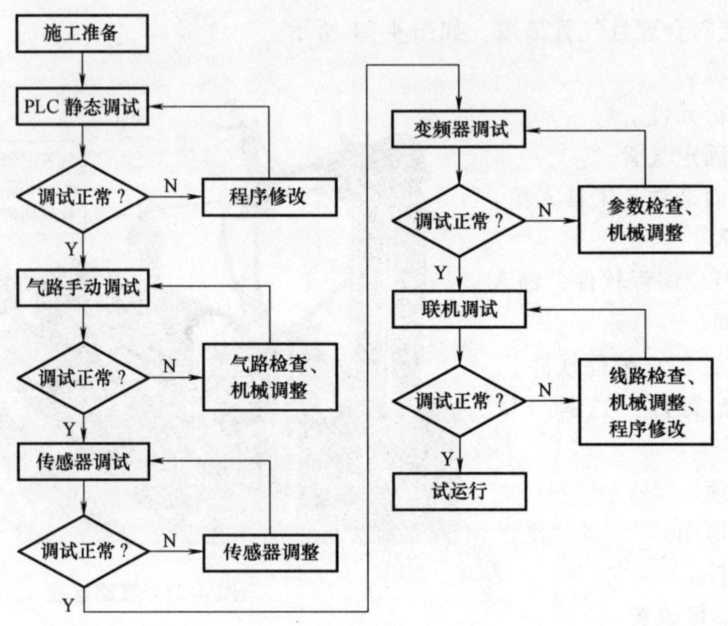

图 4-22 设备调试流程图

（2）模拟调试

1）PLC 静态调试

① 连接计算机与 PLC。

② 首先确认 PLC 的输出负载回路电源处于断开状态，再检查空气压缩机的阀门是否关闭。

③ 合上断路器，给设备供电。

④ 写入程序。

⑤ 运行 PLC，按表 4-7 和表 4-8 用 PLC 模块上的钮子开关模拟 PLC 输入信号，观察 PLC 的输出指示 LED。

⑥ 将 PLC 的 RUN/STOP 开关置“STOP”位置。

⑦ 复位 PLC 模块上的钮子开关。

2）气动回路手动调试

① 接通空气压缩机电源，起动空压机压缩空气，等待气源充足。

表 4-7　搬运机构静态调试情况记载表

步骤	操作任务	观察任务		备　注
		正确结果	观察结果	
1	动作 X2 钮子开关,PLC 上电	Y5 指示 LED 点亮		手爪放松
2	复位 X2 钮子开关	Y5 指示 LED 熄灭		放松到位
		Y7 指示 LED 点亮		手爪上升
3	动作 X7 钮子开关	Y7 指示 LED 熄灭		上升到位
		Y11 指示 LED 点亮		手臂缩回
4	动作 X6 钮子开关	Y11 指示 LED 熄灭		缩回到位
		Y2 指示 LED 点亮		手臂左旋
5	动作 X3 钮子开关	Y2 指示 LED 熄灭		左旋到位
6	动作 X11 钮子开关,按下 SB1	Y10 指示 LED 点亮		起动设备 有物料,手臂伸出
7	动作 X5 钮子开关,复位 X6 钮子开关	Y10 指示 LED 熄灭		伸出到位
		Y6 指示 LED 点亮		手爪下降
8	动作 X10 钮子开关,复位 X7 钮子开关	Y6 指示 LED 熄灭		下降到位
		Y4 指示 LED 点亮		手爪夹紧抓物
9	动作 X2 钮子开关,0.5s 后	Y7 指示 LED 点亮		手爪上升
10	动作 X7 钮子开关,复位 X10 钮子开关	Y7 指示 LED 熄灭		上升到位
		Y11 指示 LED 点亮		手臂缩回
11	动作 X6 钮子开关,复位 X5 钮子开关	Y11 指示 LED 熄灭		缩回到位
		Y0 指示 LED 点亮		手臂右旋
12	动作 X4 钮子开关,复位 X3 钮子开关	Y0 指示 LED 熄灭		右旋到位
13	0.5s 后	Y10 指示 LED 点亮		手臂伸出
14	动作 X5 钮子开关,复位 X6 钮子开关	Y10 指示 LED 熄灭		伸出到位
		Y6 指示 LED 点亮		手爪下降
15	动作 X10 钮子开关,复位 X7 钮子开关	Y6 指示 LED 熄灭		下降到位
16	0.5s 后,若传送带上无物料	Y5 指示 LED 点亮		手爪放松
17	复位 X2 钮子开关	Y5 指示 LED 熄灭		放松到位
		Y7 指示 LED 点亮		手爪上升
18	动作 X7 钮子开关,复位 X10 钮子开关	Y7 指示 LED 熄灭		上升到位
		Y11 指示 LED 点亮		手臂缩回
19	动作 X6 钮子开关,复位 X5 钮子开关	Y11 指示 LED 熄灭		缩回到位
		Y2 指示 LED 点亮		手臂左旋
20	动作 X3 钮子开关,复位 X4 钮子开关	Y2 指示 LED 熄灭		左旋到位
21	一次物料搬运结束,等待加料			
22	重新加料,按下停止按钮 SB2,机构完成当前工作循环后停止工作			

表 4-8　传送及分拣机构静态调试情况记载表

步骤	操作任务	观察任务		备　注
		正确结果	观察结果	
1	动作 X23 钮子开关后复位	Y20 指示 LED 点亮		有物料,传送带运转
2	动作 X20 钮子开关后复位	Y12 指示 LED 点亮		检测到金属物料,气缸一伸出,分拣至金属料槽
3	动作 X12 钮子开关	Y12 指示 LED 熄灭		伸出到位后,气缸一缩回
4	复位 X12 钮子开关,动作 X13 钮子开关	Y20 指示 LED 熄灭		缩回到位后,传送带停止
5	动作 X23 钮子开关后复位	Y20 指示 LED 点亮		有物料,传送带运转
6	动作 X21 钮子开关后复位	Y13 指示 LED 点亮		检测到白色塑料物料,气缸二伸出,分拣至料槽二
7	动作 X14 钮子开关	Y13 指示 LED 熄灭		伸出到位后,气缸二缩回
8	复位 X14 钮子开关,动作 X15 钮子开关	Y20 指示 LED 熄灭		缩回到位后,传送带停止
9	动作 X23 钮子开关后复位	Y20 指示 LED 点亮		有物料,传送带运转
10	动作 X22 钮子开关后复位	Y14 指示 LED 点亮		检测到黑色塑料物料,气缸三伸出,分拣至料槽三
11	动作 X16 钮子开关	Y14 指示 LED 熄灭		伸出到位后,气缸三缩回
12	复位 X16 钮子开关,动作 X17 钮子开关	Y20 指示 LED 熄灭		缩回到位后,传送带停止
13	重新加料,按下停止按钮	运送带不能停止,必须执行当前工作循环后才能停止		

② 将气源压力调整到 0.4~0.5MPa 后，开启气动二联件上的阀门给机构供气。为确保调试安全，施工人员需观察气路系统有无泄漏现象，若有，应立即解决。

③ 在正常工作压力下，对气动回路进行手动调试，直至机构动作完全正常为止。

④ 调整节流阀至合适开度，使各气缸的运动速度趋于合理。

3）传感器调试。调整传感器的位置，观察 PLC 的输入指示 LED。

① 出料口放置物料，调整、固定物料检测传感器。

② 手动机械手，调整、固定各限位传感器。

③ 在落料口中先后放置三类物料，调整、固定落料口物料检测传感器。

④ 在 A 点位置放置金属物料，调整、固定金属传感器。

⑤ 分别在 B 点和 C 点位置放置白色塑料物料、黑色塑料物料，调整固定光纤传感器。

⑥ 手动推料气缸，调整、固定磁性传感器。

4）变频器调试。闭合变频器模块上的 STF、RL 钮子开关，电动机运转，传送带自左向右传送物料。若电动机反转，须关闭电源，改变输出三相电源 U、V、W 的相序后重新调试。

（3）联机调试　模拟调试正常后，接通 PLC 输出负载的电源回路，便可联机调试。调

试时，要求施工人员认真观察机构的运行情况，若出现问题，应立即解决或切断电源，避免扩大故障范围。调试观察的主要部位如图4-23所示。

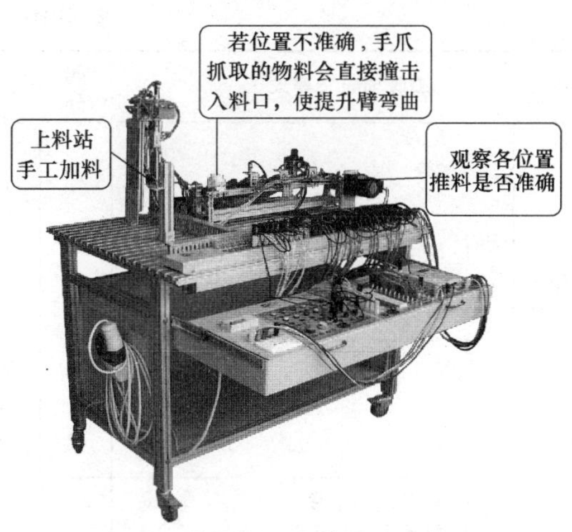

图 4-23　物料搬运、传送及分拣机构

表 4-9 为联机调试的正确结果，若调试中有与之不符的情况，施工人员首先应根据现场情况，判断是否需要切断电源，在分析、判断故障形成的原因（机械、电路、气路或程序问题）的基础上，进行调整、检修、解决，然后重新调试，直至机构完全实现功能。

（4）试运行　施工人员操作物料搬运、传送及分拣机构，运行、观察一段时间，确保设备合格、稳定、可靠。

表 4-9　联机调试结果一览表

步骤	操作过程	设备实现的功能	备注
1	PLC 上电	机械手复位	
2	上料站放入金属物料	机械手搬运物料	搬运、传送、分拣金属物料
3	机械手释放物料	机械手复位，传送带运转	
4	物料传送至 A 点位置	气缸一伸出，物料被分拣至料槽一内	
5	气缸一伸出到位后	气缸一缩回，传送带停转	
6	上料站放入白色塑料物料	机械手搬运物料	搬运、传送、分拣白色塑料物料
7	机械手释放物料	机械手复位，传送带运转	
8	物料传送至 B 点位置	气缸二伸出，物料被分拣至料槽二内	
9	气缸二伸出到位后	气缸二缩回，传送带停转	
10	上料站放入黑色塑料物料	机械手搬运物料	搬运、传送、分拣黑色塑料物料
11	机械手释放物料	机械手复位，传送带运转	
12	物料传送至 C 点位置	气缸三伸出，物料被分拣至料槽三内	
13	气缸三伸出到位后	气缸三缩回，传送带停转	
14	重新加料，按下停止按钮 SB2，机构完成当前工作循环后停止工作		

7. 现场清理

设备调试完毕，要求施工人员清点工量具，归类整理资料，清扫现场卫生，并填写设备安装登记表。

8. 设备验收

设备质量验收见表 4-10。

表 4-10 设备质量验收表

验收项目及要求		配分	配分标准	扣分	得分	备注
设备组装	1. 设备部件安装可靠，各部件位置衔接准确 2. 电路安装正确，接线规范 3. 气路连接正确，规范美观	35	1. 部件安装位置错误，每处扣 2 分 2. 部件衔接不到位、零件松动，每处扣 2 分 3. 电路连接错误，每处扣 2 分 4. 导线反圈、压皮、松动，每处扣 2 分 5. 错、漏编号，每处扣 1 分 6. 导线未入线槽、布线零乱，每处扣 2 分 7. 气路连接错误，每处扣 2 分 8. 气路漏气、掉管，每处扣 2 分 9. 气管过长、过短、乱接，每处扣 2 分			
设备功能	1. 设备起停正常 2. 机械手复位正常 3. 机械手搬运物料正常 4. 传送带运转正常 5. 金属物料分拣正常 6. 白色塑料物料分拣正常 7. 黑色塑料物料分拣正常 8. 变频器参数设置正确	60	1. 设备未按要求起动或停止，每处扣 5 分 2. 机械手未按要求复位，扣 5 分 3. 机械手未按要求搬运物料，一处扣 5 分 4. 传送带未按要求运转，扣 10 分 5. 金属物料未按要求分拣，扣 5 分 6. 白色塑料物料未按要求分拣，扣 5 分 7. 黑色塑料物料未按要求分拣，扣 5 分 8. 变频器参数未按要求设置，扣 5 分			
设备附件	资料齐全，归类有序	5	1. 设备组装图缺少，每处扣 2 分 2. 电路图、气路图、梯形图缺少，每处扣 2 分 3. 技术说明书、工具明细表、元件明细表缺少，每处扣 2 分			
安全生产	1. 自觉遵守安全文明生产规程 2. 保持现场干净整洁，工具摆放有序		1. 漏接接地线一处扣 5 分 2. 每违反一项规定，扣 3 分 3. 发生安全事故，0 分处理 4. 现场凌乱、乱放工具、乱丢杂物、完成任务后不清理现场扣 5 分			
时间	6h		提前正确完成，每 5min 加 5 分 超过定额时间，每 5min 扣 2 分			
开始时间：		结束时间：		实际时间：		

四、设备改造

物料搬运、传送及分拣机构的改造。改造要求及任务如下：

（1）功能要求

1）机械手复位功能。PLC 上电，机械手手爪放松、手爪上伸、手臂缩回、手臂左旋至左侧限位处停止。

2）搬运功能。若加料站出料口有物料，机械手臂伸出→手爪下降→手爪夹紧抓物→0.5s 后手爪上升→手臂缩回→手臂右旋→0.5s 后手臂伸出→手爪下降→0.5s 后，若传送带上无物料，则手爪放松、释放物料→手爪上升→手臂缩回→左旋至左侧限位处停止。

3）传送功能。当传送带入料口的光电传感器检测到物料时，变频器起动，驱动三相异步电动机以 25Hz 的频率正转运行，传送带传送物料。当物料分拣完毕时，传送带停止运转。

4）分拣功能

① 分拣金属物料。当起动推料一传感器检测到金属物料时，气缸一动作，活塞杆伸出将它推入料槽一内。当伸出限位传感器检测到气缸伸出到位后，活塞杆缩回；缩回限位传感器检测气缸缩回到位后，三相异步电动机停止运行。

② 分拣黑色塑料物料。当起动推料二传感器检测到黑色塑料物料时，气缸二动作，活塞杆伸出将它推入料槽二内。当伸出限位传感器检测到气缸伸出到位后，活塞杆缩回；缩回限位传感器检测气缸缩回到位后，三相异步电动机停止运行。

③ 分拣白色塑料物料。当起动推料三传感器检测到白色塑料物料时，气缸三动作，活塞杆伸出将它推入料槽三内。当伸出限位传感器检测到气缸伸出到位后，活塞杆缩回；缩回限位传感器检测气缸缩回到位后，三相异步电动机停止运行。

5）打包报警功能。当料槽中存放有 5 个物料时，要求物料打包取走，打包指示灯按 0.5s 周期闪烁，并发出报警声，5s 后继续搬运、传送及分拣工作。

（2）技术要求

1）工作方式要求。机构有两种工作方式：单步运行和自动运行。

2）机构的起停控制要求：

① 按下起动按钮，机构开始工作。

② 按下停止按钮，机构完成当前工作循环后停止。

③ 按下急停按钮，机构立即停止工作。

3）电气线路的设计符合工艺要求、安全规范。

4）气动回路的设计符合控制要求、正确规范。

（3）工作任务

1）按机构要求画出电路图。

2）按机构要求画出气路图。

3）按机构要求编写 PLC 控制程序（梯形图）。

4）改装物料搬运、传送及分拣机构实现功能。

5）绘制机构装配示意图。

项目五

YL 235A型光机电设备的安装与调试

一、施工任务

1. 根据设备装配示意图组装 YL-235A 型光机电设备。
2. 按照设备电路图连接 YL-235A 型光机电设备的电气回路。
3. 按照设备气路图连接 YL-235A 型光机电设备的气动回路。
4. 根据要求创建触摸屏人机界面。
5. 输入设备控制程序，正确设置变频器参数，调试 YL-235A 型光机电设备实现功能。

二、施工前准备

施工人员在施工前应仔细阅读 YL-235A 型光机电设备随机技术文件，了解设备的组成及其动作情况，看懂装配示意图、电路图、气动回路图及梯形图等图样，然后再根据施工任务制定施工计划、施工方案等。

1. 识读设备图样及技术文件

(1) 装置简介　YL-235A 型光机电设备主要实现自动送料、搬运及输送，并能根据物料的不同进行分类存放的功能。

1) 起停控制。如图 5-1 所示，触摸人机界面上的起动按钮，设备开始工作，机械手复位：手爪放松、手爪上伸、手臂缩回、手臂左旋至左侧限位处停止。触摸停止按钮，系统完成当前工作循环后停止。设备工作流程见图 5-2 所示。

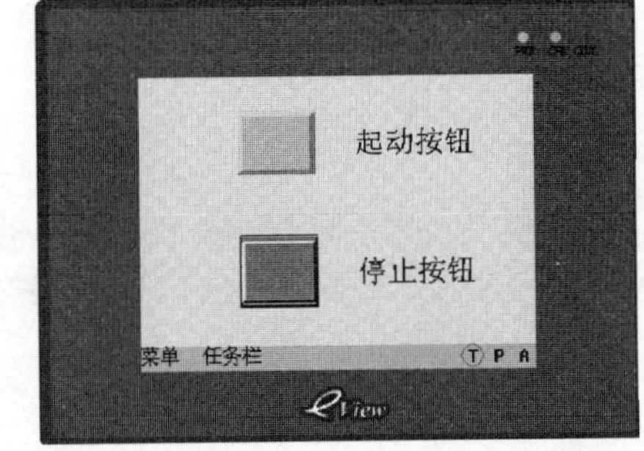

图 5-1　人机界面

2) 送料功能。设备起动后，送料机构开始检测物料支架上的物料，警示灯绿灯闪烁。若无物料，PLC 便起动送料电动机工作，驱动页扇旋转。物料在页扇推挤下，从放料转盘中移至出料口。当物料检测传感器检测到物料时，电动机停止旋转。若送料电动机运行 10s 后，物料检测传感器仍未检测到物料，则说明料盘内已无物料，此时机构停止工作并报警，警示灯红灯闪烁。

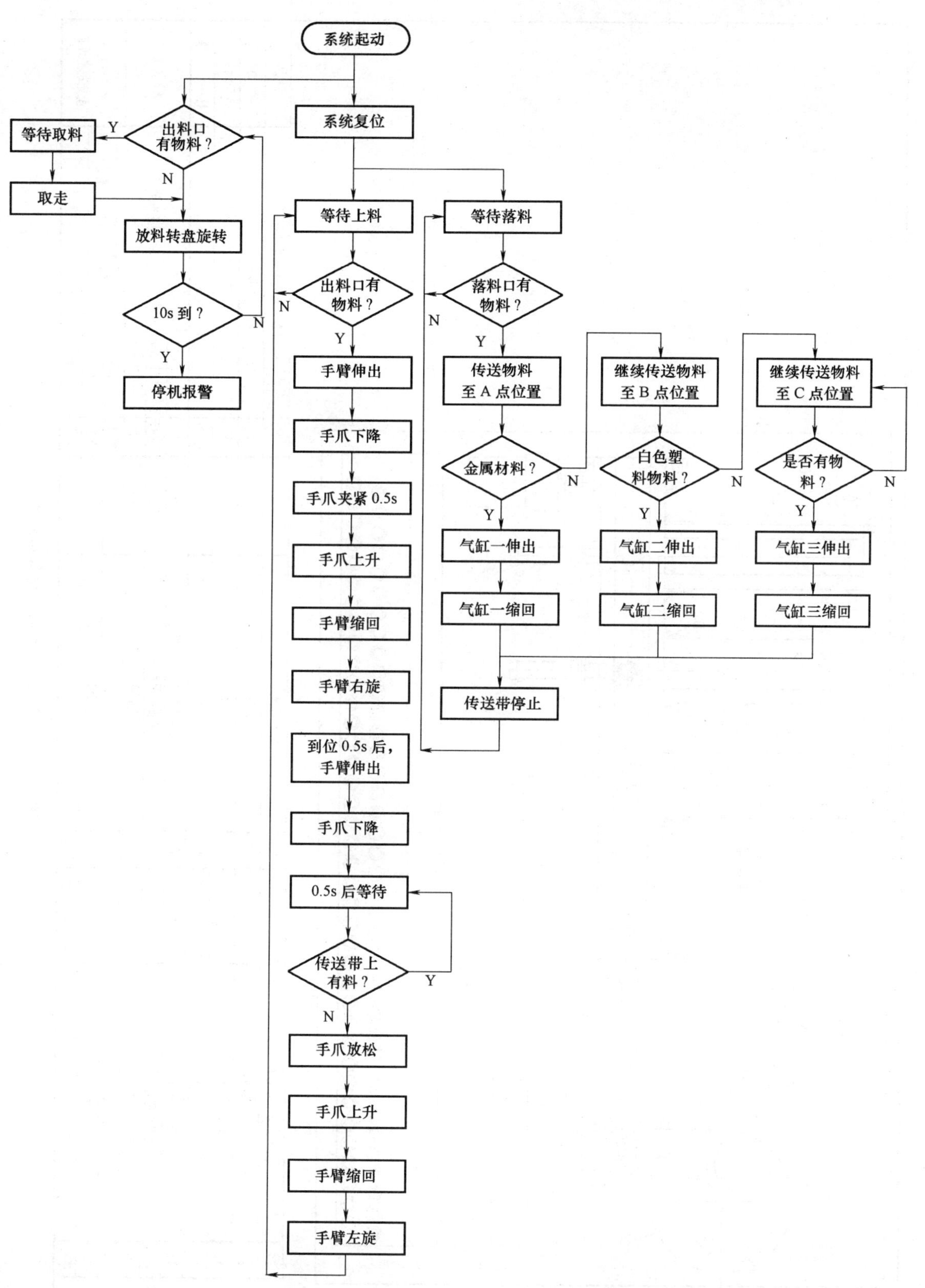

图 5-2 YL-235A 型光机电设备工作流程图

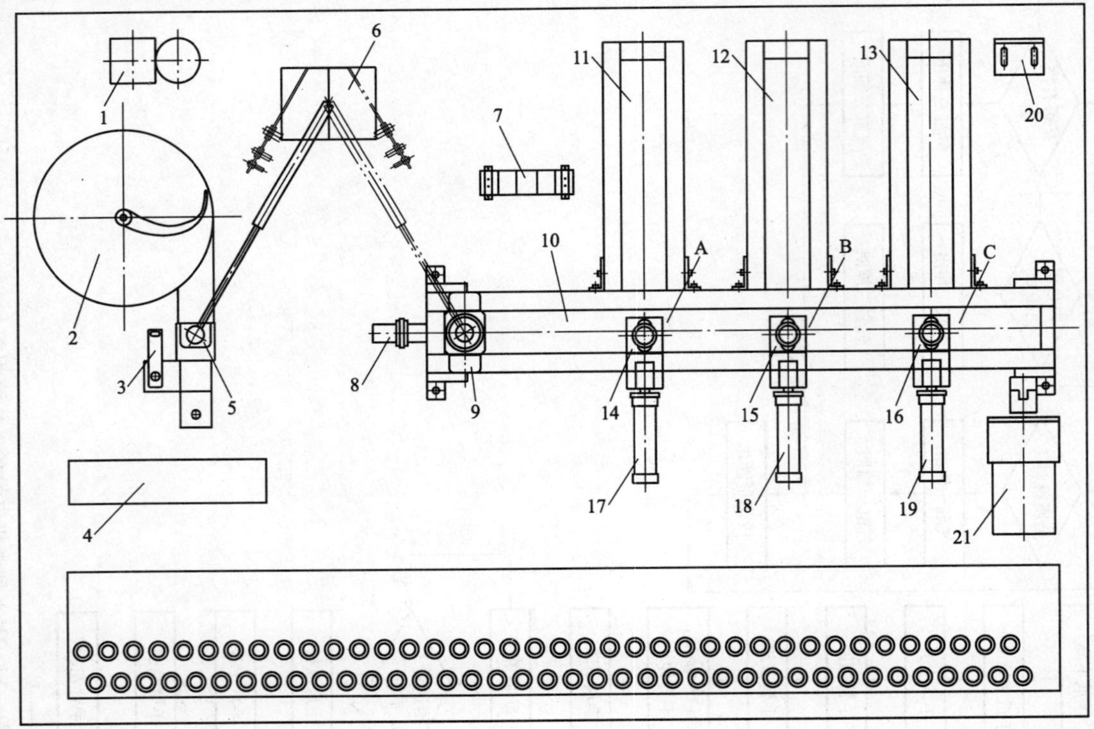

序号	名　称	数　量	序号	名　称	数　量	序号	名　称	数　量
21	三相异步电动机	1	12	料槽二	1	3	物料检测光电传感器	1
20	气动二联件	1	11	料槽一	1	2	物料料盘	1
19	推料三气缸	1	10	传送线	1	1	警示灯	1
18	推料二气缸	1	9	落料口	1			
17	推料一气缸	1	8	落料口检测光电传感器	1			
16	光纤传感器(黑)	1	7	电磁阀阀组	1			
15	光纤传感器(白)	1	6	机械手	1			
14	电感式传感器	1	5	出料口	1			
13	料槽三	1	4	触摸屏	1			

标记	处数	更改文件号	签字	日期	设备布局图				XXX公司
设计			标准化		图样标记	数样	重量	比例	YL-235A 型光机电设备
核对			（审定）			1			
审核									
工艺			日期						

图 5-3　YL-235A 型光机电设备布局图

3）搬运功能。送料机构出料口有物料，机械手臂伸出→手爪下降→手爪夹紧抓物→0.5s后手爪上升→手臂缩回→手臂右旋→0.5s后手臂伸出→手爪下降→0.5s后，若传送带上无物料，则手爪放松、释放物料→手爪上升→手臂缩回→左旋至左侧限位处停止。

4）传送功能。当传送带落料口的光电传感器检测到物料时，变频器起动，驱动三相异步电动机以25Hz的频率正转运行，传送带开始传送物料。当物料分拣完毕时，传送带停止运转。

5）分拣功能

① 分拣金属物料。当金属物料被传送至A点位置时，推料一气缸（简称气缸一）伸出，将它推入料槽一内。气缸一缩回到位后，传送带停止运行。

② 分拣白色塑料物料。当白色塑料物料被传送至B点位置时，推料二气缸（简称气缸二）伸出，将它推入料槽二内。气缸二缩回到位后，传送带停止运行。

③ 分拣黑色塑料物料。当黑色塑料物料被传送至C点位置时，推料三气缸（简称气缸三）伸出，将它推入料槽三内。气缸三缩回到位后，传送带停止运行。

（2）识读装配示意图　如图5-3所示，YL-235A型光机电设备是送料机构、机械手搬运机构、物料传送及分拣机构的组合，这就要求物料转盘、出料口、机械手及传送带落料口之间衔接准确，安装尺寸误差要小，以保证送料机构平稳送料、机械手准确抓料、放料。

1）结构组成。YL-235A型光机电设备主要由触摸屏、物料料盘、出料口、机械手、传送带及分拣装置等组成。各部分的功能见项目一、项目二和项目三。设备实物如图5-4所示。

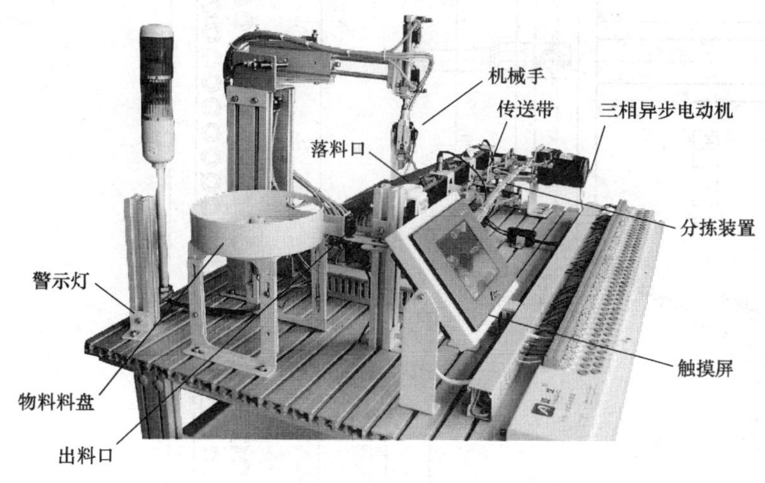

图5-4　YL-235A型光机电设备

2）尺寸分析。YL-235A型光机电设备的各部件定位尺寸如图5-5所示。

（3）识读触摸屏相关技术文件　触摸屏简称HMI，主要用作人机交流、控制。本设备使用eview MT4300C型触摸屏，其输入电源电压为直流24V（±15%），对外提供5个通信端口，其中串行接口COM0用于连接触摸屏和具有RS-232/RS-485/RS-422通信端口的控制器，还可以用于连接PC的编程口和设置口；串行接口COM1用于连接触摸屏和具有RS232通信端口的控制器；USB接口是USB从设备，用于与PC的连接，进行组态程序的下载和HMI的设置；以太网接口Ethernet为10M/100M自适应以太网端口，可以进行组态程序的下

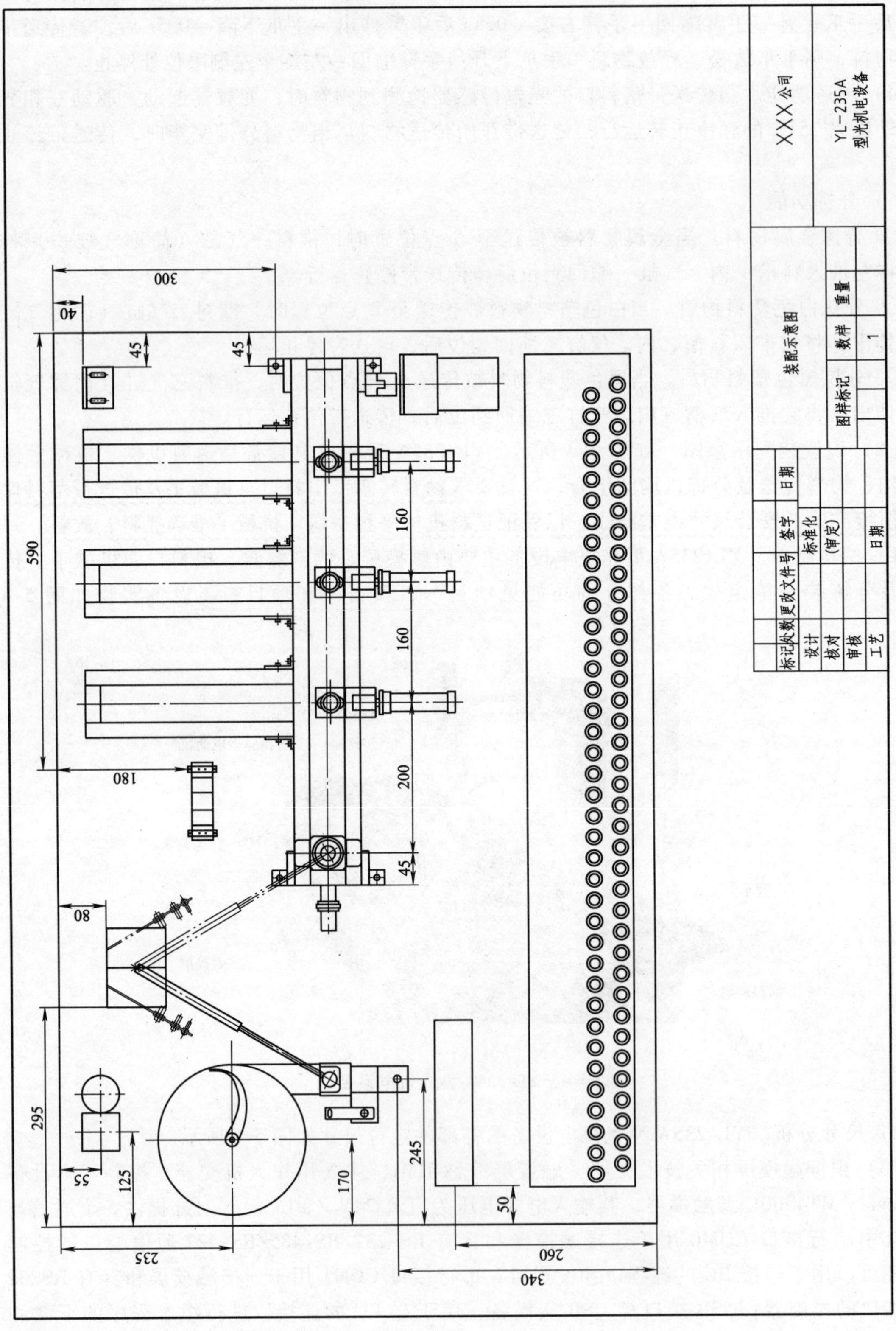

图 5-5 YL-235A 型光机电设备装配示意图

载、HMI 的设置和组态的间接在线模拟，还可以通过以太网连接多个 HMI 构成多 HMI 的控制环境；并行接口 PRINTER 用于并行打印机的连接。各接口如图 5-6 所示。

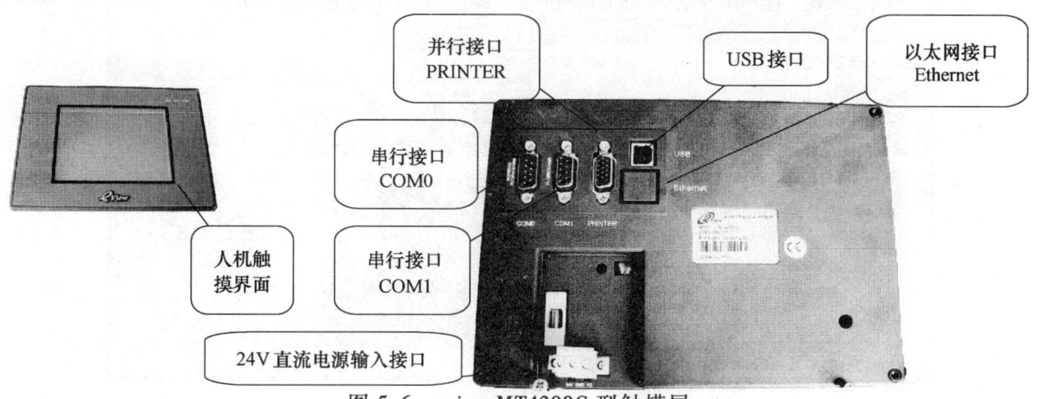

图 5-6　eview MT4300C 型触摸屏

应用 EV5000 组态软件可对 MT4300C 型触摸屏创建人机界面工程，它的最大优点是使用便捷。下面演示制作一个只包含一只开关控制元件的工程，以此说明 EV5000 工程的制作方法，其他元件的制作方法与之基本类似。

第一大步：创建新工程

1）启动 EV5000 组态软件。如图 5-7 所示，单击桌面【程序】→【eview】→【EV5000_UNICODE_CHS】→【EV5000_CHS. exe】文件，弹出图 5-8 所示的 EV5000 软件编程窗口。

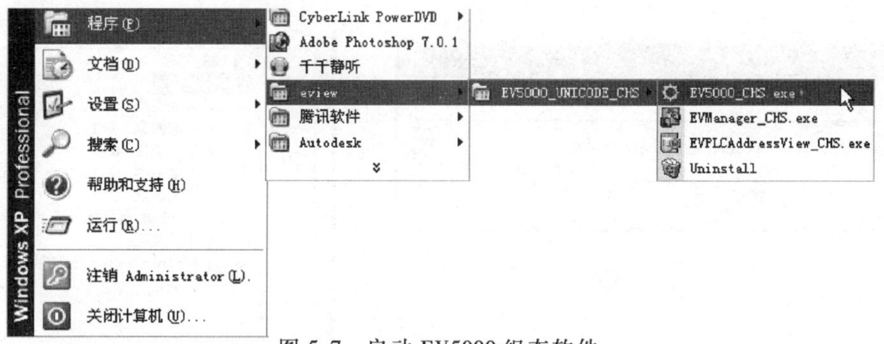

图 5-7　启动 EV5000 组态软件

图 5-8　EV5000 软件编程窗口

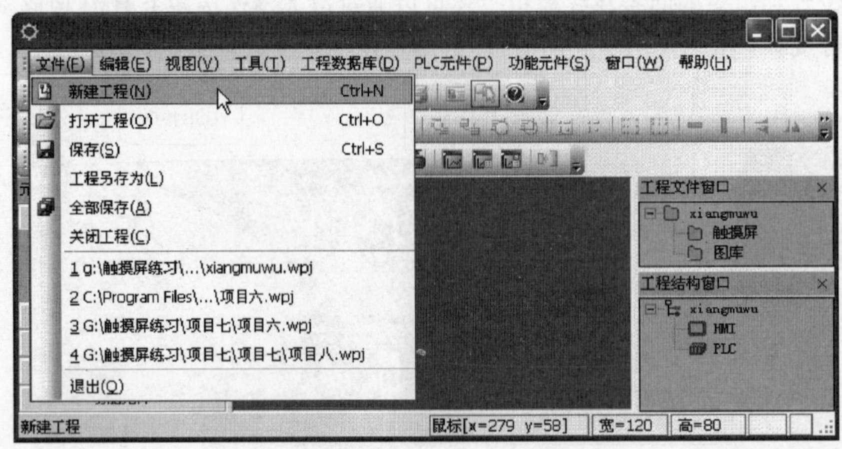

图 5-9 “新建工程”命令

2）新建工程。如图 5-9 所示，执行【文件】—【新建工程】命令，弹出图 5-10 所示的“新建工程”对话框，输入工程名称。单击对话框“目录”后的 >>，弹出图 5-11 所示的“浏览文件夹”对话框，选择存盘路径后单击【建立】，便弹出新建工程的编程窗口，如图 5-12 所示。

图 5-10 “新建工程”对话框

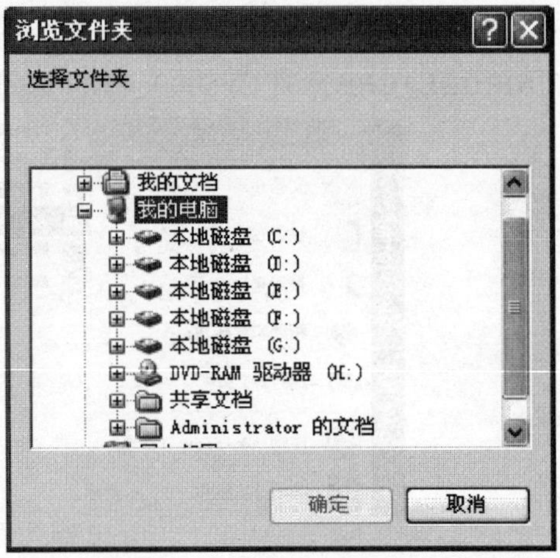

图 5-11 选择存盘路径

3）选择通信连接方式。如图 5-12 所示，触摸屏“通信连接”内有两种通信连接方式：串口和以太网。选择“串口”图标后，将其拖入工程结构窗口中，便可出现触摸屏与 PLC 的通信连接线，如图 5-13 所示。

4）选择触摸屏的型号。如图 5-13 所示，单击选择“HMI”→“MT4300C”图标后，将其拖入工程结构窗口中，出现图 5-14 所示的“显示方式”对话框。设置触摸屏显示方式为水平，单击【OK】，窗口内便出现 MT4300C 型触摸屏，如图 5-15 所示。

5）选择 PLC 的型号。如图 5-15 所示，单击选择“PLC”—“FX2N”⊖图标后，将其拖入工程结构窗口中，便出现图 5-16 所示的三菱 FX2N 型 PLC。

⊖ 为与实际 EV5000 组态软件相一致，在本项目中未将 FX2N 统一成 FX_{2N}，但所指为同一 PLC 系列产品。

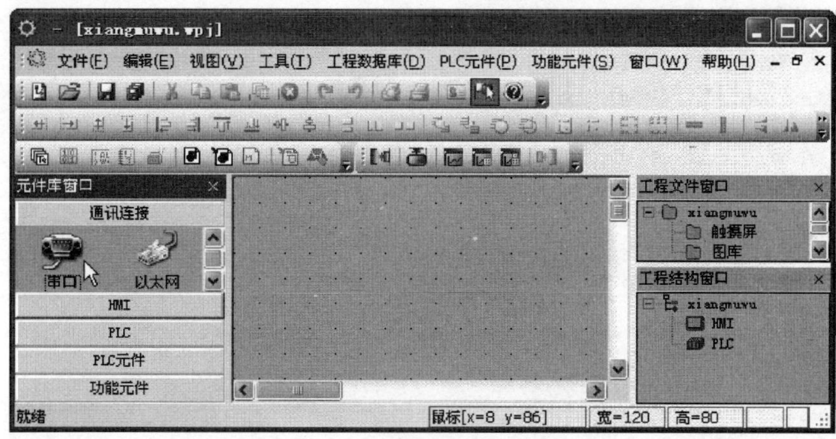

图 5-12　新建工程的编程窗口

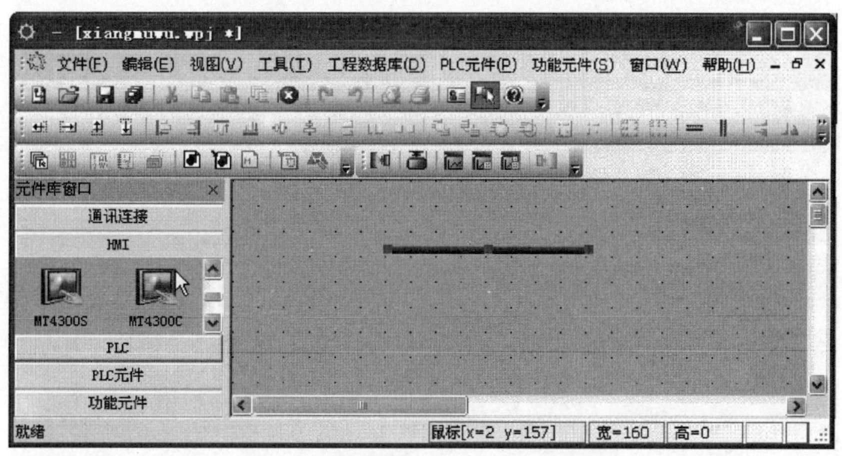

图 5-13　触摸屏与 PLC 的通信连接线

图 5-14　触摸屏“显示方式”选择对话框

6）连接 HMI 与 PLC。适当移动 HMI 和 PLC 的位置，将 HMI 的 COM1 端口靠近通信连接线的一端，PLC 的 COM0 端口靠近连接线的另一端，移动 HMI 和 PLC 的位置，若连接线与它们的端口没有断开，表示连接成功，如图 5-17 所示。特别注意的是这里设置的 HMI 连接端口一定要与实际触摸屏的物理连接端口一致，否则 HMI 与 PLC 之间不能建立真正连接。

7）设置 HMI0 的属性。双击工程结构窗口内的 HMI0 图标（触摸屏 MT4300C），弹出图 5-18 所示的“HMI 属性”对话框。单击选择“串口 1 设置”，设置通信类型为 RS485-4，其他为默认值，单击【确定】即可，如图 5-19 所示。

第二大步：创建一个开关元件

1）切换至组态窗口。如图 5-20 所示，右键单击 HMI0 图标，执行【编辑组态】命令，便进入组态窗口，如图 5-21 所示。

图 5-15　窗口中出现 MT4300C 型触摸屏

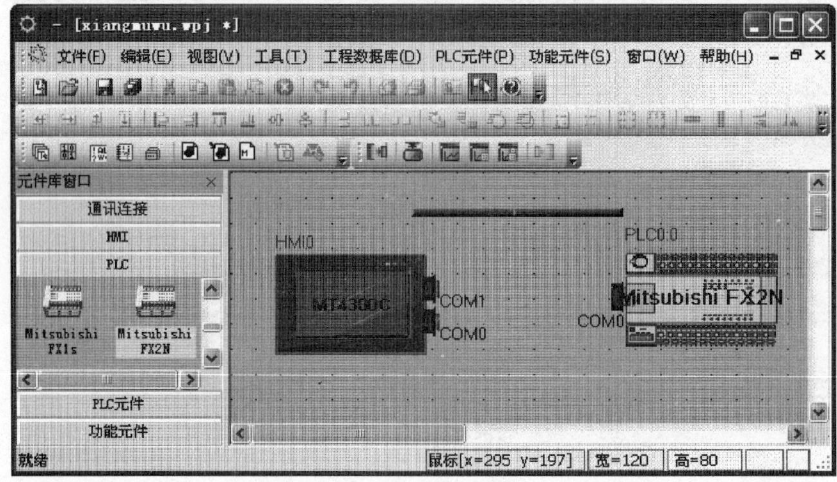

图 5-16　窗口中出现 FX2N 型 PLC

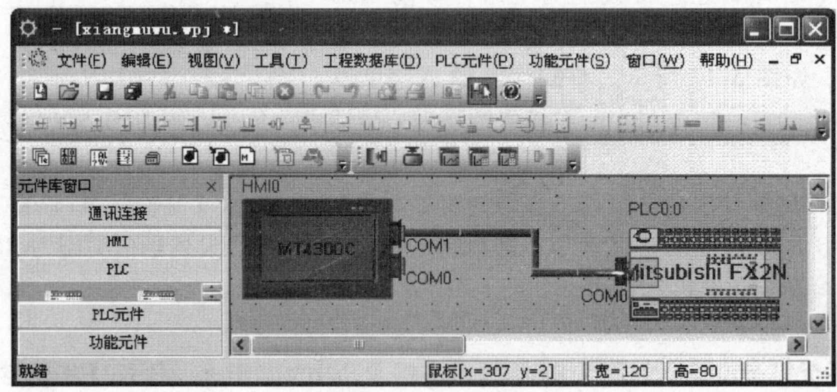

图 5-17　HMI 与 PLC 连接成功

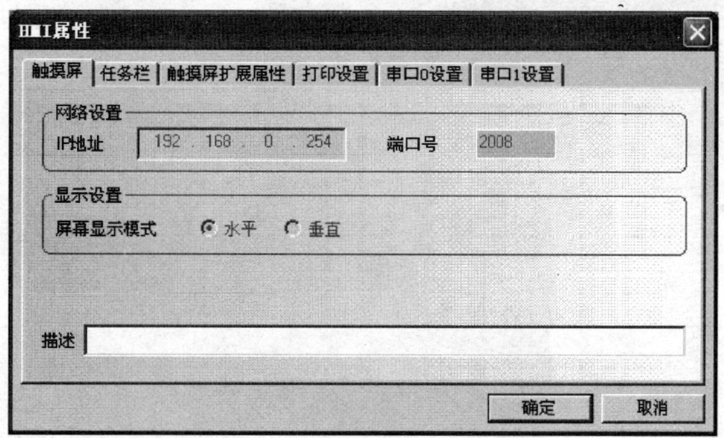

图 5-18　“HMI 属性”对话框

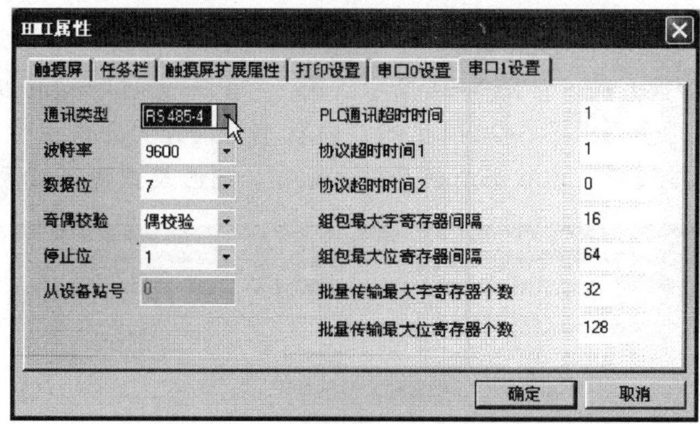

图 5-19　“串口 1 设置”对话框

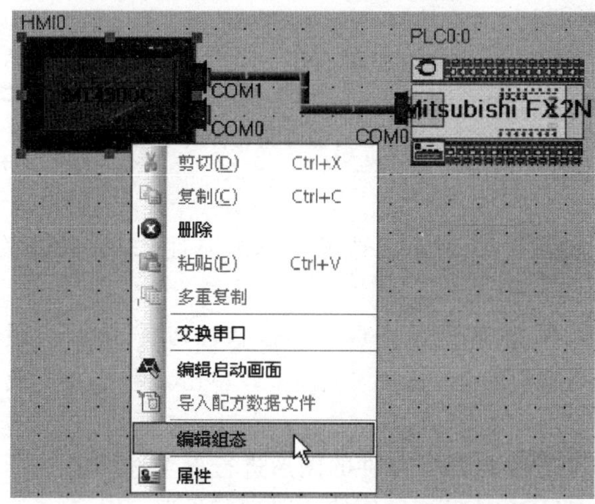

图 5-20　执行“编辑组态”命令

图 5-21　组态窗口

2）选择位状态切换开关。如图 5-21 所示，选择“PLC 元件”—“位状态切换开关”，将其拖至组态窗口，这时会弹出图 5-22 所示的“位状态切换开关元件属性”对话框，其设置内容含五个方面：基本属性、位状态切换开关、标签、图形及位置等设置。

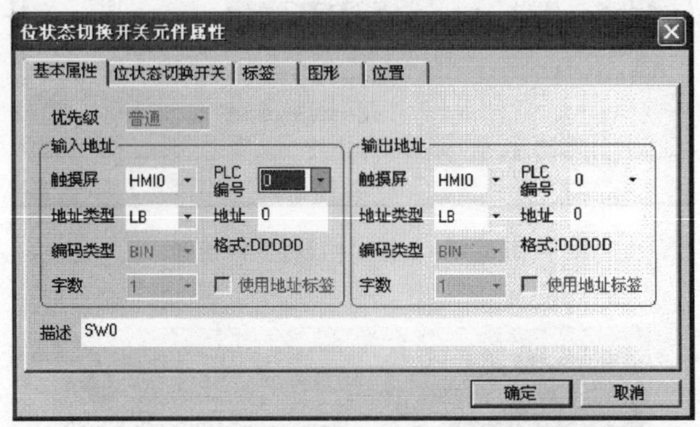

图 5-22　位状态切换开关元件属性对话框

3）元件属性设置。

① 基本属性设置。如图 5-23 所示，选择“基本属性”，设置开关元件的输入、输出地址。本例中设置输出地址为 X0。

② 开关类型设置。如图 5-24 所示，选择“位状态切换开关”，设置开关类型。

③ 标签设置。如图 5-25 所示，选择“标签”，单击“状态 1”或“状态 2”，对相应的选项进行输入或设置。

④ 图形设置。同样的方法对开关元件的图形进行设置选择。

⑤ 位置设置。同样的方法对开关元件的位置进行设置。

完成 5 个属性的设置后，单击【确定】，一个开关元件即创建完成，如图 5-26 所示。

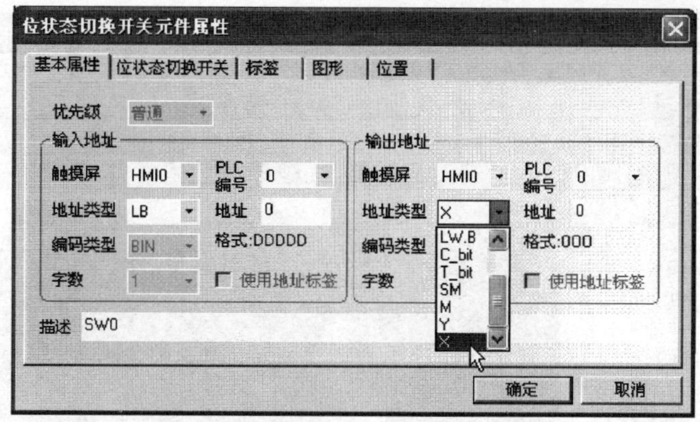

图 5-23　输入、输出地址设置

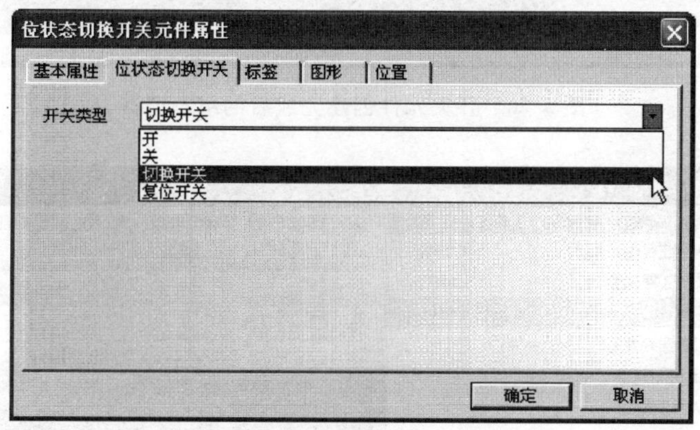

图 5-24　开关类型设置

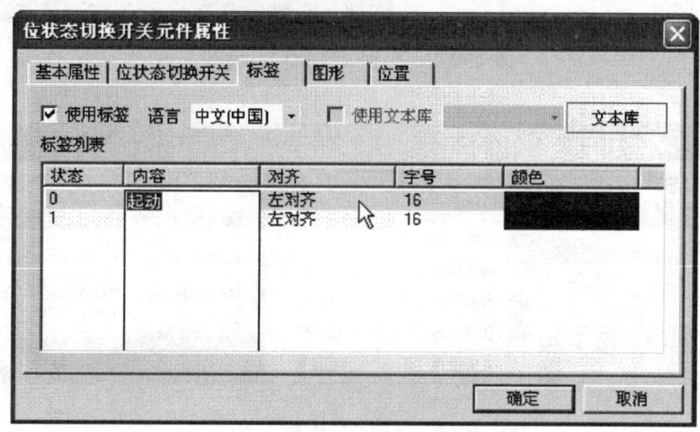

图 5-25　标签设置

4）工程保存。如图 5-27 所示，执行【文件】—【保存】，将创建的工程进行保存。

5）工程编译。如图 5-28 所示，执行【工具】—【编译】命令，弹出图 5-29 所示的编辑信息窗口，显示工程编译后的信息。若信息显示“编译完成，错误 0 个”，至此工程便创建完成。

图 5-26 开关元件创建完成后的组态窗口

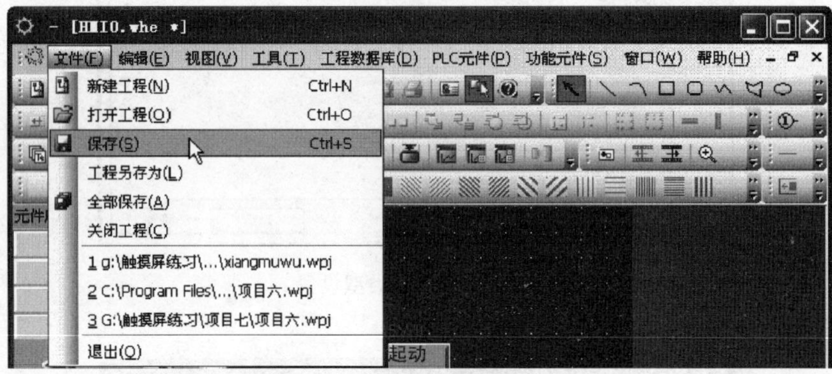

图 5-27 工程“保存”命令

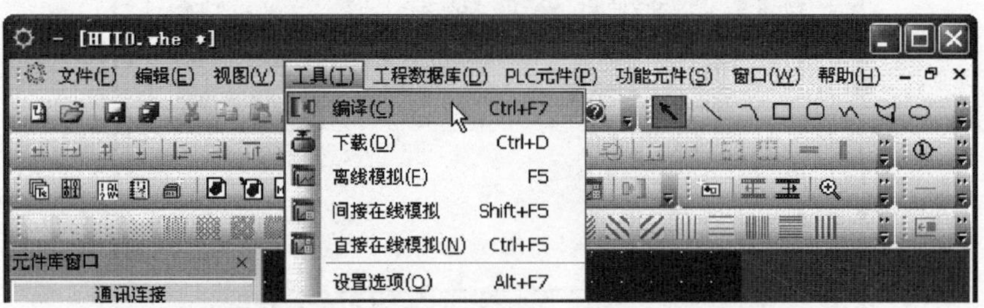

图 5-28 工程“编译”命令

6）离线模拟。如图 5-30 所示，执行【工具】—【离线模拟】命令，弹出图 5-31 所示的对话框。单击【仿真】，出现仿真的人机界面，如图 5-32 所示。

(4) 识读电路图　图 5-33 为 YL-235A 型光机电设备控制电路图。

1）PLC 机型。PLC 的机型为三菱 FX_{2N}-48MR。

2）I/O 点分配。PLC 输入/输出设备及 I/O 点数的分配情况见表 5-1。

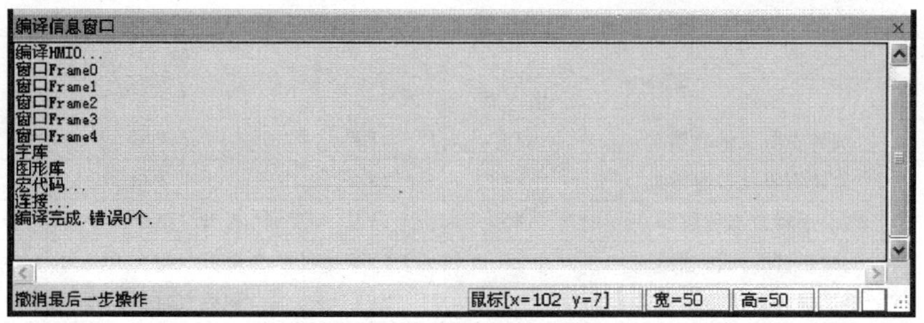

图 5-29 编辑信息窗口

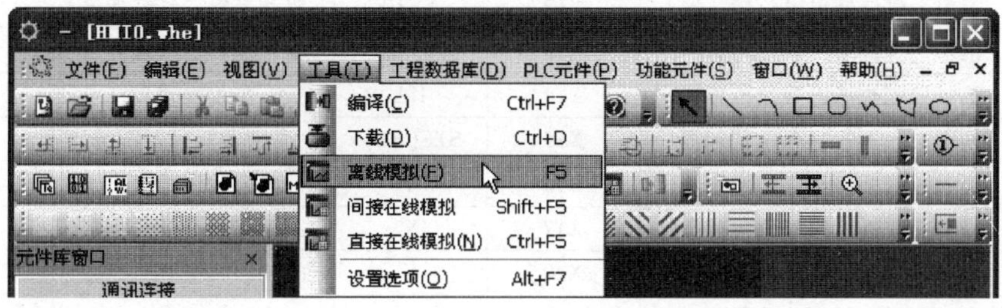

图 5-30 “离线模拟”命令

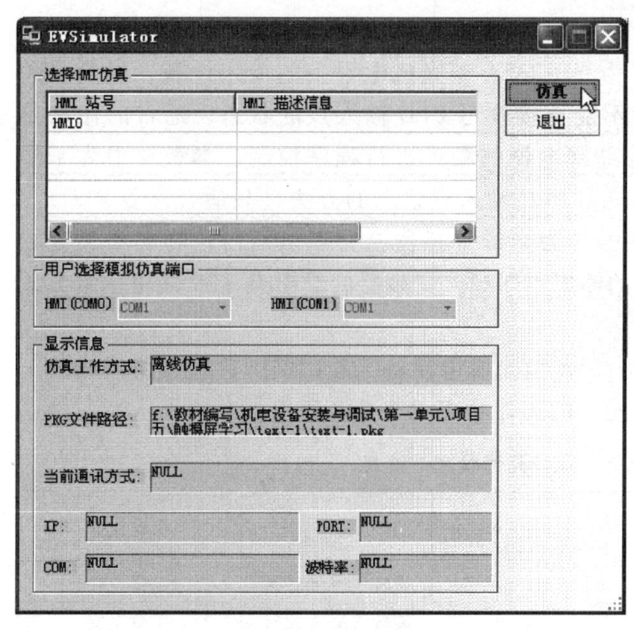

图 5-31 仿真对话框

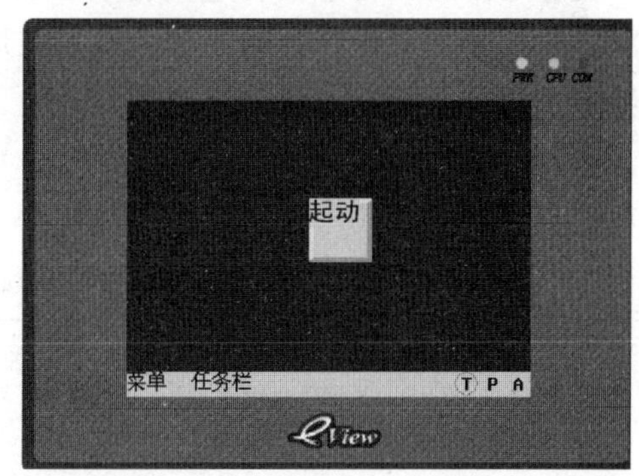

图 5-32 离线模拟的人机界面

表 5-1 输入/输出设备及 I/O 点分配表

输入			输出		
元件代号	功能	输入点	元件代号	功能	输出点
	触摸起动	X0	YV1	手臂右旋	Y0
	触摸停止	X1	YV2	手臂左旋	Y2
SCK1	气动手爪传感器	X2	M	转盘电动机	Y3

（续）

输入			输出		
元件代号	功能	输入点	元件代号	功能	输出点
SQP1	旋转左限位传感器	X3	YV3	手爪夹紧	Y4
SQP2	旋转右限位传感器	X4	YV4	手爪放松	Y5
SCK2	气动手臂伸出传感器	X5	YV5	提升气缸下降	Y6
SCK3	气动手臂缩回传感器	X6	YV6	提升气缸上升	Y7
SCK4	手爪提升限位传感器	X7	YV7	伸缩气缸伸出	Y10
SCK5	手爪下降限位传感器	X10	YV8	伸缩气缸缩回	Y11
SQP3	物料检测光电传感器	X11	YV9	驱动推料一气缸伸出	Y12
SCK6	推料一气缸伸出限位传感器	X12	YV10	驱动推料二气缸伸出	Y13
SCK7	推料一气缸缩回限位传感器	X13	YV11	驱动推料三气缸伸出	Y14
SCK8	推料二气缸伸出限位传感器	X14	HA	警示报警声	Y15
SCK9	推料二气缸缩回限位传感器	X15	STF(RL)	变频器低速及正转	Y20
SCK10	推料三气缸伸出限位传感器	X16	IN1	警示灯绿灯	Y21
SCK11	推料三气缸缩回限位传感器	X17	IN2	警示灯红灯	Y22
SQP4	起动推料一传感器	X20			
SQP5	起动推料二传感器	X21			
SQP6	起动推料三传感器	X22			
SQP7	落料口检测光电传感器	X23			

3）输入/输出设备连接特点。触摸屏为 YL-235A 型光机电设备的输入设备，供给 PLC 起动及停止信号。特别说明，触摸屏一般不能直接改写 PLC 输入点的状态，通常的做法是改变 PLC 内部辅助继电器的状态，再用辅助继电器的触点进行程序控制。本教材中为了静态调试程序的方便，才使用了触摸屏直接改写 PLC 输入点状态的方法（只适合三菱 PLC）。

起动推料二传感器和起动推料三传感器均为光纤传感器，分别识别白色物料和黑色物料。连接警示灯绿灯的输出点 Y21、红灯的输出点 Y22、变频器的输出点 Y20 共用一组 PLC 输出端子，且回路中无外接电源。

（5）识读气动回路图　图 5-34 为 YL-235A 型光机电设备气动回路图，其气路组成及工作原理与项目四相同，各控制元件、执行元件的工作状态见表 5-2 所示。

表 5-2　控制元件、执行元件状态一览表

电磁换向阀的线圈得电情况											执行元件状态	机构任务
YV1	YV2	YV3	YV4	YV5	YV6	YV7	YV8	YV9	YV10	YV11		
+	−										旋转气缸 A 正转	手臂右旋
−	+										旋转气缸 A 反转	手臂左旋
		+	−								气动手爪 B 夹紧	抓料
		−	+								气动手爪 B 放松	放料
				+	−						气缸 C 伸出	手爪下降
				−	+						气缸 C 缩回	手爪上升
						+	−				气缸 D 伸出	手臂伸出
						−	+				气缸 D 缩回	手臂缩回
								+			推料气缸 E 伸出	分拣金属物料

（续）

电磁换向阀的线圈得电情况											执行元件状态	机构任务
YV1	YV2	YV3	YV4	YV5	YV6	YV7	YV8	YV9	YV10	YV11		
								-			推料气缸 E 缩回	等待分拣
									+		推料气缸 F 伸出	分拣白色塑料物料
									-		推料气缸 F 缩回	等待分拣
										+	推料气缸 G 伸出	分拣黑色塑料物料
										-	推料气缸 G 缩回	等待分拣

（6）识读梯形图　图 5-35 为 YL-235A 型光机电设备的梯形图，其动作过程如图 5-36 所示。

1）起停控制。触摸人机界面上的起动按钮，X0=ON，M1 为 ON 且保持，为激活 S20、S30 状态提供了必要条件。触摸停止按钮，X1=ON，M1 为 OFF，致使 S0 向 S20、S1 向 S30 状态转移的条件缺失，故程序执行完当前工作循环后停止。

2）送料控制。当 M1=ON 后，Y21 为 ON，警示灯绿灯闪烁。若出料口无物料，则物料检测传感器 SQP3 不动作，X11=OFF，Y3 为 ON，驱动转盘电动机旋转，物料挤压上料。当 SQP3 检测到物料时，X11=ON，Y3 为 OFF，转盘电动机停转，一次上料结束。

3）报警控制。Y3 为 ON 时，报警标志 M2 为 ON 且保持，定时器 T0 开始计时 10s。时间到，若传感器检测不到物料，T0 动作，Y21、Y3 为 OFF，绿灯熄灭，转盘电动机停转；同时 Y22、Y15 为 ON，警示灯红灯闪烁，蜂鸣器发出报警声。当 SQP3 动作或触摸停止按钮时，M2 复位，报警停止。

4）机械手复位控制。设备起动后，M1 为 ON，执行 S0 状态下的复位程序：机械手手爪放松、手抓上升、手臂缩回、手臂向左旋转至左侧限位处停止。

机械手开始搬运，即 S20 激活起，M3 为 ON，直至传送带开始工作，S30 激活止，M3 方为 OFF，以保证在机械手抓料的情况下，触摸停止按钮后传送分拣机构继续完成当前分拣任务后停止。

5）搬运物料。送料机构出料口有物料，X11 为 ON，激活 S20 状态→Y10=ON，手臂伸出→X5=ON，Y6=ON，手爪下降→X10=ON，Y4=ON，手爪夹紧→夹紧定时 0.5s 到，激活 S21 状态→Y7=ON，手爪上升→X7=ON，Y11=ON，手臂缩回→X6=ON，Y0=ON，手臂右旋→手臂右旋到位定时 0.5s，激活 S22 状态→Y10=ON，手臂伸出→X5=ON，Y6=ON，手爪下降→手爪下降到位定时 0.5s 到，Y5=ON，手爪放松→手爪放松到位，X2=OFF，激活 S23 状态→Y7=ON，手爪上升→X7=ON，Y11=ON，手臂缩回→X6=ON，Y2=ON，手臂左旋→手臂左旋到位，X3=ON，激活 S0 状态，开始新的循环。

6）传送物料。PLC 上电瞬间或设备起动时，S1 状态激活。当入料口检测到物料时，X23=ON，S30 状态激活，Y20 置位，起动变频器，驱动传送带自左向右低速传送物料。

7）分拣物料。如图 5-36 所示，分拣程序有三个分支，根据物料的性质选择不同分支执行。

若物料为金属物料，传送至 A 点位置时，执行分支 A，X20=ON，S31 状态激活，Y12 为 ON，推料一气缸伸出，将它推入料槽一内。伸出到位后，X12=ON，S32 激活，Y12 为 OFF，推料一气缸缩回。

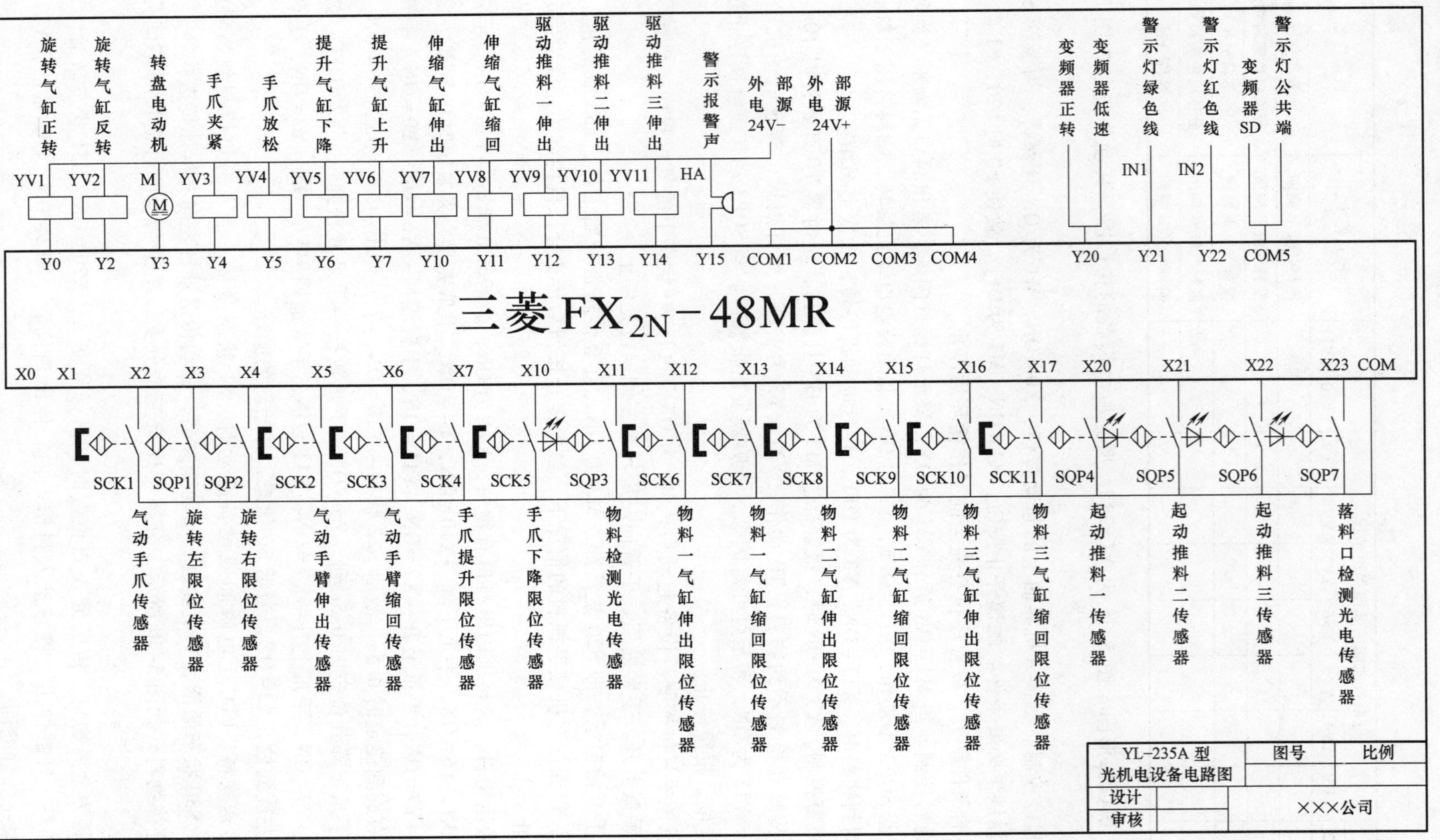

图 5-33 YL-235A 型光机电设备控制电路图

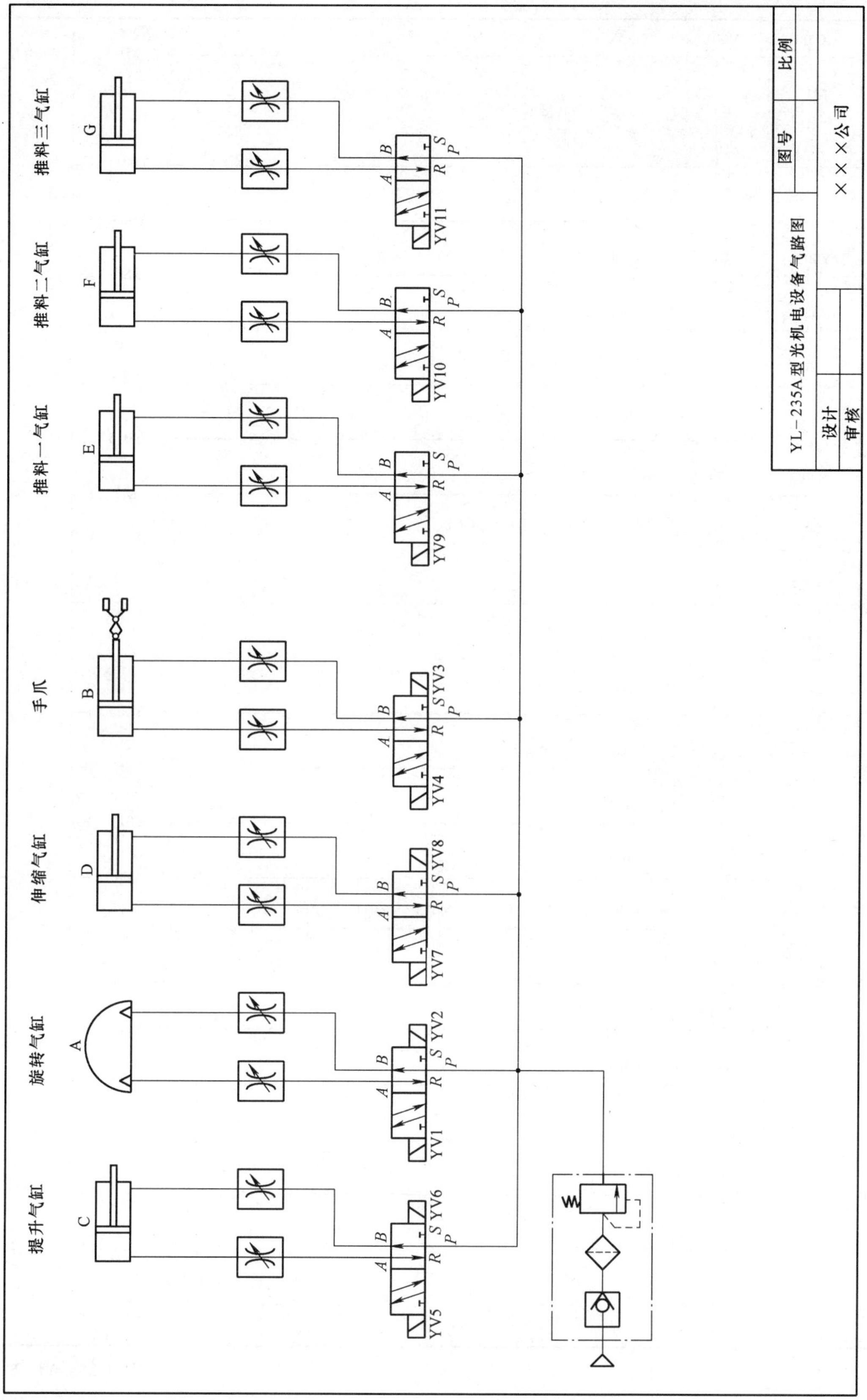

提升气缸　C

旋转气缸　A

伸缩气缸　D

手爪　B

推料一气缸　E

推料二气缸　F

推料三气缸　G

YV5　YV6　YV1　YV2　YV7　YV8　YV4　YV3　YV9　YV10　YV11

YL-235A型光机电设备气路图	图号	比例
设计	××公司	
审核		

图 5-34　YL-235A 型光机电设备气路图

```
0   X000  X001                                  ( M1 )
    M1
4   M1    T0                                    ( Y021 )
          X011                                  ( Y003 )
9   Y003  X011  X001                            ( M2 )
    M2                                          ( T0     K100 )
19  T0                                          ( Y022 )
                                                ( Y015 )
22  S20   S30                                   ( M3 )
    M3
26  X8002                                       [ SET    S0 ]
    M1
31  S0 STL   M1   X002                          ( Y005 )
                  X002  X007                    ( Y007 )
                  X007  X006                    ( Y011 )
                  X006  X003                    ( Y002 )
                  X002  X007  X006  X003  X011  M1   [ SET  S20 ]
57  S20 STL  X005                               ( Y010 )
60           X005  X010                         ( Y006 )
63           X010  X002                         ( Y004 )
66           X002                               ( T1   K5 )
70           T1                                 [ SET  S21 ]
```

图 5-35　YL-235

```
73   S21 STL ── X007(常闭) ──────────────── ( Y007 )
76           ├─ X007 ── X006(常闭) ──────── ( Y011 )
79           ├─ X006 ── X004(常闭) ──────── ( Y000 )
82           ├─ X004 ────────────────────── ( T2  K5 )
86           └─ T2 ──────────────────────── [ SET  S22 ]
89   S22 STL ────────────────────────────── ( Y010 )
91           ├─ X005 ── X010(常闭) ──────── ( Y006 )
94           ├─ X010 ────────────────────── ( T3  K5 )
98           ├─ T3 ── Y020(常闭) ────────── ( Y005 )
101          └─ X002(常闭) ──────────────── [ SET  S23 ]
104  S23 STL ── X007(常闭) ──────────────── ( Y007 )
107          ├─ X007 ── X006(常闭) ──────── ( Y011 )
110          ├─ X006 ── X003(常闭) ──────── ( Y002 )
113          ├─ X003 ────────────────────── [ SET  S0 ]
116          └───────────────────────────── [ RET ]
117  M8002 ─┬────────────────────────────── [ SET  S1 ]
     M1(↑) ─┘
122  S1 STL ── M1 ─┬─ X013 ── X015 ── X017 ── X023 ── [ SET  S30 ]
               M3 ─┘
131  S30 STL ────────────────────────────── [ SET  Y020 ]
133          └─ X020 ────────────────────── [ SET  S31 ]
```

A 型光机电设备梯形图

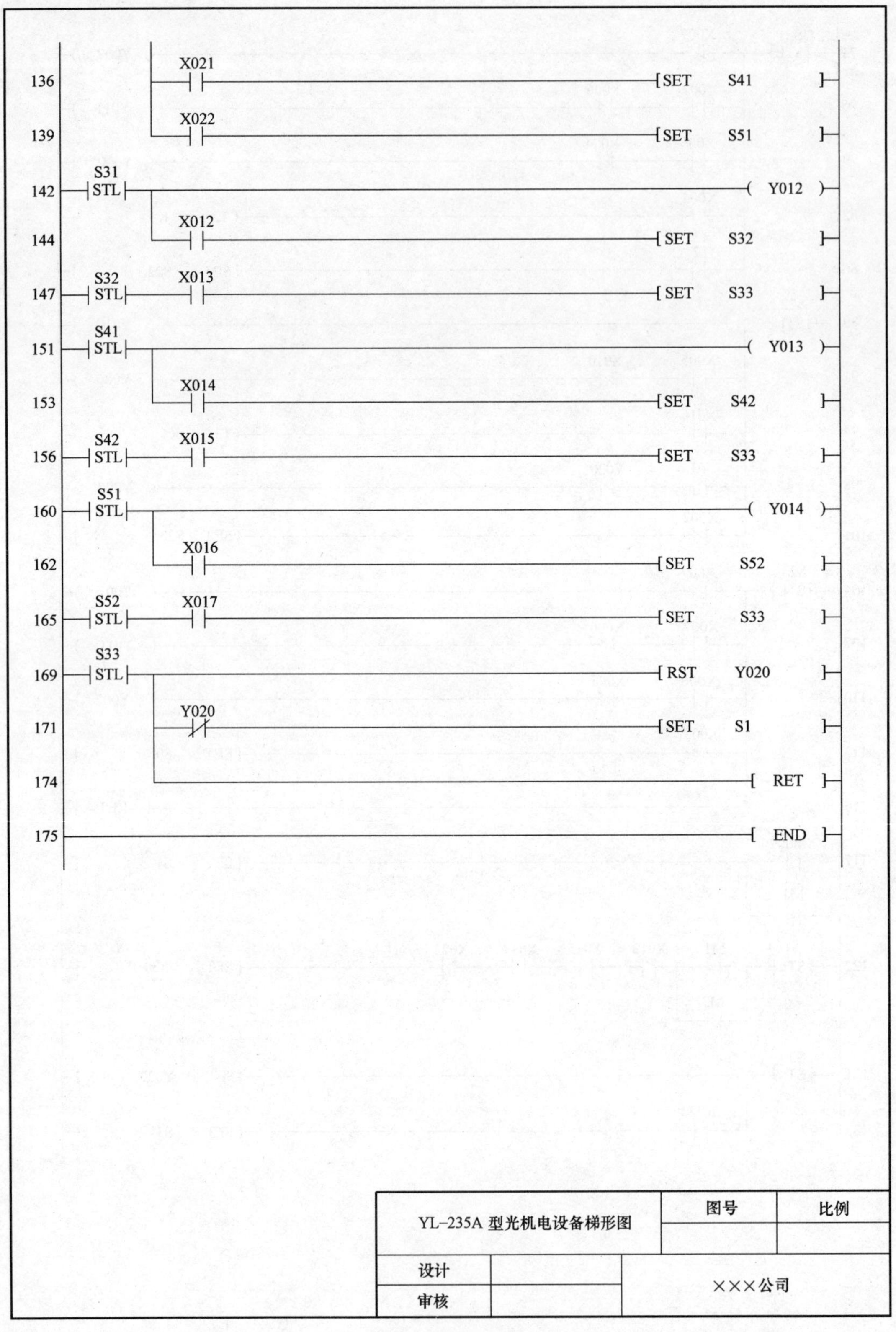

图 5-35　YL-235A 型光机电设备梯形图（续）

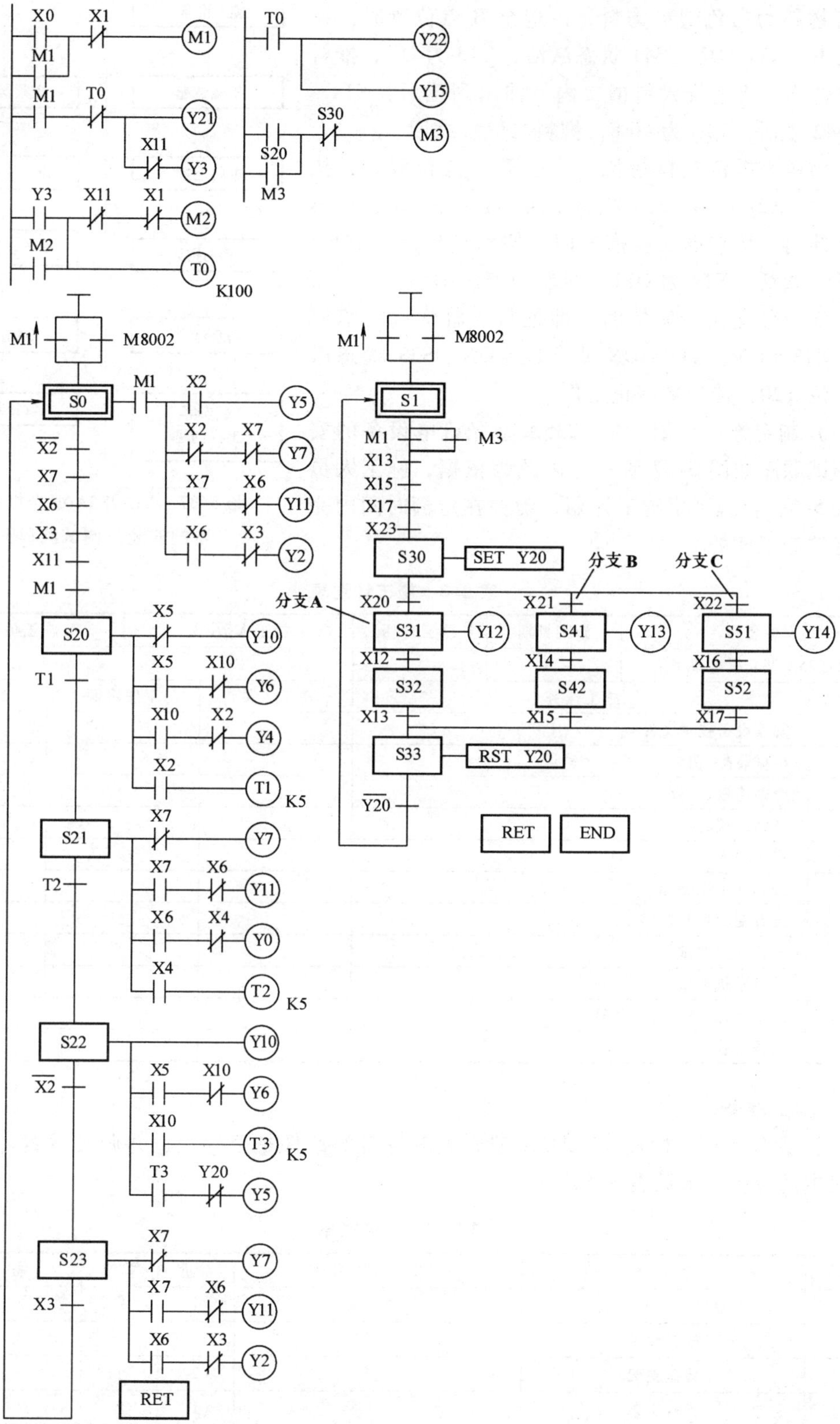

图 5-36 YL-235A 型光机电设备状态转移图

若物料为白色塑料物料，传送至 B 点位置时，执行分支 B，X21=ON，S41 状态激活，Y13 为 ON，推料二气缸伸出，将它推入料槽二内。伸出到位后，X14=ON，S42 激活，Y13 为 OFF，推料二气缸缩回。

若物料为黑色塑料物料，传送至 C 点位置时，执行分支 C，X22=ON，S51 状态激活，Y14 为 ON，推料三气缸伸出，将它推入料槽三内。伸出到位后，X16=ON，S52 激活，Y14 为 OFF，推料三气缸缩回。

当任一分支执行完毕时，即推料气缸活塞杆缩回到位，X13 = ON、X15 = ON 或 X17 = ON，S33 状态激活，复位 Y20，传送带停止工作。

(7) 制定施工计划　YL-235A 型光机电设备的安装与调试顺序如图 5-37 所示。以此为依据，施工人员填写表 5-3，合理制定施工计划，确保在定额时间内完成规定的施工任务。

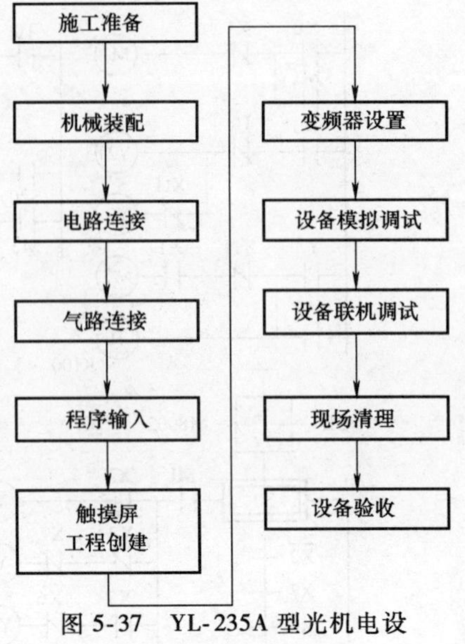

图 5-37　YL-235A 型光机电设备的安装与调试流程图

表 5-3　施工计划表

设备名称		施工日期	总工时/h	施工人数/人		施工负责人
YL-235A 型光机电设备						
序号	施工任务			施工人员	工序定额	备注
1	阅读设备技术文件					
2	机械装配、调整					
3	电路连接、检查					
4	气路连接、检查					
5	程序输入					
6	触摸屏工程创建					
7	设置变频器参数					
8	设备模拟调试					
9	设备联机调试					
10	现场清理，技术文件整理					
11	设备验收					

2. 施工准备

(1) 设备清点　检查 YL-235A 型光机电设备的部件是否齐全，并归类放置。YL-235A 型光机电的设备清单见表 5-4。

表 5-4　设备清单

序号	名　称	型号规格	数量	单位	备　注
1	直流减速电动机	24V	1	只	
2	放料转盘		1	个	
3	转盘支架		2	个	
4	物料支架		1	套	
5	警示灯及其支架	两色、闪烁	1	套	

（续）

序号	名　称	型号规格	数量	单位	备　注
6	伸缩气缸套件	CXSM15-100	1	套	
7	提升气缸套件	CDJ2KB16-75-B	1	套	
8	手爪套件	MHZ2-10D1E	1	套	
9	旋转气缸套件	CDRB2BW20-180S	1	套	
10	机械手固定支架		1	套	
11	缓冲器		2	只	
12	传送线套件	50×700	1	套	
13	推料气缸套件	CDJ2KB10-60-B	3	套	
14	料槽套件		3	套	
15	电动机及安装套件	380V、25W	1	套	
16	落料口		1	只	
17	光电传感器及其支架	E3Z-LS61	1	套	出料口
18		GO12-MDNA-A	1	套	落料口
19	电感式传感器	NSN4-2M60-E0-AM	3	套	
20	光纤传感器及其支架	E3X-NA11	2	套	
21	磁性传感器	D-59B	1	套	手爪紧松
22		SIWKOD-Z73	2	套	手臂伸缩
23		D-C73	8	套	手爪升降、推料限位
24	PLC 模块	YL050、FX_{2N}-48MR	1	块	
25	变频器模块	E540、0.75kW	1	块	
26	触摸屏及通信线	eview　MT4300C	1	套	
27	按钮模块	YL157	1	块	
28	电源模块	YL046	1	块	
29	螺钉	不锈钢内六角螺钉 M6×12	若干	只	
30		不锈钢内六角螺钉 M4×12	若干	只	
31		不锈钢内六角螺钉 M3×10	若干	只	
32	螺母	椭圆形螺母 M6	若干	只	
33		M4	若干	只	
34		M3	若干	只	
35	垫圈	$\phi4$	若干	只	

（2）工具清点　设备组装工具清单见表 5-5，施工人员应清点工具的数量，并认真检查其性能是否完好。

表 5-5　工具清单

序号	名　称	规格、型号	数量	单位
1	工具箱		1	只
2	螺钉旋具	一字、100mm	1	把
3	钟表螺钉旋具		1	套
4	螺钉旋具	十字、150mm	1	把
5	螺钉旋具	十字、100mm	1	把
6	螺钉旋具	一字、150mm	1	把

（续）

序号	名　称	规格、型号	数量	单位
7	斜口钳	150mm	1	把
8	尖嘴钳	150mm	1	把
9	剥线钳		1	把
10	内六角扳手(组套)	PM-C9	1	套
11	万用表		1	只

三、实施任务

根据制定的施工计划，按顺序对 YL-235A 型光机电设备实施组装，施工中应注意及时调整进度，保证定额。施工时必须严格遵守安全操作规程，加强安全保障措施，确保人身和设备安全。

1. 机械装配

（1）机械装配前的准备

按照要求清理现场、准备图样及工具，并安排装配流程。参考流程如图 5-38 所示。

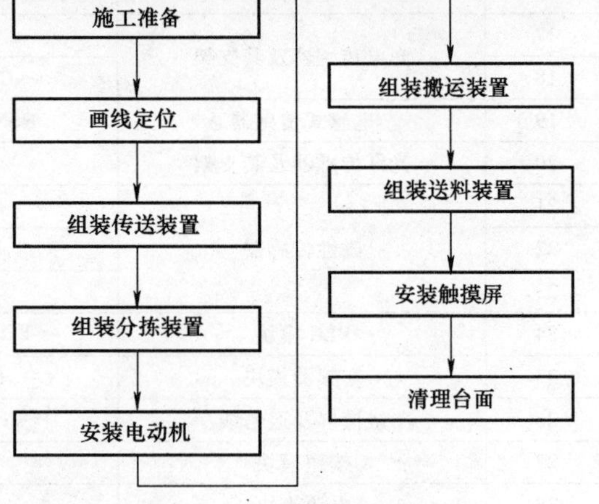

图 5-38　机械装配流程图

（2）机械装配步骤　按确定的设备组装顺序组装 YL-235A 型光机电设备。

1）画线定位。

2）组装传送装置。参考图 4-12，组装传送装置。

① 安装传送线脚支架。

② 固定落料口。

③ 安装落料口传感器。

④ 固定传送线。

3）组装分拣装置。参考图 4-13，组装分拣装置。

① 组装起动推料传感器。

② 组装推料气缸。

③ 固定、调整料槽与其对应的推料气缸，使之为同一中性线。

4）安装电动机。调整电动机的高度、垂直度，直至电动机与传送带同轴，如图 4-14 所示。

5）固定电磁阀阀组。如图 4-15 所示，将电磁阀阀组固定在定位处。

6）组装搬运装置。参考图 4-16，组装固定机械手。

① 安装旋转气缸。

② 组装机械手支架。

③ 组装机械手手臂。

④ 组装提升臂。

⑤ 安装手爪。

⑥ 固定磁性传感器。

⑦ 固定左右限位装置。

⑧ 固定机械手，调整机械手摆幅、高度等尺寸，使机械手能准确地将物料放入传送线落料口内。

7）组装固定物料支架及出料口。如图 5-39 所示，在物料支架上装好出料口，固定传感器后将其固定在定位处。调整出料口的高度等尺寸的同时，配合调整机械手的部分尺寸，保证机械手气动手爪能准确无误地从出料口抓取物料，同时又能准确无误地将物料释放至传送线的落料口内，实现出料口、机械手、落料口三者之间的无偏差衔接。

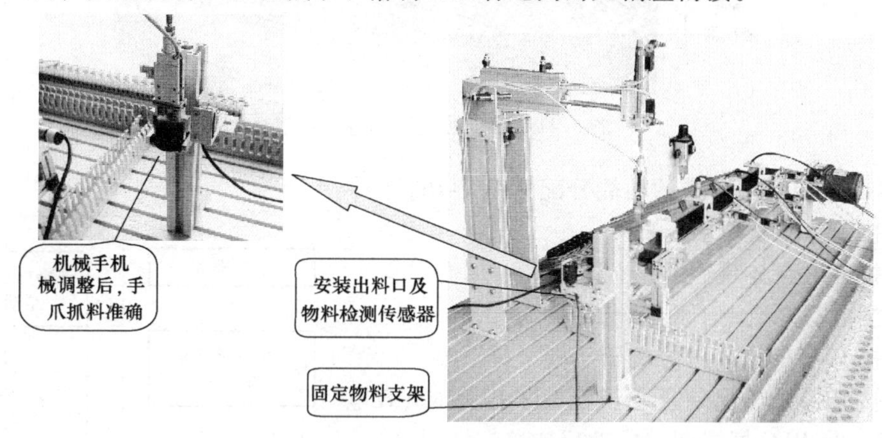

图 5-39　固定、调整物料支架

8）安装转盘及其支架。如图 5-40 所示，装好物料料盘，并将其固定在定位处。

图 5-40　固定物料料盘

9）固定触摸屏。如图 5-41 所示，将触摸屏固定在定位处。

10）固定警示灯。如图 5-41 所示，将警示灯固定在定位处。

11）清理台面，保持台面无杂物或多余部件。

2. 电路连接

（1）电路连接前的准备

按照要求检查电源状态、准备图纸、工具及线号管，并安排电路连接流程。参考流程如图 5-42 所示。

（2）电路连接步骤　电路连接应符合工艺、安全规范要求，所有导线应置于线槽内。导线与端子排连接时，应套线号管并及时编号，避免错编漏编。插入端子排的连接线必须接

图 5-41　固定触摸屏及警示灯

触良好且紧固。接线端子排的功能分配见图 1-16。

1）连接传感器至端子排。

2）连接输出点至端子排。

3）连接电动机至端子排。

4）连接 PLC 的输入信号端子至端子排。

5）连接 PLC 的输出信号端子至端子排。（负载电源暂不连接，待 PLC 模拟调试成功后连接）。

6）连接 PLC 的输出点端子至变频器。

7）连接变频器至电动机。

8）连接触摸屏的电源输入端子至电源模块中的 24V 直流电源。

9）将电源模块中的单相交流电源引至 PLC 模块。

10）将电源模块中的三相电源和接地线引至变频器的主回路输入端子 L1、L2、L3、PE。

11）电路检查。

12）清理台面，工具入箱。

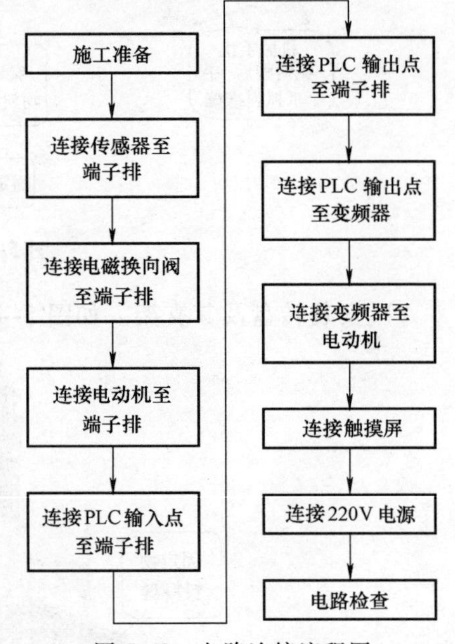

图 5-42　电路连接流程图

3. 气动回路连接

（1）气路连接前的准备

按照要求检查空气压缩机状态、准备图样及工具，并安排气动回路连接步骤。

（2）气路连接步骤　根据气路图连接气路。连接时，应避免直角或锐角弯曲，尽量平行布置，力求走向合理且气管最短，如图 4-21 所示。

1）连接气源。

2）连接执行元件。

3）整理、固定气管。

4）清理台面杂物，工具入箱。

4. 程序输入

启动三菱 PLC 编程软件，输入梯形图，如图 5-35 所示。

1）启动三菱 PLC 编程软件。

2）创建新文件，选择 PLC 类型。

3）输入程序。

4）转换梯形图。

5）保存文件。

5. 触摸屏工程创建

根据设备控制功能创建触摸屏人机界面，其方法参考触摸屏相关技术资料。

（1）创建新工程

1）启动 EV5000 组态软件。单击桌面【程序】→【eview】→【EV5000_UNICODE_CHS】→【EV5000_CHS. exe】文件，弹出 EV5000 软件编程窗口。

2）新建工程。执行【文件】→【新建工程】命令，弹出“新建工程”对话框。输入新建工程的文件名，再选择存盘路径后，单击【建立】，便弹出新建工程的编程窗口。

3）选择通信连接方式。选择“通信连接”→“串口”图标，将其拖入工程结构窗口中。

4）选择触摸屏的型号。选择“HMI”→“MT4300C”图标，将其拖入工程结构窗口中，并设置为“水平”显示方式。

5）选择 PLC 的型号。选择“PLC”→“FX2N”图标，将其拖入工程结构窗口中。

6）连接 HMI 与 PLC。适当移动 HMI 和 PLC 的位置，将 HMI 的 COM1 端口靠近通信连接线的一端，PLC 的 COM0 端口靠近连接线的另一端。

7）设置 HMI0 的属性。设置 HMI0 的属性，选择“串口 1 设置”，设置其通信类型为 RS485-4。

（2）创建起动按钮

1）切换至组态窗口。

2）选择“位状态设定”图标。如图 5-43 所示，选择“PLC 元件”—“位状态设定”图标，将其拖至组态窗口中放置，弹出图 5-44 所示的“位状态设定元件属性”对话框。

图 5-43　选择“位状态设定”图标

3）元件属性设置。根据设备人机界面功能设定起动按钮元件属性。

① 基本属性设置。如图 5-45 所示，选择“基本属性”，设置其输出地址为 X0。

② 开关类型设置。如图 5-46 所示，选择“位状态设定”，设置其类型为复位开关。

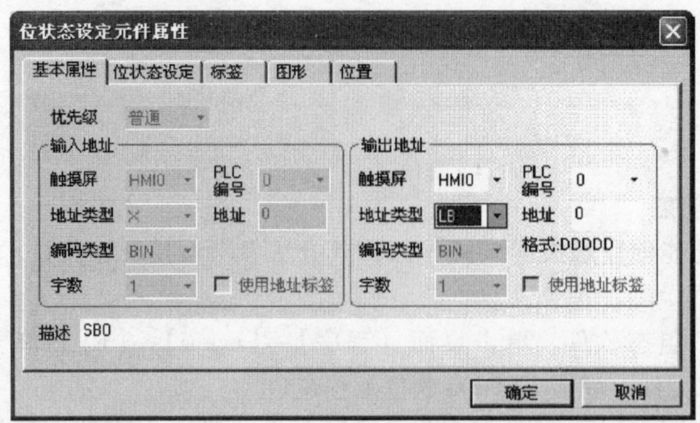

图 5-44 “位状态设定元件属性”对话框

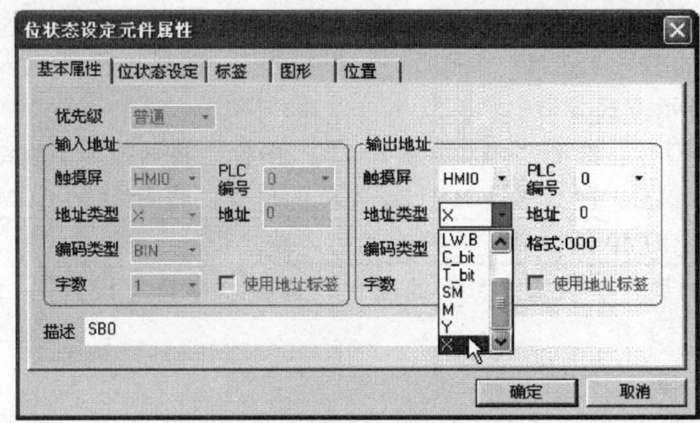

图 5-45 触摸屏输出地址设置

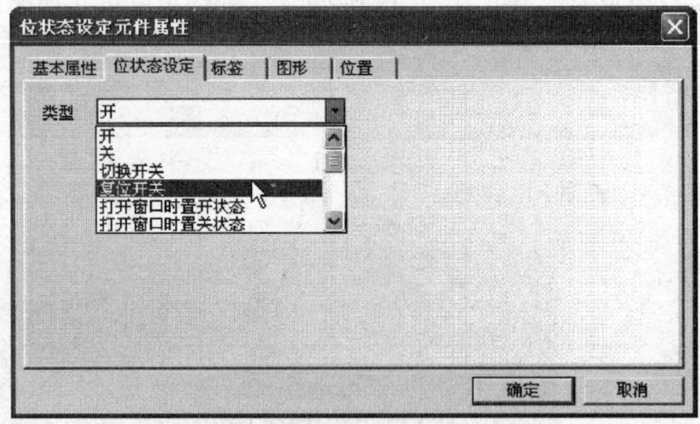

图 5-46 开关类型设置

③ 图形设置。如图 5-47 所示，选择“图形”，并选中“使用向量图”，单击“导入图像”按钮，会弹出图 5-48 所示的“导入图库”对话框。

如图 5-48 所示，选择图库路径 C:\Program Files\eV5000_UNICODE_CHS\图库\向量图\按钮，选中 button1-14.vg 绿色按钮图标，单击【导入】。关闭“导入图库”对话框，会在“图形”对话框中出现绿色按钮图标，如图 5-49 所示。单击【确定】，便完成起动按钮的

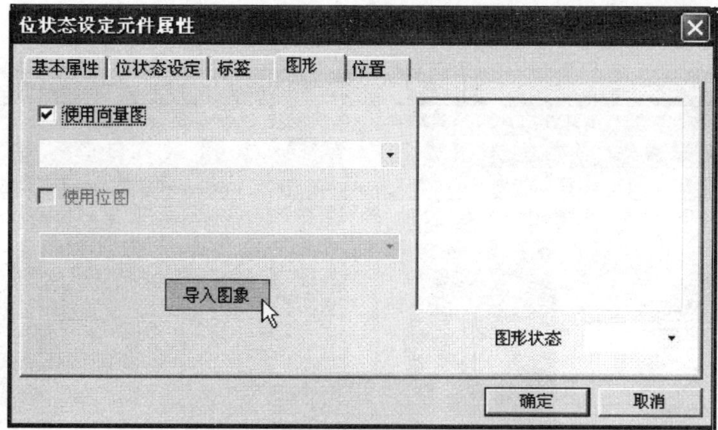

图 5-47　图形设置

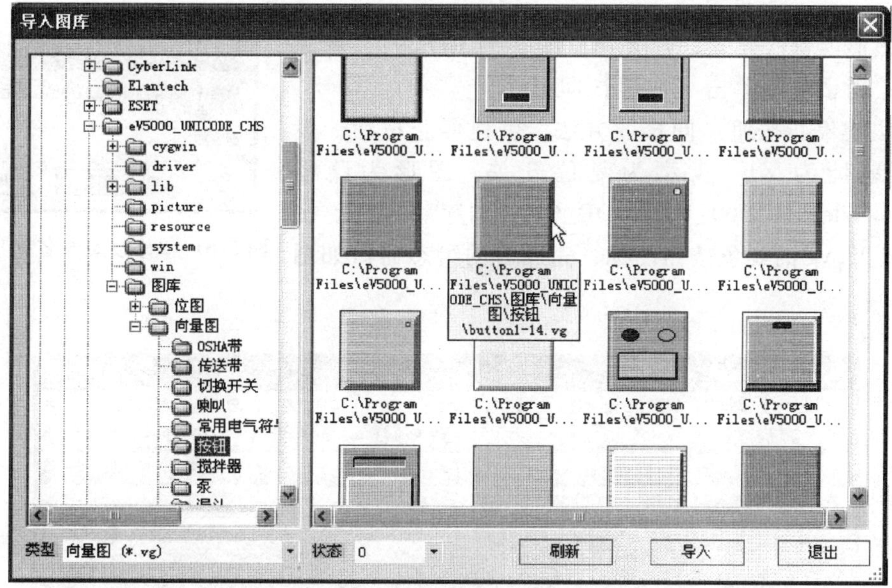

图 5-48　导入图库

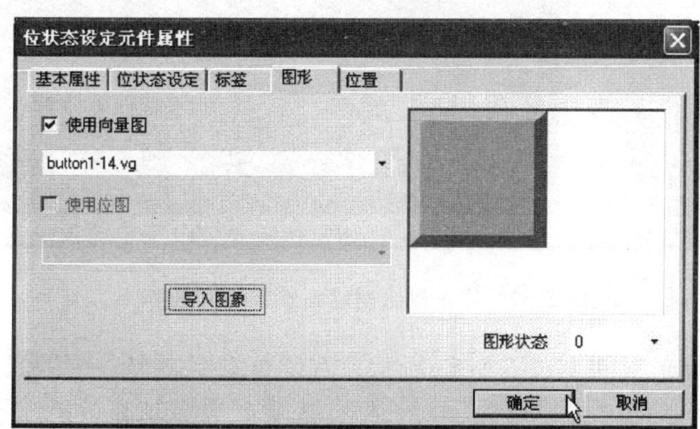

图 5-49　导入图形后的“图形”对话框

创建，在组态窗口出现如图 5-50 所示的 SB0 图形。

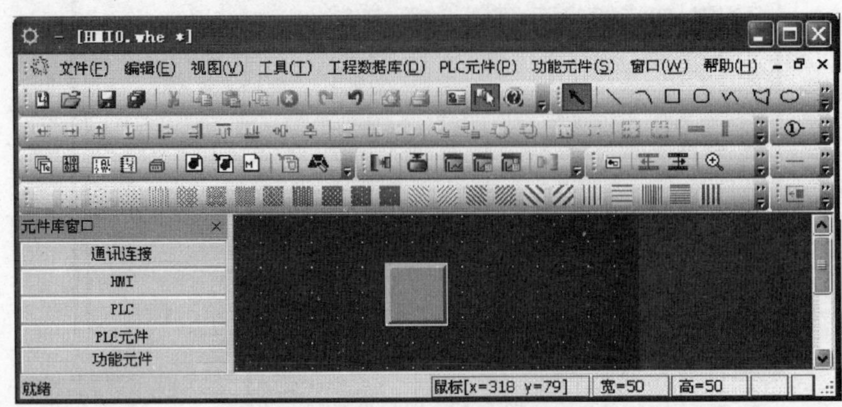

图 5-50　起动按钮创建完成后的组态窗口

若此图形为首次导入，则会弹出图 5-51 所示的“修改图像名称”对话框。单击【取消】即可。

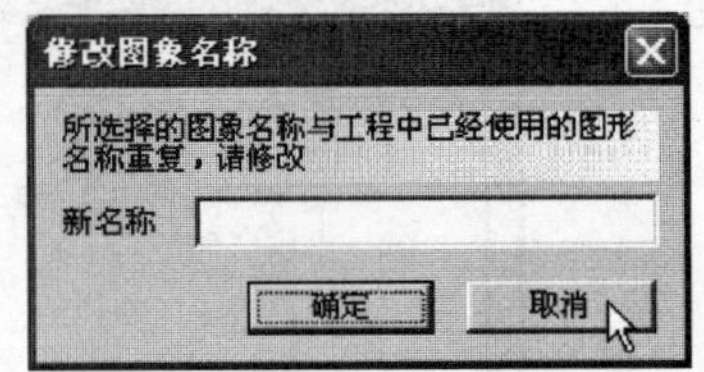

图 5-51　“修改图像名称”对话框

（3）创建停止按钮　同样的方法，创建停止按钮，设置其输出地址为 X1、类型为复位开关、图形为路径 C:\Program Files\eV5000_UNICODE_CHS\图库\向量图\按钮\button1_28.vg 的红色按钮图标，完成后的组态窗口如图 5-52所示。

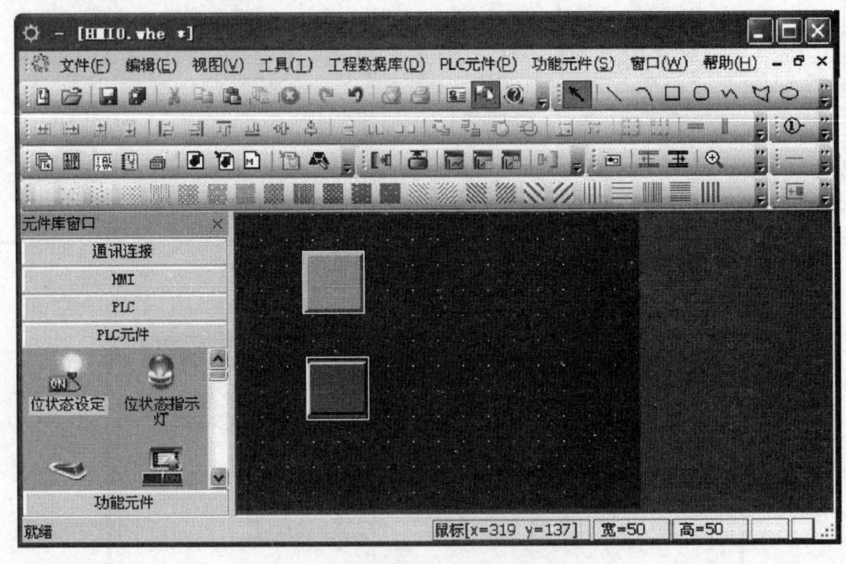

图 5-52　停止按钮创建完成后的组态窗口

（4）设定背景填充颜色　如图 5-53 所示，右键单击组态窗口中的黑色背景，单击【属性】，弹出图 5-54 所示的“窗口属性”对话框。选中“背景填充效果”，设定填充颜色为浅紫色，单击【确定】，此时组态窗口的背景变为浅紫色，如图 5-55 所示。

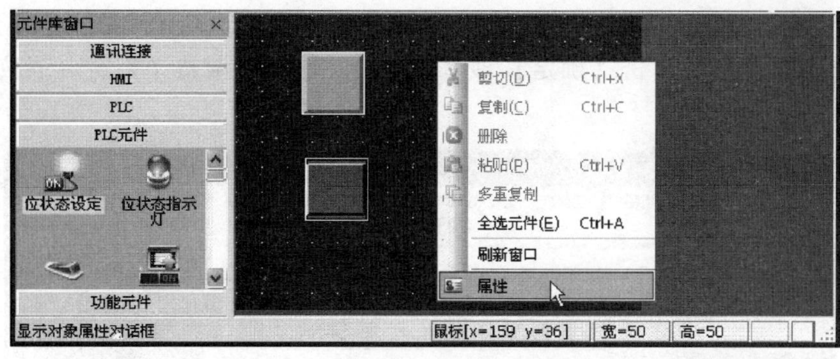

图 5-53 设定人机界面背景属性命令

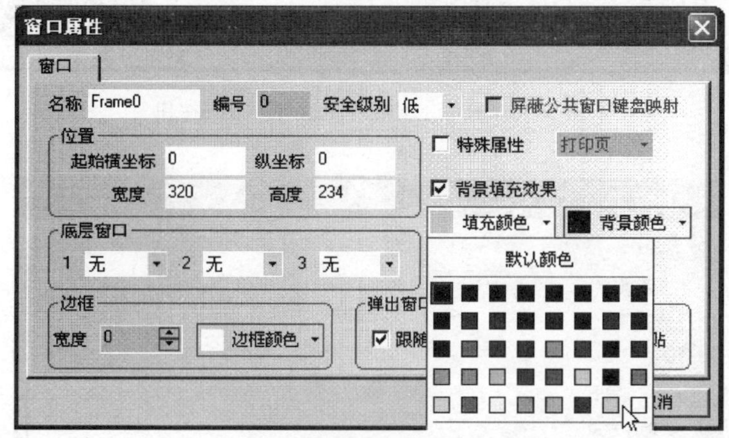

图 5-54 “窗口属性”对话框

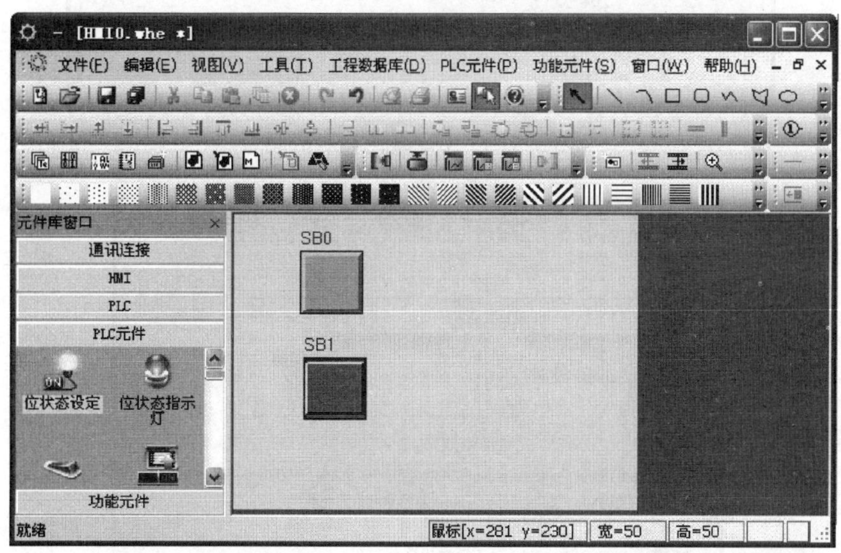

图 5-55 背景设定为浅紫色

（5）插入文字“起动按钮” 如图 5-56 所示，单击绘图工具栏中的文字“A”按钮，弹出图 5-57 所示的“文本属性”对话框。选中“图形标签”，“内容”栏中输入“起动按钮”，单击【向量字体】，弹出“字体”设置对话框，如图 5-58 所示。将文字字体设置为宋体、黑色、四号、粗体，单击【确定】即可。在组态窗口中调整文字至合适位置后完成，如图 5-59 所示。

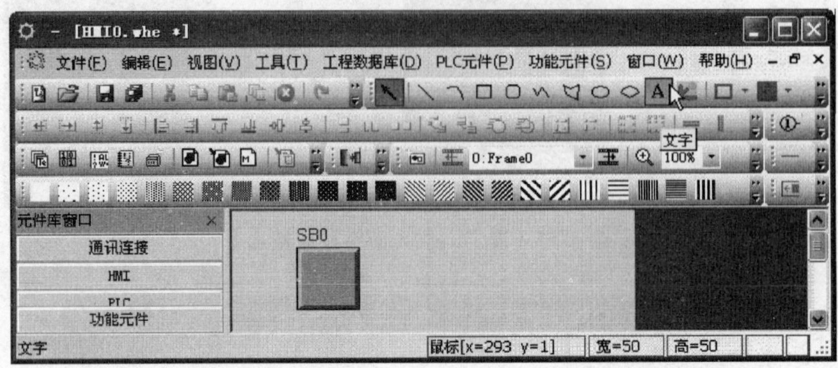

图 5-56　绘图工具栏中的文字“A”按钮

图 5-57　“文本属性”对话框

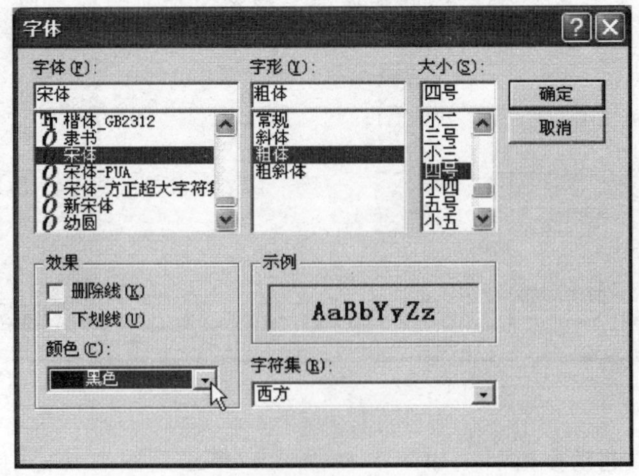

图 5-58　“字体”设置对话框

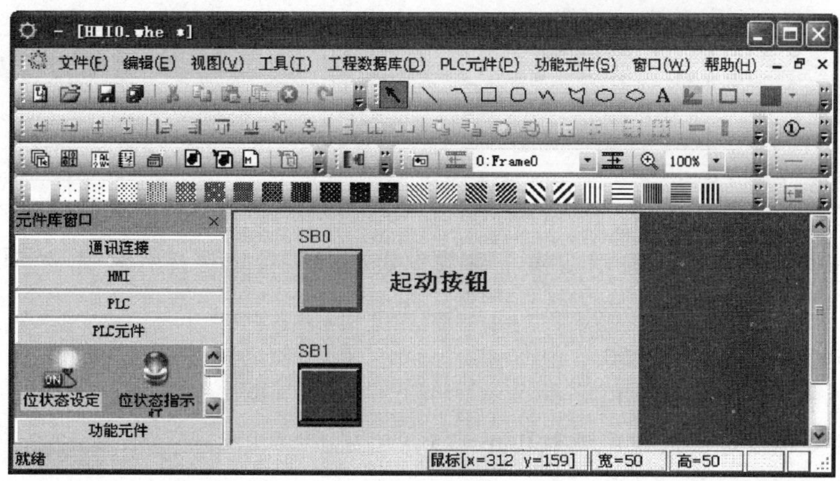

图 5-59 插入的文字“起动按钮”

(6) 插入文字“停止按钮” 同样的方法插入文字“停止按钮”，设备的人机界面工程便创建完成，如图 5-60 所示。

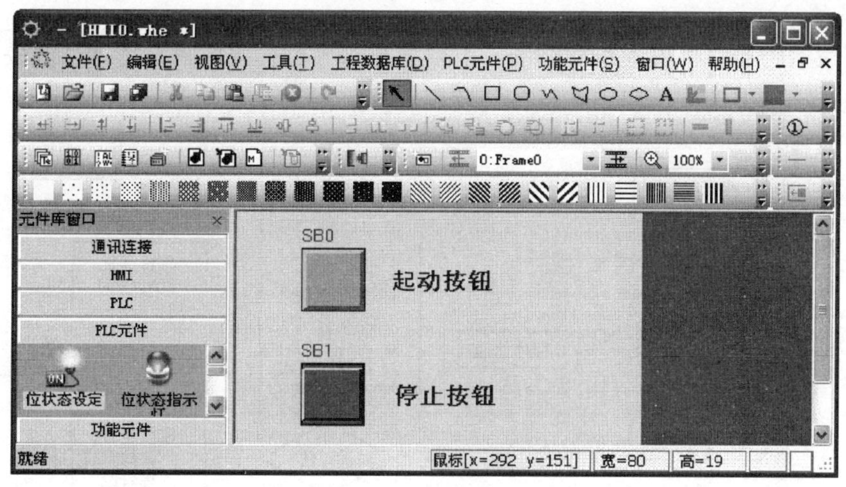

图 5-60 工程创建完成后的组态窗口

(7) 工程编译 将新工程编译后保存。

(8) 离线模拟 执行离线模拟命令，即可实现图 5-1 所示的触摸控制功能。

6. 变频器参数设置

打开变频器的面板盖板，按照表 5-6 设定参数。

表 5-6 变频器参数设定表

序号	参数号	名 称	设 定 值	备 注
1	Pr. 1	上限频率	50Hz	
2	Pr. 2	下限频率	0Hz	
3	Pr. 6	3 速设定(低速)	25Hz	低速设定

（续）

序号	参数号	名　称	设定值	备　注
4	Pr. 7	加速时间	2s	
5	Pr. 8	减速时间	2s	
6	Pr. 79	操作模式	2	外部操作模式

1）用MODE键将监示显示切换至参数设定模式，再设定操作模式为PU操作模式Pr. 79=1。

2）设定上限频率Pr. 1=50。

3）设定下限频率Pr. 2=0。

4）设定3速设定（低速）频率Pr. 6=25。

5）设定加速时间Pr. 7=2。

6）设定减速时间Pr. 8=2。

7）设定操作模式为外部操作模式Pr. 79=2。

7. 设备调试

（1）设备调试前的准备

按照要求清理设备、检查机械装配、电路连接、气路连接等情况，确认其安全性、正确性。在此基础上确定调试流程，本设备的调试流程如图5-61所示。

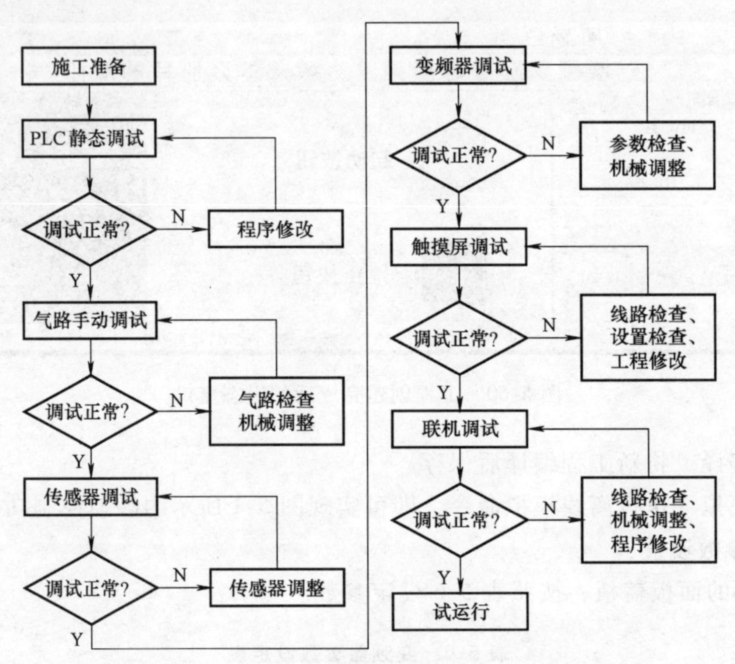

图5-61　设备调试流程图

（2）模拟调试

1）PLC静态调试

① 连接计算机与PLC。

② 确认 PLC 的输出负载回路电源处于断开状态，并检查空气压缩机的阀门是否关闭。

③ 合上断路器，给设备供电。

④ 写入程序。

⑤ 运行 PLC，按表 5-7、表 5-8 和表 5-9 用 PLC 模块上的钮子开关模拟 PLC 输入信号，观察 PLC 的输出指示 LED。

表 5-7　送料机构静态调试情况记载表

步骤	操作任务	观察任务		备注
		正确结果	观察结果	
1	动作 X0	Y21 指示 LED 点亮		警示绿灯闪烁
		Y3 指示 LED 点亮		电动机旋转,上料
2	X11 在 10s 后仍不动作	Y21 指示 LED 熄灭		
		Y3 指示 LED 熄灭		10s 后无料,转盘电动机停止,红灯闪烁,报警
		Y22 指示 LED 点亮		
		Y15 指示 LED 点亮		
3	动作 X11 钮子开关	Y21 指示 LED 点亮		出料口有料,等待取料
4	复位 X11 钮子开关	Y21 指示 LED 点亮		电动机旋转,上料
		Y3 指示 LED 点亮		
5	动作 X11 钮子开关	Y21 指示 LED 点亮		出料口有料,等待取料
		Y3 指示 LED 熄灭		
6	动作 X1	Y21 指示 LED 熄灭		系统停止

⑥ 将 PLC 的 RUN/STOP 开关置 “STOP” 位置。

⑦ 复位 PLC 模块上的钮子开关。

表 5-8　搬运机构静态调试情况记载表

步骤	操作任务	观察任务		备注
		正确结果	观察结果	
1	动作 X2、X0 钮子开关	Y5 指示 LED 点亮		手爪放松
2	复位 X2 钮子开关	Y5 指示 LED 熄灭		放松到位
		Y7 指示 LED 点亮		手爪上升
3	动作 X7 钮子开关	Y7 指示 LED 熄灭		上升到位
		Y11 指示 LED 点亮		手臂缩回
4	动作 X6 钮子开关	Y11 指示 LED 熄灭		缩回到位
		Y2 指示 LED 点亮		手臂左旋
5	动作 X3 钮子开关	Y2 指示 LED 熄灭		左旋到位
6	动作 X11 钮子开关	Y10 指示 LED 点亮		手臂伸出
7	动作 X5 钮子开关，复位 X6 钮子开关	Y10 指示 LED 熄灭		伸出到位
		Y6 指示 LED 点亮		手爪下降
8	动作 X10 钮子开关，复位 X7 钮子开关	Y6 指示 LED 熄灭		下降到位
		Y4 指示 LED 点亮		手爪夹紧
9	动作 X2 钮子开关,0.5s 后	Y7 指示 LED 点亮		手爪上升
10	动作 X7 钮子开关，复位 X10 钮子开关	Y7 指示 LED 熄灭		上升到位
		Y11 指示 LED 点亮		手臂缩回

（续）

步骤	操作任务	观察任务		备　注
		正确结果	观察结果	
11	动作 X6 钮子开关，复位 X5 钮子开关	Y11 指示 LED 熄灭		缩回到位
		Y0 指示 LED 点亮		手臂右旋
12	动作 X4 钮子开关，复位 X3 钮子开关	Y0 指示 LED 熄灭		右旋到位
13	0.5s 后	Y10 指示 LED 点亮		手臂伸出
14	动作 X5 钮子开关，复位 X6 钮子开关	Y10 指示 LED 熄灭		伸出到位
		Y6 指示 LED 点亮		手爪下降
15	动作 X10 钮子开关，复位 X7 钮子开关	Y6 指示 LED 熄灭		下降到位
16	0.5s 后	Y5 指示 LED 点亮		手爪放松
17	复位 X2 钮子开关	Y5 指示 LED 熄灭		放松到位
		Y7 指示 LED 点亮		手爪上升
18	动作 X7 钮子开关，复位 X10 钮子开关	Y7 指示 LED 熄灭		上升到位
		Y11 指示 LED 点亮		手臂缩回
19	动作 X6 钮子开关，复位 X5 钮子开关	Y11 指示 LED 熄灭		缩回到位
		Y2 指示 LED 点亮		手臂左旋
20	动作 X3 钮子开关，复位 X4 钮子开关	Y2 指示 LED 熄灭		左旋到位
21	一次物料搬运结束，等待加料			
22	重新加料，动作 X1 钮子开关，机构完成当前工作循环后停止工作			

表 5-9　传送及分拣机构静态调试情况记载表

步骤	操作任务	观察任务		备　注
		正确结果	观察结果	
1	动作 X23 钮子开关后复位	Y20 指示 LED 点亮		有物料，传送带运转
2	动作 X20 钮子开关后复位	Y12 指示 LED 点亮		检测到金属物料，气缸一伸出，分拣至金属料槽
3	动作 X12 钮子开关	Y12 指示 LED 熄灭		伸出到位后，气缸一缩回
4	复位 X12 钮子开关，动作 X13 钮子开关	Y20 指示 LED 熄灭		缩回到位后，传送带停止
5	动作 X23 钮子开关后复位	Y20 指示 LED 点亮		有物料，传送带运转
6	动作 X21 钮子开关后复位	Y13 指示 LED 点亮		检测到白色塑料物料，气缸二伸出，分拣至料槽二
7	动作 X14 钮子开关	Y13 指示 LED 熄灭		伸出到位后，气缸二缩回
8	复位 X14 钮子开关，动作 X15 钮子开关	Y20 指示 LED 熄灭		缩回到位后，传送带停止
9	动作 X23 钮子开关后复位	Y20 指示 LED 点亮		有物料，传送带运转

（续）

步骤	操作任务	观察任务		备　注
		正确结果	观察结果	
10	动作 X22 钮子开关后复位	Y14 指示 LED 点亮		检测到黑色塑料物料，气缸三伸出，分拣至料槽三
11	动作 X16 钮子开关	Y14 指示 LED 熄灭		伸出到位后，气缸三缩回
12	复位 X16 钮子开关，动作 X17 钮子开关	Y20 指示 LED 熄灭		缩回到位后，传送带停止
13	重新加料，动作 X1 钮子开关	传送带不能停止，必须完成当前工作循环后才能停止		

2）气动回路手动调试

① 接通空气压缩机电源，起动空压机压缩空气，等待气源充足。

② 将气源压力调整到 0.4～0.5MPa 后，开启气动二联件上的阀门给设备供气。为确保调试安全，施工人员需观察气路系统有无泄漏现象，若有，应立即解决。

③ 在正常工作压力下，对气动回路进行手动调试，直至机构动作完全正常为止。

④ 调整节流阀至合适开度，使各气缸的运动速度趋于合理。

3）传感器调试。调整传感器的位置，观察 PLC 的输入指示 LED。

① 出料口放置物料，调整、固定物料检测传感器。

② 手动机械手，调整、固定各限位传感器。

③ 在落料口中先后放置三类物料，调整、固定落料口物料检测传感器。

④ 在 A 点位置放置金属物料，调整、固定金属传感器。

⑤ 分别在 B 点和 C 点位置放置白色塑料物料、黑色塑料物料，调整固定光纤传感器。

⑥ 手动推料气缸，调整、固定磁性传感器。

4）变频器调试。闭合变频器模块上的 STF、RL 钮子开关，传送带自左向右运行。若电动机反转，须关闭电源，改变变频器三相输出电源相序 U、V、W 后重新调试。

5）触摸屏调试。拉下设备断路器，关闭设备总电源。

① 连接触摸屏与 PLC。如图 5-62 所示，用 MT54-FX-M 通信线连接触摸屏与 PLC。

② 连接计算机与触摸屏。如图 5-62 所示，用 MT5000-USB 下载线连接计算机与触摸屏。

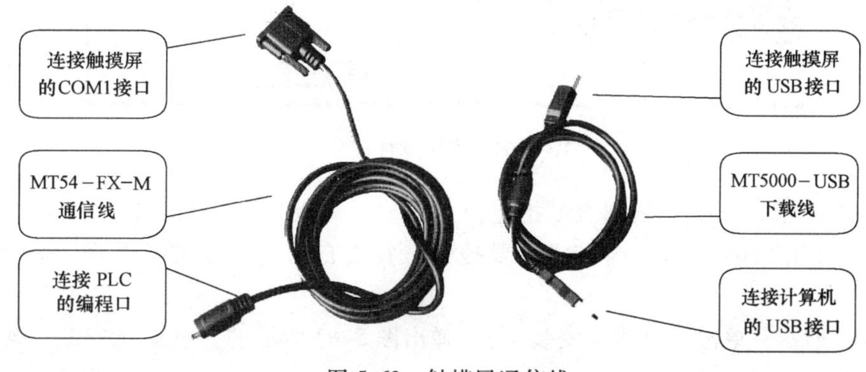

图 5-62　触摸屏通信线

③ 接通设备总电源。

④ 安装USB驱动程序。若是首次使用USB下载线连接触摸屏与计算机，会在计算机屏幕上弹出图5-63所示的“找到新的硬件向导”。选中“是，这一次和每次连接设备时”，单击【下一步】后选择安装软件，如图5-64所示。

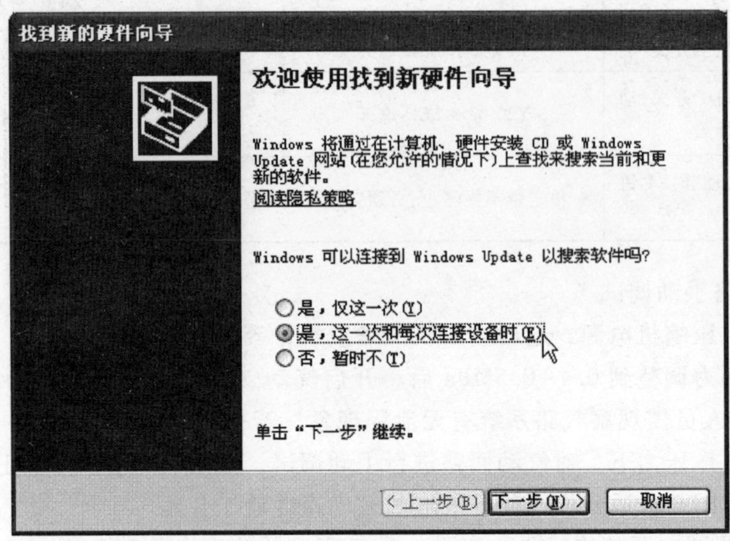

图5-63　使用找到新硬件向导

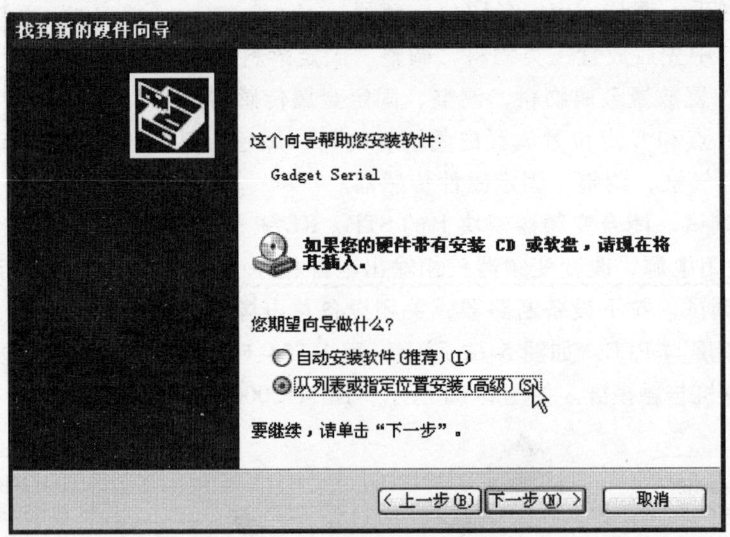

图5-64　安装软件向导

如图5-64所示，选中“从列表或指定位置安装（高级）”，单击【下一步】，进入搜索和安装选项。如图5-65所示，选中“不要搜索。我要自己选择要安装的驱动程序”，单击【下一步】。

如图5-66所示，单击【从磁盘安装…】，弹出图5-67所示的“从磁盘安装”对话框，单击【浏览…】，弹出“浏览文件夹”对话框。如图5-68所示，选择驱动程序路径为

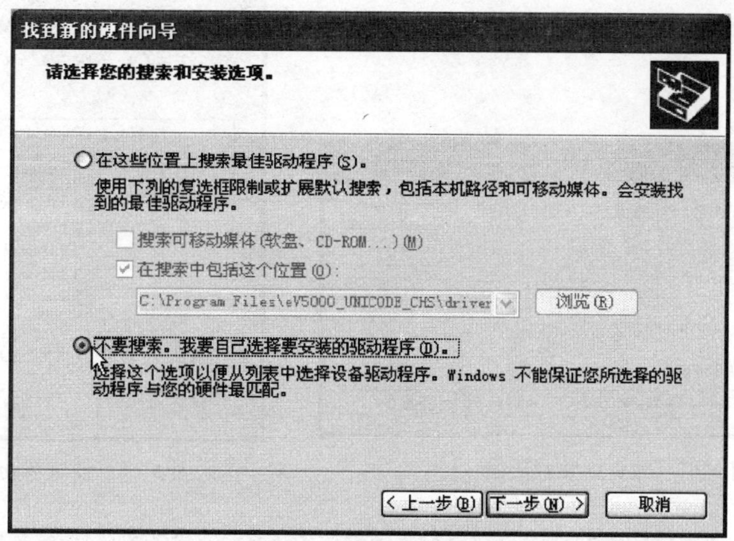

图 5-65　搜索和安装选项

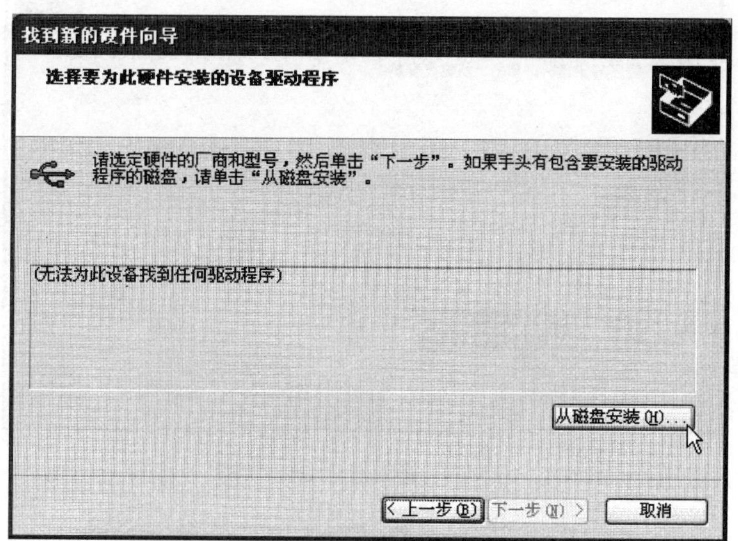

图 5-66　选择硬件安装的设备驱动程序

C:\Program Files\eV5000_UNICODE_CHS\driver，单击【确定】回到"找到新的硬件向导"。

如图 5-69 所示，显示硬件型号 eview USB，单击【下一步】，弹出图 5-70 所示的"硬件安装"对话框。单击【仍然继续】后便开始安装驱动程序，如图 5-71 所示。程序安装完成后，弹出图 5-72 所示的对话框，单击【完成】即可。

⑤ 设置下载选项。如图 5-73 所示，执行【工具】→【设置选项】命令，弹出图 5-74 所示的"编译下载选项"对话框，设置下载设备为 USB，单击【确定】即可。

⑥ 下载触摸屏程序。如图 5-75 所示，执行【工具】→【下载】命令，弹出图 5-76 所示的程序下载对话框，单击【下载】，便开始下载程序，同时显示图 5-77 所示的下载进程。程序下载完毕，弹出图 5-78 所示的对话框，单击【确定】，便完成触摸屏程序的下载，此

图 5-67　磁盘安装对话框

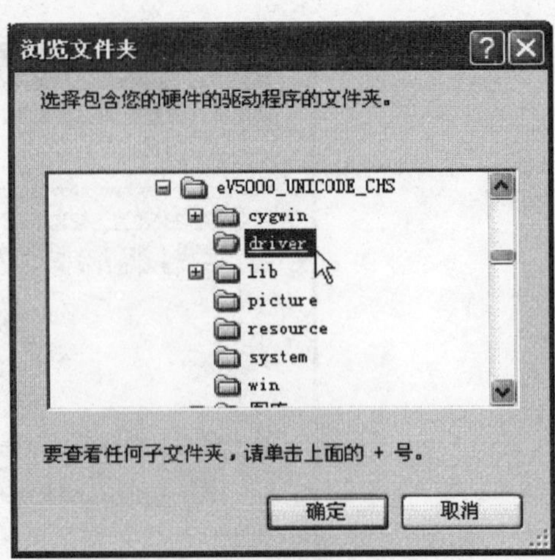

图 5-68　浏览驱动程序文件夹

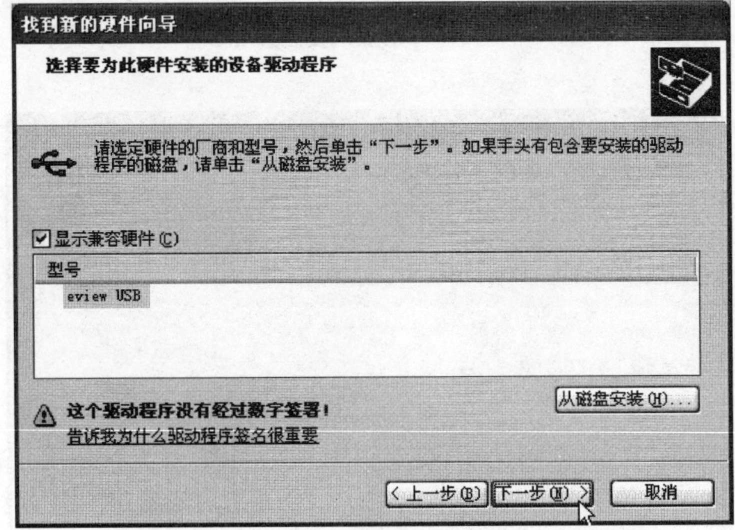

图 5-69　显示型号 eview USB

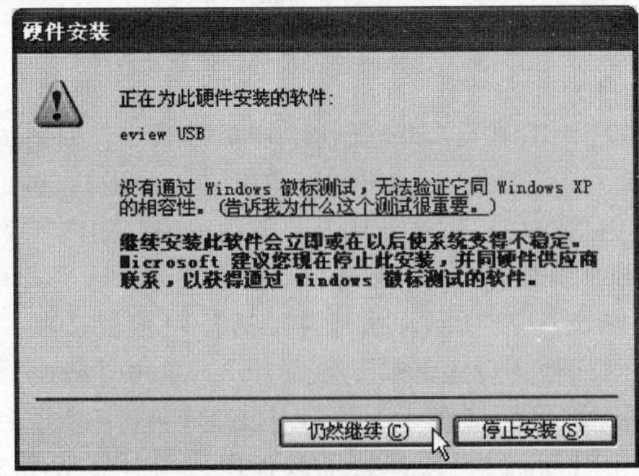

图 5-70　安装兼容性提示

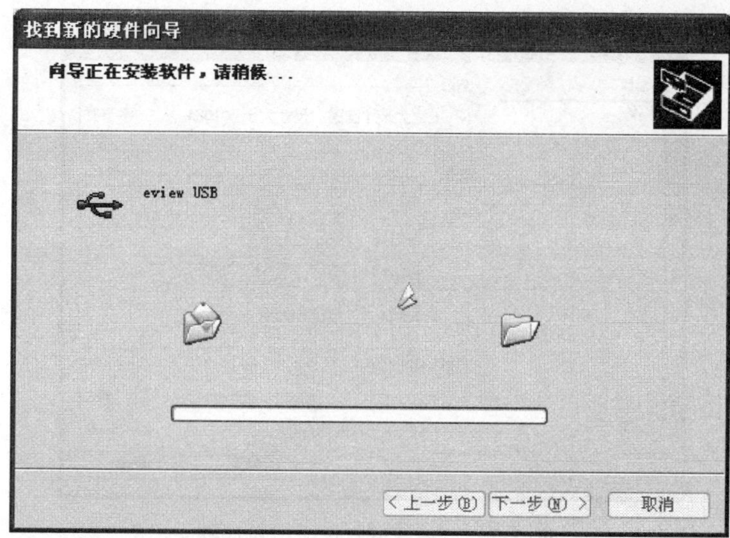

图 5-71　驱动程序安装中

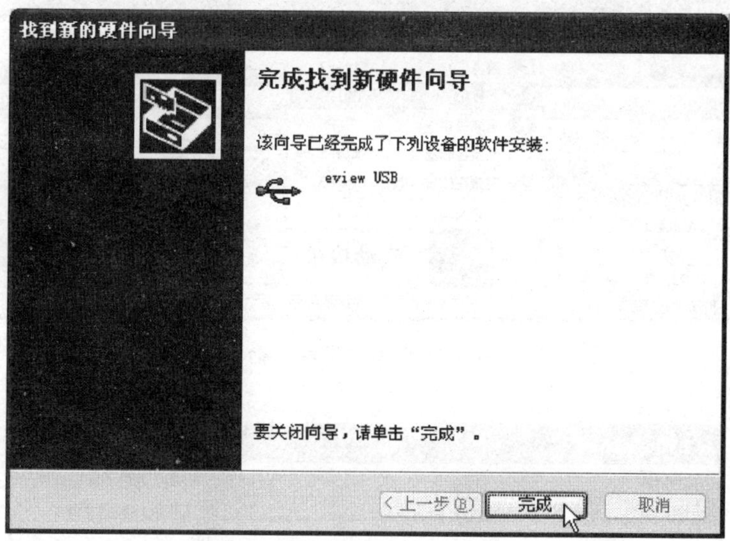

图 5-72　驱动程序安装完成

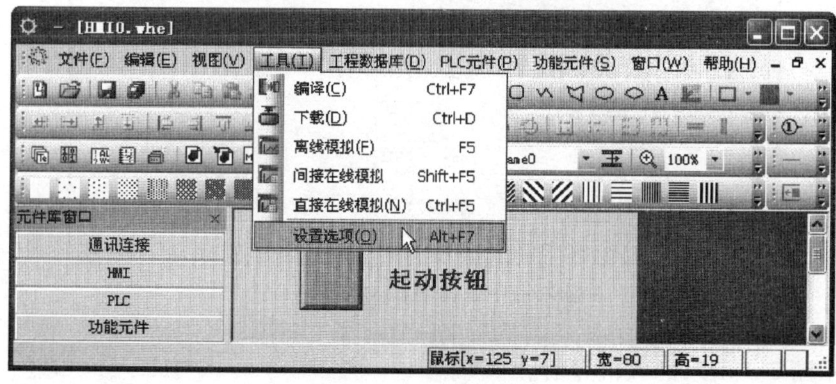

图 5-73　"设置选项"命令

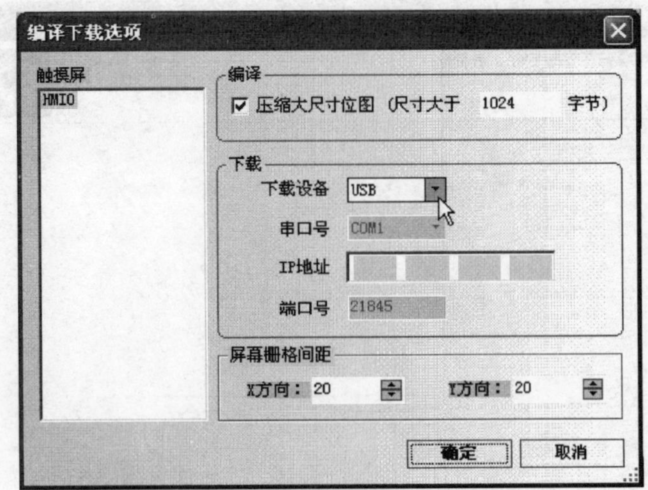

图 5-74 “编译下载选项”对话框

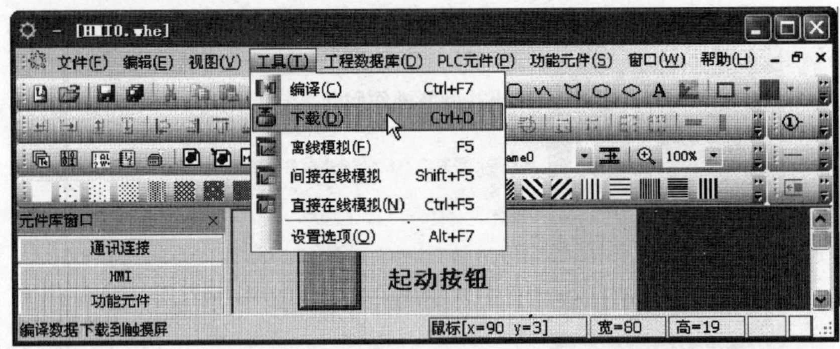

图 5-75 程序“下载”命令

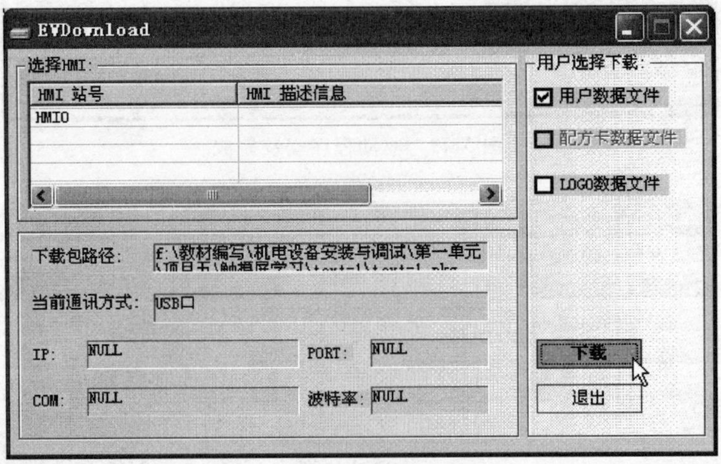

图 5-76 程序下载命令对话框

时触摸屏显示图 5-1 所示的人机界面。

⑦ 调试触摸屏程序。运行 PLC，触摸人机界面上的起动按钮，PLC 输出指示 LED 显示

图 5-77 程序下载进程

设备开始工作；触摸停止按钮，设备停止工作。

图 5-78 下载完毕

（3）联机调试 模拟调试正常后，接通 PLC 输出负载的电源回路，便可联机调试。调试时，要求施工人员认真观察设备的运行情况，若出现问题，应立即解决或切断电源，避免扩大故障范围。调试观察的主要部位如图 5-79 所示。

表 5-10 为联机调试的正确结果，若调试中有与之不符的情况，施工人员首先应根据现场情况，判断是否需要切断电源，在分析、判断故障形成的原因（机械、电路、气路或程序问题）的基础上，进行检修、重新调试，直至设备完全实现功能。

表 5-10 联机调试结果一览表

步骤	操作过程	设备实现的功能	备注
1	触摸起动按钮	机械手复位	
		送料机构送料	送料
2	10s 后无物料	报警	
3	出料口有物料	机械手搬运物料	搬运物料
4	机械手释放物料（金属）	传送带运转	传送、分拣金属物料
5	物料传送至 A 点位置	气缸一伸出，物料被分拣至料槽一内	
6	气缸一伸出到位后	气缸一缩回，传送带停转	
7	机械手释放物料（白色塑料）	传送带运转	传送、分拣白色塑料物料
8	物料传送至 B 点位置	气缸二伸出，物料被分拣至料槽二内	
9	气缸二伸出到位后	气缸二缩回，传送带停转	
10	机械手释放物料（黑色塑料）	传送带运转	传送、分拣黑色塑料物料
11	物料传送至 C 点位置	气缸三伸出，物料被分拣至料槽三内	
12	气缸三伸出到位后	气缸三缩回，传送带停转	
13	重新加料，触摸停止按钮，机构完成当前工作循环后停止工作		

（4）试运行 施工人员操作 YL-235A 型光机电设备，观察一段时间，确保设备稳定、可靠运行。

8. 现场清理

设备调试完毕，要求施工人员清点工量具，归类整理资料，清扫现场卫生，并填写设备安装登记表。

9. 设备验收

设备质量验收见表 5-11。

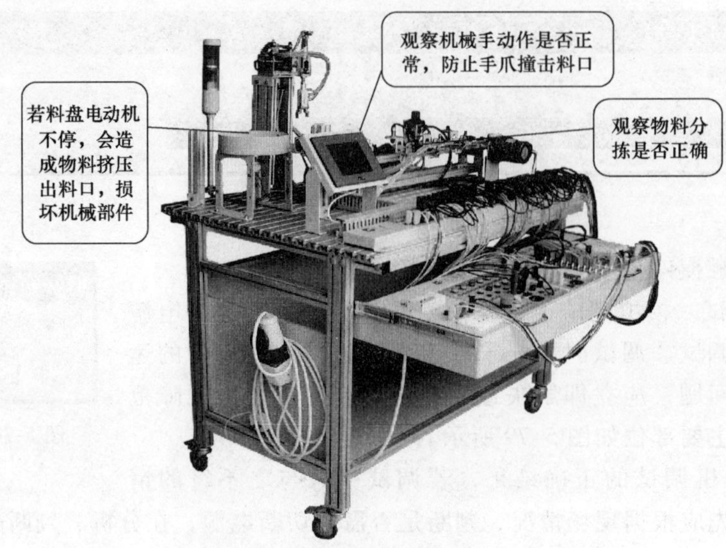

图 5-79 YL-235A 型光机电设备

表 5-11 设备质量验收表

验收项目及要求		配分	配 分 标 准	扣分	得分	备注
设备组装	1. 设备部件安装可靠,各部件位置衔接准确 2. 电路安装正确,接线规范 3. 气路连接正确,规范美观	35	1. 部件安装位置错误,每处扣 2 分 2. 部件衔接不到位、零件松动,每处扣 2 分 3. 电路连接错误,每处扣 2 分 4. 导线反圈、压皮、松动,每处扣 2 分 5. 错、漏编号,每处扣 1 分 6. 导线未入线槽、布线零乱,每处扣 2 分 7. 气路连接错误,每处扣 2 分 8. 气路漏气、掉管,每处扣 2 分 9. 气管过长、过短、乱接,每处扣 2 分			
设备功能	1. 设备起停正常 2. 送料机构正常 3. 机械手复位正常 4. 机械手搬运物料正常 5. 传送带运转正常 6. 金属物料分拣正常 7. 白色塑料物料分拣正常 8. 黑色塑料物料分拣正常 9. 变频器参数设置正确 10. 触摸屏人机界面触摸正常	60	1. 设备未按要求起动或停止,每处扣 5 分 2. 送料机构未按要求送料,扣 10 分 3. 机械手未按要求复位,扣 5 分 4. 机械手未按要求搬运物料,一处扣 5 分 5. 传送带未按要求运转,扣 5 分 6. 金属物料未按要求分拣,扣 5 分 7. 白色塑料物料未按要求分拣,扣 5 分 8. 黑色塑料物料未按要求分拣,扣 5 分 9. 变频器参数未按要求设置,扣 5 分 10. 人机界面未按要求创建,扣 5 分			
设备附件	资料齐全,归类有序	5	1. 设备组装图缺少,每处扣 2 分 2. 电路图、气路图、梯形图缺少,每处扣 2 分 3. 技术说明书、工具明细表、元件明细表缺少,每处扣 2 分			
安全生产	1. 自觉遵守安全文明生产规程 2. 保持现场干净整洁,工具摆放有序		1. 漏接接地线一处扣 5 分 2. 每违反一项规定,扣 3 分 3. 发生安全事故,0 分处理 4. 现场凌乱、乱放工具、丢杂物、完成任务后不清理现场扣 5 分			
时间	8h		提前正确完成,每 5min 加 5 分 超过定额时间,每 5min 扣 2 分			
开始时间:		结束时间:		实际时间:		

四、设备改造

YL-235A 型光机电设备的改造。改造要求及任务如下：

（1）功能要求

1）起停控制。触摸人机界面上的起动按钮，设备开始工作，机械手复位：机械手手爪放松、手爪上伸、手臂左旋至限位处停止。触摸停止按钮，设备完成当前工作循环后停止。

2）送料功能。设备起动后，送料机构开始检测物料支架上的物料，警示灯绿灯闪烁。若无物料，PLC 便起动送料电动机工作，驱动页扇旋转，物料在页扇推挤下，从转盘中移至出料口。当物料检测传感器检测到物料时，电动机停止旋转。若送料电动机运行 10s 后，传感器仍未检测到物料，则说明料盘内已无物料，此时机构停止工作并报警，警示灯红灯闪烁。

3）搬运功能。送料机构出料口有物料，机械手臂伸出→手爪下降→手爪夹紧抓物→0.5s 后手爪上升→手臂缩回→手臂右旋→0.5s 后手臂伸出→手爪下降→0.5s 后，若传送带上无物料，则手爪放松、释放物料→手爪上升→手臂缩回→左旋至左侧限位处停止。

4）传送功能。当传送带入料口的光电传感器检测到物料时，变频器起动，驱动三相异步电动机以 25Hz 的频率正转运行，传送带开始自左向右传送物料。当物料分拣完毕时，传送带停止运转。

5）分拣功能

① 分拣金属物料。金属物料在 A 点位置由推料一气缸推入料槽一内。气缸一缩回到位后，三相异步电动机停止运行。

② 分拣黑色塑料物料。黑色塑料物料在 B 点位置由推料二气缸推入料槽二内。气缸二缩回到位后，三相异步电动机停止运行。

③ 分拣白色塑料物料。白色塑料物料在 C 点位置传由推料三气缸推入料槽三内。气缸三缩回到位后，三相异步电动机停止运行。

6）打包报警功能。当料槽中存放有 5 个物料时，要求物料打包取走，打包指示灯按 0.5s 周期闪烁，并发出报警声，5s 后继续工作。

（2）技术要求

1）工作方式要求。设备有两种工作方式：单步运行和自动运行。

2）设备的起停控制要求：

① 触摸起动按钮，设备自动工作。

② 触摸停止按钮，设备完成当前工作循环后停止。

③ 按下急停按钮，设备立即停止工作。

3）电气线路的设计符合工艺要求、安全规范。

4）气动回路的设计符合控制要求、正确规范。

（3）工作任务

1）按设备要求画出电路图。

2）按设备要求画出气路图。

3）按设备要求编写 PLC 控制程序。

4）改装 YL-235A 型光机电设备实现功能。

5）绘制设备装配示意图。

项目六 生产加工设备的安装与调试

一、施工任务

1. 根据设备装配示意图组装生产加工设备。
2. 按照设备电路图连接生产加工设备的电气回路。
3. 按照设备气路图连接生产加工设备的气动回路。
4. 根据要求创建触摸屏人机界面。
5. 输入设备控制程序，正确设置变频器参数，调试生产加工设备实现功能。

二、施工前准备

施工人员在施工前应仔细阅读生产加工设备随机技术文件，了解设备的组成及其运行情况，看懂装配示意图、电路图、气动回路图及梯形图等图样，然后再根据施工任务制定施工计划、施工方案等。

1. 识读设备图样及技术文件

（1）装置简介　生产加工设备的主要功能是自动上料、搬运，并能根据物料的性质进行分类输送、加工和存放，其工作流程如图 6-1 所示。

1）起停控制。触摸人机界面上的起动按钮，设备开始工作，机械手复位：机械手手爪放松、手爪上伸、手臂缩回、手臂右旋至右侧限位处停止。触摸停止按钮，设备完成当前工作循环后停止。

2）送料功能。设备起动后，送料机构开始检测物料支架上的物料，警示灯绿灯闪烁。若无物料，PLC 便起动送料电动机工作，驱动放料转盘的页扇旋转。物料在页扇推挤下，从转盘内移至出料口。当传感器检测到物料时，转盘页扇停止旋转。若送料电动机运行 10s 后，仍未检测到物料，则说明转盘内已无物料，此时送料机构停止工作并报警，警示灯红灯闪烁。

3）搬运功能。出料口有物料→机械手臂伸出→手爪下降→手爪夹紧抓物→0.5s 后手爪上升→手臂缩回→手臂左旋→0.5s 后手臂伸出→手爪下降→0.5s 后，若传送带上无物料，则手爪放松、释放物料→手爪上升→手臂缩回→右旋至右侧限位处停止。

4）传送、加工及分拣功能。当传送带落料口有物料时，变频器起动，驱动三相异步电动机以 25Hz 的频率反转运行，传送带自右向左开始传送物料。

① 传送、加工及分拣金属物料。金属物料被传送至 A 点位置→传送带停止，进行第一

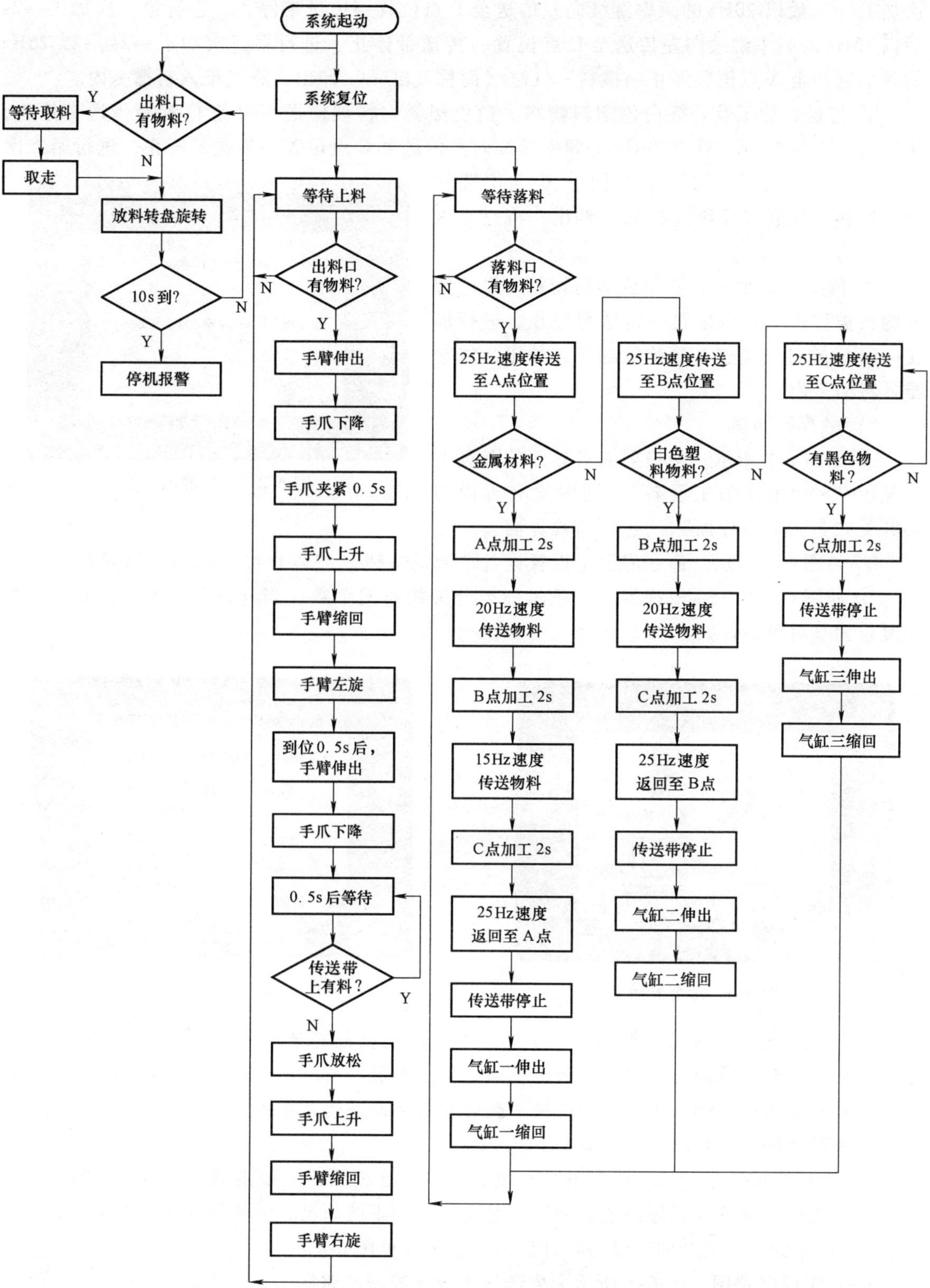

系统起动

系统复位

出料口有物料?

Y 等待取料

取走

N 放料转盘旋转

10s到?

N

Y 停机报警

等待上料

出料口有物料?

N

Y 手臂伸出

手爪下降

手爪夹紧 0.5s

手爪上升

手臂缩回

手臂左旋

到位0.5s后，手臂伸出

手爪下降

0.5s后等待

传送带上有料?

Y

N 手爪放松

手爪上升

手臂缩回

手臂右旋

等待落料

落料口有物料?

N

Y 25Hz速度传送至A点位置

金属材料?

N

Y A点加工 2s

20Hz速度传送物料

B点加工 2s

15Hz速度传送物料

C点加工 2s

25Hz速度返回至A点

传送带停止

气缸一伸出

气缸一缩回

25Hz速度传送至B点位置

白色塑料物料?

N

Y B点加工 2s

20Hz速度传送物料

C点加工 2s

25Hz速度返回至B点

传送带停止

气缸二伸出

气缸二缩回

25Hz速度传送至C点位置

有黑色物料?

N

Y C点加工 2s

传送带停止

气缸三伸出

气缸三缩回

图 6-1　生产加工设备动作流程图

次加工→2s 后以 20Hz 的频率继续向左传送至 B 点位置→传送带停止，进行第二次加工→2s 后以 15Hz 的频率继续向左传送至 C 点位置→传送带停止，进行第三次加工→2s 后以 25Hz 的频率返回至 A 点位置停止→推料一气缸（简称气缸一）伸出，将它推入料槽一内。

② 传送、加工及分拣白色塑料物料。白色塑料物料被传送至 B 点位置→传送带停止，进行第一次加工→2s 后以 20Hz 的频率继续向左传送至 C 点位置→传送带停止，进行第二次加工→2s 后以 25Hz 的频率返回至 B 点位置停止→推料二气缸（简称气缸二）伸出，将它推入料槽二内。

③ 传送、加工及分拣黑色塑料物料。黑色塑料物料被传送至 C 点位置→传送带停止，进行加工→2s 后推料三气缸（简称气缸三）伸出，将它推入料槽三内。

5）触摸屏功能

① 如图 6-2 所示，触摸屏人机界面的首页上方显示“×××生产加工设备”、同时设有界面切换开关“进入命令界面”、“进入监视界面”。

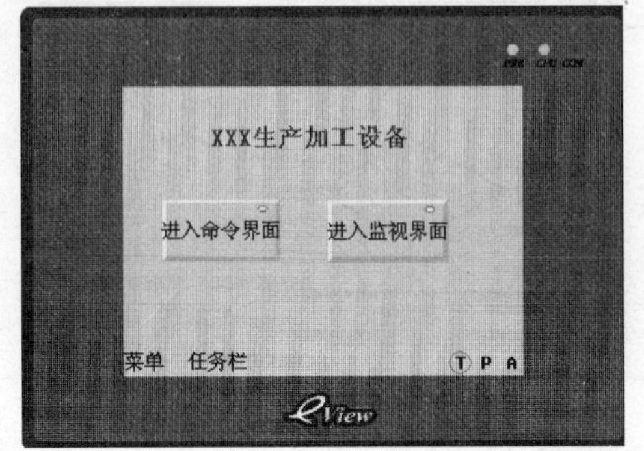

图 6-2 人机界面首页

② 如图 6-3 所示，命令界面上设置设备“起动按钮”、“停止按钮”和“返回首页”。

③ 如图 6-4 所示，监视界面上显示三类分拣物料的个数，当计数显示等于 100 时，数值复位为 0 后重新计数。

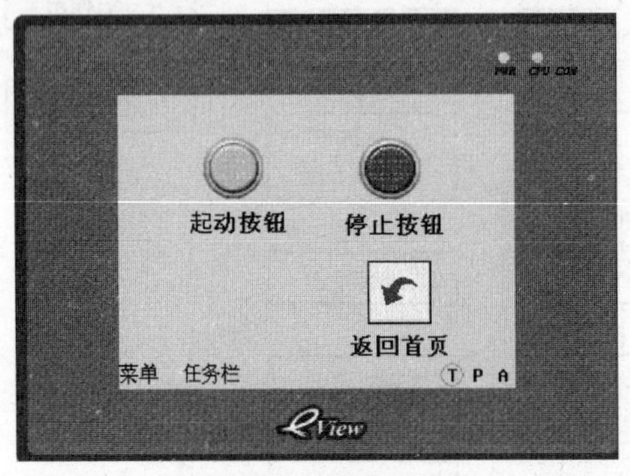

图 6-3 命令界面

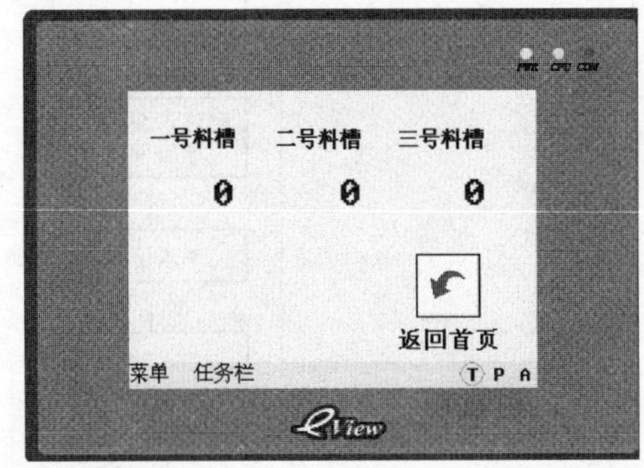

图 6-4 监视界面

（2）识读装配示意图 如图 6-5 所示，生产加工设备的结构布局自右向左分别为送料机构、机械手搬运机构、物料传送分拣机构，介于料盘本身高于出料口，且物料检测传感器固定在物料支架的左侧，为了保证机械手搬运物料往返顺畅，物料料盘、出料口、机械手之间必须调整准确，安装尺寸误差要小。

1）结构组成。生产加工设备的结构组成与项目五相同，主要由物料料盘、出料口、机械手、传送带及分拣装置等组成，两者只是安装布局不同而已，其实物如图 6-6 所示。

2）尺寸分析。生产加工设备各部件的定位尺寸见图 6-7。

（3）识读电路图 图 6-8 所示为生产加工设备控制电路图。

1）PLC 机型。PLC 的机型为三菱 FX_{2N}-48MR。

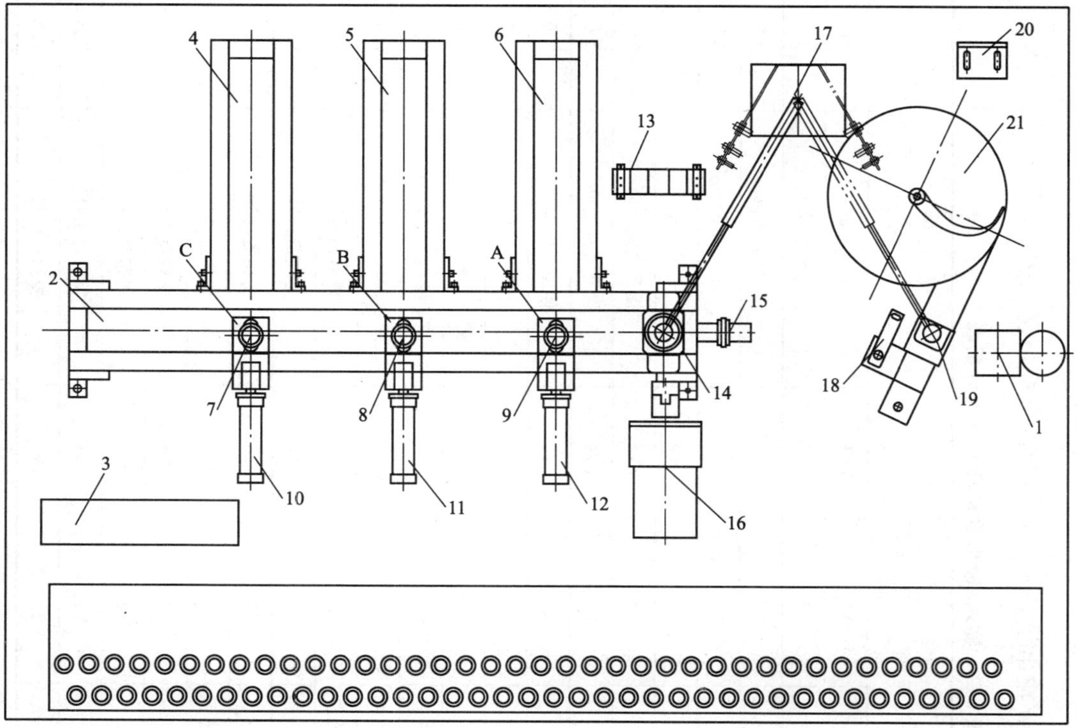

序号	名称	数量	序号	名称	数量	序号	名称	数量
21	物料料盘	1	12	推料一气缸	1	3	触摸屏	1
20	气动二联件	1	11	推料二气缸	1	2	传送线	1
19	出料口	1	10	推料三气缸	1	1	警示灯	1
18	物料检测光电传感器	1	9	电感式传感器	1			
17	机械手	1	8	光纤传感器(白)	1			
16	三相异步电动机	1	7	光纤传感器(黑)	1			
15	落料口检测光电传感器	1	6	料槽一	1			
14	落料口	1	5	料槽二	1			
13	电磁阀阀组	1	4	料槽三	1			

标记	处数	更改文件号	签字	日期	设备布局图	XXX公司
设计		标准化				
核对		(审定)			图样标记 / 数样 / 重量 / 比例	
审核					1	生产加工设备
工艺		日期				

图 6-5　生产加工设备布局图

图 6-6 生产加工设备

2）I/O 点分配。PLC 输入/输出设备及 I/O 点数的分配情况见表 6-1。

表 6-1 输入/输出设备及 I/O 点分配表

输入			输出		
元件代号	功能	输入点	元件代号	功能	输出点
	触摸起动	X0	YV1	手臂右旋	Y0
	触摸停止	X1	YV2	手臂左旋	Y2
SCK1	气动手爪传感器	X2	M	转盘电动机	Y3
SQP1	旋转左限位传感器	X3	YV3	手爪夹紧	Y4
SQP2	旋转右限位传感器	X4	YV4	手爪放松	Y5
SCK2	气动手臂伸出传感器	X5	YV5	提升气缸下降	Y6
SCK3	气动手臂缩回传感器	X6	YV6	提升气缸上升	Y7
SCK4	手爪提升限位传感器	X7	YV7	伸缩气缸伸出	Y10
SCK5	手爪下降限位传感器	X10	YV8	伸缩气缸缩回	Y11
SQP3	物料检测光电传感器	X11	YV9	驱动推料一气缸伸出	Y12
SCK6	推料一气缸伸出限位传感器	X12	YV10	驱动推料二气缸伸出	Y13
SCK7	推料一气缸缩回限位传感器	X13	YV11	驱动推料三气缸伸出	Y14
SCK8	推料二气缸伸出限位传感器	X14	HA	警示报警声	Y15
SCK9	推料二气缸缩回限位传感器	X15	STF	变频器正转	Y20
SCK10	推料三气缸伸出限位传感器	X16	STR	变频器反转	Y21
SCK11	推料三气缸缩回限位传感器	X17	RH	变频器高速	Y22
SQP4	起动推料一传感器	X20	RM	变频器中速	Y23
SQP5	起动推料二传感器	X21	RL	变频器低速	Y24
SQP6	起动推料三传感器	X22	IN1	警示灯绿灯	Y25
SQP7	传送带落料口检测传感器	X23	IN2	警示灯红灯	Y26

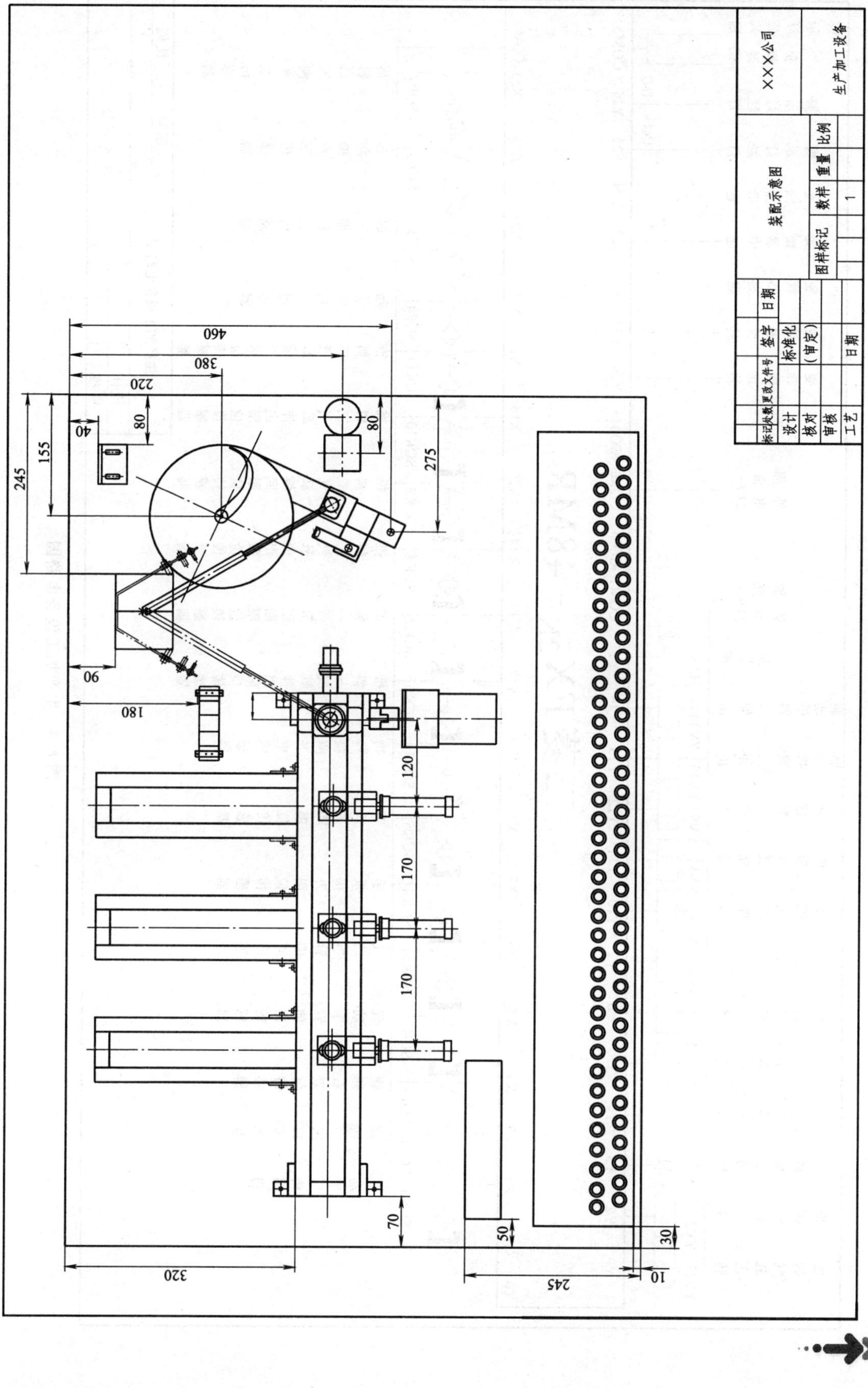

图 6-7　生产加工设备装配示意图

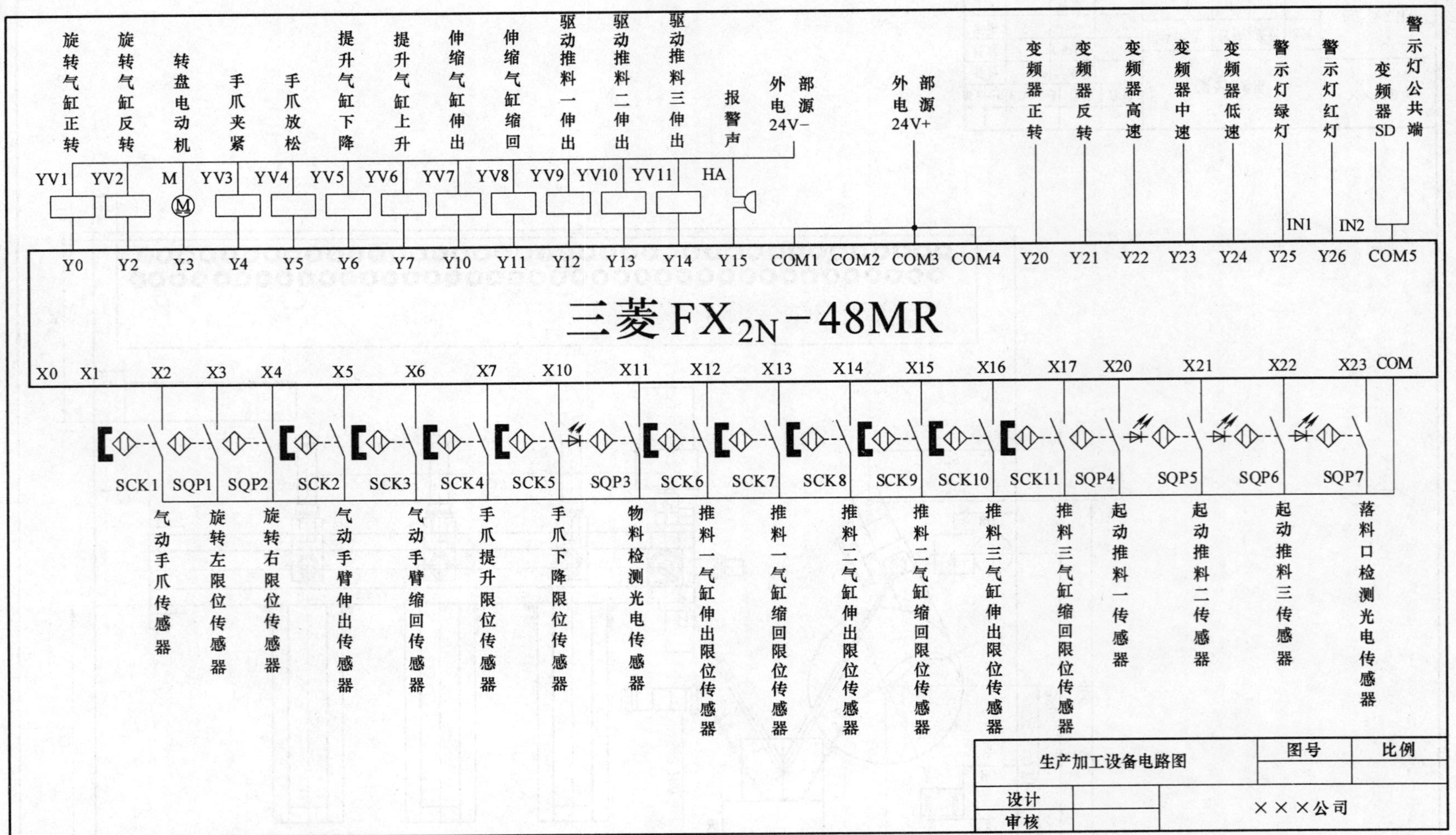

图 6-8 生产加工设备电路图

3）输入/输出设备连接特点。设备的起、停信号均由触摸屏提供，PLC 驱动变频器三段速正、反向运行。

（4）识读气动回路图　图 6-9 所示为生产加工设备气动回路图，各控制元件、执行元件的工作状态见表 6-2。

表 6-2　控制元件、执行元件状态一览表

电磁换向阀的线圈得电情况											执行元件状态	机构任务
YV1	YV2	YV3	YV4	YV5	YV6	YV7	YV8	YV9	YV10	YV11		
+	-										气缸 A 正转	手臂右旋
-	+										气缸 A 反转	手臂左旋
		+	-								气动手爪 B 夹紧	抓料
		-	+								气动手爪 B 放松	放料
				+	-						气缸 C 伸出	手爪下降
				-	+						气缸 C 缩回	手爪上升
						+	-				气缸 D 伸出	手臂伸出
						-	+				气缸 D 缩回	手臂缩回
								+			气缸 E 伸出	分拣金属物料
								-			气缸 E 缩回	等待分拣
									+		气缸 F 伸出	分拣白色物料
									-		气缸 F 缩回	等待分拣
										+	气缸 G 伸出	分拣黑色物料
										-	气缸 G 缩回	等待分拣

（5）识读梯形图　图 6-10 所示为生产加工设备的梯形图，其动作过程如图 6-11 所示。

1）起停控制。触摸命令界面上的起动按钮，X0=ON，M1 为 ON 且保持，为激活 S20、S30 状态提供了必要条件。触摸停止按钮，X1=ON，M1 为 OFF，致使 S0 向 S20、S1 向 S30 状态转移的条件缺失，故控制程序执行完当前工作循环后停止。

2）送料控制。当 M1=ON 后，Y25 为 ON，警示灯绿灯闪烁。若出料口无物料，则物料检测传感器 SQP3 不动作，X11=OFF，Y3 为 ON，驱动转盘电动机旋转，物料挤压上料。当 SQP3 检测到物料时，X11=ON，Y3 为 OFF，转盘电动机停转，一次上料结束。

3）报警控制。Y3 为 ON 时，报警标志 M2 为 ON 且保持，定时器 T0 开始计时 10s。时间到，若传感器检测不到物料，T0 为 ON，Y25、Y3 为 OFF，绿灯熄灭，转盘电动机停转；同时 Y26、Y15 为 ON，警示灯红灯闪烁，蜂鸣器发出报警声。当 SQP3 动作或触摸停止按钮时，M2 复位，报警停止。

4）机械手复位控制。设备起动后，M1 为 ON，执行 S0 状态下的复位程序：机械手手爪放松、手抓上升、手臂缩回、手臂向右旋转至右侧限位处停止。

机械手搬运物料开始，即 S20 激活起，M3 为 ON，一直保持至传送带开始运转、S30 激活时方为 OFF，以保证在机械手抓料的情况下，触摸停止按钮后传送、加工及分拣机构继续完成当前任务后才停止。

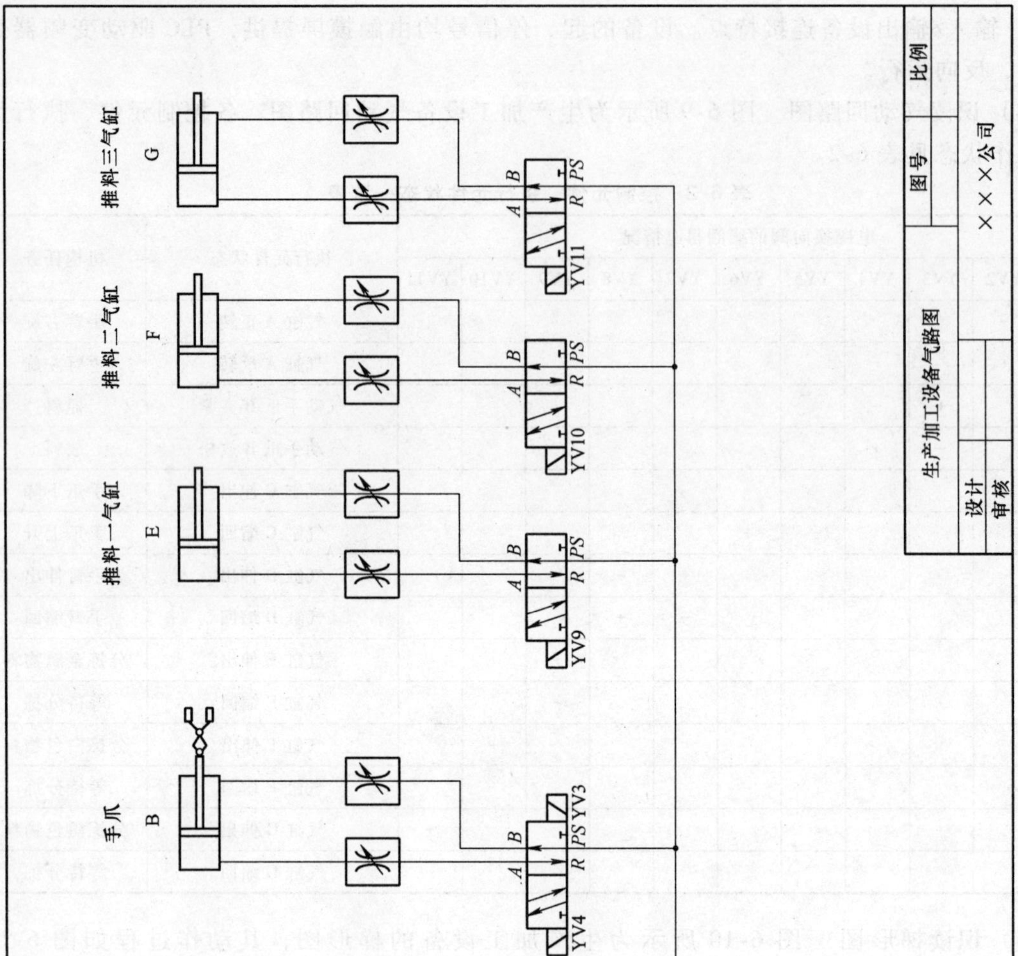

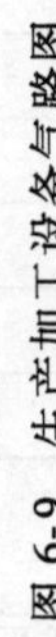

图 6-9　生产加工设备气路图

5）搬运物料。若送料机构出料口有物料，X11 为 ON，激活 S20 状态→Y10 = ON，手臂伸出→X5 = ON，Y6 = ON，手爪下降→X10 = ON，Y4 = ON，手爪夹紧→0.5s 后，激活 S21 状态→Y7 = ON，手爪上升→X7 = ON，Y11 = ON，手臂缩回→X6 = ON，Y2 = ON，手臂左旋→左旋到位停止，0.5s 后激活 S22 状态→Y10 = ON，手臂伸出→X5 = ON，Y6 = ON，手爪下降→手爪下降到位停止，0.5s 后 Y5 = ON，手爪放松→手爪放松到位，X2 = OFF，激活 S23 状态→Y7 = ON，手爪上升→X7 = ON，Y11 = ON，手臂缩回→X6 = ON，Y0 = ON，手臂右旋→右旋到位，X4 = ON，激活 S0 状态，开始新的循环。

6）传送物料。PLC 上电瞬间或设备起动时，S1 状态激活。当入料口检测到物料时，X23 = ON，S30 状态激活，Y21 = ON、Y22 = ON，起动变频器反转高速运行，驱动传送带自右向左高速输送物料。

7）加工及分拣物料。如图 6-11 所示，加工及分拣程序有三个分支，根据物料的性质选择不同分支执行。

若物料为金属物料，当它被传送至 A 点位置时，执行分支 A，X20 = ON，S30 状态关闭，Y21 = OFF、Y22 = OFF，传送带停止、进行第一次加工；S31 状态激活，T4 开始计时，2s 到，加工结束，Y21 = ON、Y23 = ON，传送带以中速向左继续传送此物料。至 B 点位置，X21 = ON，S31 状态关闭，传送带停止、进行第二次加工；S32 状态激活，T5 开始计时，2s 到，加工结束，Y21 = ON、Y24 = ON，传送带以低速向左继续传送物料。至 C 点位置，X22 = ON，S32 状态关闭，传送带停止、物料开始第三次加工；S33 状态激活，T6 开始计时，2s 到，加工结束，Y20 = ON、Y22 = ON，物料自左向右以高速返回至 A 点位置，X20 = ON，S34 状态激活，Y12 = ON，推料一气缸伸出将它推入料槽一内，伸出到位后，X13 = ON，S35 激活，Y12 为 OFF，推料一气缸缩回。

若物料为白色塑料物料，当它被传送至 B 点位置时，执行分支 B，X21 = ON，S30 状态关闭，传送带停止、进行第一次加工；S41 状态激活，T7 开始计时，2s 到，加工结束，Y21 = ON、Y23 = ON，传送带以中速向左继续传送此物料。至 C 点位置，X22 = ON，S41 状态关闭，传送带停止、进行第二次加工；S42 状态激活，T8 开始计时，2s 到，加工结束，Y20 = ON、Y22 = ON，物料自左向右以高速返回至 B 点位置，X21 = ON，S43 状态激活，Y13 = ON，推料二气缸伸出将它推入料槽二内，伸出到位后，X14 = ON，S44 激活，Y13 为 OFF，推料二气缸缩回。

若物料为黑色塑料物料，当它被传送至 C 点位置时，执行分支 C，X22 = ON，S30 状态关闭，传送带停止、物料开始加工；S51 状态激活，T9 开始计时，2s 到，Y14 = ON，推料三气缸伸出将它推入料槽三内，伸出到位后，X16 = ON，S52 激活，Y14 为 OFF，推料三气缸缩回。

当任一分支执行完毕时，即推料气缸活塞缩回到位，X13 = ON、X15 = ON 或 X17 = ON，S1 状态激活，进入下一个循环。

8）监视界面计数显示。C0 对推料一气缸的伸出次数（分拣金属物料的个数）进行计数，C1 对推料二气缸的伸出次数（分拣白色塑料物料的个数）进行计数，C2 对推料三气缸的伸出次数（分拣黑色塑料物料的个数）进行计数，当计数满 100 时，计数器复位，重新开始。这三个计数器的当前值由触摸屏读入，并在监视界面上显示。

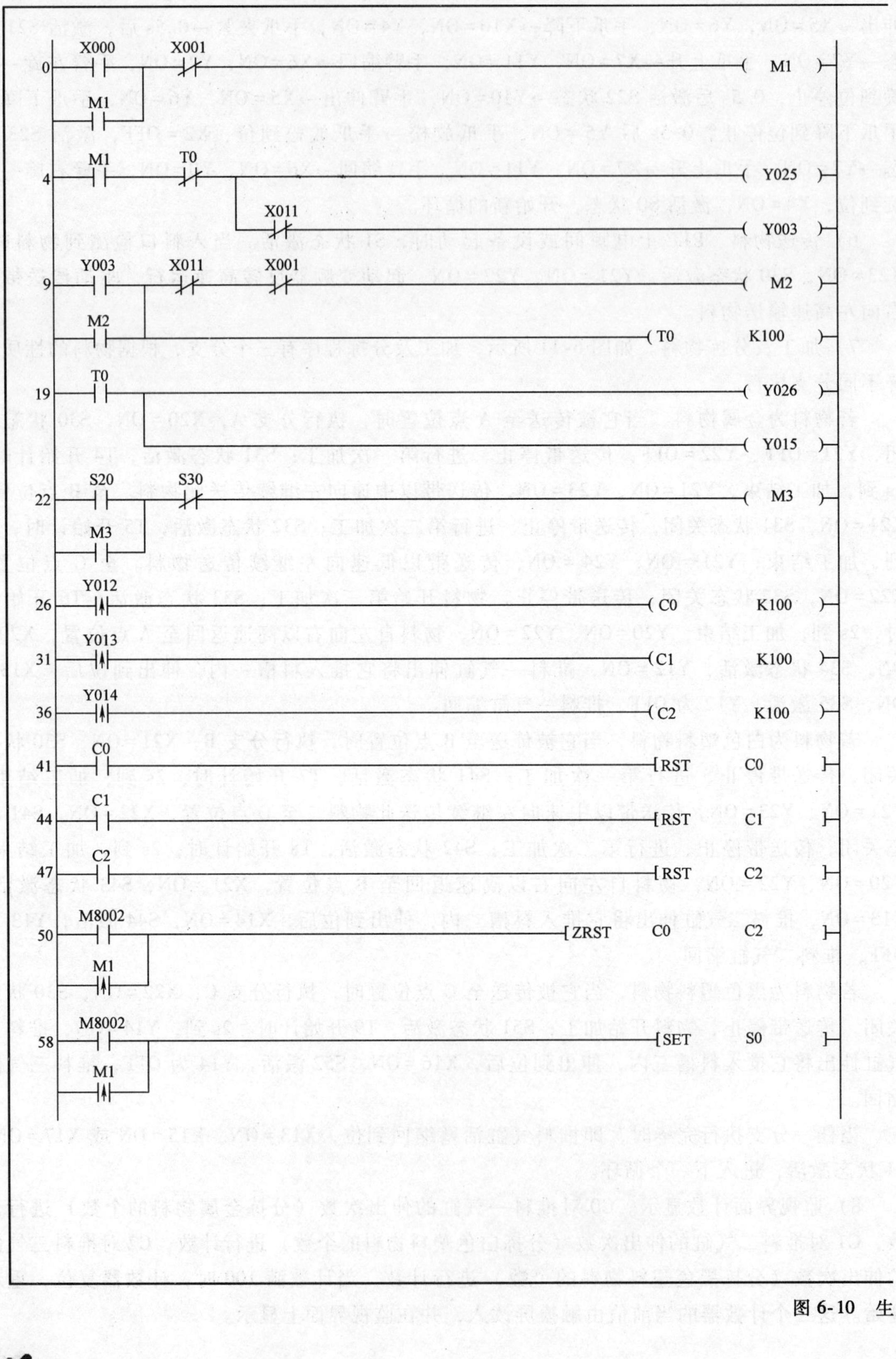

```
0   X000  X001            ( M1 )
    M1
4   M1    T0              ( Y025 )
          X011            ( Y003 )
9   Y003  X011  X001      ( M2 )
    M2                    ( T0   K100 )
19  T0                    ( Y026 )
                          ( Y015 )
22  S20   S30             ( M3 )
    M3
26  Y012                  ( C0   K100 )
31  Y013                  ( C1   K100 )
36  Y014                  ( C2   K100 )
41  C0                    [ RST  C0 ]
44  C1                    [ RST  C1 ]
47  C2                    [ RST  C2 ]
50  M8002                 [ ZRST C0  C2 ]
    M1
58  M8002                 [ SET  S0 ]
    M1
```

图 6-10 生产

```
 63 -|S0 STL|--| |M1--+--| |X002-------------------------------------------( Y005 )
                      +--|/|X002--|/|X007---------------------------------( Y007 )
                      +--| |X007--|/|X006---------------------------------( Y011 )
                      +--| |X006--|/|X004---------------------------------( Y000 )
                      +--|/|X002--| |X007--| |X006--| |X004--| |X011--| |M1--[ SET  S20 ]
 89 -|S20 STL|--+--|/|X005------------------------------------------------( Y010 )
 92             +--| |X005--|/|X010-----------------------------------------( Y006 )
 95             +--| |X010--|/|X002-----------------------------------------( Y004 )
 98             +--| |X002--------------------------------------------------( T1  K5 )
102             +--| |T1----------------------------------------------------[ SET  S21 ]
105 -|S21 STL|--+--|/|X007------------------------------------------------( Y007 )
108             +--| |X007--|/|X006-----------------------------------------( Y011 )
111             +--| |X006--|/|X003-----------------------------------------( Y002 )
114             +--| |X003--------------------------------------------------( T2  K5 )
118             +--| |T2----------------------------------------------------[ SET  S22 ]
121 -|S22 STL|--+-----------------------------------------------------------( Y010 )
123             +--| |X005--|/|X010-----------------------------------------( Y006 )
126             +--| |X010--------------------------------------------------( T3  K5 )
130             +--| |T3----| |S1-------------------------------------------( Y005 )
133             +--| |X002--------------------------------------------------[ SET  S23 ]
```

加工设备梯形图

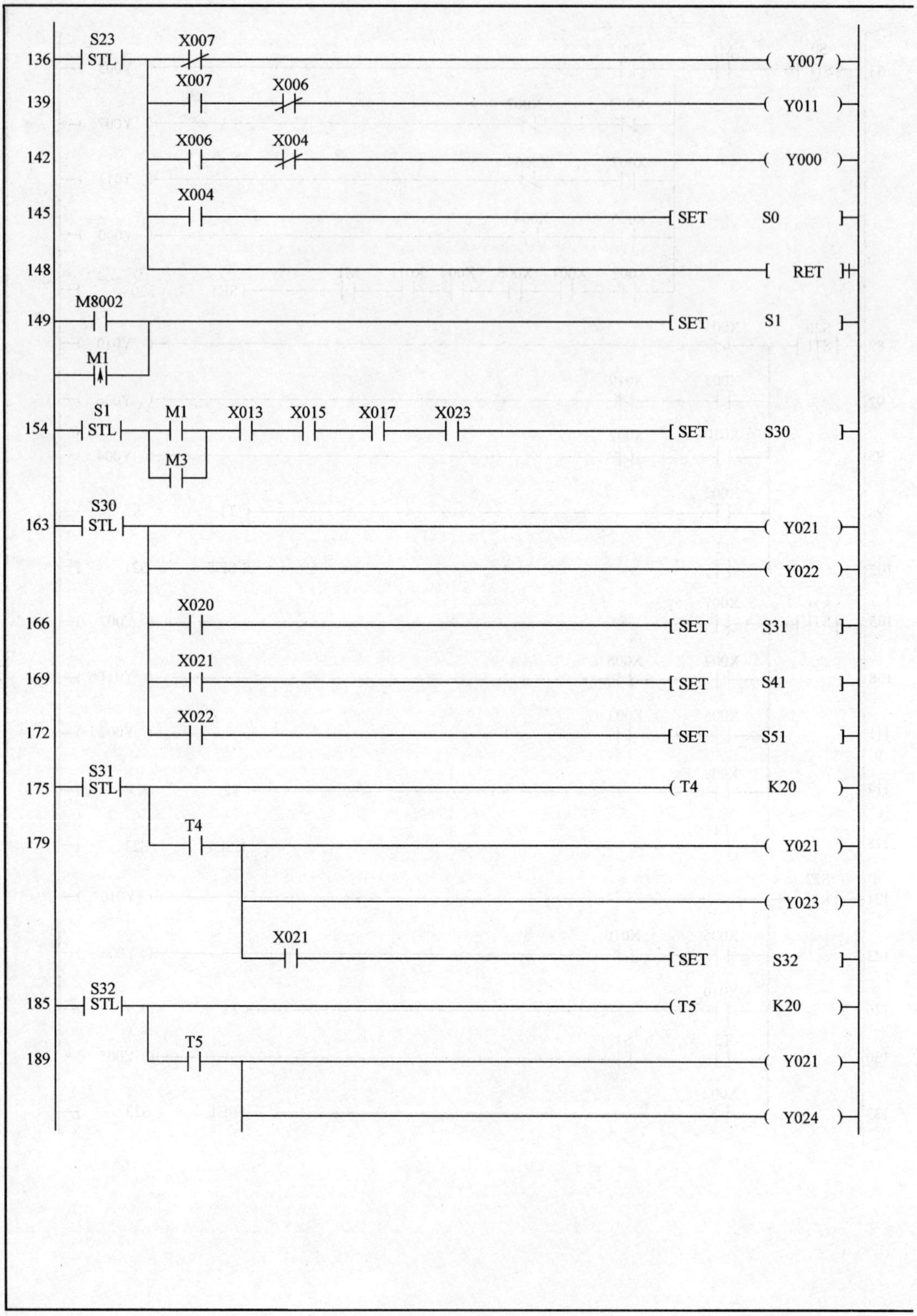

```
136  S23 STL ── X007(常闭) ──────────────── ( Y007 )
139  X007 ── X006(常闭) ───────────────── ( Y011 )
142  X006 ── X004(常闭) ───────────────── ( Y000 )
145  X004 ──────────────────────────── [ SET  S0 ]
148  ────────────────────────────────── [ RET ]
149  M8002 ─┬──────────────────────── [ SET  S1 ]
     M1(↑) ─┘
154  S1 STL ── M1 ─┬─ X013 ── X015 ── X017 ── X023 ── [ SET  S30 ]
               M3 ─┘
163  S30 STL ─┬──────────────────────── ( Y021 )
              ├──────────────────────── ( Y022 )
166           ├─ X020 ─────────────── [ SET  S31 ]
169           ├─ X021 ─────────────── [ SET  S41 ]
172           └─ X022 ─────────────── [ SET  S51 ]
175  S31 STL ─┬──────────────────────── ( T4  K20 )
179           └─ T4 ─┬───────────────── ( Y021 )
                     ├───────────────── ( Y023 )
                     └─ X021 ───────── [ SET  S32 ]
185  S32 STL ─┬──────────────────────── ( T5  K20 )
189           └─ T5 ─┬───────────────── ( Y021 )
                     └───────────────── ( Y024 )
```

图 6-10 生产

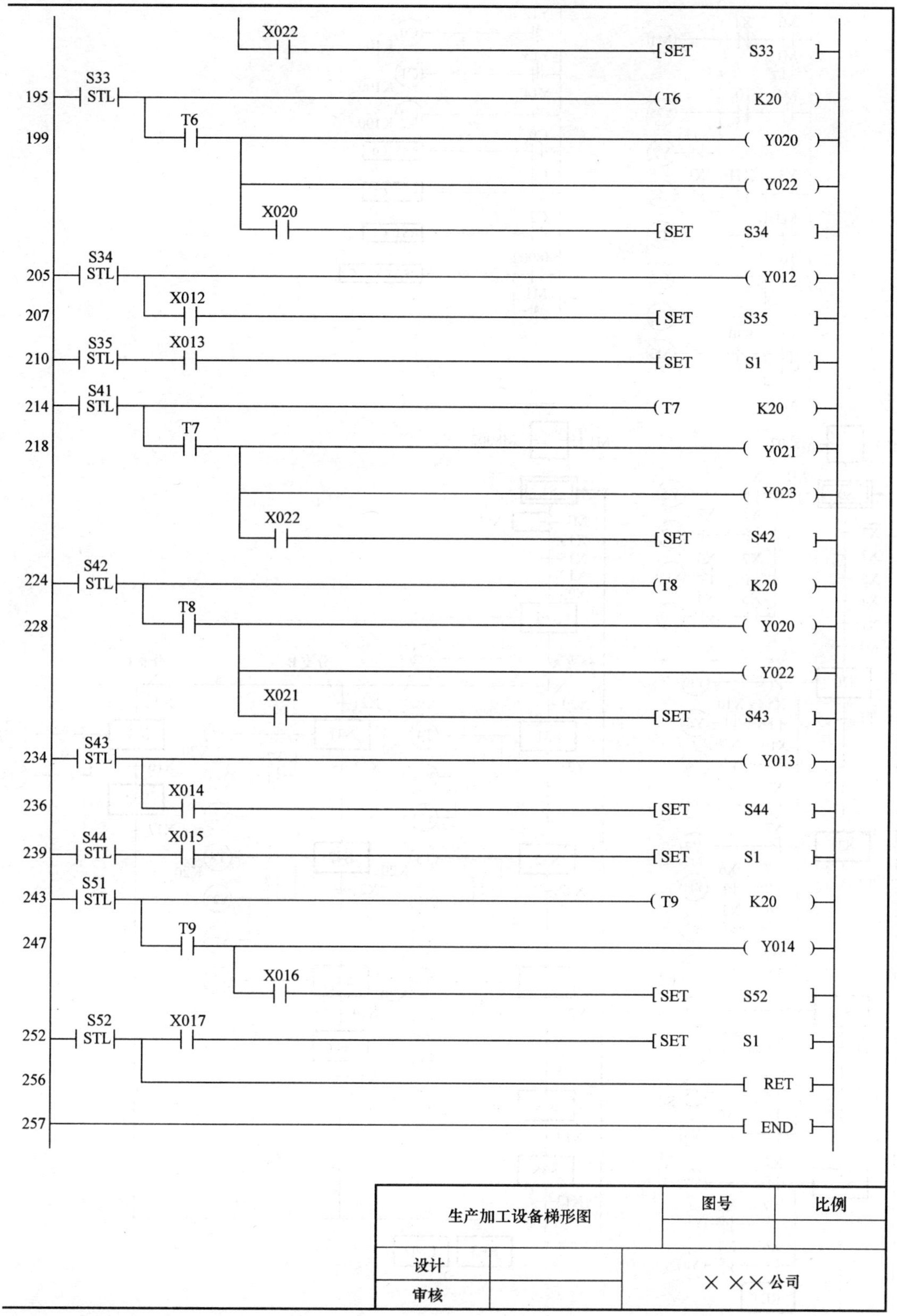

```
        X022                              [SET   S33 ]
195  S33 STL ---------------------------- (T6    K20 )
199  T6 ----------------------------------( Y020 )
        ----------------------------------( Y022 )
        X020 ---------------------------- [SET   S34 ]
205  S34 STL -----------------------------( Y012 )
207  X012 ------------------------------- [SET   S35 ]
210  S35 STL  X013 ---------------------- [SET   S1  ]
214  S41 STL ---------------------------- (T7    K20 )
218  T7 ----------------------------------( Y021 )
        ----------------------------------( Y023 )
        X022 ---------------------------- [SET   S42 ]
224  S42 STL ---------------------------- (T8    K20 )
228  T8 ----------------------------------( Y020 )
        ----------------------------------( Y022 )
        X021 ---------------------------- [SET   S43 ]
234  S43 STL -----------------------------( Y013 )
236  X014 ------------------------------- [SET   S44 ]
239  S44 STL  X015 ---------------------- [SET   S1  ]
243  S51 STL ---------------------------- ( T9   K20 )
247  T9 ----------------------------------( Y014 )
        X016 ---------------------------- [SET   S52 ]
252  S52 STL  X017 ---------------------- [SET   S1  ]
256  ------------------------------------ [ RET ]
257  ------------------------------------ [ END ]
```

生产加工设备梯形图	图号	比例
设计		×××公司
审核		

加工设备梯形图（续）

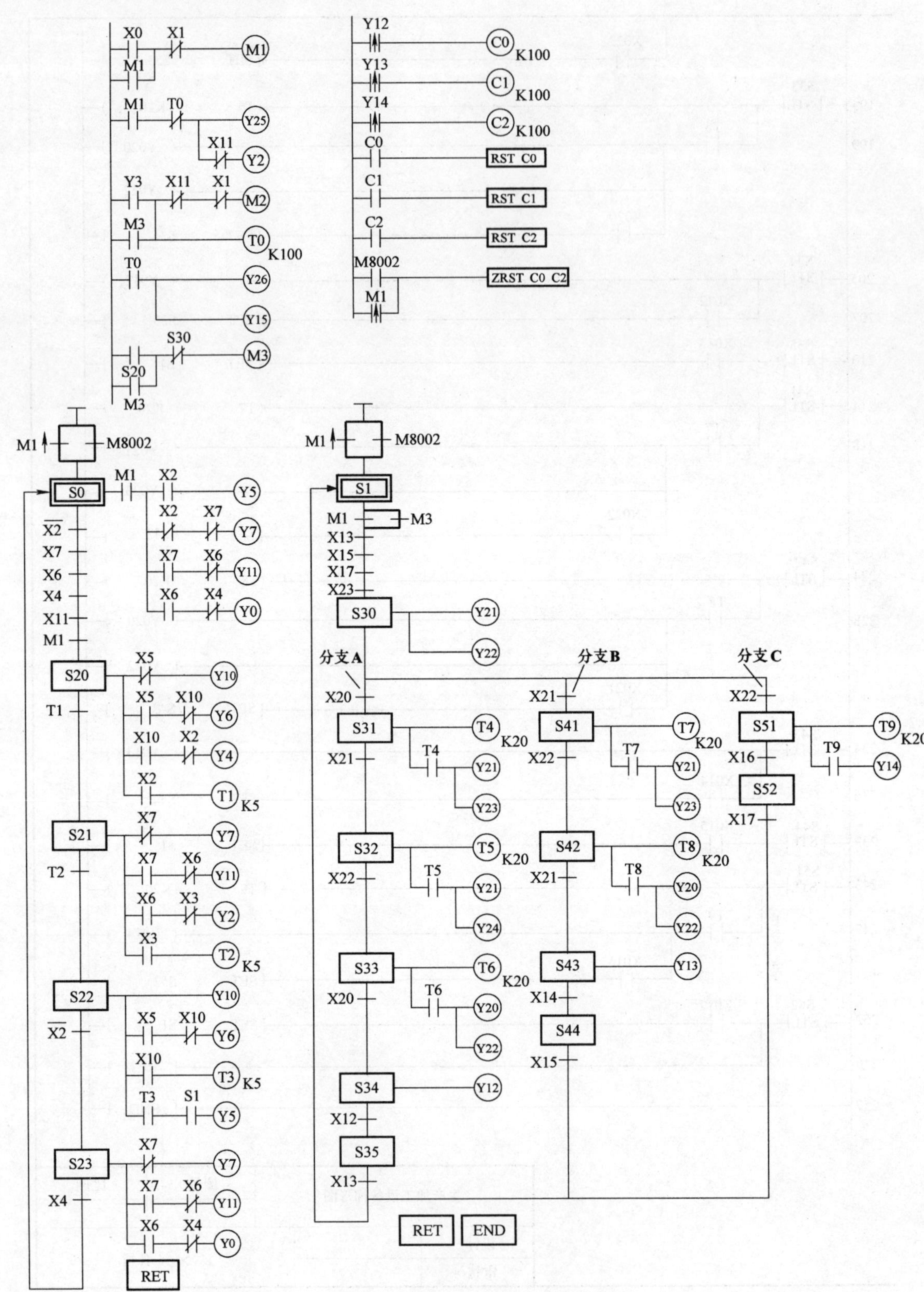

图 6-11　生产加工设备状态转移图

(6) 制定施工计划　生产加工设备的安装与调试流程如图6-12所示。以此为依据，施工人员填写表6-3，合理制定施工计划，确保在定额时间内完成规定的施工任务。

2. 施工准备

(1) 设备清点　检查生产加工设备的部件是否齐全，并归类放置。生产加工设备的部件清单见表6-4。

(2) 工具清点　设备组装工具见表6-5所示，施工人员应清点工具的数量，并认真检查其性能是否完好。

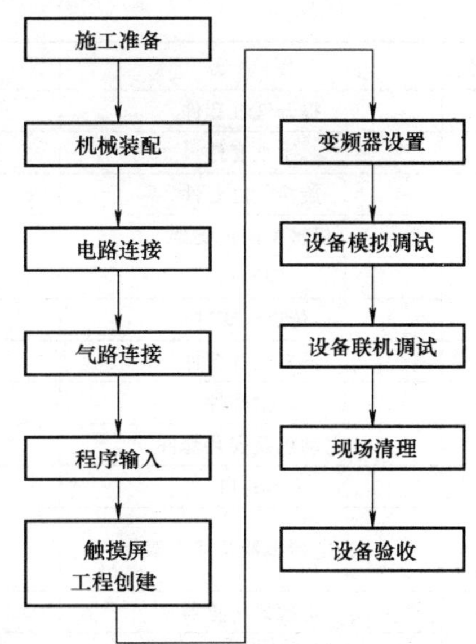

图6-12　生产加工设备的安装与调试流程图

三、实施任务

根据制定的施工计划，按顺序对生产加工设备实施组装，施工过程中应注意及时调整施工进度，保证定额。施工时必须严格遵守安全操作规程，加强安全保障措施，确保人身和设备安全。

表6-3　施工计划表

设备名称	施工日期	总工时/h	施工人数/人	施工负责人
×××生产加工设备				

序号	施工任务	施工人员	工序定额	备注
1	阅读设备技术文件			
2	机械装配、调整			
3	电路连接、检查			
4	气路连接、检查			
5	程序输入			
6	触摸屏工程创建			
7	设置变频器参数			
8	设备模拟调试			
9	设备联机调试			
10	现场清理，技术文件整理			
11	设备验收			

表6-4　设备清单

序号	名称	型号规格	数量	单位	备注
1	直流减速电动机	24V	1	只	
2	放料转盘		1	个	
3	转盘支架		2	个	
4	物料支架		1	套	
5	警示灯及其支架	两色、闪烁	1	套	
6	伸缩气缸套件	CXSM15-100	1	套	

（续）

序号	名　称	型号规格	数量	单位	备　注
7	提升气缸套件	CDJ2KB16-75-B	1	套	
8	手爪套件	MHZ2-10D1E	1	套	
9	旋转气缸套件	CDRB2BW20-180S	1	套	
10	机械手固定支架		1	套	
11	缓冲器		2	只	
12	传送线套件	50×700	1	套	
13	推料气缸套件	CDJ2KB10-60-B	3	套	
14	料槽套件		3	套	
15	电动机及安装套件	380V、25W	1	套	
16	落料口		1	只	
17	光电传感器及其支架	E3Z-LS61	1	套	出料口
18		GO12-MDNA-A	1	套	落料口
19	电感式传感器	NSN4-2M60-E0-AM	3	套	
20	光纤传感器及其支架	E3X-NA11	2	套	
21	磁性传感器	D-59B	1	套	手爪紧松
22		SIWKOD-Z73	2	套	手臂伸缩
23		D-C73	8	套	手爪升降推料限位
24	PLC 模块	YL050、FX_{2N}-48MR	1	块	
25	变频器模块	E540、0.75kW	1	块	
26	触摸屏及通信线	eview　MT4300C	1	套	
27	按钮模块	YL157	1	块	
28	电源模块	YL046	1	块	
29	螺钉	不锈钢内六角螺钉 M6×12	若干	只	
30		不锈钢内六角螺钉 M4×12	若干	只	
31		不锈钢内六角螺钉 M3×10	若干	只	
32	螺母	椭圆形螺母 M6	若干	只	
33		M4	若干	只	
34		M3	若干	只	
35	垫圈	$\phi 4$	若干	只	

表 6-5　工具清单

序号	名　称	规格、型号	数　量	单　位
1	工具箱		1	只
2	螺钉旋具	一字、100mm	1	把
3	钟表螺钉旋具		1	套
4	螺钉旋具	十字、150mm	1	把
5	螺钉旋具	十字、100mm	1	把
6	螺钉旋具	一字、150mm	1	把
7	斜口钳	150mm	1	把
8	尖嘴钳	150mm	1	把
9	剥线钳		1	把
10	内六角扳手(组套)	PM-C9	1	套
11	万用表		1	只

1. 机械装配

（1）机械装配前的准备

按照要求清理现场、准备图样及工具，并安排装配流程，参考流程如图 6-13 所示。

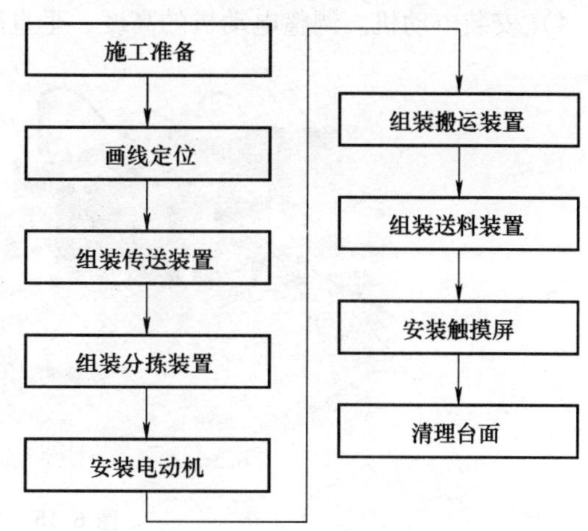

图 6-13　机械装配流程图

（2）机械装配步骤　依据确定的设备组装顺序组装生产加工设备。

1）画线定位。

2）组装传送装置。参考图 6-14，组装传送装置。

① 安装传送线脚支架。

② 在传送线的右侧（电动机侧）固定落料口，并保证物料落放准确、平稳。

③ 安装落料口传感器。

④ 将传送线固定在定位处。

3）组装分拣装置。参考图 6-15，组装分拣装置。

图 6-14　组装传送装置

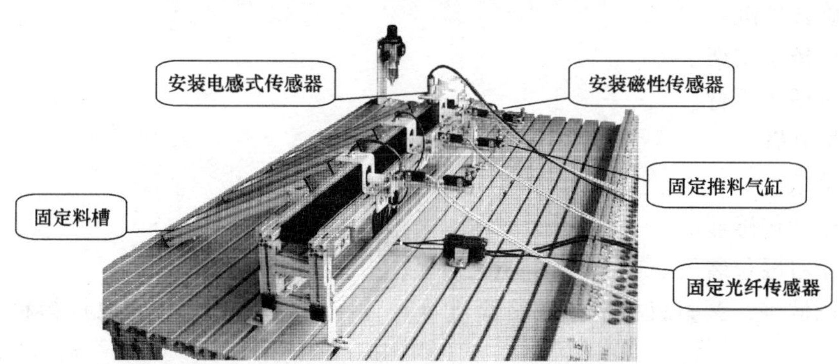

图 6-15　组装分拣装置

① 组装起动推料传感器。

② 组装推料气缸。

③ 固定、调整料槽与其对应的推料气缸，使两者在同一中性线上。

4）安装电动机。调整电动机的高度、垂直度，直至电动机与传送带同轴，如图 6-16 所示。

图 6-16　安装电动机

5）固定电磁阀阀组。如图 6-17 所示，将电磁阀阀组固定在定位处，并装好线槽。

图 6-17　固定电磁阀阀组

6）组装搬运装置。参考图 6-18，组装固定机械手。

① 安装旋转气缸。

② 组装机械手支架。

③ 组装机械手手臂。

④ 组装提升臂。

⑤ 安装手爪。

⑥ 固定磁性传感器。

⑦ 固定左右限位装置。

⑧ 固定机械手，调整机械手摆幅、高度等尺寸，使机械手能准确地将物料放入传送线落料口内。

7）组装固定物料支架及出料口。如图 6-19 所示，在物料支架上装好出料口，固定传感器后将其固定在定位处。调整出料口的高度等尺寸的同时，配合调整机械手的部分尺寸，保证机械手气动手爪能准确无误地从出料口抓取物料，同时又能准确无误地将物料释放至传送线的落料口内，实现出料口、机械手、落料口三者之间的无偏差衔接。

图 6-18　固定机械手

图 6-19　固定、调整物料支架

8）安装转盘及其支架。如图 6-20 所示，装好物料料盘，并将其固定在定位处。

图 6-20　固定物料料盘

9）固定触摸屏。如图 6-21 所示，将触摸屏固定在定位处。

10）固定警示灯。如图 6-21 所示，将警示灯固定在定位处。

11）清理台面，保持台面无杂物或多余部件。

图 6-21 固定触摸屏及警示灯

2. 电路连接

（1）电路连接前的准备

按照要求检查电源状态、准备图样，工具及线号管，并安排电路连接流程。参考流程如图 6-22 所示。

（2）电路连接步骤 电路连接应符合工艺、安全规范要求，所有导线应置于线槽内。导线与端子排连接时，应套线号管并及时编号，避免错编漏编。插入端子排的连接线必须接触良好且紧固。接线端子排的功能分配如图 6-23 所示。

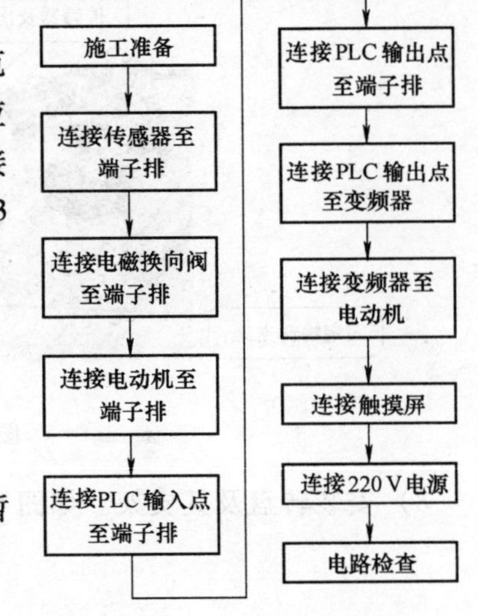

图 6-22 电路连接流程图

1）连接传感器至端子排。

2）连接输出元件至端子排。

3）连接电动机至端子排。

4）连接 PLC 的输入信号端子至端子排。

5）连接 PLC 的输出信号端子至端子排。（负载电源暂不连接，待 PLC 模拟调试成功后进行）。

6）连接 PLC 的输出信号端子至变频器。

7）连接变频器至电动机。

8）连接触摸屏的电源输入端子至电源模块中的 24V 直流电源。

9）将电源模块中的单相交流电源引至 PLC 模块。

10）将电源模块中的三相电源和接地线引至变频器的主回路输入端子 L1、L2、L3、PE。

11）电路检查。

12）清理台面，工具入箱。

3. 气动回路连接

（1）气路连接前的准备

按照要求检查空气压缩机状态、准备图样及工具，并安排气动回路连接步骤。

（2）气路连接步骤 根据气路图连接气路。连接时，应避免直角或锐角弯曲，尽量平行布置，力求走向合理且气管最短，如图 6-24 所示。

端子接线布置图

注：

1. 传感器引出线　棕色表示“正”，蓝色表示“负”，黑色表示“输出”。
2. 电控阀分单向和双向，单向一个线圈，双向两个线圈。图中“1”、“2”表示一个线圈的两个接头。

端子	接线
1	
2	
3	
4	触摸屏电源负
5	触摸屏电源正
6	落料口检测光电传感器输出
7	落料口检测光电传感器负
8	落料口检测光电传感器正
9	起动推料三传感器二输出
10	起动推料三传感器二负
11	起动推料三传感器二正
12	起动推料二传感器一输出
13	起动推料二传感器一负
14	起动推料二传感器一正
15	起动推料一传感器输出
16	起动推料一传感器负
17	起动推料一传感器正
18	推料三气缸缩回磁性传感器负
19	推料三气缸缩回磁性传感器正
20	推料三气缸伸出磁性传感器负
21	推料三气缸伸出磁性传感器正
22	推料二气缸缩回磁性传感器负
23	推料二气缸缩回磁性传感器正
24	推料二气缸伸出磁性传感器负
25	推料二气缸伸出磁性传感器正
26	推料一气缸缩回磁性传感器负
27	推料一气缸缩回磁性传感器正
28	推料一气缸伸出磁性传感器负
29	推料一气缸伸出磁性传感器正
30	物料检测光电传感器输出
31	物料检测光电传感器负
32	物料检测光电传感器正
33	手爪提升气缸下限位磁性传感器负
34	手爪提升气缸下限位磁性传感器正
35	手爪提升气缸上限位磁性传感器负
36	手爪提升气缸上限位磁性传感器正
37	手臂伸缩气缸缩回限位磁性传感器负
38	手臂伸缩气缸缩回限位磁性传感器正
39	手臂伸缩气缸伸出限位磁性传感器负
40	手臂伸缩气缸伸出限位磁性传感器正
41	手臂伸缩旋转右限位接近传感器输出
42	手臂旋转右限位接近传感器负
43	手臂旋转右限位接近传感器正
44	手臂旋转左限位接近传感器输出
45	手臂旋转左限位接近传感器负
46	手臂旋转左限位接近传感器正
47	手爪磁性传感器负
48	手爪磁性传感器正
49	电动机
50	U
51	V
52	W
53	PE
54	驱动推料三伸出单向电控阀1
55	驱动推料三伸出单向电控阀2
56	驱动推料二伸出单向电控阀1
57	驱动推料二伸出单向电控阀2
58	驱动推料一伸出单向电控阀1
59	驱动推料一伸出单向电控阀2
60	驱动手爪右转双向电控阀1
61	驱动手爪右转双向电控阀2
62	驱动手爪左转双向电控阀1
63	驱动手爪左转双向电控阀2
64	驱动手爪缩回双向电控阀1
65	驱动手爪缩回双向电控阀2
66	驱动手爪伸出双向电控阀1
67	驱动手爪伸出双向电控阀2
68	驱动手爪下降双向电控阀1
69	驱动手爪下降双向电控阀2
70	驱动手爪提升双向电控阀1
71	驱动手爪提升双向电控阀2
72	驱动手爪松开双向电控阀1
73	驱动手爪松开双向电控阀2
74	驱动手爪抓紧双向电控阀1
75	驱动手爪抓紧双向电控阀2
76	转盘电动机电源负
77	转盘电动机电源正
78	警示灯电源负
79	警示灯电源正
80	指示灯信号公共端
81	驱动停止警示灯绿
82	驱动起动警示灯红
83	
84	

图 6-23　端子接线布置图

图 6-24　气路连接

1）连接气源。

2）连接执行元件。

3）整理、固定气管。

4）清理台面杂物，工具入箱。

4. 程序输入

启动三菱 PLC 编程软件，输入梯形图 6-10。

1）启动三菱 PLC 编程软件。

2）创建新文件，选择 PLC 类型。

3）输入程序。

4）转换梯形图。

5）保存文件。

5. 触摸屏工程创建

根据设备控制功能创建触摸屏人机界面，其方法参考触摸屏技术文件。

（1）创建新工程

1）启动 EV5000 组态软件。

2）新建工程。

3）选择“串口”通信连接方式。

4）选择“MT4300C”型触摸屏。

5）选择“FX2N”型 PLC。

6）用通信线连接 HMI 与 PLC。

7）设置 HMI0 的“通信类型”为“RS485-4”。

（2）创建人机界面首页

1）切换至组态窗口。

2）设定“背景填充颜色”为浅紫色。

3）插入文字“×××生产加工设备”，设置“向量字体”为红色、小三号及粗体，如图 6-25 所示。

4）创建切换按钮“进入命令界面”。如图 6-25 所示，选择“功能元件”—“功能键”图标，将其拖入组态窗口中放置，弹出“功能元件属性”对话框。

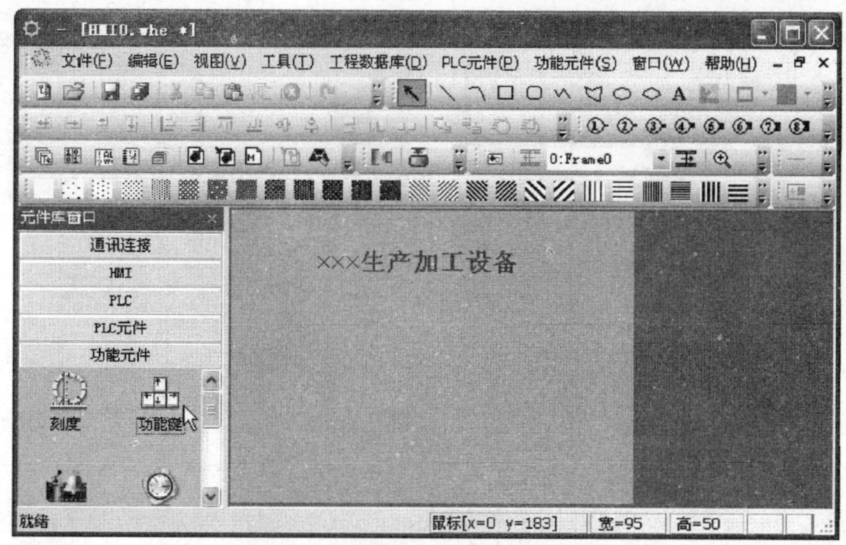

图 6-25　选择“功能键”图标

① 功能键设置。如图 6-26 所示，选择“功能键”，选中“切换窗口”，将切换窗口设定为 4：Frame4。

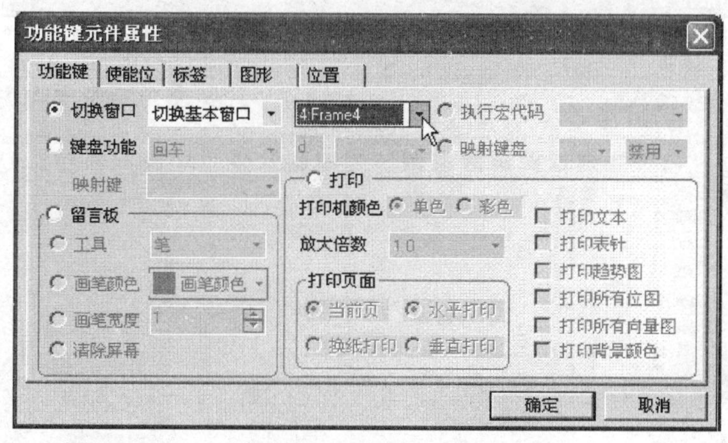

图 6-26　“功能键”对话框

② 标签设置。如图 6-27 所示，选择“标签”，选中“使用标签”，在内容栏中输入：进入命令界面，设置字号为 16、颜色为黑色。

③ 图形设置。选择“图形”，选中“使用向量图”，导入图 6-28 所示的 C：\Program Files\eV5000_UNICODE_CHS\图库\向量图\按钮\button1-15.vg 的蓝色按钮图标。单击【确定】，切换按钮便创建完成。调整按钮及其文字标签至合适位置，如图 6-29 所示。

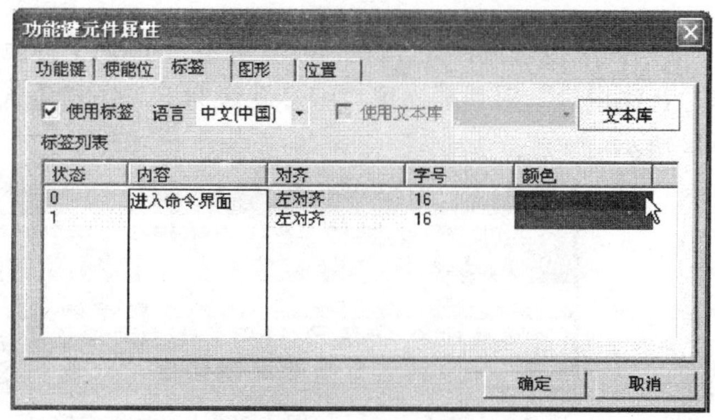

图 6-27　“标签”对话框

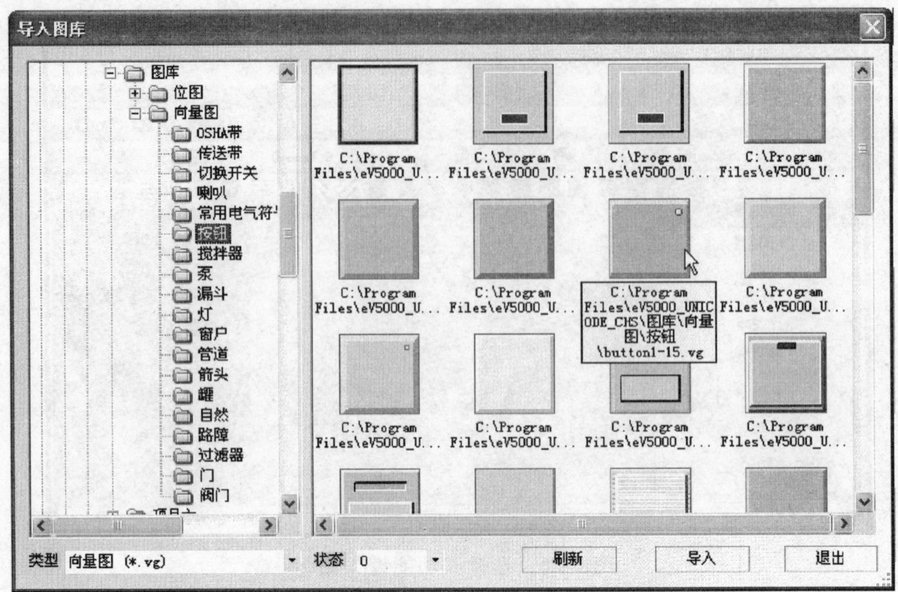

图 6-28　导入的切换按钮路径及其图形

图 6-29　切换按钮“进入命令界面”创建完成后的组态窗口

5）添加组态窗口 5。如图 6-30 所示，单击【添加组态窗口】按钮，弹出图 6-31 所示的“新建窗口”对话框，窗口编号默认为 5，单击【新建】，组态窗口 5 便创建完成，如图 6-32 所示。

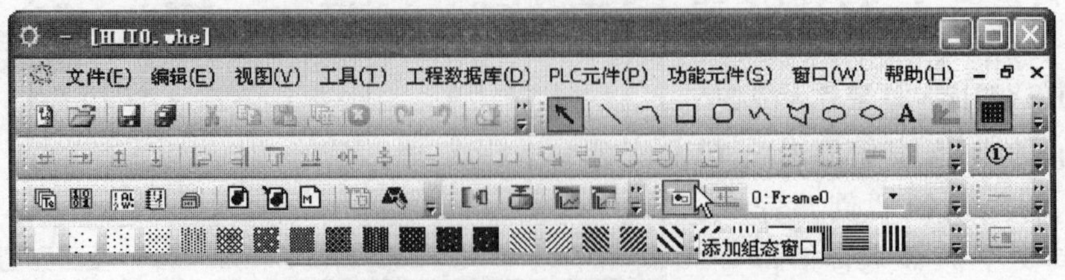

图 6-30　“添加组态窗口”命令

6）创建切换按钮“进入监视界面”。如图6-32所示，单击选择“0：Frame0”，将窗口切换至组态窗口0。

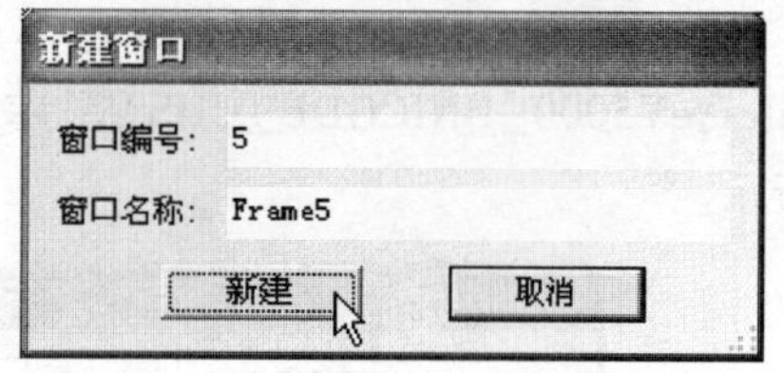

图6-31　“新建窗口”对话框

选择“功能键”图标，将其拖入组态窗口中放置，设定其“切换窗口”为“5：Frame5”。同样的方法设置其标签及图形。创建完成后的组态窗口0（人机界面首页）如图6-33所示。

（3）创建命令界面　将窗口切换至组态窗口4，设置窗口“背景填充效果”为浅紫色。

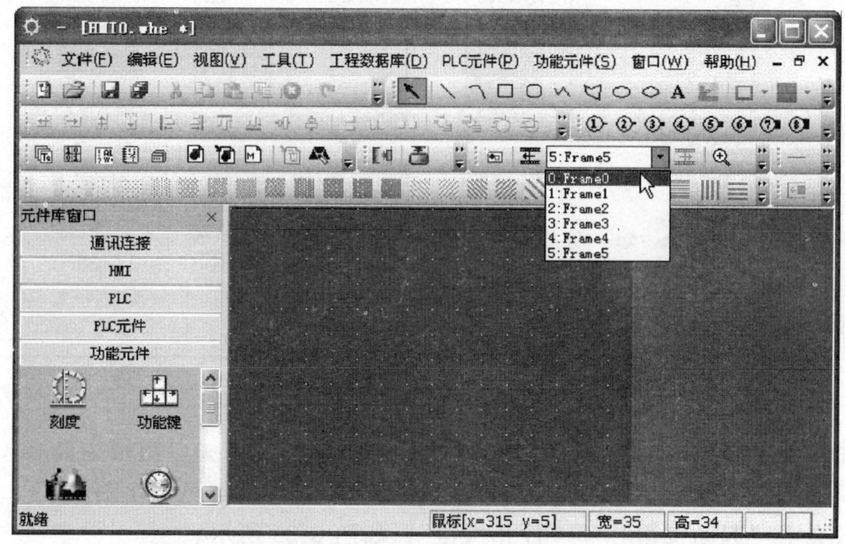

图6-32　新建的组态窗口5

图6-33　创建完成的组态窗口0

1）创建“起动按钮”，设定其地址为 X0、类型为复位开关、图形为路径 C：\Program Files\eV5000_UNICODE_CHS\图库\位图\按钮\button-51. bg 的绿色按钮图标，如图 6-34 所示。

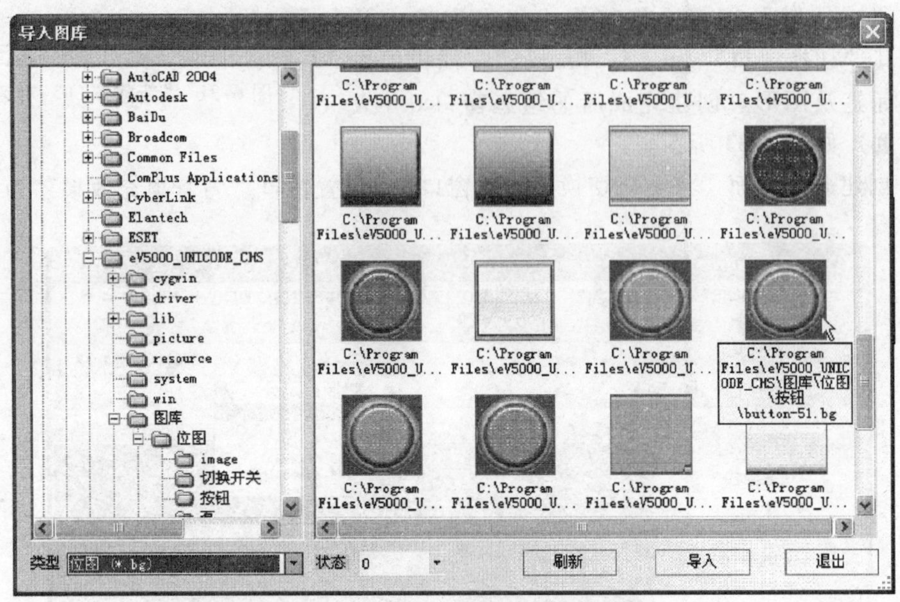

图 6-34　导入的起动按钮路径及其图形

2）创建“停止按钮”，设置其地址为 X1、类型为复位开关、图形为路径 C:\Program Files\eV5000_UNICODE_CHS\图库\位图\按钮\button-48. vg 的红色按钮图标。

3）插入文字“起动按钮”和“停止按钮”，如图 6-35 所示。

图 6-35　起停按钮创建完成后的窗口

4）创建切换按钮“返回首页”，设定其切换窗口为 0：Frame0、图形为路径 C：\Program Files\eV5000_UNICODE_CHS\图库\向量图\箭头\arrow-11. vg 的按钮图标，如

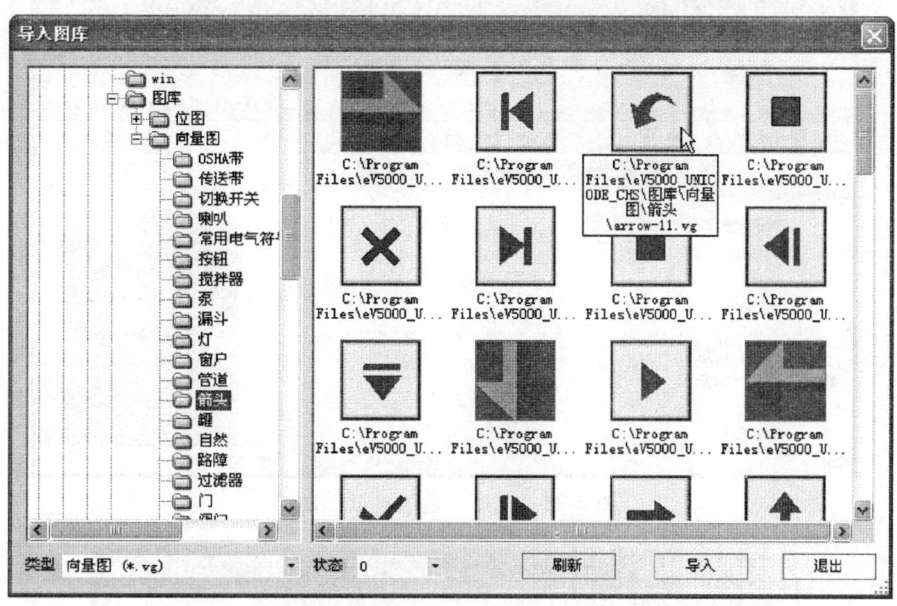

图 6-36　导入的“返回首页”按钮的路径及其图形

图 6-36所示。单击【确定】，切换按钮便创建完成。

插入文字“返回首页”后，调整文字及其图形至合适位置即可，如图 6-37 所示。

图 6-37　“返回首页”按钮创建完成后的窗口

(4) 创建监视界面　将窗口切换至组态窗口 5，设置窗口“背景填充效果”为淡青色。

1）创建料槽一的物料计数器。如图 6-38 所示，选择“PLC 元件”—“数值显示”图标，将其拖至组态窗口中放置，对弹出的“数值显示元件属性”对话框进行设置。

① 基本属性设置。如图 6-39 所示，选择“基本属性”，设置地址为 C_word 0。

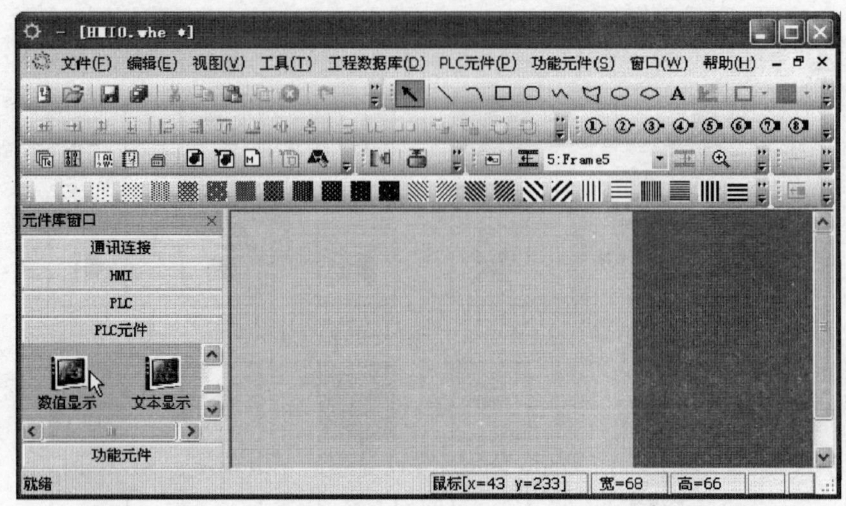

图 6-38　选择“数值显示”图标

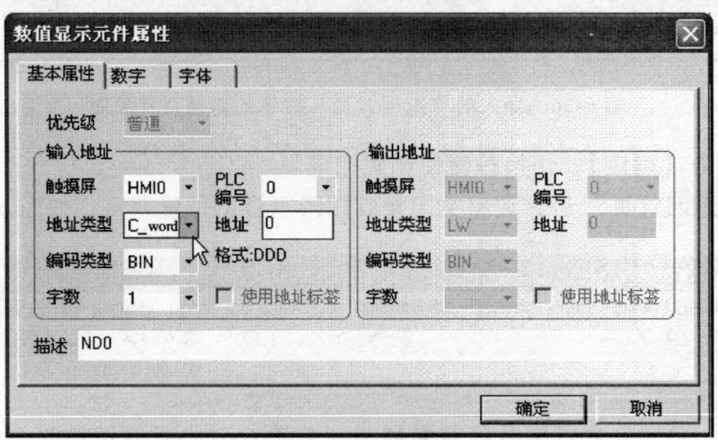

图 6-39　“数值显示元件属性”对话框

② 字体设置。如图 6-40 所示，选择“字体”，设置字号为 32、黑色。单击【确定】，物料计数器便创建完成，如图 6-41 所示。

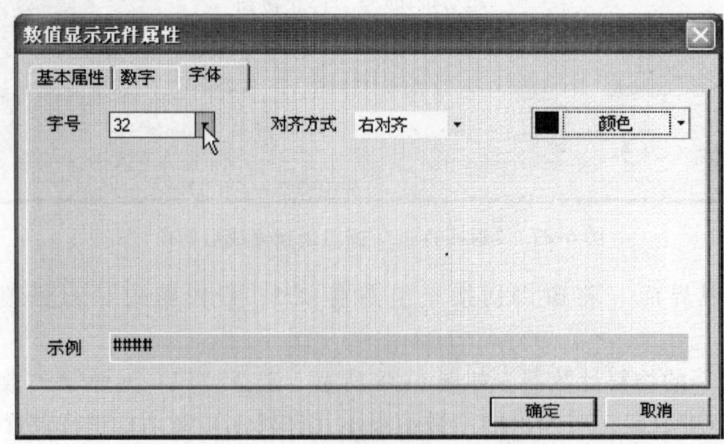

图 6-40　“字体”设置对话框

图 6-41　料槽一“数值显示”创建完成后的组态窗口

2）创建料槽二及料槽三的物料计数器。同样的方法创建料槽二及料槽三的物料计数器，分别将其数值显示地址设置为 C_word 1 和 C_word 2。

3）插入数值显示所对应的文字后，调整文字及其图形至合适位置即可，如图 6-42 所示。

图 6-42　“数值显示”创建完成后的组态窗口

4）创建“返回首页”切换按钮，设定切换窗口为 0：Frame0、图形为 arrow-11. vg 的按钮图标。插入文字“返回首页”后，调整文字及其图形至合适位置即可，如图 6-43 所示。

（5）离线模拟　将工程编译后保存，执行离线模拟命令，即可实现图 6-2、图 6-3 和图 6-4 所示的触摸控制功能。

图 6-43 监视页面创建完成后的组态窗口

6. 变频器参数设置

打开变频器的面板盖板，按表 6-6 设定参数。

表 6-6 变频器参数设定表

序 号	参 数 号	名 称	设 定 值	备 注
1	Pr. 1	上限频率	50Hz	
2	Pr. 2	下限频率	0Hz	
3	Pr. 4	3 速设定（高速）	25Hz	高速设定
4	Pr. 5	3 速设定（中速）	20Hz	中速设定
5	Pr. 6	3 速设定（低速）	15Hz	低速设定
6	Pr. 7	加速时间	1s	
7	Pr. 8	减速时间	1s	
8	Pr. 79	操作模式	2	外部操作模式

1）用 MODE 键将监示显示切换至参数设定模式，再设定操作模式为 PU 操作模式，即 Pr. 79 = 1。

2）设定上限频率 Pr. 1 = 50。

3）设定下限频率 Pr. 2 = 0。

4）设定 3 速设定（高速）频率 Pr. 4 = 25。

5）设定 3 速设定（中速）频率 Pr. 5 = 20。

6）设定 3 速设定（低速）频率 Pr. 6 = 15。

7）设定加速时间 Pr. 7 = 1。

8）设定减速时间 Pr. 8 = 1。

9）设定操作模式为外部操作模式 Pr. 79 = 2。

7. 设备调试

（1）设备调试前的准备

按照要求清理设备、检查机械装配、电路连接、气路连接等情况，确认其安全性、正确性。在此基础上确定调试流程，本设备的调试流程如图 6-44 所示。

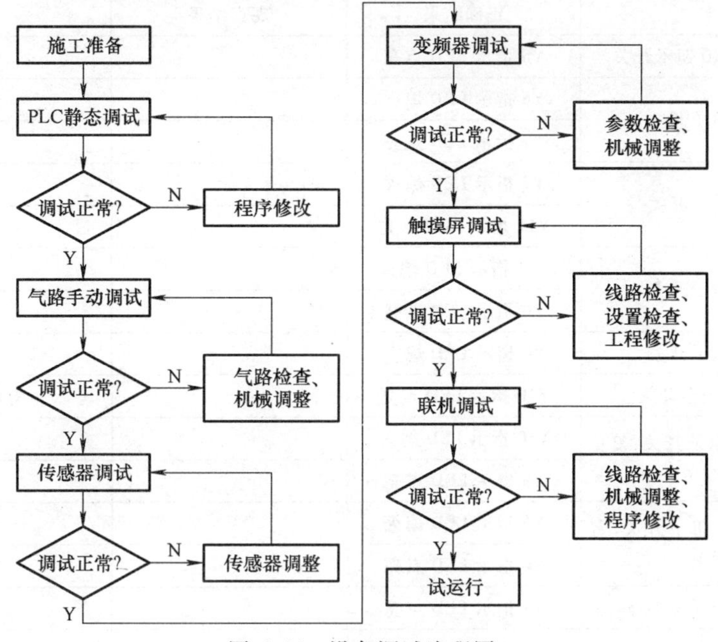

图 6-44　设备调试流程图

（2）模拟调试

1）PLC 静态调试

① 连接计算机与 PLC。

② 确认 PLC 的输出负载回路电源处于断开状态，并检查空气压缩机的阀门是否关闭。

③ 合上断路器，给设备供电。

④ 写入程序。

⑤ 运行 PLC，按表 6-7、表 6-8 和表 6-9，用 PLC 模块上的钮子开关模拟 PLC 输入信号，观察 PLC 的输出指示 LED。

表 6-7　送料机构静态调试情况记载表

步骤	操作任务	观察任务		备注
		正确结果	观察结果	
1	动作 X0	Y25 指示 LED 点亮		警示绿灯闪烁
		Y3 指示 LED 点亮		电动机旋转，上料
2	X11 在 10s 后仍不动作	Y25 指示 LED 熄灭		10s 后出料口无物料，转盘电动机停止，红灯闪烁，报警
		Y3 指示 LED 熄灭		
		Y26 指示 LED 点亮		
		Y15 指示 LED 点亮		
3	动作 X11 钮子开关	Y25 指示 LED 点亮		出料口有料，等待取料
4	复位 X11 钮子开关	Y25 指示 LED 点亮		电动机旋转，上料
		Y3 指示 LED 点亮		
5	动作 X11 钮子开关	Y25 指示 LED 点亮		出料口有料，等待取料
		Y3 指示 LED 熄灭		
6	动作 X1	Y25 指示 LED 熄灭		系统停止

表 6-8 搬运机构静态调试情况记载表

步骤	操作任务	观察任务		备注
		正确结果	观察结果	
1	动作 X2、X0 钮子开关	Y5 指示 LED 点亮		手爪放松
2	复位 X2 钮子开关	Y5 指示 LED 熄灭		放松到位
		Y7 指示 LED 点亮		手爪上升
3	动作 X7 钮子开关	Y7 指示 LED 熄灭		上升到位
		Y11 指示 LED 点亮		手臂缩回
4	动作 X6 钮子开关	Y11 指示 LED 熄灭		缩回到位
		Y0 指示 LED 点亮		手臂右旋
5	动作 X4 钮子开关	Y0 指示 LED 熄灭		右旋到位
6	动作 X11 钮子开关	Y10 指示 LED 点亮		有料，手臂伸出
7	动作 X5 钮子开关，复位 X6 钮子开关	Y10 指示 LED 熄灭		伸出到位
		Y6 指示 LED 点亮		手爪下降
8	动作 X10 钮子开关，复位 X7 钮子开关	Y6 指示 LED 熄灭		下降到位
		Y4 指示 LED 点亮		手爪夹紧
9	动作 X2 钮子开关，0.5s 后	Y7 指示 LED 点亮		手爪上升
10	动作 X7 钮子开关，复位 X10 钮子开关	Y7 指示 LED 熄灭		上升到位
		Y11 指示 LED 点亮		手臂缩回
11	动作 X6 钮子开关，复位 X5 钮子开关	Y11 指示 LED 熄灭		缩回到位
		Y2 指示 LED 点亮		手臂左旋
12	动作 X3 钮子开关，复位 X4 钮子开关	Y2 指示 LED 熄灭		左旋到位
13	0.5s 后	Y10 指示 LED 点亮		手臂伸出
14	动作 X5 钮子开关，复位 X6 钮子开关	Y10 指示 LED 熄灭		伸出到位
		Y6 指示 LED 点亮		手爪下降
15	动作 X10 钮子开关，复位 X7 钮子开关	Y6 指示 LED 熄灭		下降到位
16	0.5s 后	Y5 指示 LED 点亮		手爪放松
17	复位 X2 钮子开关	Y5 指示 LED 熄灭		放松到位
		Y7 指示 LED 点亮		手爪上升
18	动作 X7 钮子开关，复位 X10 钮子开关	Y7 指示 LED 熄灭		上升到位
		Y11 指示 LED 点亮		手臂缩回
19	动作 X6 钮子开关，复位 X5 钮子开关	Y11 指示 LED 熄灭		缩回到位
		Y0 指示 LED 点亮		手臂右旋
20	动作 X4 钮子开关，复位 X3 钮子开关	Y0 指示 LED 熄灭		右旋到位
21	一次物料搬运结束，等待加料			
22	重新加料，动作 X1 钮子开关，机构完成当前工作循环后停止工作			

表 6-9 传送、加工及分拣机构静态调试情况记载表

步骤	操作任务	观察任务		备注
		正确结果	观察结果	
1	动作 X23 钮子开关后复位	Y21、Y22 指示 LED 点亮		有物料，传送带高速运转
2	动作 X20 钮子开关	Y21、Y22 指示 LED 熄灭		A 点检测到金属物料，传送带停止，开始加工
3	2s 后	Y21、Y23 指示 LED 点亮		传送带中速传送
4	动作 X21 钮子开关	Y21、Y23 指示 LED 熄灭		B 点检测到金属物料，传送带停止，开始加工
5	2s 后	Y21、Y24 指示 LED 点亮		传送带低速传送
6	动作 X22 钮子开关	Y21、Y24 指示 LED 熄灭		C 点检测到金属物料，传送带停止，开始加工
7	2s 后	Y20、Y22 指示 LED 点亮		传送带高速返回
8	动作 X20 钮子开关	Y20、Y22 指示 LED 熄灭 Y12 指示 LED 点亮		至 A 点传送带停止，气缸一伸出
9	动作 X12 钮子开关	Y12 指示 LED 熄灭		气缸一缩回
10	动作 X23 钮子开关后复位	Y21、Y22 指示 LED 点亮		有物料，传送带高速运转
11	动作 X21 钮子开关	Y21、Y22 指示 LED 熄灭		B 点检测到白色塑料物料，传送带停止，开始加工
12	2s 后	Y21、Y23 指示 LED 点亮		传送带中速传送
13	动作 X22 钮子开关	Y21、Y23 指示 LED 熄灭		C 点检测到白色塑料物料，传送带停止，开始加工
14	2s 后	Y20、Y22 指示 LED 点亮		传送带高速返回
15	动作 X21 钮子开关	Y20、Y22 指示 LED 熄灭 Y13 指示 LED 点亮		至 B 点传送带停止，气缸二伸出
16	动作 X14 钮子开关	Y13 指示 LED 熄灭		气缸二缩回
17	动作 X23 钮子开关后复位	Y21、Y22 指示 LED 点亮		有物料，传送带高速运转
18	动作 X22 钮子开关	Y21、Y22 指示 LED 熄灭		C 点检测到黑色塑料物料，传送带停止，开始加工
19	2s 后	Y14 指示 LED 点亮		气缸三伸出
20	动作 X16 钮子开关	Y14 指示 LED 熄灭		气缸三缩回
21	重新加料，动作 X1 钮子开关	传送带不能停止，必须完成当前工作循环后才能停止		

⑥ 将 PLC 的 RUN/STOP 开关置“STOP”位置。

⑦ 复位 PLC 模块上的钮子开关。

2）气动回路手动调试

① 接通空气压缩机电源，起动空压机压缩空气，等待气源充足。

② 将气源压力调整到 0.4～0.5MPa 后，开启气动二联件上的阀门给系统供气。为确保调试安全，施工人员需观察气路系统有无泄露现象，若有，应立即解决。

③ 在正常工作压力下，对气动回路进行手动调试，直至机构动作完全正常为止。

④ 调整节流阀至合适开度，使各气缸的运动速度趋于合理。

3）传感器调试。调整传感器的位置，观察 PLC 的输入指示 LED。

① 出料口放置物料，调整、固定物料检测光电传感器。

② 手动机械手，调整、固定各限位传感器。

③ 在落料口中先后放置三类物料，调整、固定传送带落料口检测光电传感器。

④ 在 A 点位置放置金属物料，调整、固定金属传感器。

⑤ 分别在 B 点和 C 点位置放置白色塑料物料、黑色塑料物料，调整固定光纤传感器。

⑥ 手动推料气缸，调整、固定磁性传感器。

4）变频器调试

① 闭合变频器模块上的 STR、RH 钮子开关，传送带自右向左高速运行。

② 闭合变频器模块上的 STR、RM 钮子开关，传送带自右向左中速运行。

③ 闭合变频器模块上的 STR、RL 钮子开关，传送带自右向左低速运行。

④ 闭合变频器模块上的 STF、RH 钮子开关，传送带自左向右高速运行。

若电动机反转，须关闭电源，改变输出电源 U、V、W 相序后重新调试。

5）触摸屏调试。拉下设备断路器，关闭设备总电源。

① 用 MT54-FX-M 通信线连接触摸屏与 PLC。

② 用 MT5000-USB 下载线连接计算机与触摸屏。

③ 接通设备总电源。

④ 设置下载选项，选择下载设备为 USB。

⑤ 下载触摸屏程序。

⑥ 调试触摸屏程序。运行 PLC，进入命令界面，触摸起动按钮，PLC 输出指示 LED 显示设备开始工作；进入监视界面，观察物料的数值显示是否正确；触摸命令界面上的停止按钮，设备停止工作。

（3）联机调试　模拟调试正常后，接通 PLC 输出负载的电源回路，便可联机调试。调试时，要求施工人员认真观察设备的运行情况，若出现问题，应立即解决或切断电源，避免扩大故障范围。调试观察的主要部位如图 6-45 所示。

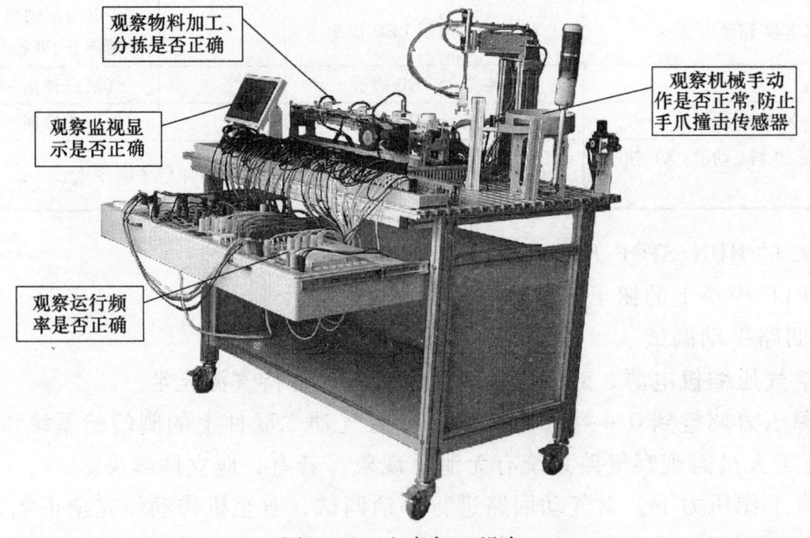

图 6-45　生产加工设备

表6-10为联机调试的正确结果，若调试中有与之不符的情况，施工人员首先应根据现场情况，判断是否需要切断电源，在分析、判断故障形成的原因（机械、电路、气路或程序问题）的基础上，进行检修、重新调试，直至设备完全实现功能。

表6-10　联机调试结果一览表

步骤	操作过程	设备实现的功能	备　注
1	触摸起动按钮	机械手复位	
		送料机构送料	送料
2	10s后无物料	报警	
3	出料口有物料	机械手搬运物料	搬运
4	机械手释放物料（金属）	传送带高速传送至A点，加工2s，中速传送至B点，加工2s，低速传送至C点，加工2s，高速返回至A点，推入料槽一内	传送、加工、分拣金属物料
5	机械手释放物料（白色塑料）	传送带高速传送至B点，加工2s，中速传送至C点，加工2s，高速返回至B点，推入料槽二内	传送、加工、分拣白色塑料物料
6	机械手释放物料（黑色塑料）	传送带高速传送至C点，加工2s，推入料槽三内	传送、加工、分拣黑色塑料物料
7	重新加料，触摸停止按钮，机构完成当前工作循环后停止工作		

（4）试运行　施工人员操作生产加工设备，运行、观察一段时间，确保设备合格、稳定、可靠。

8. 现场清理

设备调试完毕，要求施工人员清点工量具、归类整理资料，并清扫现场卫生。

1）清点工量具。对照清单清点工具，并按要求装入工具箱。

2）资料整理。整理归类技术说明书、电气元件明细表、施工计划表、设备电路图、梯形图、气路图、安装图等资料。

3）清扫设备周围卫生，保持环境整洁。

4）填写设备安装登记表，记载设备调试过程中出现的问题及解决的办法。

9. 设备验收

设备质量验收见表6-11。

表6-11　设备质量验收表

验收项目及要求		配分	配分标准	扣分	得分	备注
设备组装	1. 设备部件安装可靠，各部件位置衔接准确 2. 电路安装正确，接线规范 3. 气路连接正确，规范美观	35	1. 部件安装位置错误，每处扣2分 2. 部件衔接不到位、零件松动，每处扣2分 3. 电路连接错误，每处扣2分 4. 导线反圈、压皮、松动，每处扣2分 5. 错、漏编号，每处扣1分 6. 导线未入线槽、布线零乱，每处扣2分 7. 气路连接错误，每处扣2分 8. 气路漏气、掉管，每处扣2分 9. 气管过长、过短、乱接，每处扣2分			

（续）

验收项目及要求		配分	配分标准	扣分	得分	备注
设备功能	1. 设备起停正常 2. 送料机构正常 3. 机械手复位正常 4. 机械手搬运物料正常 5. 传送带运转正常 6. 金属物料加工、分拣正常 7. 白色塑料物料加工、分拣正常 8. 黑色塑料物料加工、分拣正常 9. 变频器参数设置正确 10. 触摸屏人机界面触摸正常	60	1. 设备未按要求起动或停止，每处扣5分 2. 送料机构未按要求送料，扣10分 3. 机械手未按要求复位，扣5分 4. 机械手未按要求搬运物料，一处扣5分 5. 传送带未按要求运转，扣5分 6. 金属物料未按要求加工、分拣，扣5分 7. 白色塑料物料未按要求加工、分拣，扣5分 8. 黑色塑料物料未按要求加工、分拣，扣5分 9. 变频器参数未按要求设置，扣5分 10. 人机界面未按要求创建，扣5分			
设备附件	资料齐全，归类有序	5	1. 设备组装图缺少，每处扣2分 2. 电路图、气路图、梯形图缺少，每处扣2分 3. 技术说明书、工具明细表、元件明细表缺少，每处扣2分			
安全生产	1. 自觉遵守安全文明生产规程 2. 保持现场干净整洁，工具摆放有序		1. 漏接接地线一处扣5分 2. 每违反一项规定，扣3分 3. 发生安全事故，0分处理 4. 现场凌乱、乱放工具、丢杂物、完成任务后不清理现场扣5分			
时间	8h		提前正确完成，每5min加5分 超过定额时间，每5min扣2分			
开始时间：		结束时间：		实际时间：		

四、设备改造

生产加工设备的改造，改造要求及任务如下：

（1）功能要求

1）起停控制。触摸人机界面上的起动按钮，设备开始工作，机械手复位：机械手手爪放松、手爪上伸、手臂缩回、手臂右旋至右限位处停止。触摸停止按钮，设备完成当前工作循环后停止。

2）送料功能。设备起动后，送料机构开始检测物料支架上的物料，警示灯绿灯闪烁。若无物料，PLC便起动送料电动机工作，物料在页扇推挤下，从转盘中移至出料口。当物料检测传感器检测到物料时，放料转盘停止旋转。若送料电动机运行10s后，物料检测传感器仍未检测到物料，则说明料盘已无物料，此时机构停止工作并报警，警示灯红灯闪烁。

3）搬运功能。若出料口有物料→机械手臂伸出→手爪下降→手爪夹紧抓物→0.5s后手爪上升→手臂缩回→手臂左旋→0.5s后手臂伸出→手爪下降→0.5s后，若传送带上无物料，则手爪放松、释放物料→手爪上升→手臂缩回→右旋至右侧限位处停止。

4）传送、加工及分拣功能。当落料口的光电传感器检测到物料时，变频器起动，驱动三相异步电动机以35Hz的频率反转运行，传送带自右向左开始传送物料。

① 传送、加工及分拣金属物料。金属物料传送至 B 点位置→传送带停止，进行第一次加工→2s 后以 20Hz 的频率继续向左传送至 C 点位置→传送带停止，进行第二次加工→2s 后以 25Hz 的频率返回至 B 点位置停止→推料二气缸动作，活塞杆伸出将它推入料槽二内。

② 传送、加工及分拣白色塑料物料。白色塑料物料传送至 C 点位置→传送带停止，进行加工→2s 后推料三气缸动作，活塞杆伸出将它推入料槽三内。

③ 传送及分拣黑色塑料物料。黑色塑料物料传送至 C 点位置→传送带停止→1s 后以 25Hz 的频率返回至 A 点位置停止→推料一气缸动作，活塞杆伸出将它推入料槽一内。

5）打包报警功能。当料槽中存放至 100 个物料时，要求物料打包取走，打包指示灯按 0. 5s 周期闪烁，并发出报警声，5s 后继续工作。

6）触摸屏功能

① 在触摸屏人机界面的首页上方显示“×××生产加工设备”、设置界面切换开关“进入命令界面”和“进入监视界面”。

② 命令界面上设有“起动按钮”、“停止按钮”。

③ 监视界面上显示三类物料分拣的个数和打包指示。当计数显示等于 100 时，数值复位为 0 后重新计数。

（2）技术要求

1）设备的起停控制要求：

① 触摸人机界面上的起动按钮，设备开始工作。

② 触摸人机界面上的停止按钮，设备完成当前工作循环后停止。

③ 按下急停按钮，设备立即停止工作。

2）电气线路的设计符合工艺要求、安全规范。

3）气动回路的设计符合控制要求、正确规范。

（3）工作任务

1）按设备要求画出电路图。

2）按设备要求画出气路图。

3）按设备要求编写 PLC 控制程序。

4）改装生产加工设备实现功能。

5）绘制设备装配示意图。

项 目 七

生产线分拣设备的安装与调试

一、施工任务

1. 根据设备装配示意图组装生产线分拣设备。
2. 按照设备电路图连接生产线分拣设备的电气回路。
3. 按照设备气路图连接生产线分拣设备的气动回路。
4. 根据要求创建触摸屏人机界面。
5. 输入设备控制程序，正确设置变频器参数，调试生产线分拣设备实现功能。

二、施工前准备

施工人员在施工前应仔细阅读生产线分拣设备随机技术文件，了解设备的组成及其运行情况，看懂装配示意图、电路图、气动回路图及梯形图等图样，然后再根据施工任务制定施工计划、施工方案等。

1. 识读设备图样及技术文件

（1）装置简介　生产线分拣设备的主要功能是输送落料口的物料，并根据物料的性质进行搬运或组合存放，其工作流程如图 7-1 所示。

1）起停控制。按下 SB1 或触摸人机界面上的起动按钮，机械手复位：机械手手爪放松、手爪上伸、手臂缩回、手臂右旋至右限位处停止；设备开始工作，警示灯绿灯亮。

按下 SB2 或触摸停止按钮，设备完成当前工作循环后停止。

2）传送功能。当落料口检测到物料时，变频器以 25Hz 运行，传送带自右向左输送物料。当物料分拣完毕或机械手开始搬运物料时，传送带停止。

3）组合分拣功能

① 组合功能。料槽一内推入的物料为金属物料与黑色塑料物料的组合（对第一个物料不作金属物料或黑色塑料物料的限制）；料槽二内推入的物料为金属物料与白色塑料物料的组合（对第一个物料不作金属物料或白色塑料物料的限制）。

② A 点位置分拣功能。对于 A 点位置符合要求的物料由气缸一推入料槽一内，而不符合要求的物料则继续以 25Hz 的频率向左传送。

③ B 点位置分拣功能。对于 B 点位置符合要求的物料由气缸二推入料槽二内，而不符合要求的物料则继续以 25Hz 的频率向左传送。

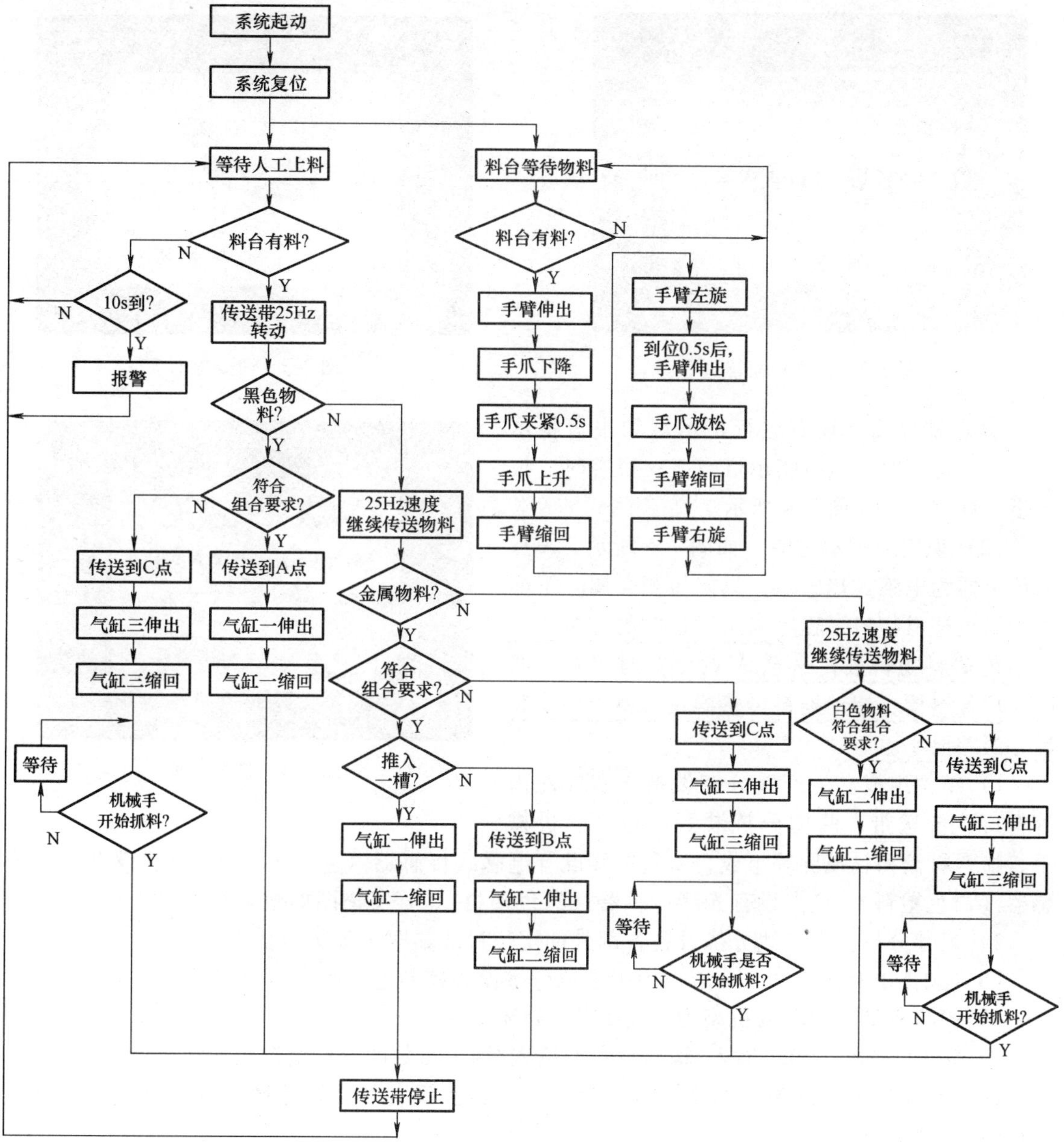

图 7-1　生产线分拣设备动作流程图

④ C 点位置推料功能。当所有不符合的物料到达 C 点位置时，由气缸三推入料台内。

4）搬运功能。若料台内有不符合的物料，机械手臂伸出→手爪下降→手爪夹紧抓物→0.5s 后手爪上升→手臂缩回→手臂左旋→0.5s 后手臂伸出→手爪放松、释放物料→手臂缩回→右旋至右侧限位处停止。

5）系统报警功能。若 10s 后落料口内仍无物料，则警示灯红灯点亮，蜂鸣器发出报警声。

6）人机界面

① 人机界面首页设有“×××生产线分拣设备”的字样，同时设有界面切换按钮“进入

命令界面”和“进入监视界面”，如图 7-2 所示。

② 命令界面上设有“起动按钮”与“停止按钮”，如图 7-3 所示。

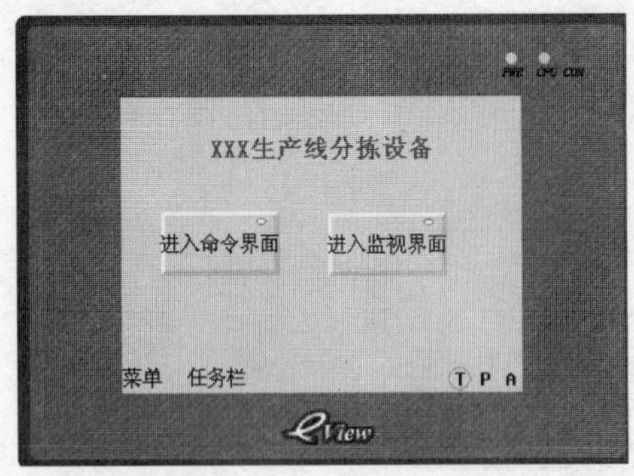

图 7-2 人机界面首页

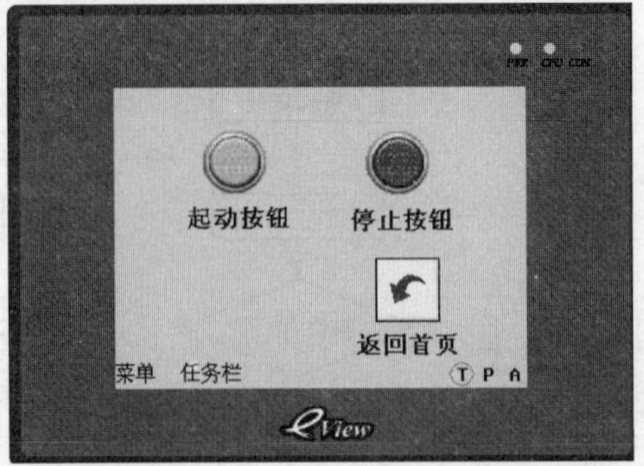

图 7-3 命令界面

③ 监视界面上设有运行指示灯和报警指示灯。正常运行时，运行指示灯点亮；报警时，报警指示灯点亮，如图 7-4 所示。

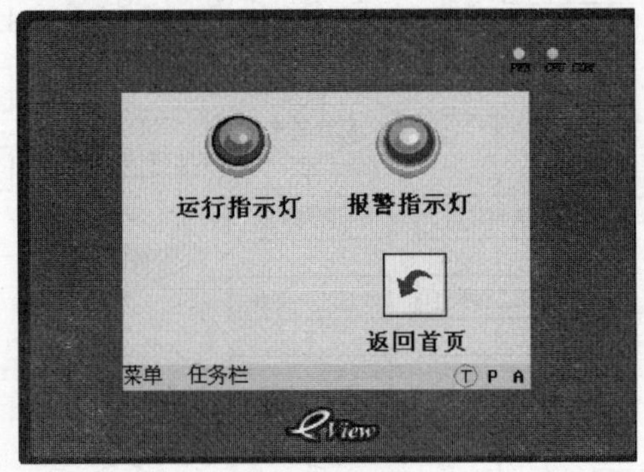

图 7-4 监视界面

（2）识读装配示意图　如图 7-5 所示，A 点的传感器为电感式传感器，只能检测金属，不能识别黑色塑料物料，程序采用了延时的方法，实现黑色塑料物料被传送至 A 点位置时停止，所以要求各料槽、起动推料传感器及落料口的安装尺寸误差要小。

1）结构组成。生产线分拣设备自右向左由落料口、传送带、两槽分拣装置、料台、机械手、物料料盘和触摸屏等组成，A 点位置设有电感式传感器（金属）、B 点位置设有光纤传感器（白色塑料）、C 点设有光纤传感器（黑色塑料），其实物图如图 7-6 所示。

2）尺寸分析。生产线分拣设备各部件的定位尺寸如图 7-7 所示。

（3）识读电路图　图 7-8 所示为生产线分拣设备控制电路图。

1）PLC 机型。PLC 的机型为三菱 FX_{2N}-48MR。

2）I/O 点分配。PLC 输入/输出设备及输入/输出点数的分配情况见表 7-1。

（4）识读气动回路图　图 7-9 所示为生产线分拣设备气动回路图，各控制元件、执行元件的工作状态见表 7-2。

（5）识读梯形图　图 7-10 所示为生产线分拣设备控制程序，其动作过程如图 7-11 所示。

1）起停控制。按下 SB1 或触摸命令界面上的起动按钮，X0 = ON，M1 为 ON 且保持，为激活 S30 状态提供了必要条件。按下 SB2 或触摸停止按钮，X1 = ON，M1 为 OFF，致使 S1 向 S30 状态转移的条件缺失，故程序执行完当前工作循环后停止。

2）报警控制。起动后 10s，若无物料，T0、Y22、Y15 为 ON，警示灯红灯闪烁，蜂鸣器发出报警声。当有料或按下停止按钮时，T0 为 OFF，报警停止。

3）机械手复位控制。系统起动时，M1 = ON，执行 S0 状态下的复位程序，机械手手爪放松、手爪上升、手臂缩回、手臂向右旋转至右侧限位处停止。

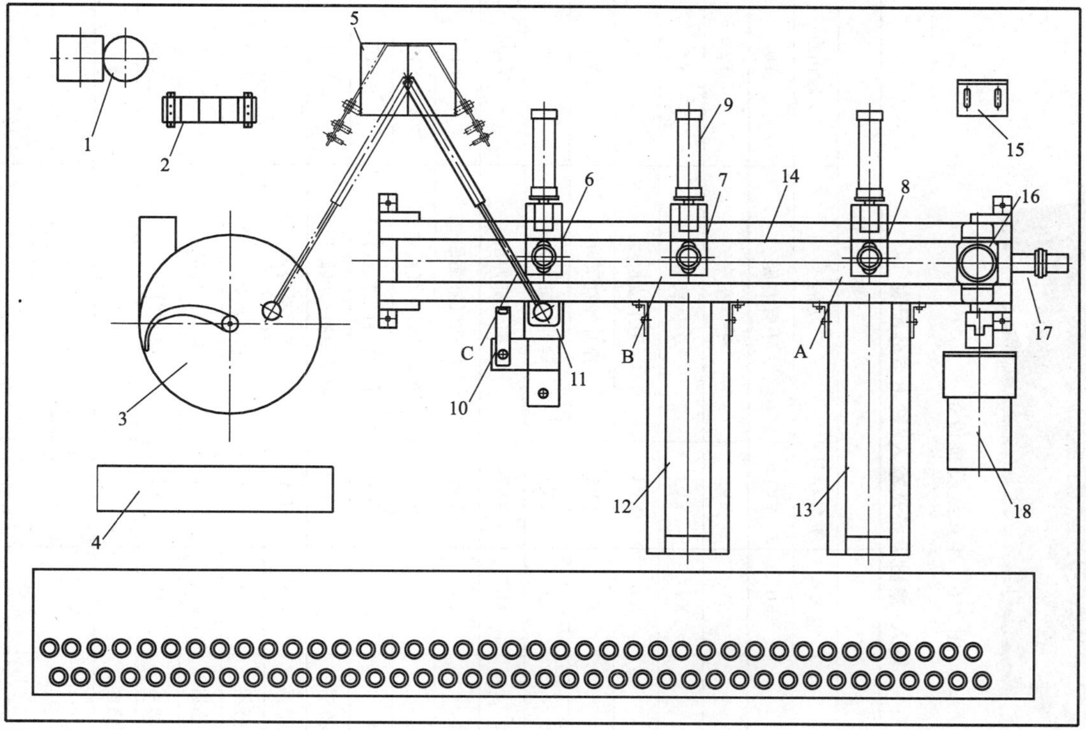

序号	名称	数量	序号	名称	数量	序号	名称	数量
18	三相异步电动机	1	10	物料检测光电传感器	1	2	电磁阀阀组	1
17	落料口检测光电传感器	1	9	推料气缸	3	1	警示灯	1
16	落料口	1	8	电感式传感器	1			
15	气动二联件	1	7	光纤传感器（白）	1			
14	传送线	1	6	光纤传感器（黑）	1			
13	料槽一	1	5	机械手	1			
12	料槽二	1	4	触摸屏	1			
11	出料口	1	3	物料料盘	1			

标记	处数	更改文件号	签字	日期	设备布局图				XXX公司
设计			标准化		图样标记	数样	重量	比例	生产线分拣设备布局图
核对			（审定）			1			
审核									
工艺			日期						

图 7-5　生产线分拣设备布局图

图 7-6 生产线分拣设备

表 7-1 输入/输出设备及输入/输出点分配表

输入			输出		
元件代号	功能	输入点	元件代号	功能	输出点
SB1	起动按钮	X0	YV1	手臂右旋	Y0
SB2	停止按钮	X1	YV2	手臂左旋	Y2
SCK1	气动手爪传感器	X2	YV3	手爪夹紧	Y4
SQP1	旋转左限位传感器	X3	YV4	手爪放松	Y5
SQP2	旋转右限位传感器	X4	YV5	提升气缸下降	Y6
SCK2	气动手臂伸出传感器	X5	YV6	提升气缸上升	Y7
SCK3	气动手臂缩回传感器	X6	YV7	伸缩气缸伸出	Y10
SCK4	手爪提升限位传感器	X7	YV8	伸缩气缸缩回	Y11
SCK5	手爪下降限位传感器	X10	YV9	驱动推料一气缸伸出	Y12
SQP3	物料检测光电传感器	X11	YV10	驱动推料二气缸伸出	Y13
SCK6	推料一气缸伸出限位传感器	X12	YV11	驱动推料三气缸伸出	Y14
SCK7	推料一气缸缩回限位传感器	X13	HA	警示报警声	Y15
SCK8	推料二气缸伸出限位传感器	X14	STR(RL)	变频器反转、低速	Y20
SCK9	推料二气缸缩回限位传感器	X15	IN1	警示灯绿灯	Y21
SCK10	推料三气缸伸出限位传感器	X16	IN2	警示灯红灯	Y22
SCK11	推料三气缸缩回限位传感器	X17			
SQP4	起动推料一传感器	X20			
SQP5	起动推料二传感器	X21			
SQP6	起动推料三传感器	X22			
SQP7	传送带落料口检测传感器	X23			

表 7-2 控制元件、执行元件状态一览表

电磁换向阀的线圈得电情况											执行元件状态	机构任务
YV1	YV2	YV3	YV4	YV5	YV6	YV7	YV8	YV9	YV10	YV11		
+	-										气缸 A 正转	手臂右旋
-	+										气缸 A 反转	手臂左旋
		+	-								气动手爪 B 夹紧	抓料
		-	+								气动手爪 B 放松	放料
				+	-						气缸 C 伸出	手爪下降
				-	+						气缸 C 缩回	手爪上升
						+	-				气缸 D 伸出	手臂伸出
						-	+				气缸 D 缩回	手臂缩回
								+			气缸 E 伸出	分拣料槽一符合要求物料
								-			气缸 E 缩回	等待分拣
									+		气缸 F 伸出	分拣料槽二符合要求物料
									-		气缸 F 缩回	等待分拣
										+	气缸 G 伸出	分拣不符合要求物料
										-	气缸 G 缩回	等待分拣

4）搬运物料。若 S53 为 ON，且料台有料，X11 为 ON，便激活 S20 状态→Y10=ON，手臂伸出→X5=ON，Y6=ON，手爪下降→X10=ON，Y4=ON，手爪夹紧→夹紧定时 0.5s 到，激活 S21 状态→Y7=ON，手爪上升→X7=ON，Y11=ON，手臂缩回→X6=ON，Y2=ON，手臂左旋→手臂左旋到位定时 0.5s，激活 S22 状态→Y10=ON，手臂伸出→X5=ON，Y5=ON，手爪放松→手爪放松到位，X2=OFF，Y11=ON，手臂缩回→X6=ON，Y0=ON，手臂右旋→手臂右旋到位，X4=ON，激活 S0 状态，开始新的循环。

5）传送物料。PLC 上电瞬间或系统起动时，S1 状态激活。当落料口检测到物料时，X23=ON，S30 状态激活，Y20=ON，传送带自右向左高速输送物料。

同时 T3 开始计时，若 X23 接通时间小于 0.6s（时间设定值要根据实际情况修正），可判别物料为黑色塑料物料。

6）分拣物料。分拣程序有三个分支，根据物料的性质选择不同分支执行。

① 料槽一第一个物料的分拣（组合不分先后）。如图 7-11 所示，标志位 M10、M11 均为 OFF，若第一个物料为金属物料，执行分支 A；若第一个物料为黑色塑料物料，执行分支 C。

② 料槽一物料的组合分拣。假设第一个物料为金属物料，当它被传送至 A 点位置时，X20=ON，S31 状态激活，Y12=ON，推料一气缸伸出将金属物料推入料槽一内。伸出到位后，X12=ON，S31 状态关闭，Y12 为 OFF，推料一气缸缩回；S32 状态激活，推料标志 M10 置位为 ON。缩回到位后开始新的循环。

第二个物料若为金属物料或白色物料，均为不符合要求物料，均由状态 S30 向 S50 状态转移（金属物料的转移条件分别是 X20 常开触点、M11 常闭触点和 M10 常开触点；白色塑料物料的转移条件是 X21 常开触点和 M11 常闭触点）。传送至 C 点位置时，X22=ON，S51 状态激活，Y14=ON，推料三气缸伸出将黑色塑料物料推入料台内。伸出到位后，X16=ON，S51 状态关闭，Y14=OFF，推料三气缸缩回；S52 状态激活，等待机械手取走。机械手取料后开始新的循环。

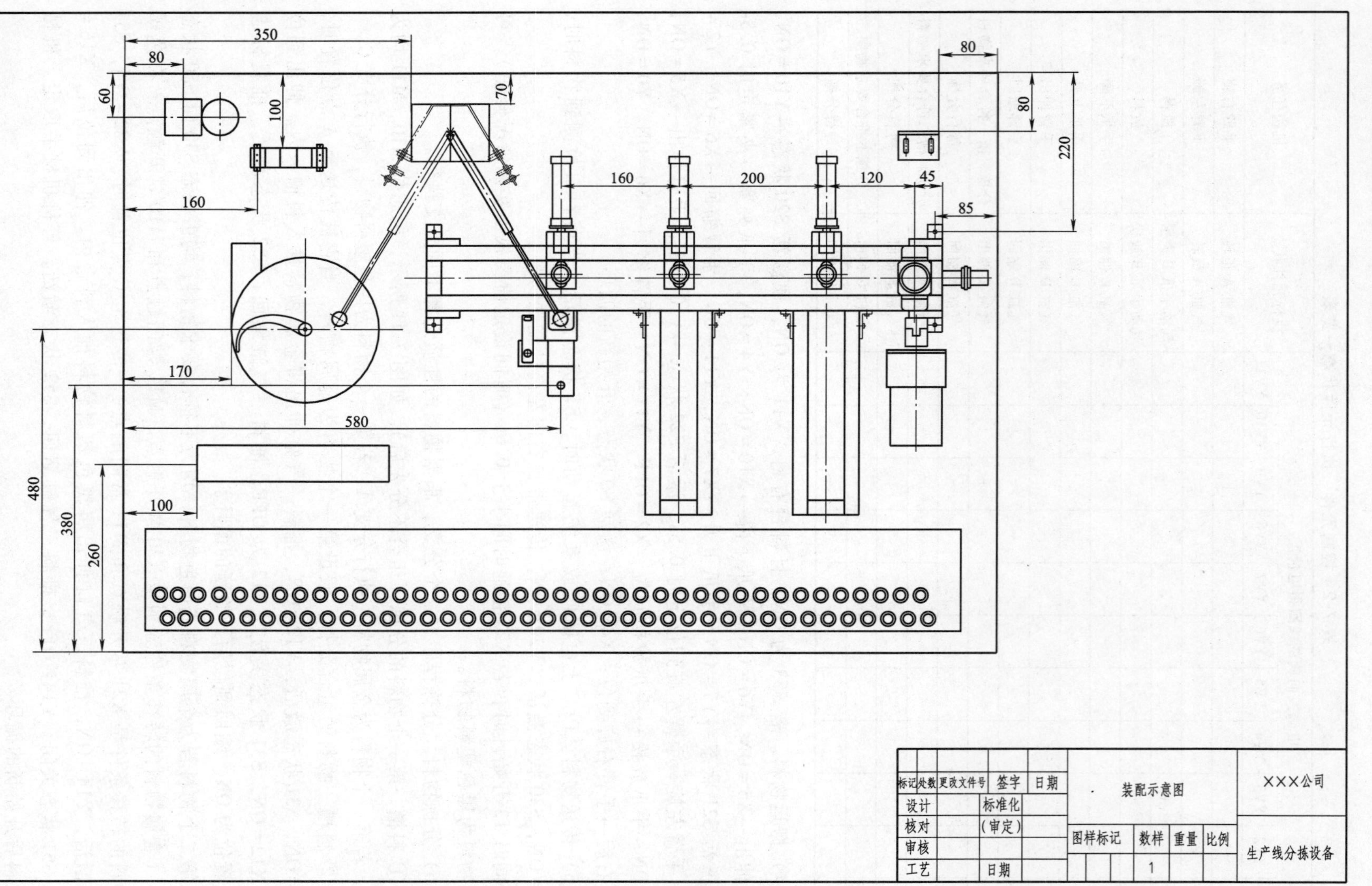

图 7-7 生产线分拣设备装配示意图

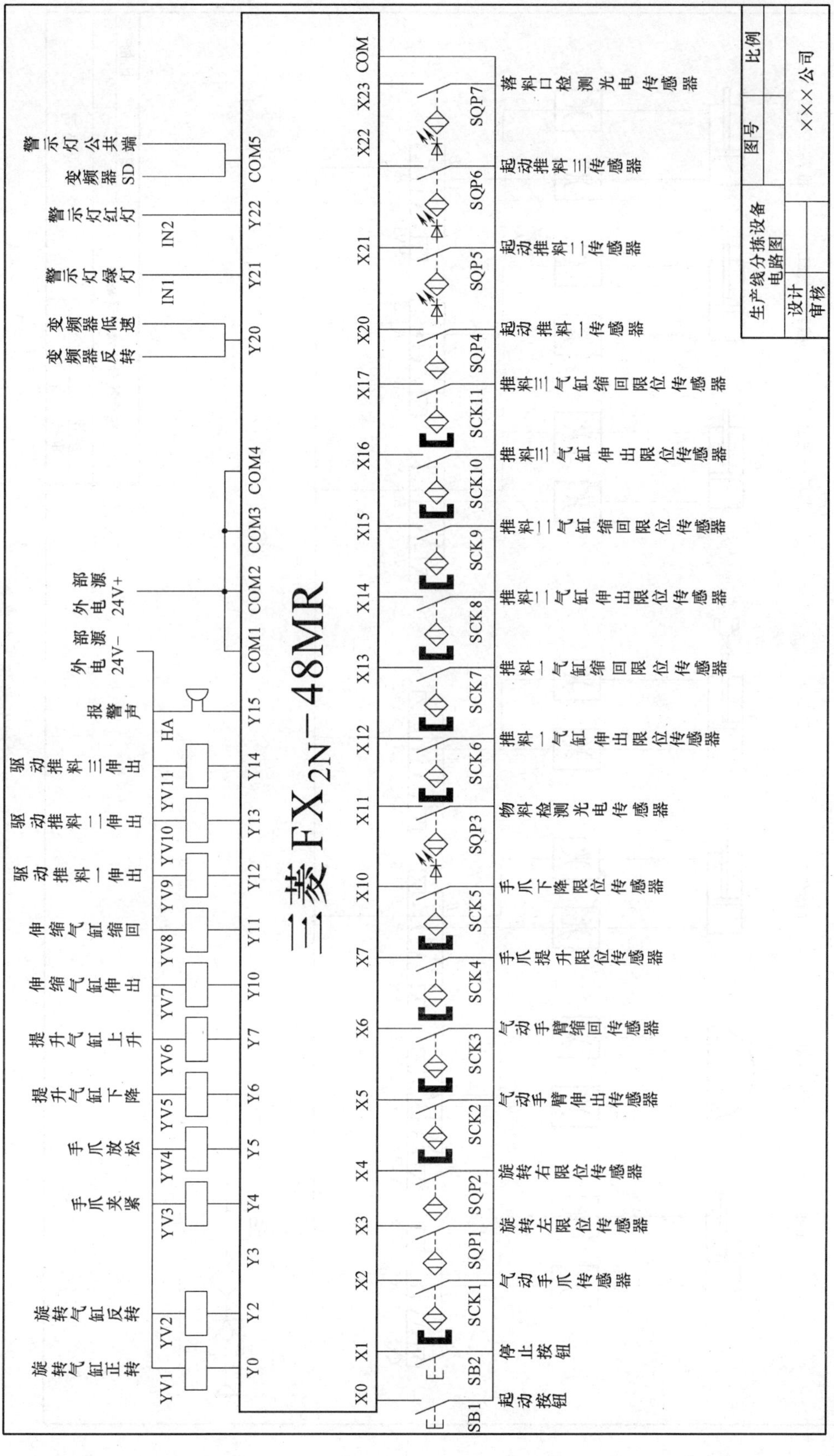

旋转气缸正转 YV1 Y0
旋转气缸反转 YV2 Y2
Y3
手爪夹紧 YV3 Y4
手爪放松 YV4 Y5
提升气缸下降 YV5 Y6
提升气缸上升 YV6 Y7
伸缩气缸伸出 YV7 Y10
伸缩气缸缩回 YV8 Y11
驱动推料一伸出 YV9 Y12
驱动推料二伸出 YV10 Y13
驱动推料三伸出 YV11 Y14
报警声 HA Y15
外部电源24V−
外部电源24V+
COM1 COM2 COM3 COM4
变频器反转
变频器低速 Y20
警示灯绿灯 IN1 Y21
警示灯红灯 IN2 Y22
变频器SD
警示灯公共端 COM5

三菱FX$_{2N}$−48MR

X0 SB1 起动按钮
X1 SB2 停止按钮
X2 SCK1 气动手爪传感器
X3 SQP1 旋转左限位传感器
X4 SQP2 旋转右限位传感器
X5 SCK2 气动手臂伸出传感器
X6 SCK3 气动手臂缩回传感器
X7 SCK4 手爪提升限位传感器
X10 SCK5 手爪下降限位传感器
X11 SQP3 物料检测光电传感器
X12 SCK6 推料一气缸伸出限位传感器
X13 SCK7 推料一气缸缩回限位传感器
X14 SCK8 推料二气缸伸出限位传感器
X15 SCK9 推料二气缸缩回限位传感器
X16 SCK10 推料三气缸伸出限位传感器
X17 SCK11 推料三气缸缩回限位传感器
X20 SQP4 起动推料一传感器
X21 SQP5 起动推料二传感器
X22 SQP6 起动推料三传感器
X23 SQP7 落料口检测光电传感器
COM

生产线分拣设备电路图	图号	比例
设计	×××公司	
审核		

图 7-8 生产线分拣设备电路图

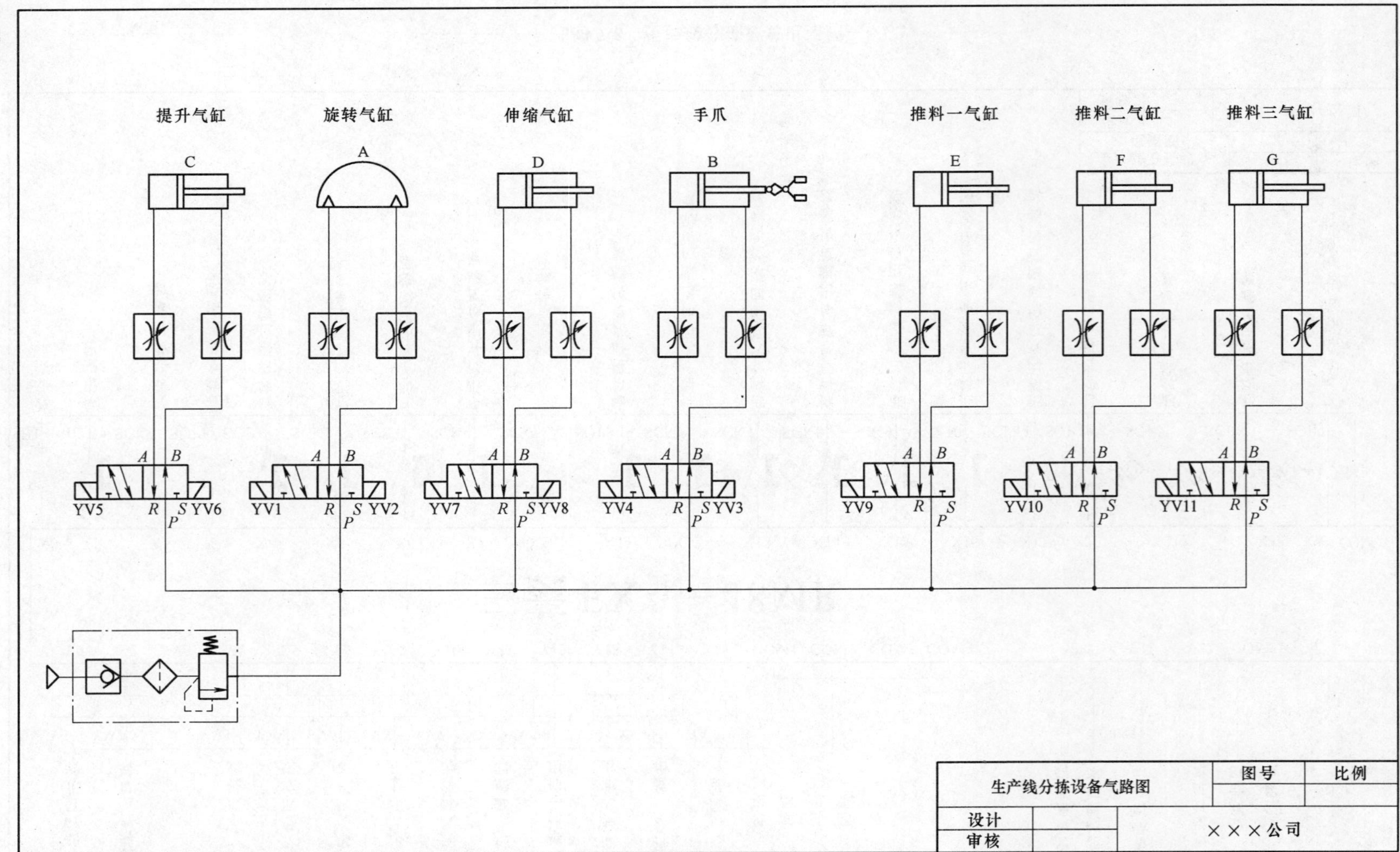

图 7-9 生产线分拣设备气路图

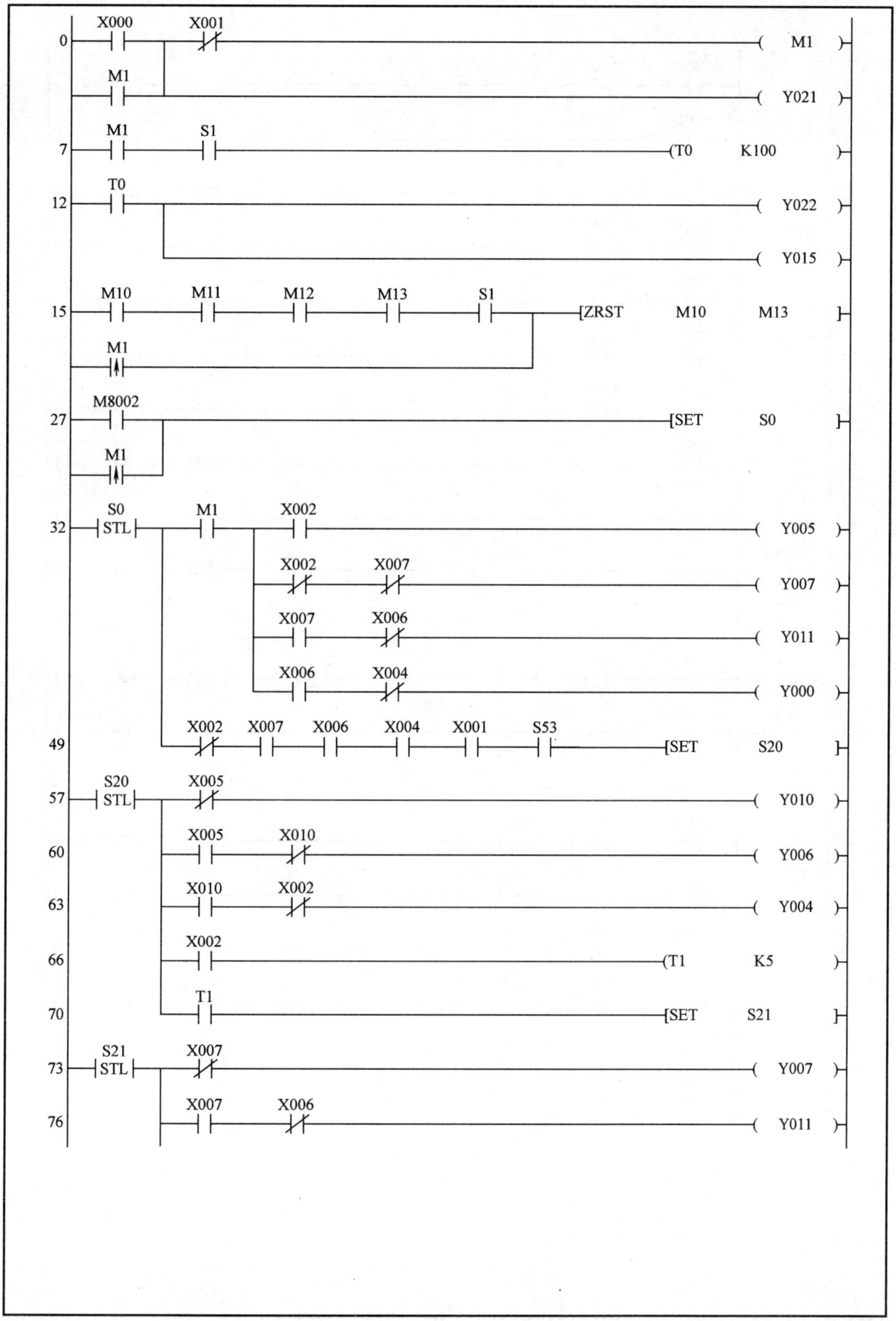

```
0   X000  X001(NC)                                    ( M1 )
    M1                                                ( Y021 )
7   M1  S1                                            (T0    K100 )
12  T0                                                ( Y022 )
                                                      ( Y015 )
15  M10  M11  M12  M13  S1                            [ZRST  M10  M13 ]
    M1(↑)
27  M8002                                             [SET  S0 ]
    M1(↑)
32  S0 STL  M1  X002                                  ( Y005 )
                X002(NC)  X007(NC)                    ( Y007 )
                X007  X006(NC)                        ( Y011 )
                X006  X004(NC)                        ( Y000 )
49          X002(NC)  X007  X006  X004  X001  S53     [SET  S20 ]
57  S20 STL  X005(NC)                                 ( Y010 )
60           X005  X010(NC)                           ( Y006 )
63           X010  X002(NC)                           ( Y004 )
66           X002                                     (T1   K5 )
70           T1                                       [SET  S21 ]
73  S21 STL  X007(NC)                                 ( Y007 )
76           X007  X006(NC)                           ( Y011 )
```

图 7-10　生产线分拣设备梯形图

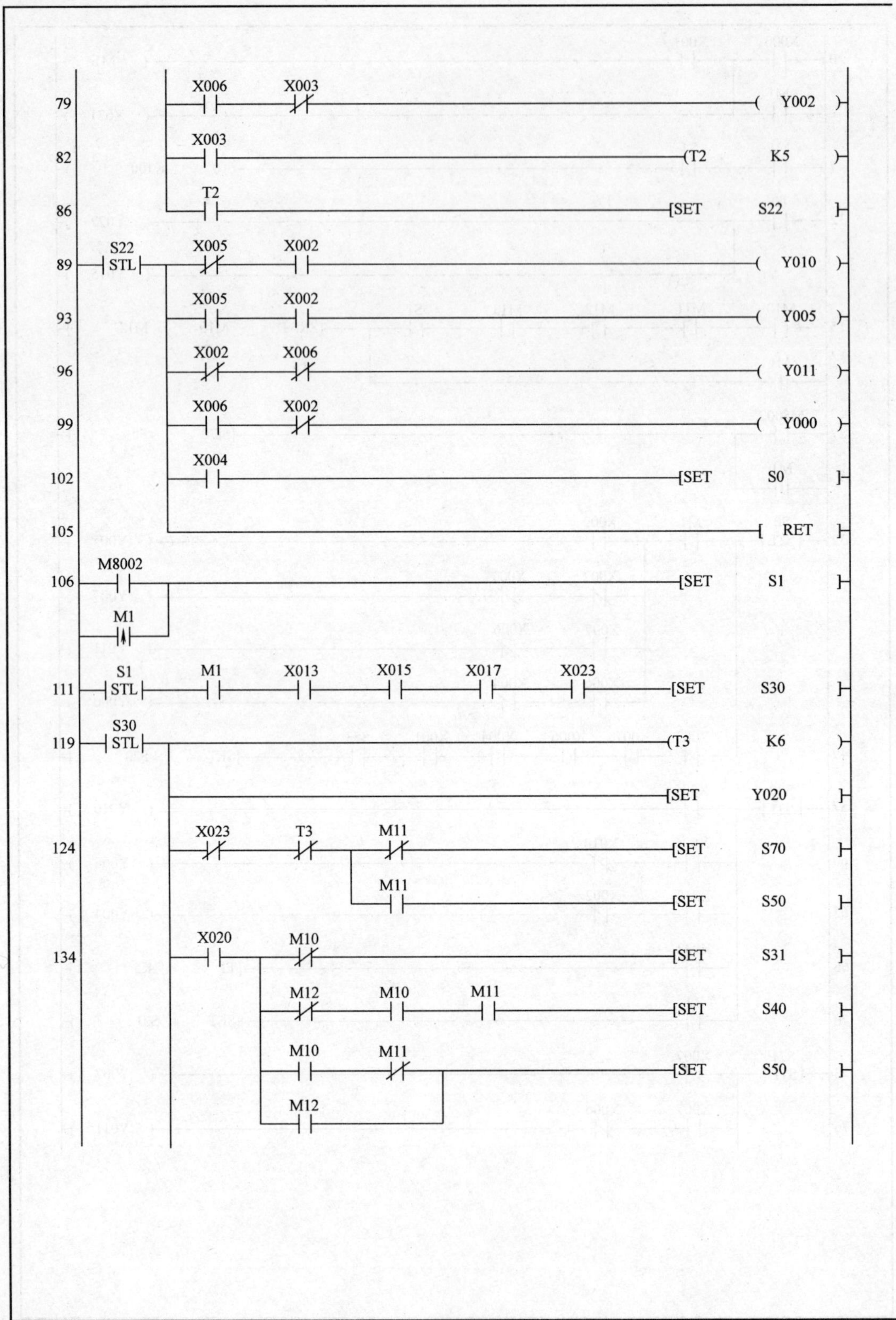

79 X006 X003 (Y002)
82 X003 (T2 K5)
86 T2 [SET S22]
89 S22 STL X005 X002 (Y010)
93 X005 X002 (Y005)
96 X002 X006 (Y011)
99 X006 X002 (Y000)
102 X004 [SET S0]
105 [RET]
106 M8002 M1 [SET S1]
111 S1 STL M1 X013 X015 X017 X023 [SET S30]
119 S30 STL (T3 K6)
[SET Y020]
124 X023 T3 M11 [SET S70]
M11 [SET S50]
134 X020 M10 [SET S31]
M12 M10 M11 [SET S40]
M10 M11 M12 [SET S50]

图 7-10 生产线分

```
152  X021 ─┬─ M13(常闭) ─ M10 ─ M11 ───────────── [SET  S60 ]
           ├─ M11(常闭) ─┬─────────────────────── [SET  S50 ]
           ├─ M13 ───────┤
           └─ M10(常闭) ─┘
166  S31 STL ───────────────────────────────────── ( Y012 )
168      X012 ──────────────────────────────────── [SET  S32 ]
171  S32 STL ───────────────────────────────────── [SET  M10 ]
173      X013 ──────────────────────────────────── [SET  S80 ]
176  S40 STL ── X021 ───────────────────────────── [SET  S41 ]
180  S41 STL ───────────────────────────────────── ( Y013 )
182      X014 ──────────────────────────────────── [SET  S42 ]
185  S42 STL ───────────────────────────────────── [SET  M12 ]
187      X015 ──────────────────────────────────── [SET  S80 ]
190  S50 STL ── X022 ───────────────────────────── [SET  S51 ]
194  S51 STL ───────────────────────────────────── ( Y014 )
196      X016 ──────────────────────────────────── [SET  S52 ]
199  S52 STL ── X017 ── S0 ── X011 ─────────────── [SET  S53 ]
205  S53 STL ── S20 ────────────────────────────── [SET  S80 ]
209  S60 STL ───────────────────────────────────── ( Y013 )
211      X014 ──────────────────────────────────── [SET  S61 ]
```

拣设备梯形图（续）

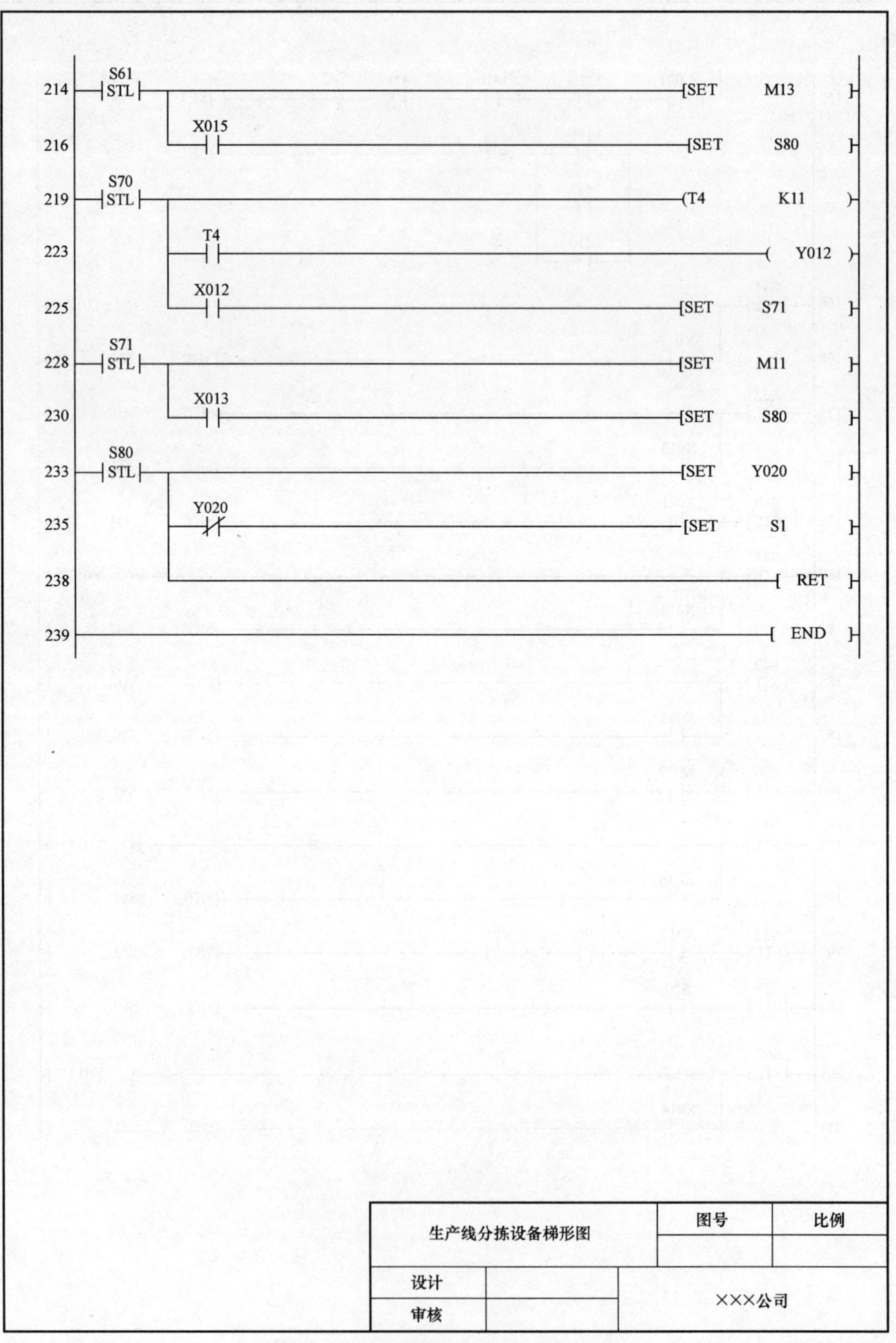

图 7-10 生产线分拣设备梯形图（续）

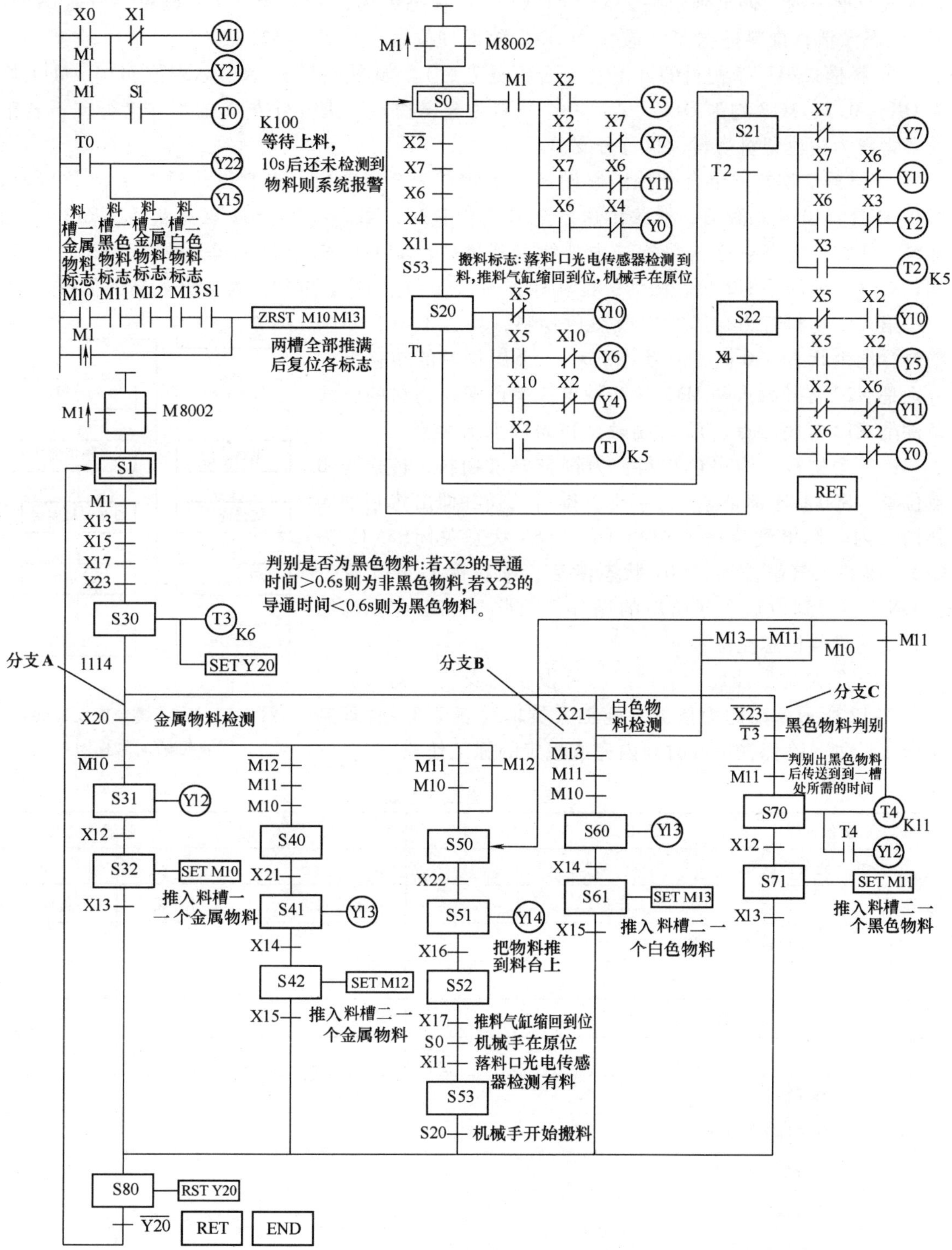

图 7-11　生产线分拣设备状态转移图

第二个物料若为黑色物料，为符合要求物料，S30 状态向 S70 状态转移，T4 开始计时，1.1s 后传送至 A 点位置（时间设定值要根据实际情况修正），Y12 = ON，推料一气缸伸出将它推入料槽一内。伸出到位后，X12=ON，S70 状态关闭，Y12 为 OFF，推料一气缸缩回；S71 状态激活，推料标志 M11 置位为 ON。缩回到位后开始新的循环。

③ 料槽二第一个物料的分拣（组合不分先后）。如图 7-11 所示，标志位 M10、M11 均为 ON，M12、M13 均为 OFF。若第一个物料为金属物料，执行分支 A 的第二个分支；若第一个物料为白色塑料物料，执行分支 B。

④ 料槽二物料的组合分拣。假设第一个物料为金属物料，当它被传送至 A 点位置时，X20=ON，S40 状态激活，继续传送。至 B 点位置时，X21=ON，S41 状态激活，Y13=ON，推料二气缸伸出将它推入料槽二内。伸出到位后，X14=ON，S41 状态关闭，Y13 为 OFF，推料二气缸缩回；S42 状态激活，推料标志 M12 置位为 ON。缩回到位后开始新的循环。

第二个物料若为金属物料或黑色物料，均为不符合要求物料，均由状态 S30 向 S50 状态转移（金属物料的转移条件分别是 X20 常开触点和 M12 常开触点；黑色塑料物料的转移条件是 X13 常闭触点、T3 常闭触点和 M11 常开触点）。

第二个物料若为白色物料，为符合要求物料，传送至 B 点位置，S60 状态激活，Y13=ON，推料二气缸伸出将它推入料槽二内。伸出到位后，X14=ON，S60 状态关闭，Y13 为 OFF，推料二气缸缩回；S61 状态激活，推料标志 M13 置位为 ON。缩回到位后，开始新的循环，至此一次组合分拣结束，所有推料标志复位。

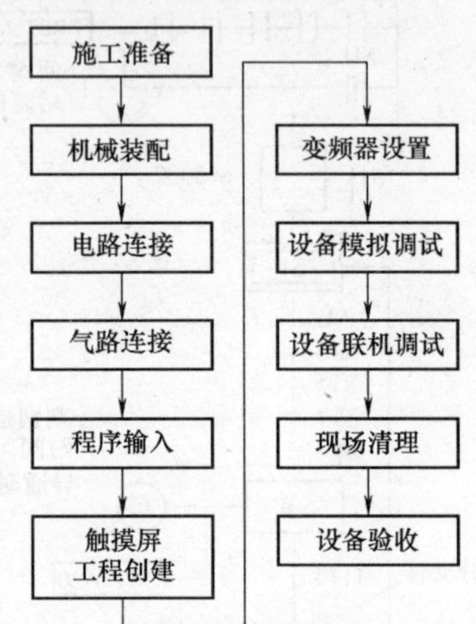

图 7-12 生产线分拣设备的安装与调试流程图

（6）制定施工计划 生产线分拣设备的安装与调试流程如图 7-12 所示。以此为依据，施工人员填写表 7-3，合理制定施工计划，确保在定额时间内完成规定的施工任务。

表 7-3 施工计划表

设备名称	施工日期	总工时/h	施工人数/人	施工负责人
×××生产线分拣设备				

序号	施工任务	施工人员	工序定额	备注
1	阅读设备技术文件			
2	机械装配、调整			
3	电路连接、检查			
4	气路连接、检查			
5	程序输入			
6	触摸屏工程创建			
7	设置变频器参数			
8	设备模拟调试			
9	设备联机调试			
10	现场清理，技术文件整理			
11	设备验收			

2. 施工准备

（1）设备清点　检查设备部件是否齐全，并归类放置。生产线分拣设备清单见表 7-4。

表 7-4　设备清单

序号	名称	型号规格	数量	单位	备注
1	直流减速电动机	24V	1	只	
2	放料转盘		1	个	
3	转盘支架		2	个	
4	物料支架		1	套	
5	警示灯及其支架	两色、闪烁	1	套	
6	伸缩气缸套件	CXSM15-100	1	套	
7	提升气缸套件	CDJ2KB16-75-B	1	套	
8	手爪套件	MHZ2-10D1E	1	套	
9	旋转气缸套件	CDRB2BW20-180S	1	套	
10	机械手固定支架		1	套	
11	缓冲器		2	只	
12	传送线套件	50×700	1	套	
13	推料气缸套件	CDJ2KB10-60-B	3	套	
14	料槽套件		2	套	
15	电动机及安装套件	380V、25W	1	套	
16	落料口		1	只	
17	光电传感器及其支架	E3Z-LS61	1	套	出料口
18		GO12-MDNA-A	1	套	落料口
19	电感式传感器	NSN4-2M60-E0-AM	3	套	
20	光纤传感器及其支架	E3X-NA11	2	套	
21	磁性传感器	D-59B	1	套	手爪紧松
22		SIWKOD-Z73	2	套	手臂伸缩
23		D-C73	8	套	手爪升降推料限位
24	PLC 模块	YL050、FX_{2N}-48MR	1	块	
25	变频器模块	E540、0.75kW	1	块	
26	触摸屏及通信线	eview MT4300C	1	套	
27	按钮模块	YL157	1	块	
28	电源模块	YL046	1	块	
29	螺钉	不锈钢内六角螺钉 M6×12	若干	只	
30		不锈钢内六角螺钉 M4×12	若干	只	
31		不锈钢内六角螺钉 M3×10	若干	只	
32	螺母	椭圆形螺母 M6	若干	只	
33		M4	若干	只	
34		M3	若干	只	
35	垫圈	ϕ4	若干	只	

（2）工具清点　设备组装工具见表 7-5 所示，施工人员应清点工具的数量，同时认真检查其性能是否完好。

表 7-5　工具清单

序号	名称	规格、型号	数量	单位
1	工具箱		1	只
2	螺钉旋具	一字、100mm	1	把
3	钟表螺钉旋具		1	套
4	螺钉旋具	十字、150mm	1	把
5	螺钉旋具	十字、100mm	1	把
6	螺钉旋具	一字、150mm	1	把
7	斜口钳	150mm	1	把
8	尖嘴钳	150mm	1	把
9	剥线钳		1	把
10	内六角扳手(组套)	PM-C9	1	套
11	万用表		1	只

三、实施任务

根据制定的施工计划，按顺序对生产线分拣设备实施组装，施工过程中应及时调整施工进度，保证定额。施工时必须严格遵守安全操作规程，加强安全保障措施，确保人身和设备安全。

1. 机械装配

（1）机械装配前的准备

按照要求清理现场、准备图样及工具，并安排装配流程。参考流程如图 7-13 所示。

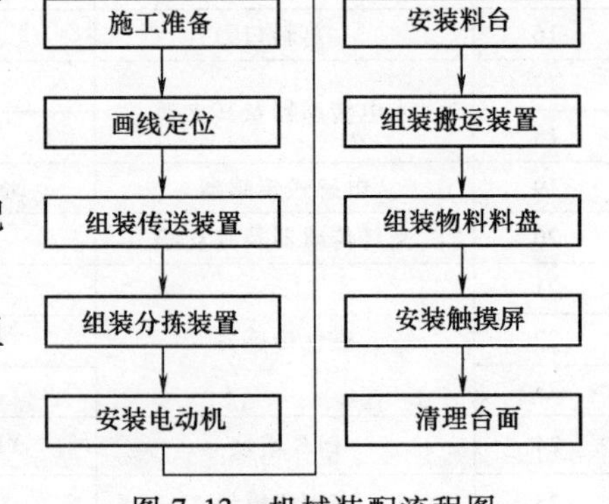

图 7-13　机械装配流程图

（2）机械装配步骤　根据确定的设备组装顺序组装生产线分拣设备。

1）画线定位。

2）组装传送装置。参考图 7-14，组装传送线。

① 安装传送线脚支架。

② 在传送线的右侧（电动机侧）固定落料口，并保证物料落放准确、平稳。

图 7-14　组装传送线

③ 安装落料口传感器。

④ 将传送线固定在定位处。

3）组装分拣装置。参考图 7-15，组装分拣装置。

图 7-15　组装分拣装置

① 组装起动推料传感器。

② 组装推料气缸。

③ 固定、调整料槽及其对应的推料气缸，使二者共用一中性线。

4）安装电动机。调整电动机的高度、垂直度，直至电动机与传送带同轴，如图 7-16 所示。

图 7-16　固定电动机

5）组装料台。如图 7-17 所示，在物料支架上装好出料口，装上传感器后，将支架固定在定位处，并调整出料口的高度等尺寸。

6）组装搬运装置。参考图 7-18，组装固定机械手。

① 安装旋转气缸。

② 组装机械手支架。

③ 组装机械手手臂。

④ 组装提升臂。

⑤ 安装手爪。

⑥ 固定磁性传感器。

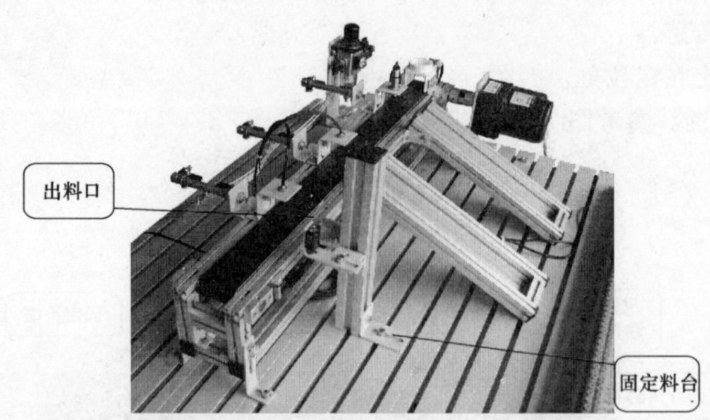

图 7-17　组装料台

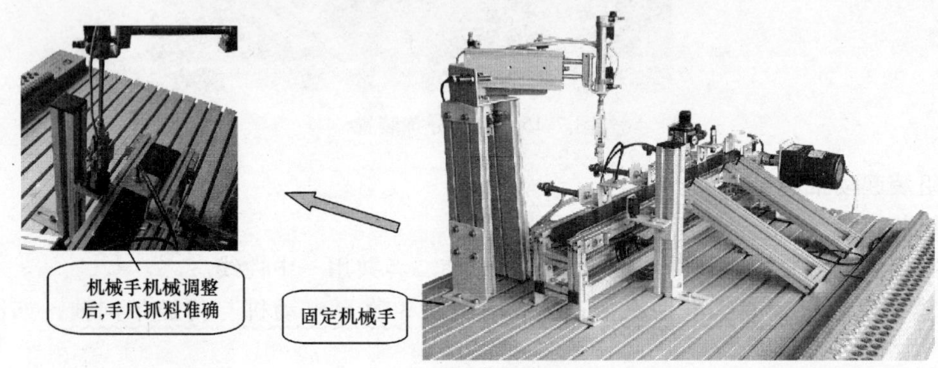

图 7-18　固定、调整机械手

⑦ 固定左右限位装置。

⑧ 固定机械手，调整机械手摆幅、高度等尺寸，使机械手能准确地将料台内的物料取出。

7）固定物料料盘。如图 7-19 所示，装好物料料盘，并将其固定在定位处。调整后，机械手能准确无误地将物料释放至料盘内。

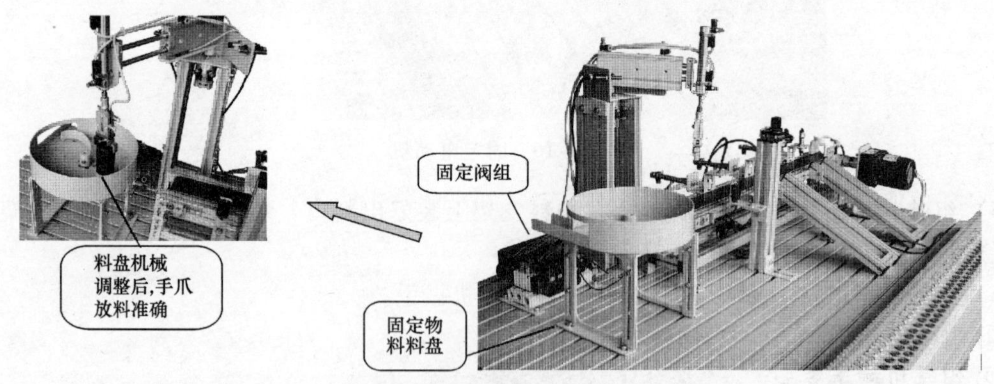

图 7-19　固定物料料盘

8）固定触摸屏。如图 7-20 所示，将触摸屏固定在定位处。

9）固定警示灯。如图 7-20 所示，将警示灯固定在定位处。

10）清理台面，保持台面无杂物或多余部件。

图 7-20　固定触摸屏及警示灯

2. 电路连接

(1) 电路连接前的准备

按照要求检查电源状态、准备图样、工具及线号管，并安排电路连接流程。参考流程如图 7-21 所示。

(2) 电路连接步骤　电路连接应符合工艺、安全规范要求，所有导线应置于线槽内。导线与端子排连接时，应套线号管并及时编号，避免错编漏编。插入端子排的连接线必须接触良好且紧固。接线端子排的功能分配见图 1-16。

1) 连接传感器至端子排。

2) 连接输出元件至端子排。

3) 连接电动机至端子排。

4) 连接 PLC 的输入信号端子至端子排。

5) 连接 PLC 的输入信号端子至按钮模块。

6) 连接 PLC 的输出信号端子至端子排（负载电源暂不连接，待 PLC 模拟调试成功后连接）。

7) 连接 PLC 的输出信号端子至变频器。

8) 连接变频器至电动机。

9) 连接触摸屏的电源输入端子至电源模块中的 24V 直流电源。

10) 将电源模块中的单相交流电源引至 PLC 模块。

11) 将电源模块中的三相电源和接地中性线引至变频器的主回路输入端子 L1、L2、L3、PE。

12) 电路检查。

13) 清理台面，工具入箱。

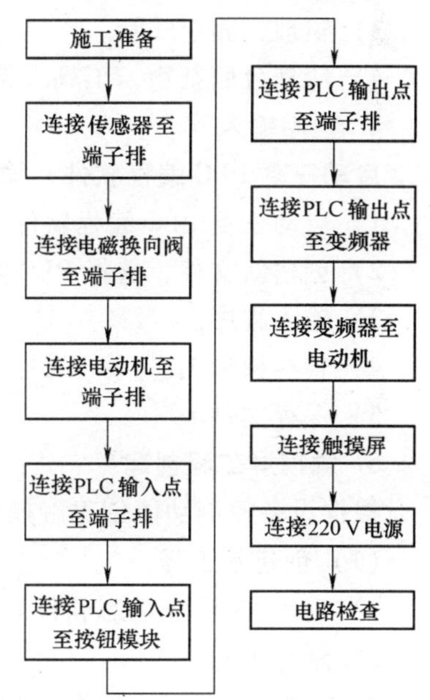

图 7-21　电路连接流程图

3. 气动回路连接

(1) 气路连接前的准备

按照要求检查空气压缩机状态、准备图样及工具，并安排气动回路连接步骤。

(2) 气路连接步骤　根据气路图连接气路。连接时，应避免锐角或直角弯曲，尽量平行布置，力求走向合理且气管最短，如图 7-22 所示。

图 7-22　气路连接

1）连接气源。

2）连接执行元件。

3）整理、固定气管。

4）清理台面杂物，工具入箱。

4. 程序输入

启动三菱 PLC 编程软件，输入梯形图如图 7-10 所示。

1）启动三菱 PLC 编程软件。

2）创建新文件，选择 PLC 类型。

3）输入程序。

4）转换梯形图。

5）保存文件。

5. 触摸屏工程创建

根据设备控制功能创建触摸屏人机界面，其方法参考触摸屏技术文件。

（1）创建新工程

1）启动 eV5000 组态软件。

2）新建工程。

3）选择“串口”通信连接方式。

4）选择“MT4300C”型触摸屏。

5）选择“FX2N”型 PLC。

6）用通信线连接 HMI 与 PLC。

7）设置 HMI0 的“通信类型”为“RS485-4”。

（2）创建人机界面首页　创建过程与项目六相同。

1）切换至组态窗口。

2）设定背景填充颜色为浅紫色。

3）插入文字“×××生产线分拣设备”。

4）创建“进入命令界面”切换按钮。

5）添加组态窗口5。

6）创建“进入监视界面”切换按钮。

（3）创建命令界面　创建过程与项目六相同。

1）创建“起动按钮”。

2）创建“停止按钮”。

3）创建“返回首页”切换按钮。

（4）创建监视界面　将窗口切换至组态窗口5，设置窗口“背景填充效果”为淡青色。

1）创建运行指示灯。如图7-23所示，选择“PLC元件”→“位状态指示灯”图标，将其拖至组态窗口中放置，对弹出的“位状态指示灯元件属性”对话框进行设置。

图7-23　选择“位状态指示灯”图标

① 基本属性设置。如图7-24所示，选择“基本属性”，设置输入地址为Y21。

② 位状态指示灯设置。如图7-25所示，选择“位状态指示灯”，设置功能值为1闪烁1状态图形、频率为2。

③ 图形设置。如图7-26所示，选择“图形”，选中“使用向量图”，导入路径为C:\Program Files\eV5000_UNICODE_CHS\图库\向量图\灯\lamp-6.vg的绿色指示灯图标，

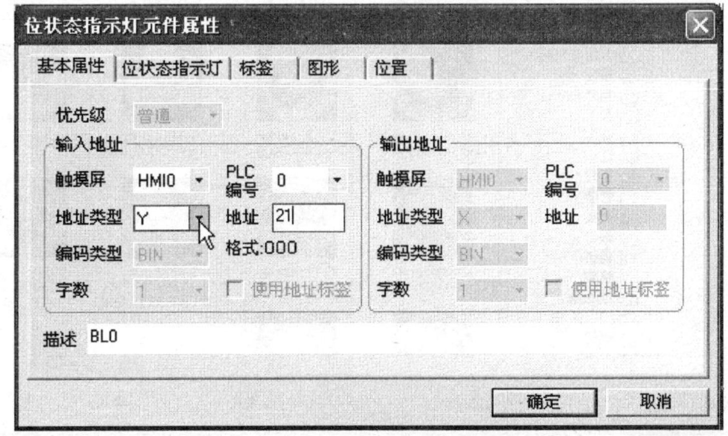

图7-24　“元件属性”对话框

如图 7-27 所示。单击【确定】，运行指示灯便创建完成，如图 7-28 所示。

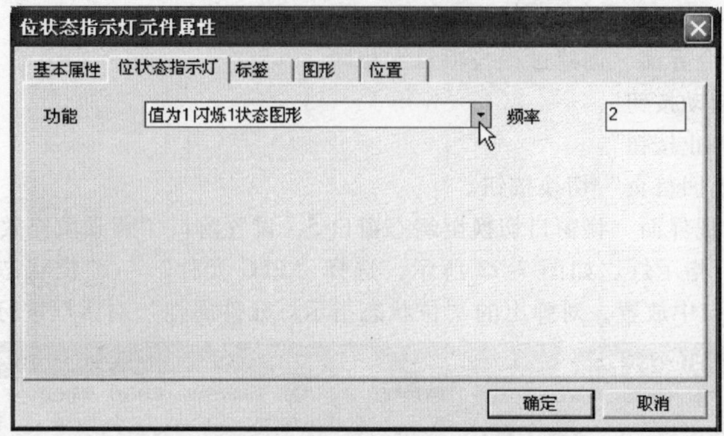

图 7-25　“位状态指示灯”设置对话框

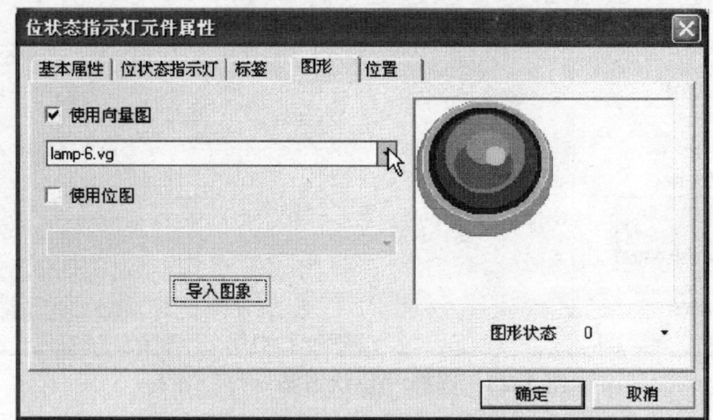

图 7-26　“图形”设置对话框

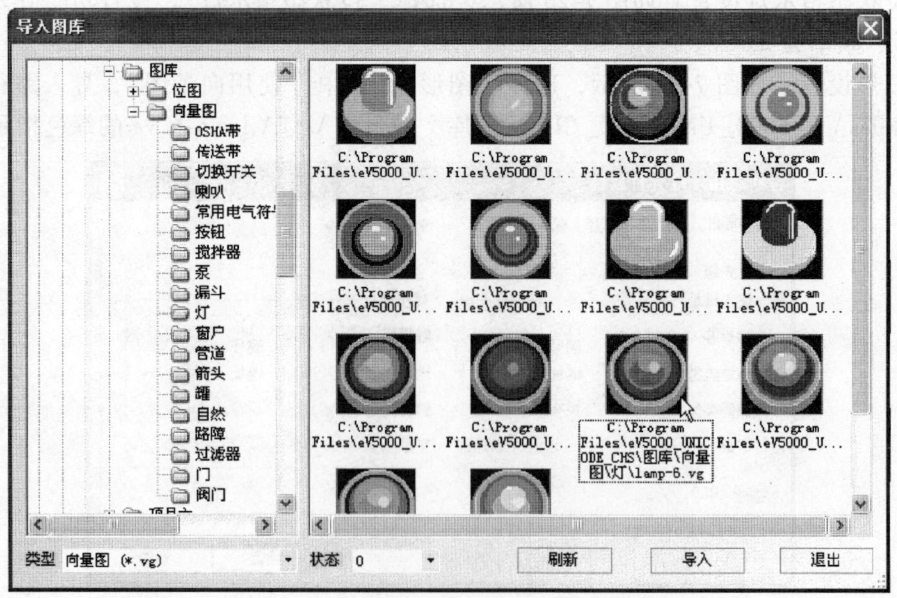

图 7-27　导入的绿色指示灯路径及其图形

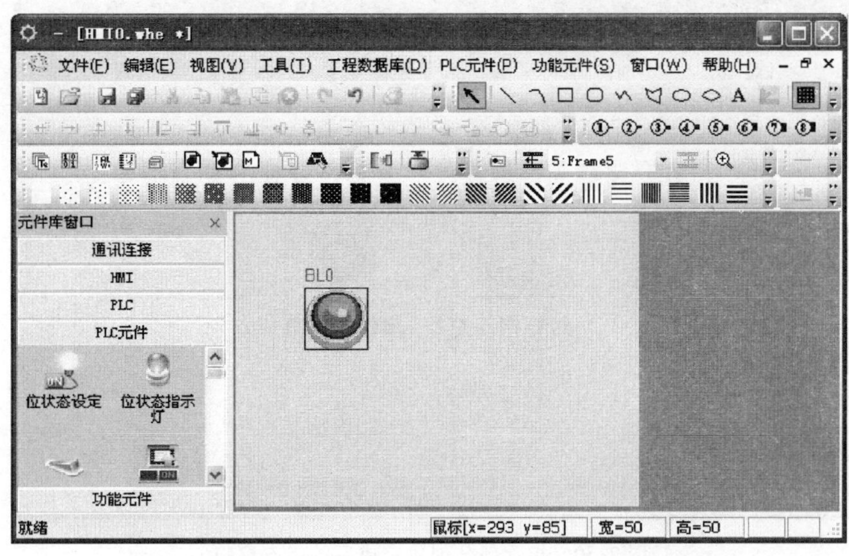

图 7-28　运行指示灯创建完成后的组态窗口

2）创建报警指示灯。同样的方法创建报警指示灯，将其输入地址设置为 Y22，导入的图形为 C:\ Program Files \ eV5000_UNICODE_CHS \ 图库 \ 向量图 \ 灯 \ lamp-7. vg 的红色指示灯图标，如图 7-29 所示。

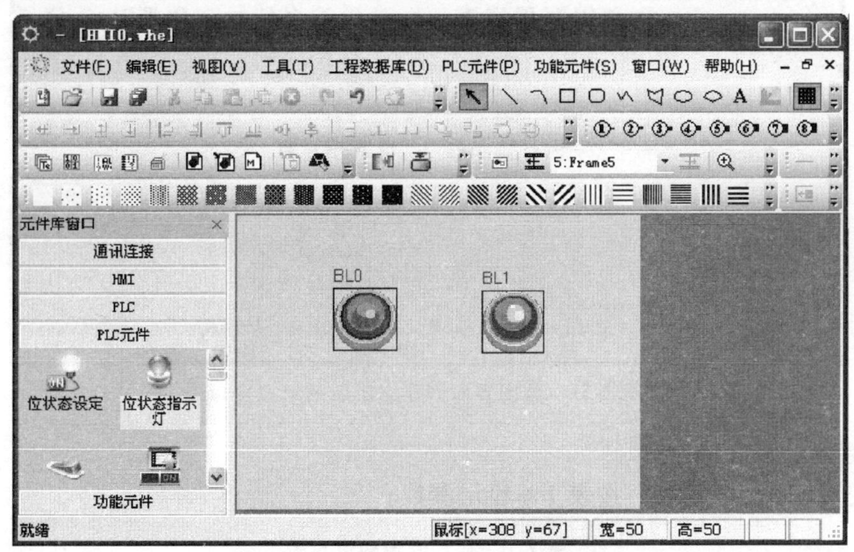

图 7-29　报警指示灯创建完成后的组态窗口

3）插入指示灯所对应的文字后，调整文字及其图形至合适位置即可，如图 7-30 所示。

4）创建“返回首页”切换按钮，调整界面的图形及其文字至合适位置，如图 7-31 所示，监视界面创建完成。

（5）离线模拟　将工程编译后保存，执行离线模拟命令，即可实现图 7-2、图 7-3 和图 7-4 所示的触摸控制功能。

图 7-30 指示部分创建完成后的组态窗口

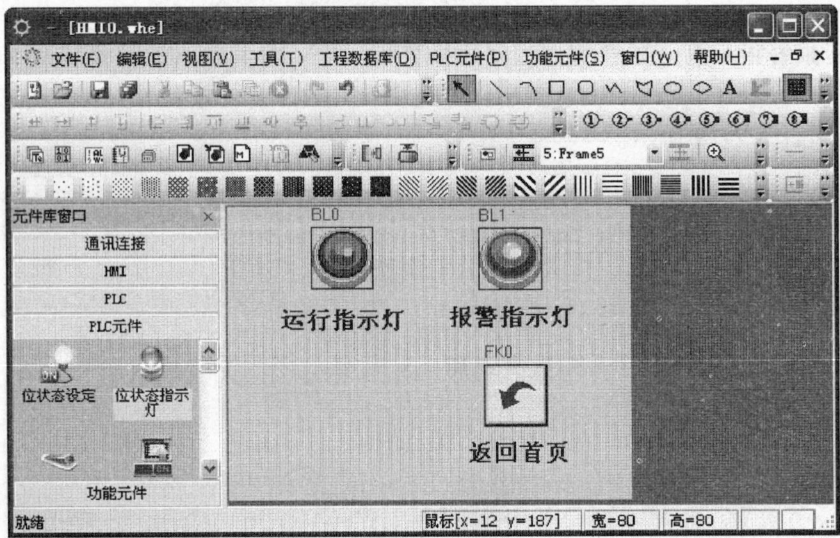

图 7-31 监视界面创建完成后的组态窗口

6. 变频器参数设置

打开变频器的面板盖板，按表 7-6 设定参数。

表 7-6 变频器参数设定表

序号	参数号	名称	设定值	备注
1	P1	上限频率	50Hz	
2	P2	下限频率	0Hz	
3	P6	3 速设定(低速)	25Hz	低速设定
4	P7	加速时间	1s	
5	P8	减速时间	1s	
6	P79	操作模式	2	外部操作模式

1）用MODE键将监示显示切换至参数设定模式，再设定操作模式为 PU 操作模式，即Pr. 79=1。

2）设定上限频率 Pr. 1=50。

3）设定下限频率 Pr. 2=0。

4）设定 3 速设定（低速）频率 Pr. 6=25。

5）设定加速时间 Pr. 7=1。

6）设定减速时间 Pr. 8=1。

7）设定操作模式为外部操作模式，Pr. 79=2。

7. 设备调试

（1）设备调试前的准备

按照要求清理设备、检查机械装配、电路连接、气路连接等情况，确认其安全性、正确性。在此基础上确定调试流程，本设备的调试流程如图 7-32 所示。

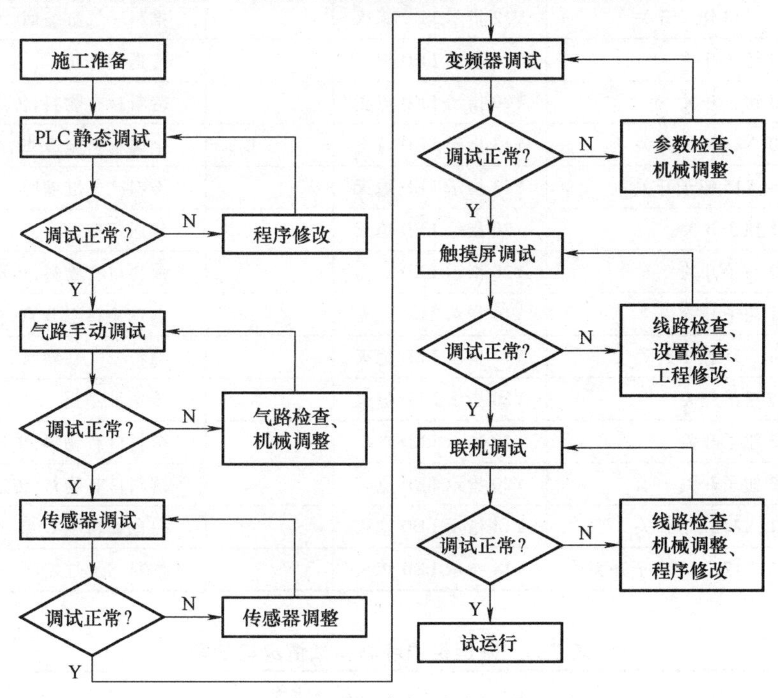

图 7-32　设备调试流程图

（2）模拟调试

1）PLC 静态调试

① 连接计算机与 PLC。

② 确认 PLC 的输出负载回路电源处于断开状态，并检查空气压缩机的阀门是否关闭。

③ 合上断路器，给设备供电。

④ 写入程序。

⑤ 运行 PLC，按表 7-7、表 7-8 用 PLC 模块上的钮子开关模拟 PLC 输入信号，观察 PLC 的输出指示 LED。

⑥ 将 PLC 的 RUN/STOP 开关置“STOP”位置。

⑦ 复位 PLC 模块上的钮子开关。

表 7-7　传送及分拣机构静态调试情况记载表

步骤	操作任务	观察任务		备　注
		正确结果	观察结果	
1	按下起动按钮 SB1	Y21 指示 LED 点亮		警示灯绿灯点亮
2	动作 X23 钮子开关	Y20 指示 LED 点亮		落料口有物料，传送带运行
3	动作 X20 钮子开关	Y12 指示 LED 点亮		金属物料至 A 点，推入料槽一内
4	动作 X12、X13 钮子开关	Y12 指示 LED 熄灭		推料一气缸缩回
5	复位 X13 钮子开关	Y20 指示 LED 熄灭		传送带停止
6	动作 X23 钮子开关，0.6s 内复位	Y20 指示 LED 点亮		落料口有物料，传送带运行（黑色塑料物料）
7	1.1s 后	Y12 指示 LED 点亮		推料一气缸伸出
8	动作 X12、X13 钮子开关	Y12 指示 LED 熄灭		推料一气缸缩回
9	复位 X13 钮子开关	Y20 指示 LED 熄灭		传送带停止
10	动作 X23 钮子开关	Y20 指示 LED 点亮		落料口有物料，传送带运行
11	动作 X20、X21 钮子开关	Y13 指示 LED 点亮		金属物料至 B 点，推入料槽二内
12	动作 X14、X15 钮子开关	Y13 指示 LED 熄灭		推料二气缸缩回
13	复位 X15 钮子开关	Y20 指示 LED 熄灭		传送带停止
14	动作 X23 钮子开关	Y20 指示 LED 点亮		落料口有物料，传送带运行
15	动作 X21 钮子开关	Y14 指示 LED 点亮		白色物料至 B 点，推入料槽二内
16	动作 X14、X15 钮子开关	Y13 指示 LED 熄灭		推料二气缸缩回
17	复位 X15 钮子开关	Y20 指示 LED 熄灭		传送带停止
18	动作 X23 钮子开关	Y20 指示 LED 点亮		落料口有物料，传送带运行
19	动作 X23 钮子开关	Y20 指示 LED 点亮		落料口有物料，传送带运行
20	动作 X21、X22 钮子开关	Y14 指示 LED 熄灭		白色物料至 C 点，推进料台内
21	动作 X16、X17、X11 钮子开关	Y14 指示 LED 熄灭		推料三气缸缩回

表 7-8　搬运机构静态调试情况记载表

步骤	操作任务	观察任务		备　注
		正确结果	观察结果	
1	动作 X2、X0 钮子开关	Y5 指示 LED 点亮		手爪放松
2	复位 X2 钮子开关	Y5 指示 LED 熄灭		放松到位
		Y7 指示 LED 点亮		手爪上升
3	动作 X7 钮子开关	Y7 指示 LED 熄灭		上升到位
		Y11 指示 LED 点亮		手臂缩回
4	动作 X6 钮子开关	Y11 指示 LED 熄灭		缩回到位
		Y0 指示 LED 点亮		手臂右旋
5	动作 X4 钮子开关	Y0 指示 LED 熄灭		右旋到位
6	动作 X11 钮子开关	Y10 指示 LED 点亮		有物料 手臂伸出

（续）

步骤	操作任务	观察任务		备注
		正确结果	观察结果	
7	动作 X5 钮子开关,复位 X6 钮子开关	Y10 指示 LED 熄灭		伸出到位
		Y6 指示 LED 点亮		手爪下降
8	动作 X10 钮子开关,复位 X7 钮子开关	Y6 指示 LED 熄灭		下降到位
		Y4 指示 LED 点亮		手爪夹紧
9	动作 X2 钮子开关,0.5s 后	Y7 指示 LED 点亮		手爪上升
10	动作 X7 钮子开关,复位 X10 钮子开关	Y7 指示 LED 熄灭		上升到位
		Y11 指示 LED 点亮		手臂缩回
11	动作 X6 钮子开关,复位 X5 钮子开关	Y11 指示 LED 熄灭		缩回到位
		Y2 指示 LED 点亮		手臂左旋
12	动作 X3 钮子开关,复位 X4 钮子开关	Y2 指示 LED 熄灭		左旋到位
13	0.5s 后	Y10 指示 LED 点亮		手臂伸出
14	动作 X5 钮子开关,复位 X6 钮子开关	Y10 指示 LED 熄灭		伸出到位
		Y5 指示 LED 点亮		手爪放松
15	复位 X2 钮子开关	Y5 指示 LED 熄灭		放松到位
		Y11 指示 LED 点亮		手臂缩回
16	动作 X6 钮子开关,复位 X5 钮子开关	Y11 指示 LED 熄灭		缩回到位
		Y0 指示 LED 点亮		手臂右旋
17	动作 X4 钮子开关,复位 X3 钮子开关	Y0 指示 LED 熄灭		右旋到位
18	一次物料搬运结束,等待加料			
19	重新加料,动作 X1 钮子开关,机构完成当前工作循环后停止工作			

2）气动回路手动调试

① 接通空气压缩机电源，起动空压机压缩空气，等待气源充足。

② 将气源压力调整到 0.4~0.5MPa 后，开启气动二联件上的阀门给系统供气。为确保调试安全，施工人员需观察气路系统有无泄漏现象，若有，应立即解决。

③ 在正常工作压力下，对气动回路进行手动调试，直至机构动作完全正常为止。

④ 调整节流阀至合适开度，使各气缸的运动速度趋于合理。

3）传感器调试。调整传感器的位置，观察 PLC 的输入指示 LED。

① 料台放置物料，调整、固定物料检测光电传感器。

② 手动机械手，调整、固定各限位传感器。

③ 在落料口中先后放置三类物料，调整、固定传送带落料口检测光电传感器。

④ 在 A 点位置放置金属物料，调整、固定电感式传感器。

⑤ 分别在 B 点和 C 点位置放置白色塑料物料、黑色塑料物料，调整固定光纤传感器。

⑥ 手动推料气缸，调整、固定磁性传感器。

4）变频器调试。闭合变频器模块上的 STR、RL 钮子开关，传送带自右向左传送。若电动机反转，须关闭电源，改变输出电源 U、V、W 相序后重新调试。

5）触摸屏调试。拉下设备断路器，关闭设备总电源。

① 用 MT54-FX-M 通信线连接触摸屏与 PLC。

② 用 MT5000-USB 下载线连接计算机与触摸屏。

③ 接通设备总电源。

④ 设置下载选项，选择下载设备为 USB。

⑤ 下载触摸屏程序。

⑥ 调试触摸屏程序。运行 PLC，进入命令界面，触摸起动按钮，PLC 输出指示 LED 显示设备开始工作；进入监视界面，观察运行指示灯、报警指示灯是否正确；触摸命令界面上的停止按钮，设备停止工作。

（3）联机调试　模拟调试正常后，接通 PLC 输出负载的电源回路，便可联机调试。调试时，要求施工人员认真观察设备的运行情况，若出现问题，应立即解决或切断电源，避免扩大故障范围。调试观察的主要部位如图 7-33 所示。

表 7-9 为联机调试的正确结果，若调试中有与之不符的情况，施工人员首先应根据现场情况，判断是否需要切断电源，在分析、判断故障形成的原因（机械、电路、气路或程序问题）的基础上，进行调整、检修、重新调试，直至设备完全实现功能。

表 7-9　联机调试结果一览表

步骤	操作过程	设备实现的功能	备注
1	按下 SB1 或触摸起动按钮	机械手复位	运行
		警示灯绿灯点亮	
2	10s 后无物料	报警	
3	落料口有物料	电动机运转	传送
4	人工加料	料槽一内:金黑组合 料槽二内:金白组合	组合分拣
		不符合的物料推入料台,由机械手搬运至料盘内	搬运
5	重新加料,按下 SB2 或触摸停止按钮,设备完成当前工作循环后停止工作		

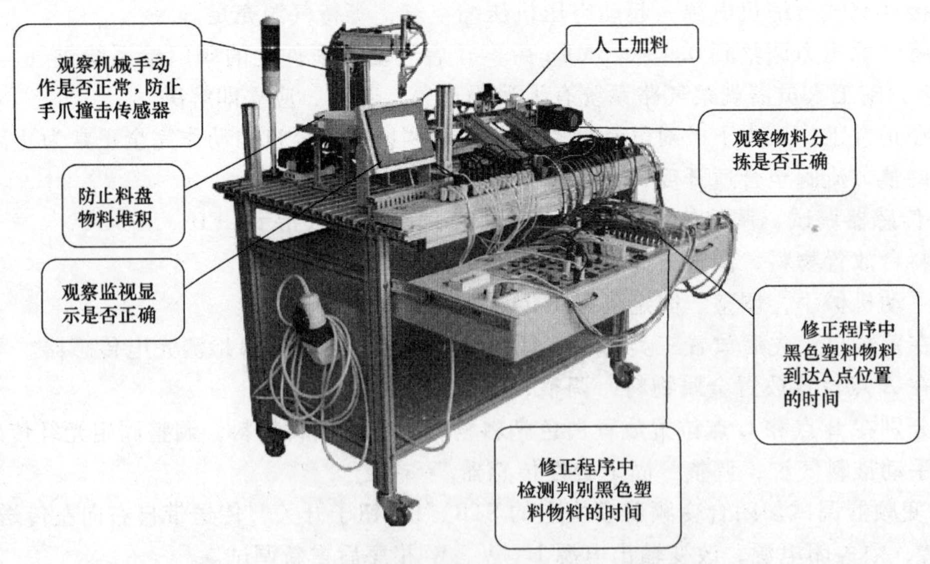

图 7-33　生产线分拣设备调试主要观察点

（4）试运行　施工人员操作生产线分拣设备，运行、观察一段时间，确保设备合格、稳定、可靠。

8. 现场清理

设备调试完毕，施工人员应清点工量具、归类整理资料，并清扫现场卫生。

1）清点工量具。对照工量具清单清点工具，并按要求装入工具箱。

2）资料整理。整理归类技术说明书、电气元件明细表、施工计划表、设备电路图、梯形图、气路图、安装图等资料。

3）清扫设备周围卫生，保持环境整洁。

4）填写设备安装登记表，记载设备调试过程中出现的问题及解决的办法。

9. 设备验收

设备质量验收见表 7-10。

表 7-10　设备质量验收表

验收项目及要求		配分	配分标准	扣分	得分	备注
设备组装	1. 设备部件安装可靠，各部件位置衔接准确 2. 电路安装正确，接线规范 3. 气路连接正确，规范美观	35	1. 部件安装位置错误，每处扣 2 分 2. 部件衔接不到位、零件松动，每处扣 2 分 3. 电路连接错误，每处扣 2 分 4. 导线反圈、压皮、松动，每处扣 2 分 5. 错、漏编号，每处扣 1 分 6. 导线未入线槽、布线零乱，每处扣 2 分 7. 气路连接错误，每处扣 2 分 8. 气路漏气、掉管，每处扣 2 分 9. 气管过长、过短、乱接，每处扣 2 分			
设备功能	1. 设备起停正常 2. 机械手复位正常 3. 机械手搬运物料正常 4. 传送带运转正常 5. 料槽一物料分拣正常 6. 料槽二物料分拣正常 7. 料台物料分拣 8. 变频器参数设置正确 9. 触摸屏人机界面触摸正常	60	1. 设备未按要求起动或停止，每处扣 5 分 2. 机械手未按要求复位，扣 5 分 3. 机械手未按要求搬运物料，一处扣 5 分 4. 传送带未按要求运转，扣 5 分 5. 料槽一物料未按要求分拣，扣 5 分 6. 料槽二物料未按要求分拣，扣 5 分 7. 料台物料未按要求分拣，扣 5 分 8. 变频器参数未按要求设置，扣 5 分 9. 人机界面未按要求创建，扣 5 分			
设备附件	资料齐全，归类有序	5	1. 设备组装图缺少，每处扣 2 分 2. 电路图、气路图、梯形图缺少，每处扣 2 分 3. 技术说明书、工具明细表、元件明细表缺少，每处扣 2 分			
安全生产	1. 自觉遵守安全文明生产规程 2. 保持现场干净整洁，工具摆放有序		1. 漏接接地线一处扣 5 分 2. 每违反一项规定，扣 3 分 3. 发生安全事故，0 分处理 4. 现场凌乱、乱放工具、丢杂物、完成任务后不清理现场扣 5 分			
时间	8h		提前正确完成，每 5min 加 5 分 超过定额时间，每 5min 扣 2 分			
开始时间：		结束时间：		实际时间：		

四、设备改造

生产线分拣设备的改造，改造要求及任务如下：

（1）功能要求

1）起停控制

按下 SB1 或触摸人机界面上的起动按钮，设备开始工作，机械手复位：机械手手爪放松、手爪上伸、手臂缩回、手臂右旋至限位处，同时警示灯绿灯点亮。按下 SB2 或触摸停止按钮，系统完成当前工作循环后停止。

2）传送功能。当落料口有物料时，变频器起动，驱动三相异步电动机以 25Hz 的频率反向运行，传送带自右向左输送物料。当物料分拣完毕或机械手取走物料时，传送带停止运转。

3）搬运功能。若料台内有不符合的物料，机械手臂伸出→手爪下降→手爪夹紧抓物→0.5s 后手爪上升→手臂缩回→手臂左旋→0.5s 后手臂伸出→手爪放松、释放物料→手臂缩回→右旋至右侧限位处停止。

4）组合分拣功能

① 组合功能。料槽一内推入的物料为金属物料与黑色塑料物料的组合（第一个物料必须是金属物料）；料槽二内推入的物料为白色塑料物料与黑色塑料物料的组合（第一个物料必须是白色物料）。

② A 点分拣功能。A 点位置符合要求的物料由推料一气缸推入料槽一内，不符合要求的物料继续以 25Hz 的频率向左传送。

③ B 点分拣功能。B 点位置符合要求的物料由推料二气缸推入料槽二内，不符合要求的物料继续以 25Hz 的频率向左传送。

④ C 点推料功能。当所有不符合的物料到达 C 点位置时，由推料三气缸推入料台内。

5）触摸屏功能

① 在触摸屏人机界面的首页上方显示“XXX 生产线分拣设备”、设置“进入命令界面”、“进入指示监视界面”和“进入数值监视界面”等界面切换开关；

② 在触摸屏命令界面上设置起动按钮、停止按钮；

③ 指示监视界面上设有运行指示灯和报警指示灯。正常运行时，运行指示灯点亮；报警时，报警指示灯点亮；

④ 数值监视界面上显示不符合物料的个数。当计数显示等于 50 时，数值复位为 0 后重新计数。

（2）技术要求

1）设备的起停控制要求

① 按下 SB1 或触摸人机界面上的起动按钮，设备开始工作。

② 按下 SB2 或触摸人机界面上的停止按钮，设备完成当前工作循环后停止。

③ 按下急停按钮，设备立即停止工作。

2）电气线路的设计符合工艺要求、安全规范。

3）气动回路的设计符合控制要求、正确规范。

（3）工作任务

1）按设备要求画出电路图。

2）按设备要求画出气路图。

3）按设备要求编写 PLC 控制程序。

4）改装生产线分拣设备实现功能。

5）绘制设备装配示意图。

项目八

多功能加工及分拣设备的安装与调试

一、施工任务

1. 根据设备装配示意图组装多功能加工及分拣设备。
2. 按照设备电路图连接多功能加工及分拣设备的电气回路。
3. 按照设备气路图连接多功能加工及分拣设备的气动回路。
4. 根据要求创建触摸屏人机界面。
5. 输入设备控制程序，正确设置变频器参数，调试多功能加工及分拣设备实现功能。

二、施工前准备

施工人员在施工前应仔细阅读多功能加工及分拣设备随机技术文件，了解设备的组成及其运行情况，看懂组装示意图、电路图、气路图及梯形图等图样，然后再根据施工任务制定施工计划、施工方案等。

1. 识读设备图样及技术文件

（1）装置简介　多功能加工及分拣设备的主要功能是输送、加工物料，并根据物料的性质进行分拣、搬运或组合存放。设备工作流程如图 8-1 所示。

1）起停控制。按下 SB1 或触摸人机界面上的起动按钮，机械手复位：手爪放松、手爪上伸、手臂缩回、手臂右旋至右限位处停止；设备开始工作，警示灯绿灯点亮，变频器以 35Hz 运行，电动机反转，传送带自右向左高速传动。

按下 SB2 或触摸人机界面上的停止按钮，警示灯红色灯点亮，当前物料处理完毕，且各气缸回到原位后，设备停止工作。

2）物料加工功能。设备起动后，入料指示灯 HL1 点亮，表示可向落料口人工加料。加料后，HL1 熄灭，表示禁止加料，此时变频器的运行频率变为 25Hz，传送带便由高速转为中速运行。当物料至 C 点位置时，传送带停止，加工物料。2s 后加工结束，设备进入物料分拣程序。

3）分拣功能。设备具有两种分拣功能，方式选择只能在设备停止时进行。

分拣方式一。当转换开关 SA1 置于“方式一”位置时，设备实现简单分拣功能，工作过程如下：

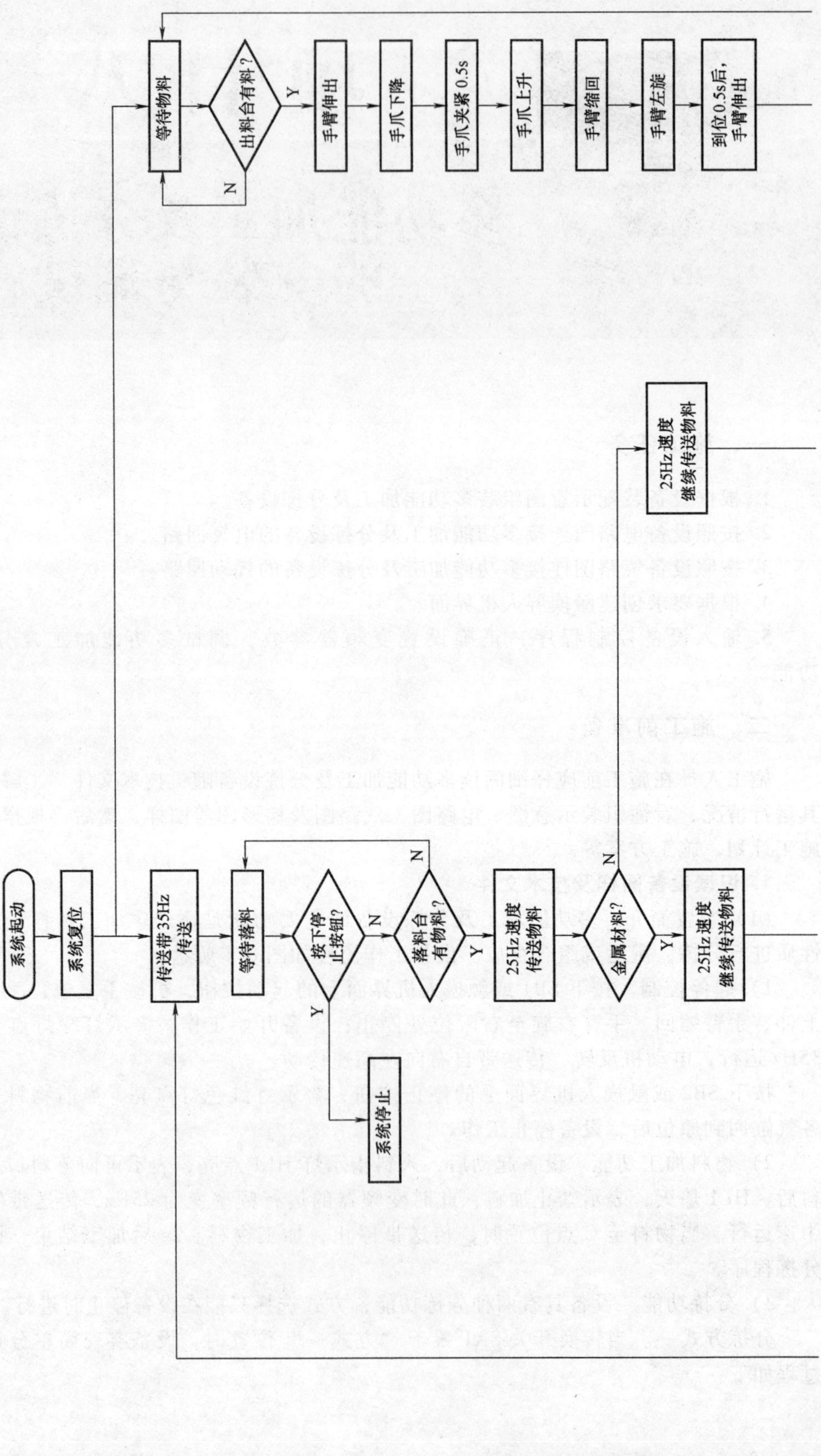

系统起动

系统复位

传送带35Hz传送

等待落料

按下停止按钮?

Y

系统停止

N

落料台有物料?

N

Y

25Hz速度传送物料

金属材料?

Y

25Hz速度继续传送物料

N

25Hz速度继续传送物料

等待物料

出料台有料？

N

Y

手臂伸出

手爪下降

手爪夹紧0.5s

手爪上升

手臂缩回

手臂左旋

到位0.5s后，手臂伸出

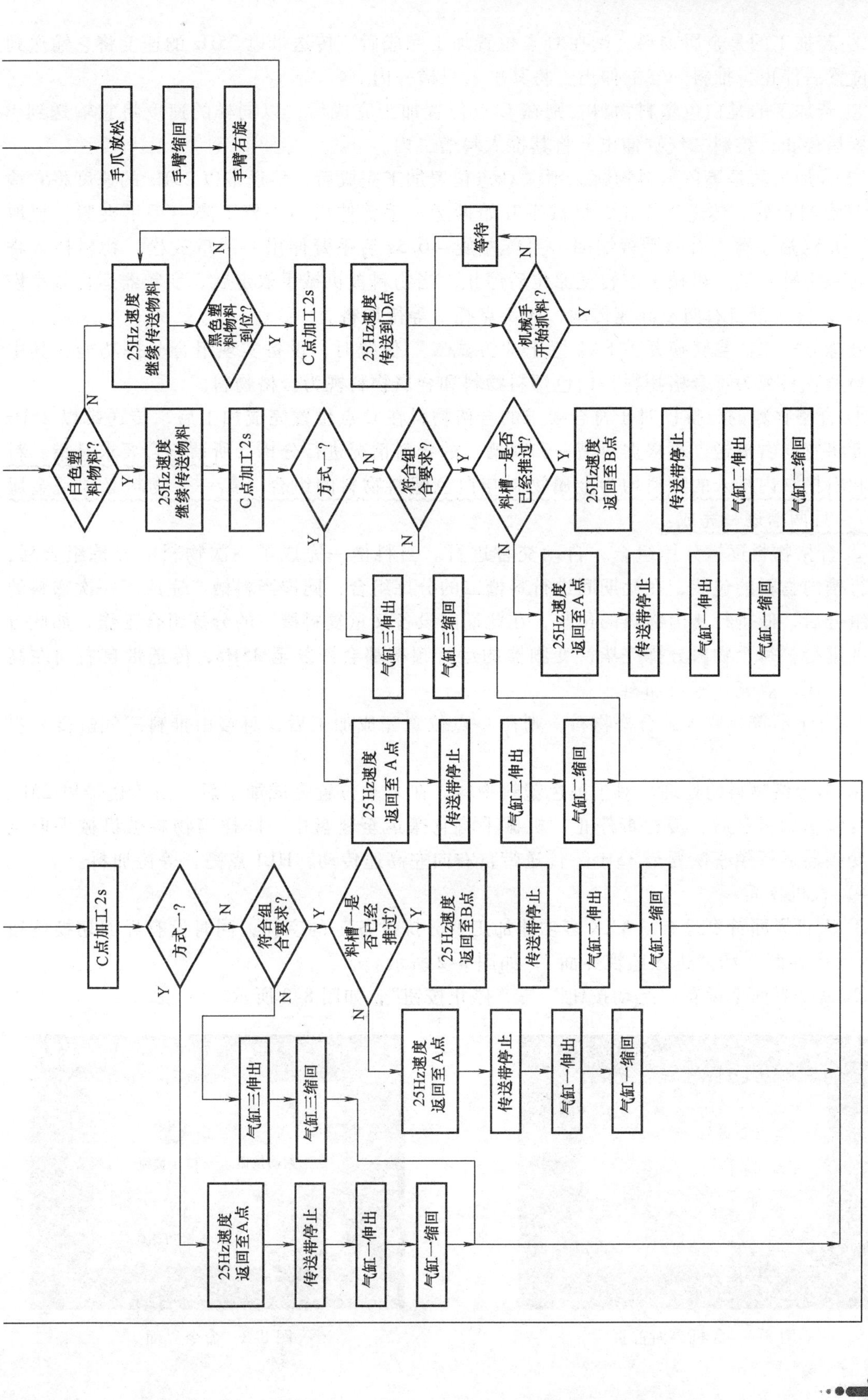

图8-1　多功能加工及分拣设备动作流程图

① 若加工的是金属物料，则在C点位置加工完成后，传送带以25Hz的速度将它输送到A点位置后停止，推料一气缸伸出，将其推入料槽一内。

② 若加工的是白色塑料物料，则在C点位置加工完成后，以同样的速度将它输送到B点位置后停止，推料二气缸伸出，将其推入料槽二内。

③ 若加工的是黑色塑料物料，则在C点位置加工完成后，传送带以25Hz的速度将它输送到D点料台后，传送带停止，机械手开始搬运。手臂伸出→手臂下降→手爪夹紧，抓取物料→0.5s后手臂上升→手臂缩回→手臂左旋→0.5s后手臂伸出→手爪放松，物料掉入物料盘内→手臂缩回→机械手右转至原位后停止。当物料被机械手取走后，变频器运行频率恢复35Hz，传送带自右向左高速传动，HL1点亮，等待加料。

分拣方式二。当转换开关SA1置于“方式二”位置时，设备实现组合分拣功能，其中黑色塑料物料视为不合格物料，白色塑料物料和金属物料视为合格物料。

① 合格物料的分拣。对于符合要求的合格物料在C点位置完成加工后，传送带以25Hz的速度将它向右输送，再根据料槽一和料槽二的物料情况进行分拣。所谓符合要求是指：料槽一和料槽二内推入的物料均为金属物料与白色塑料物料的组合（第一个物料必须是金属物料），且两槽逐一完成。

② 合格物料逐槽分拣组合，自动交替进行。当料槽一完成了一次物料的分拣组合后，便进行槽内物料的包装，在此期间进行料槽二的分拣组合；同样当料槽二完成了一次物料的分拣组合后，便进行槽内物料的包装，在此期间设备又重复料槽一的分拣组合工作，如此自动交替进行。每个物料分拣完毕，变频器的运行频率都会恢复至35Hz，传送带自右向左高速传动，HL1点亮，等待加料。

③ 对于不符合要求的合格物料，则在C点位置完成加工后，直接由推料三气缸推入料槽三内。

④ 不合格物料的处理。对于黑色塑料物料，在C点位置完成加工后，由传送带以25Hz的速度输送到料台后，传送带停止，机械手将它搬运至料盘中。同样当物料被机械手取走后，变频器运行频率恢复至35Hz，传送带自右向左高速传动，HL1点亮，等待加料。

4）人机界面

① 人机界面首页设有“XXX多功能加工及分拣设备”的字样，同时设有界面切换按钮“进入命令界面”和“进入监视界面”，如图8-2所示。

② 命令界面上设有“起动按钮”与“停止按钮”，如图8-3所示。

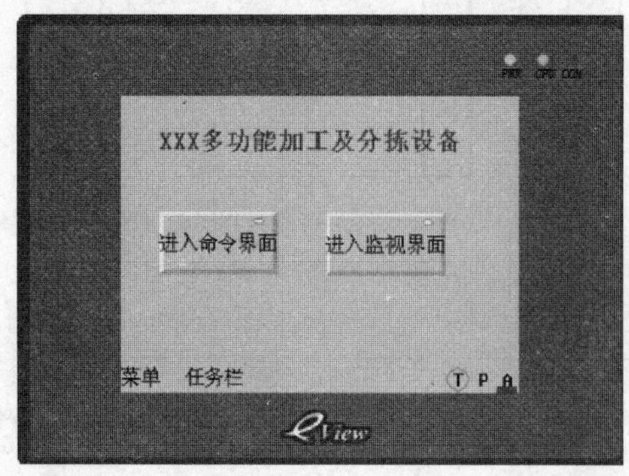

图8-2 人机界面首页

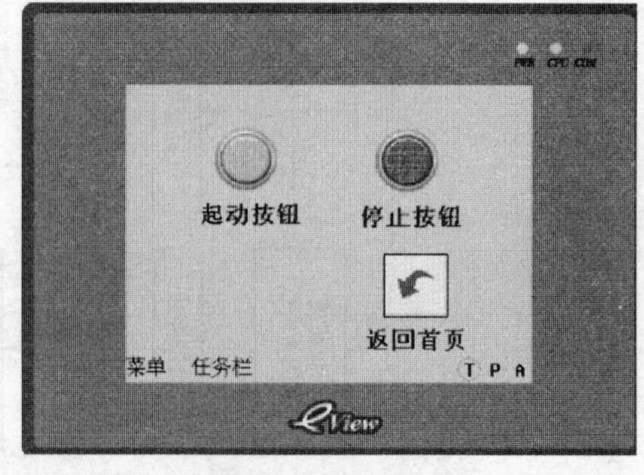

图8-3 命令界面

③ 监视界面的上方设有“系统状态”的字样，下方显示系统当前状态：系统运行中、系统已停止、方式一或方式二等，如图 8-4 所示。

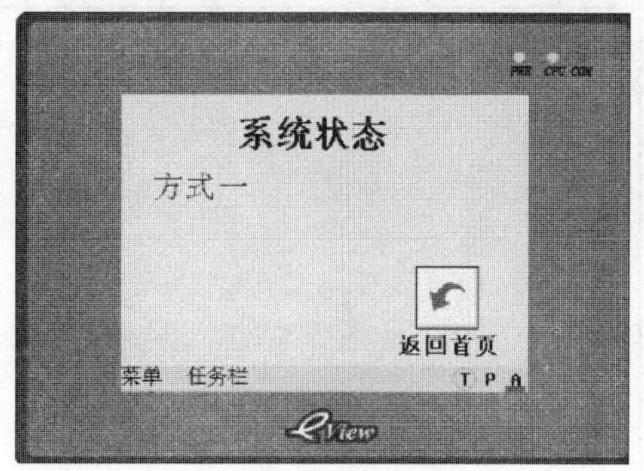

图 8-4　监视界面

(2) 识读装配示意图　如图 8-5 所示，机械手将物料从料台中搬运至料盘内，这就要求料台、机械手及料盘机械衔接准确、安装尺寸误差要小。

1) 结构组成。设备自右向左由落料口、传送带、三槽分拣装置、出料台、机械手和物料料盘等组成，A 点位置设有电感式传感器（金属）、B 点位置设有光纤传感器（白色）、C 点设有光纤传感器（黑色），其实物图如图 8-6 所示。

2) 尺寸分析。多功能加工及分拣设备各部件的定位尺寸如图 8-7 所示。

(3) 识读电路图　图 8-8 所示为多功能加工及分拣设备控制电路图。

1) PLC 机型。PLC 的机型为三菱 FX_{2N}-48MR。

2) I/O 点分配。PLC 输入/输出设备及输入/输出点数的分配情况见表 8-1。

表 8-1　输入/输出设备及输入/输出点分配表

输入			输出		
元件代号	功能	输入点	元件代号	功能	输出点
SB1	起动按钮	X0	YV1	手臂右旋	Y0
SB2	停止按钮	X1	YV2	手臂左旋	Y2
SCK1	气动手爪传感器	X2	YV3	手爪夹紧	Y4
SQP1	旋转左限位传感器	X3	YV4	手爪放松	Y5
SQP2	旋转右限位传感器	X4	YV5	提升气缸下降	Y6
SCK2	气动手臂伸出传感器	X5	YV6	提升气缸上升	Y7
SCK3	气动手臂缩回传感器	X6	YV7	伸缩气缸伸出	Y10
SCK4	手爪提升限位传感器	X7	YV8	伸缩气缸缩回	Y11
SCK5	手爪下降限位传感器	X10	YV9	驱动推料一气缸伸出	Y12
SQP3	物料检测光电传感器	X11	YV10	驱动推料二气缸伸出	Y13
SCK6	推料一气缸伸出限位传感器	X12	YV11	驱动推料三气缸伸出	Y14
SCK7	推料一气缸缩回限位传感器	X13	HL	入料指示灯	Y16
SCK8	推料缸二气伸出限位传感器	X14	STF	变频器正转	Y20
SCK9	推料二气缸缩回限位传感器	X15	STR	变频器反转	Y21
SCK10	推料三气缸伸出限位传感器	X16	RH	变频器高速	Y22
SCK11	推料三气缸缩回限位传感器	X17	RM	变频器中速	Y23
SQP4	起动推料一传感器	X20	IN1	警示灯绿灯	Y24
SQP5	起动推料二传感器	X21	IN2	警示灯红灯	Y25
SQP6	起动推料三传感器	X22			
SQP7	落料口检测光电传感器	X23			
SA1	分拣方式转换开关	X24			

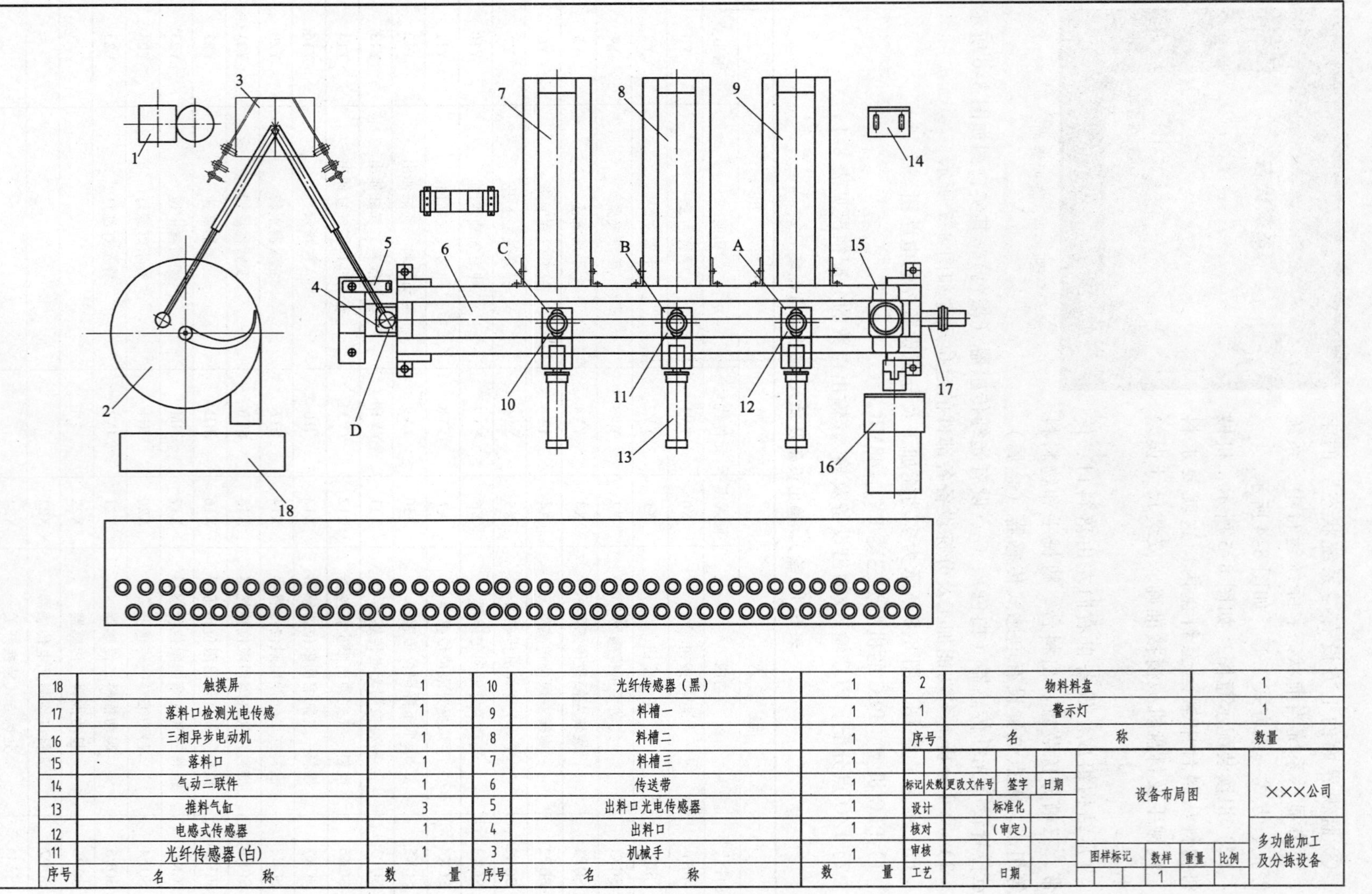

序号	名称	数量	序号	名称	数量	序号	名称	数量
18	触摸屏	1	10	光纤传感器（黑）	1	2	物料料盘	1
17	落料口检测光电传感	1	9	料槽一	1	1	警示灯	1
16	三相异步电动机	1	8	料槽二	1			
15	落料口	1	7	料槽三	1			
14	气动二联件	1	6	传送带	1			
13	推料气缸	3	5	出料口光电传感器	1			
12	电感式传感器	1	4	出料口	1			
11	光纤传感器(白)	1	3	机械手	1			

标记	处数	更改文件号	签字	日期	设备布局图	×××公司
设计		标准化				
核对		（审定）				
审核					图样标记 / 数样 1 / 重量 / 比例	多功能加工及分拣设备
工艺		日期				

图 8-5　多功能加工及分拣设备布局图

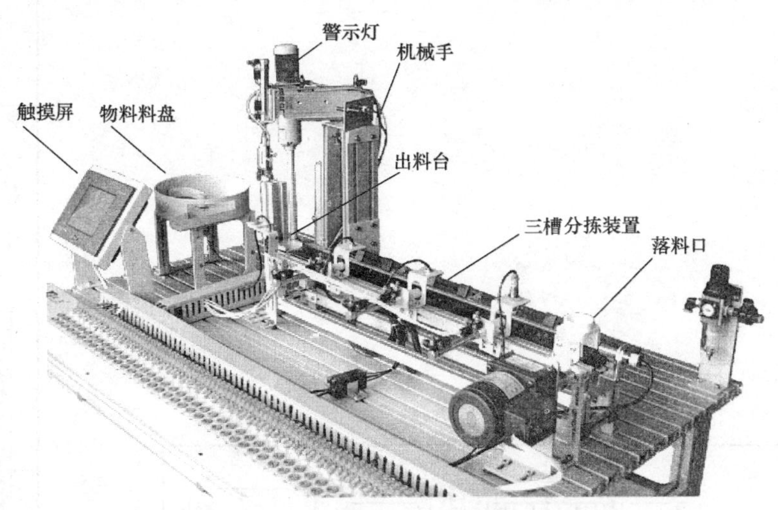

图 8-6　多功能加工及分拣设备

(4) 识读气动回路图　图 8-9 所示为多功能加工及分拣设备气动回路图，各控制元件、执行元件的工作状态见表 8-2。

表 8-2　控制元件、执行元件状态一览表

电磁换向阀的线圈得电情况											执行元件状态	机构任务
YV1	YV2	YV3	YV4	YV5	YV6	YV7	YV8	YV9	YV10	YV11		
+	−										气缸 A 正转	手臂右旋
−	+										气缸 A 反转	手臂左旋
		+	−								气动手爪 B 夹紧	抓料
		−	+								气动手爪 B 放松	放料
				+	−						气缸 C 伸出	手爪下降
				−	+						气缸 C 缩回	手爪上升
						+	−				气缸 D 伸出	手臂伸出
						−	+				气缸 D 缩回	手臂缩回
								+			气缸 E 伸出	分拣料槽一符合要求物料
								−			气缸 E 缩回	等待分拣
									+		气缸 F 伸出	分拣料槽二符合要求物料
									−		气缸 F 缩回	等待分拣
										+	气缸 G 伸出	分拣不符合要求物料
										−	气缸 G 缩回	等待分拣

(5) 识读梯形图　图 8-10 所示为多功能加工及分拣设备控制程序梯形图，其动作过程如图 8-11 所示。

1) 起停控制。按下 SB1 或触摸命令界面上的起动按钮，X0 = ON，M1 为 ON 且保持，为激活 S30 状态提供了必要条件。按下 SB2 或触摸停止按钮，X1 = ON，M1 为 OFF，致使 S1 向 S30 状态转移的条件缺失，故程序执行完当前工作循环后停止。

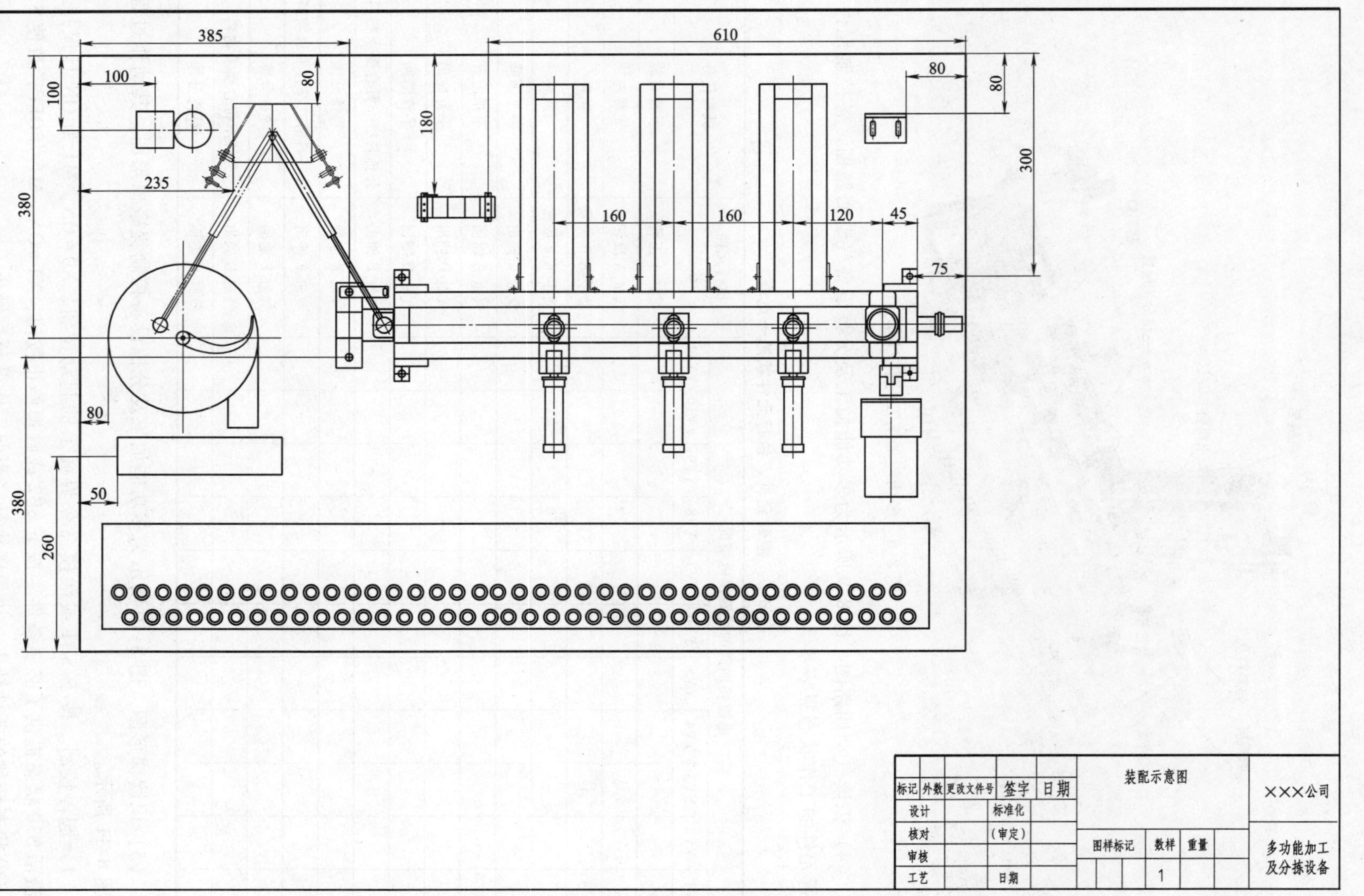

图 8-7 多功能加工及分拣设备装配示意图

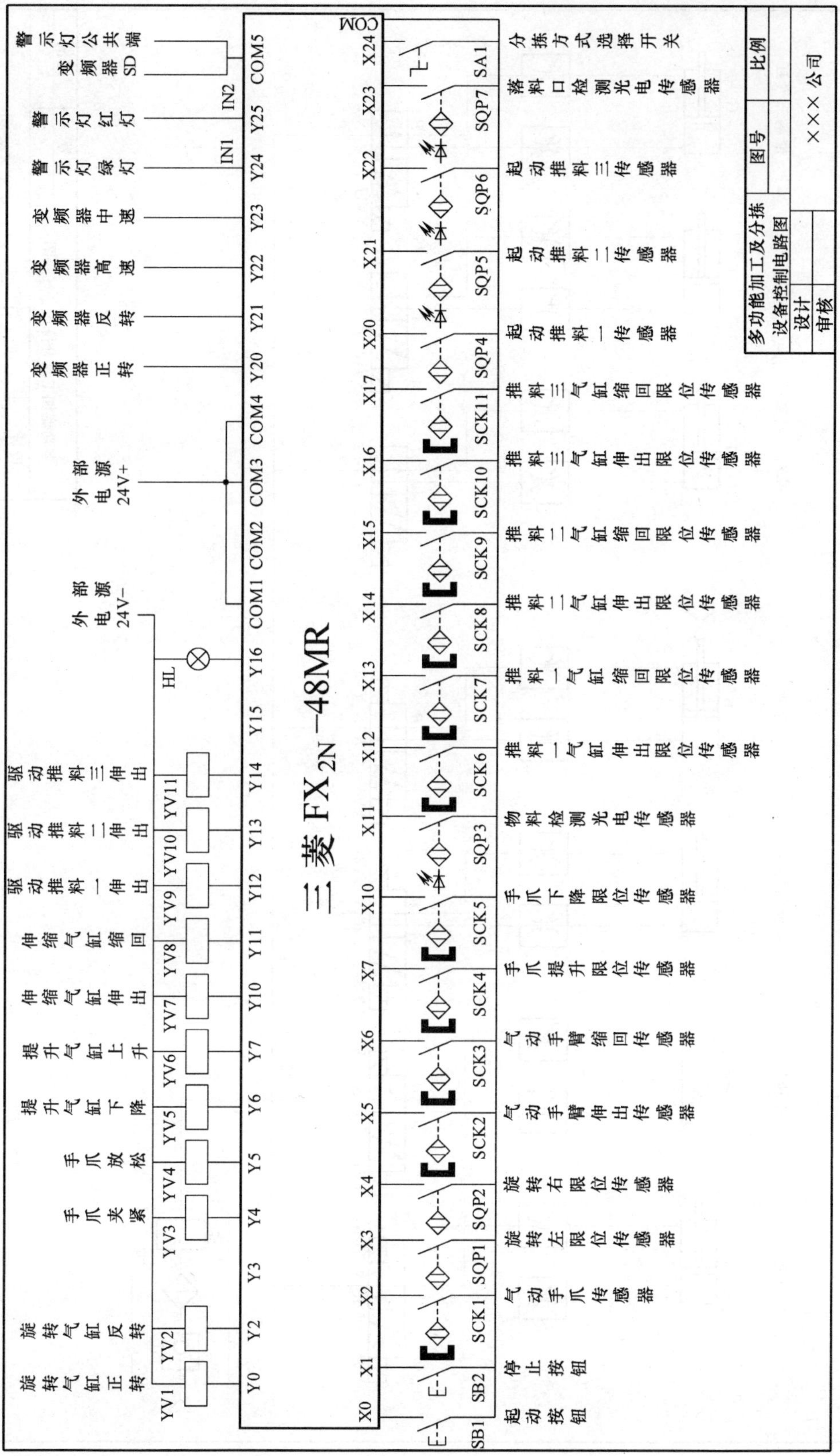

图 8-8　多功能加工及分拣设备控制电路图

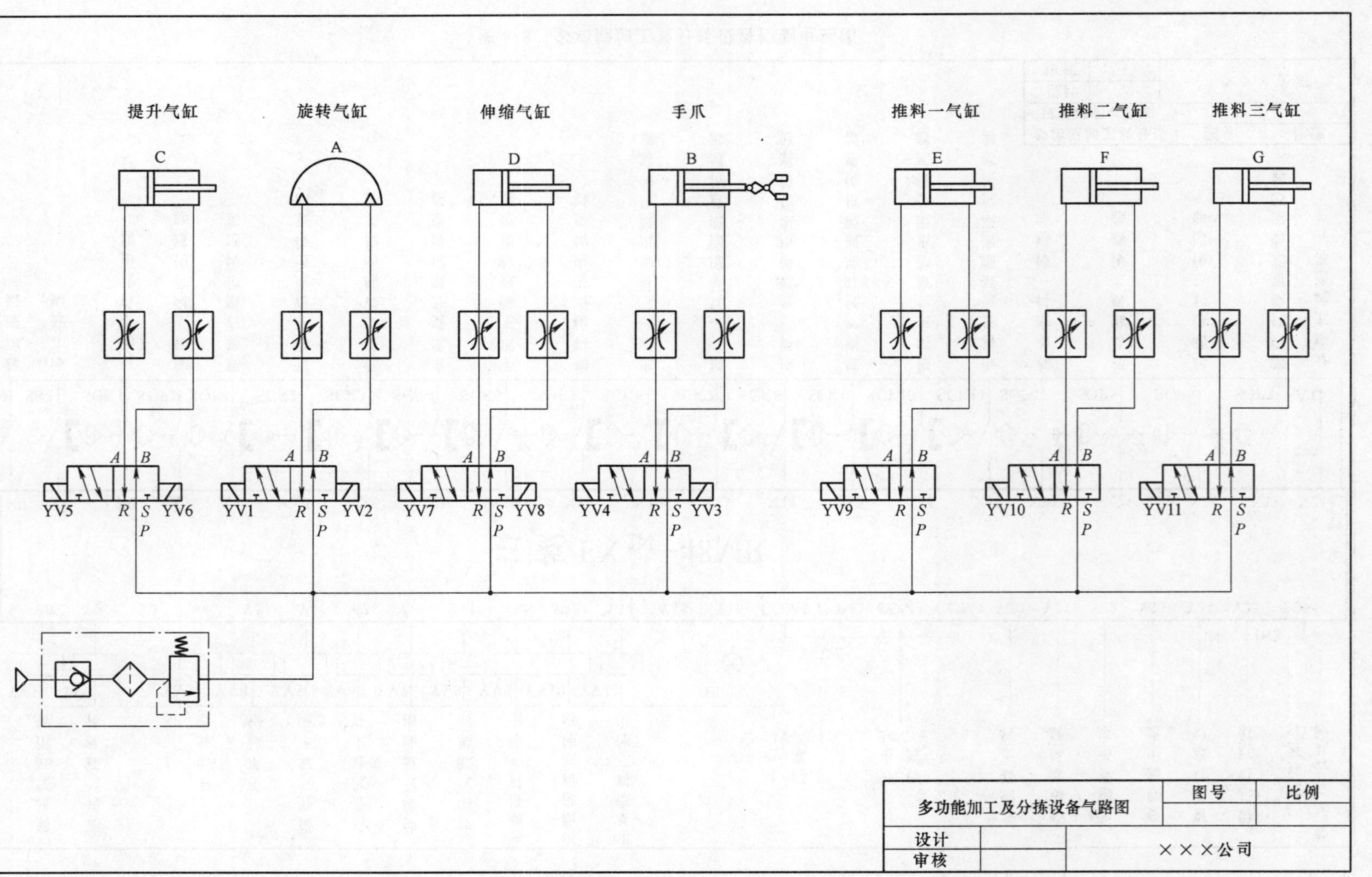

图 8-9 多功能加工及分拣设备气路图

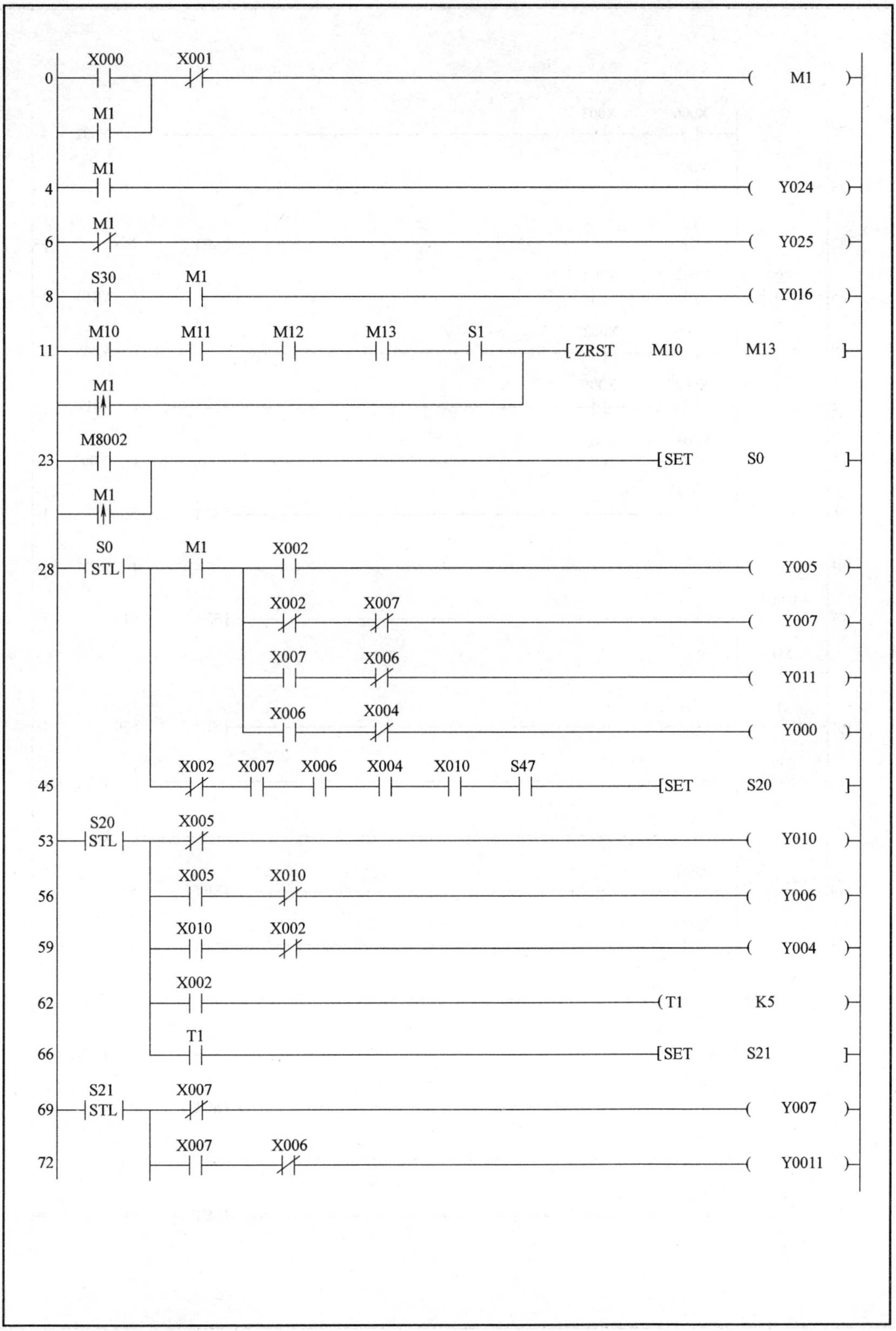

```
0   X000  X001                                   ( M1 )
    M1
4   M1                                           ( Y024 )
6   M1                                           ( Y025 )
8   S30  M1                                      ( Y016 )
11  M10  M11  M12  M13  S1                       [ ZRST  M10  M13 ]
    M1
23  M8002                                        [ SET  S0 ]
    M1
28  S0 STL  M1  X002                             ( Y005 )
                X002  X007                       ( Y007 )
                X007  X006                       ( Y011 )
                X006  X004                       ( Y000 )
45          X002  X007  X006  X004  X010  S47    [ SET  S20 ]
53  S20 STL  X005                                ( Y010 )
56           X005  X010                          ( Y006 )
59           X010  X002                          ( Y004 )
62           X002                                ( T1  K5 )
66           T1                                  [ SET  S21 ]
69  S21 STL  X007                                ( Y007 )
72           X007  X006                          ( Y0011 )
```

图 8-10　多功能加工及分拣设备梯形图

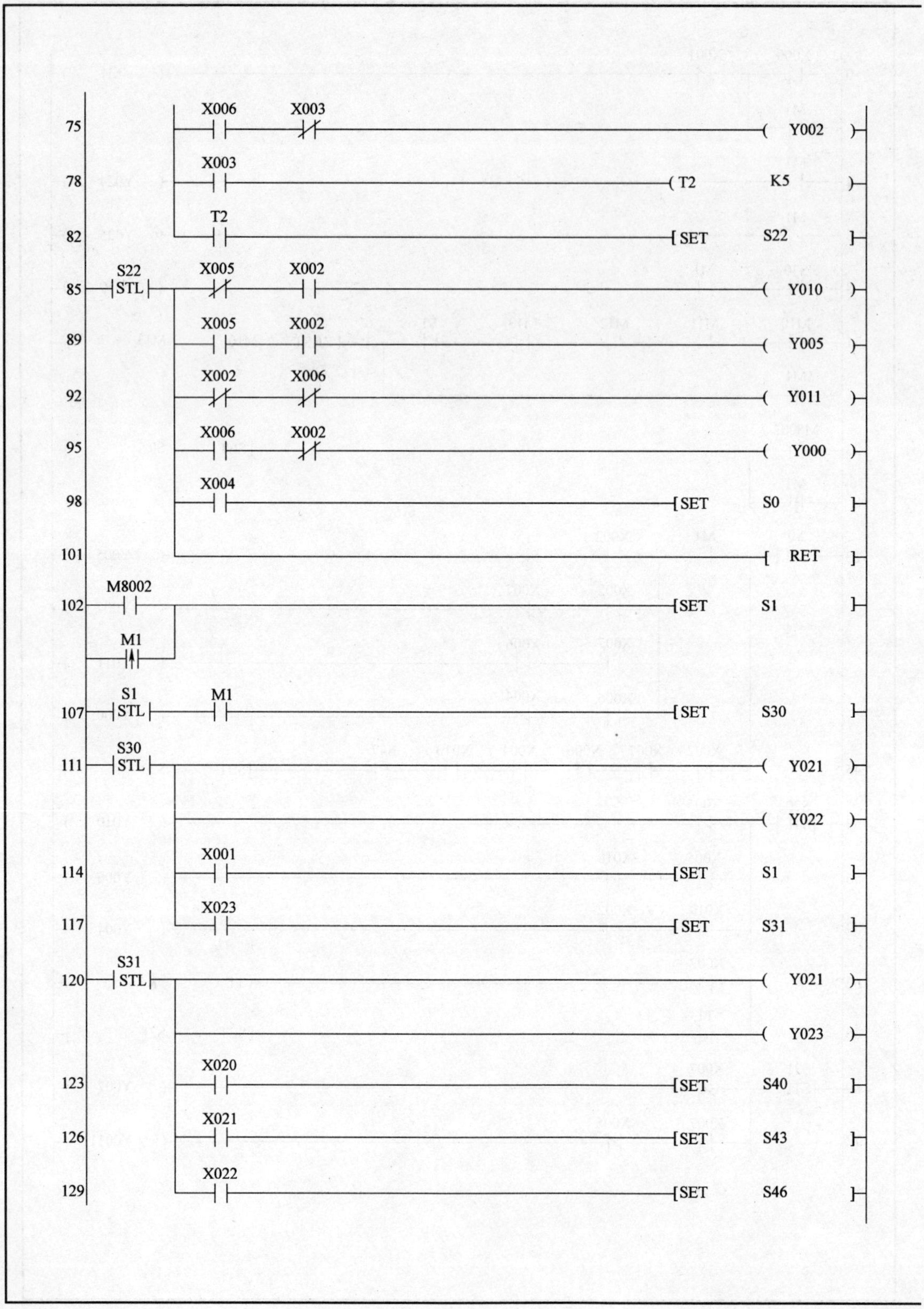

```
75   ──┬─┤ X006 ├──┤/ X003 ├────────────────( Y002 )
78     ├─┤ X003 ├───────────────────( T2        K5 )
82     └─┤ T2 ├─────────────────────[ SET       S22 ]
85   ─┤ S22 STL ├─┬─┤/ X005 ├──┤ X002 ├─────( Y010 )
89                ├─┤ X005 ├──┤ X002 ├──────( Y005 )
92                ├─┤/ X002 ├──┤/ X006 ├────( Y011 )
95                ├─┤ X006 ├──┤/ X002 ├─────( Y000 )
98                ├─┤ X004 ├────────────────[ SET       S0 ]
101               └─────────────────────────[ RET ]
102  ─┬─┤ M8002 ├─┬─────────────────────────[ SET       S1 ]
      └─┤↑ M1 ├───┘
107  ─┤ S1 STL ├──┤ M1 ├────────────────────[ SET       S30 ]
111  ─┤ S30 STL ├─┬─────────────────────────( Y021 )
                  ├─────────────────────────( Y022 )
114               ├─┤ X001 ├────────────────[ SET       S1 ]
117               └─┤ X023 ├────────────────[ SET       S31 ]
120  ─┤ S31 STL ├─┬─────────────────────────( Y021 )
                  ├─────────────────────────( Y023 )
123               ├─┤ X020 ├────────────────[ SET       S40 ]
126               ├─┤ X021 ├────────────────[ SET       S43 ]
129               └─┤ X022 ├────────────────[ SET       S46 ]
```

图 8-10　多功能加工及

```
      S40
132 ─┤SLT├──┬──────────────────────────────────( Y021 )─
            │
            ├──────────────────────────────────( Y023 )─
            │  X022
135         └──┤├──────────────────────────────[SET   S41 ]─
      S41
138 ─┤STL├──┬──────────────────────────────────(T3    K20 )─
            │  T3
142         └──┤├──────────────────────────────[SET   S42 ]─
      S42
145 ─┤STL├──┬──────────────────────────────────( Y020 )─
            │
            ├──────────────────────────────────( Y023 )─
            │  X024     X020     M10
148         ├──┤├───┬───┤├──────┤/├────────────[SET   S50 ]─
            │       │   X021     M11     M12
            │       ├───┤├──────┤├──────┤/├────[SET   S60 ]─
            │       │   M10      M11
            │       ├───┤├──────┤/├──┬─────────[SET   S70 ]─
            │       │   M12          │
            │       └───┤├───────────┘
            │  X024     X020
167         └──┤/├──────┤├─────────────────────[SET   S80 ]─
      S43
171 ─┤STL├──┬──────────────────────────────────( Y021 )─
            │
            ├──────────────────────────────────( Y023 )─
            │  X022
174         └──┤├──────────────────────────────[SET   S44 ]─
      S44
177 ─┤STL├──┬──────────────────────────────────(T4    K20 )─
            │  T4
181         └──┤├──────────────────────────────[SET   S45 ]─
      S45
184 ─┤STL├──┬──────────────────────────────────( Y020 )─
            │
            ├──────────────────────────────────( Y023 )─
            │  M10      M11
187         └──┤├──────┤/├─────────────────────(T5    K43 )─
```

分拣设备梯形图

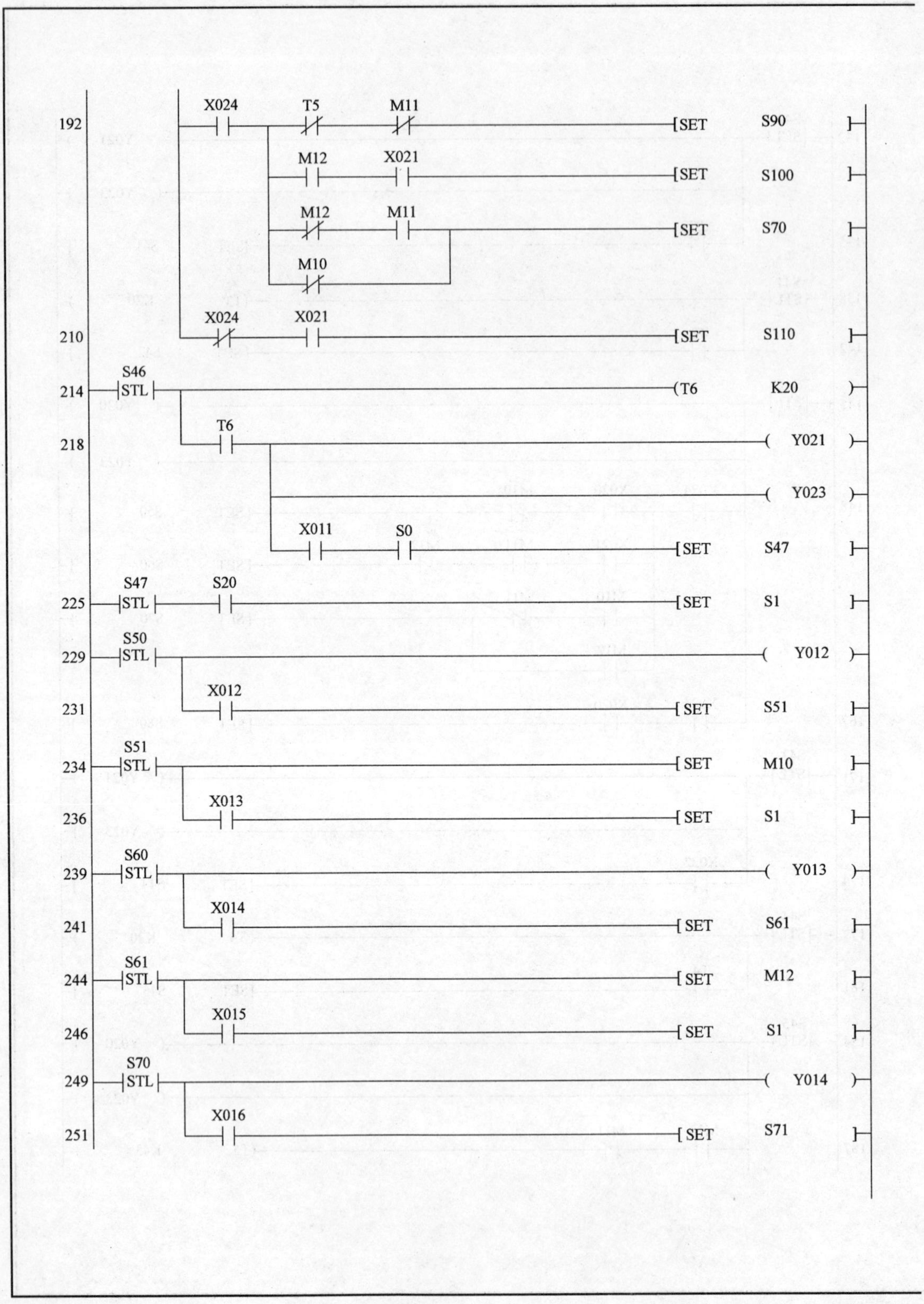

```
192  ─┬─┤ X024 ├─┬─┤/ T5 ├──┤/ M11 ├──────────────[SET  S90 ]
      │         ├─┤ M12 ├───┤ X021 ├──────────────[SET  S100]
      │         ├─┤/ M12 ├──┤ M11 ├─┬─────────────[SET  S70 ]
      │         └─┤/ M10 ├──────────┘
210   └─┤/ X024 ├──┤ X021 ├───────────────────────[SET  S110]
214  ─┤ S46 STL ├─┬───────────────────────────────(T6   K20 )
218             └─┤ T6 ├─┬────────────────────────( Y021 )
                         ├────────────────────────( Y023 )
                         └─┤ X011 ├──┤ S0 ├───────[SET  S47 ]
225  ─┤ S47 STL ├──┤ S20 ├────────────────────────[SET  S1  ]
229  ─┤ S50 STL ├─┬───────────────────────────────( Y012 )
231             └─┤ X012 ├────────────────────────[SET  S51 ]
234  ─┤ S51 STL ├─┬───────────────────────────────[SET  M10 ]
236             └─┤ X013 ├────────────────────────[SET  S1  ]
239  ─┤ S60 STL ├─┬───────────────────────────────( Y013 )
241             └─┤ X014 ├────────────────────────[SET  S61 ]
244  ─┤ S61 STL ├─┬───────────────────────────────[SET  M12 ]
246             └─┤ X015 ├────────────────────────[SET  S1  ]
249  ─┤ S70 STL ├─┬───────────────────────────────( Y014 )
251             └─┤ X016 ├────────────────────────[SET  S71 ]
```

图 8-10　多功能加工及

```
254  S71 STL   X017   [SET  S1   ]
258  S80 STL          (     Y012 )
260        X012       [SET  S81  ]
263  S81 STL   X013   [SET  S1   ]
267  S90 STL          (     Y012 )
269        X012       [SET  S91  ]
272  S91 STL          [SET  M11  ]
274        X013       [SET  S1   ]
277  S100 STL         (     Y013 )
279        X014       [SET  S101 ]
282  S101 STL         [SET  M13  ]
284        X015       [SET  S1   ]
287  S110 STL         (     Y013 )
289        X014       [SET  S111 ]
292  S111 STL  X015   [SET  S1   ]
296                   [     RET  ]
297                   [     END  ]
```

分拣设备梯形图（续）

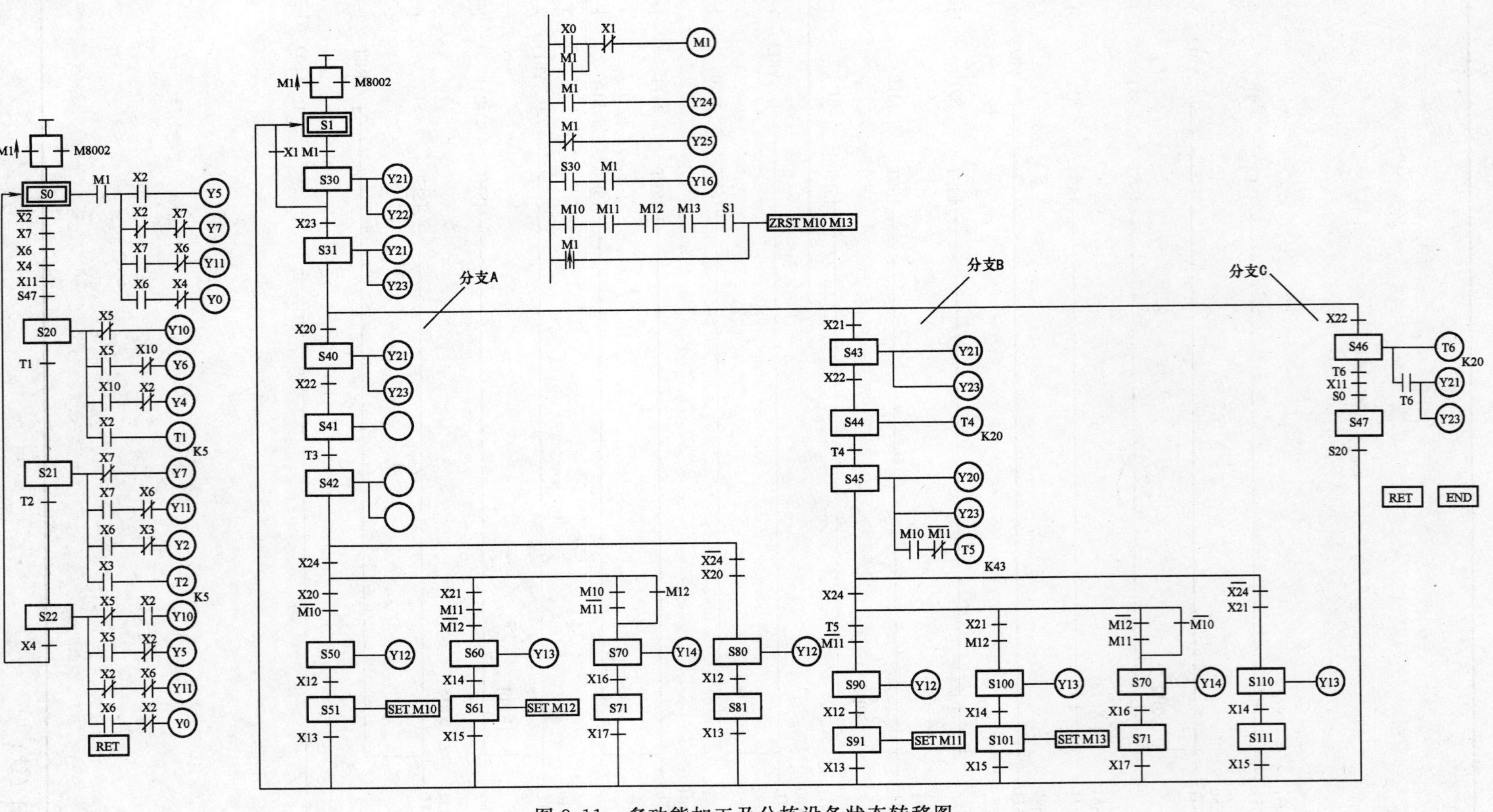

图 8-11　多功能加工及分拣设备状态转移图

2）指示灯控制。起动前，M1=OFF，Y25 为 ON，警示灯红灯点亮，表示设备停止。起动后 M1=ON，红灯熄灭；Y24 为 ON，警示灯绿灯点亮，表示设备运行。S30=ON，Y16 为 ON，指示灯 HL 点亮，表示传送带上无料，可以加料。

3）机械手复位控制。设备起动时，M1=ON，S0 状态下执行复位程序，机械手手爪放松、手抓上升、手臂缩回、手臂向右旋转至右侧限位处停止。

4）搬运物料。若 S47 为 ON，且料台有黑色物料，X11 为 ON，便激活 S20 状态→Y10=ON，手臂伸出→X5=ON，Y6=ON，手爪下降→X10=ON，Y4=ON，手爪夹紧→夹紧定时 0.5s 到，激活 S21 状态→Y7=ON，手爪上升→X7=ON，Y11=ON，手臂缩回→X6=ON，Y2=ON，手臂左旋→手臂左旋到位定时 0.5s，激活 S22 状态→Y10=ON，手臂伸出→X5=ON，Y5=ON，手爪放松→手爪放松到位，X2=OFF，Y11=ON，手臂缩回→X6=ON，Y0=ON，手臂右旋→手臂右旋到位，X4=ON，激活 S0 状态，开始新的循环。

5）输送物料。系统起动后，S30 状态激活，Y21、Y22 为 ON，传送带自右向左高速运行。有料时，X23=ON，S31 状态激活，Y21、Y23 为 ON，传送带中速向左输送物料。

6）方式一：简单分拣（X24=OFF）

① 金属物料。执行分支 A，物料至 C 点位置，X22=ON，S40 状态关闭，传送带停止，开始加工；S41 状态激活，计时 2s。时间到，S41 状态关闭，停止加工；S42 状态激活，Y20、Y23 为 ON，传送带中速向右输送物料。至 A 点位置，X20 为 ON，S42 状态关闭，传送带停止，S80 状态激活，Y12 为 ON，推料一气缸伸出将物料推入料槽一内。伸出到位后，X12=ON，S80 状态关闭，Y12 为 OFF，推料一气缸缩回；S81 状态激活，缩回到位后开始新的循环。

② 白色塑料物料。执行分支 B，物料至 C 点位置，X22=ON，S43 状态关闭，传送带停止，开始加工；S44 状态激活，计时 2s。时间到，S44 状态关闭，停止加工；S45 状态激活，Y20、Y23 为 ON，传送带中速向右输送物料。至 B 点位置，X21 为 ON，S45 状态关闭，传送带停止，S110 状态激活，Y13 为 ON，推料二气缸伸出将物料推入料槽二内。伸出到位后，X14=ON，S110 状态关闭，Y13 为 OFF，推料二气缸缩回；S111 状态激活，缩回到位后开始新的循环。

③ 黑色塑料物料。对于两种工作方式，黑色塑料物料均为不合格物料，执行分支 C。物料传送至 C 点位置，X22=ON，S31 状态关闭，传送带停止，开始加工；S46 状态激活，计时 2s。时间到，Y21、Y23 为 ON，继续向左传送。物料至 D 点位置，料台传感器X11=ON，此时若机械手在原位，则 S46 状态关闭，传送带停止。机械手搬运后开始新的循环。

7）方式二：组合分拣（X24=ON）。物料加工过程与方式一相同。

① 料槽一物料组合分拣。所有推料标志均为 OFF。

若第一个物料为白色塑料物料，为不符合要求的物料。在 C 点位置加工 2s 后，直接因 M10 常闭满足条件（分支 B 中第三个分支），激活 S70 状态，Y14 为 ON，推料三气缸伸出将它推入料槽三内。

若第一个物料为金属物料，为符合要求的物料。在 C 点加工 2s 返回至 A 点位置时，

X20 为 ON，S42 状态关闭，传送带停止；S50 状态激活，Y12 为 ON，推料一气缸伸出将它推入料槽一内。伸出到位后，X12=ON，S50 状态关闭，Y12 为 OFF，推料一气缸缩回；S51 状态激活，标志 M10 置位为 ON，缩回到位后开始新的循环。

若第二个物料为金属物料，为不符合要求的物料。在 C 点位置加工 2s 后，直接因 M10 为 ON、M11 常闭满足条件（分支 A 中第三个分支），激活 S70 状态，Y14 为 ON，推料三气缸伸出将它推入料槽三内。

若第二个物料为白色塑料物料，为符合要求的物料，在 C 点位置加工 2s 后，S45 状态激活，Y20、Y23 为 ON，将物料向右传送，同时 T5 开始计时 4.3s［电感式传感器（测金属）不能识别塑料物料，使用计时传送的方法将塑料物料送至 A 点位置，故 T5 的设定值要根据现场情况进行修正］，时间到，S45 状态关闭，传送带停止；S90 状态激活，Y12 为 ON，推料一气缸伸出将它推入料槽一内。伸出到位后，X12=ON，S90 状态关闭，Y12 为 OFF，推料一气缸缩回；S91 状态激活，标志 M11 置位为 ON，缩回到位后开始新的循环。

② 料槽二物料的组合分拣。

若第一个物料为白色塑料物料，为不符合要求的物料。在 C 点位置加工 2s 后，直接因 M11 为 ON、M12 常闭满足条件（分支 B 中第三个分支），激活 S70 状态，Y14 为 ON，推料三气缸伸出将它推入料槽三内。

若第一个物料为金属物料，为符合要求的物料。在 C 点位置加工 2s 返回至 B 点位置时，X21 为 ON，S42 状态关闭，传送带停止；S60 状态激活，Y13 为 ON，推料二气缸伸出将它推入料槽二内。伸出到位后，X14=ON，S60 状态关闭，Y13 为 OFF，推料二气缸缩回；S61 状态激活，标志 M12 置位为 ON，缩回到位后开始新的循环。

若第二个物料为金属物料，为不符合要求的物料。在 C 位置点加工 2s 后，直接因 M12 为 ON 满足条件（分支 A 中第三个分支），激活 S70 状态，Y14 为 ON，推料三气缸伸出将它推入料槽三内。

若第二个物料为白色塑料物料，为符合要求的物料。在 C 点位置加工 2s 返回至 B 点位置时，X21=ON，S45 状态关闭，传送带停止；S100 状态激活，Y13 为 ON，推料二气缸伸出将它推入料槽二内。伸出到位后，X14=ON，S100 状态关闭，Y13 为 OFF，推料二气缸缩回；S101 状态激活，标志 M13 置位为 ON，缩回到位后回到初始状态。至此两槽的一次组合分拣完成，所有推料标志复位，进行下一回分拣工作。

（6）制定施工计划　多功能加工及分拣设备的安装与调试流程如图 8-12 所示。以此为依据，施工人员填写表 8-3，合理制定施工计划，确保在定额时间内完成规定的施工任务。

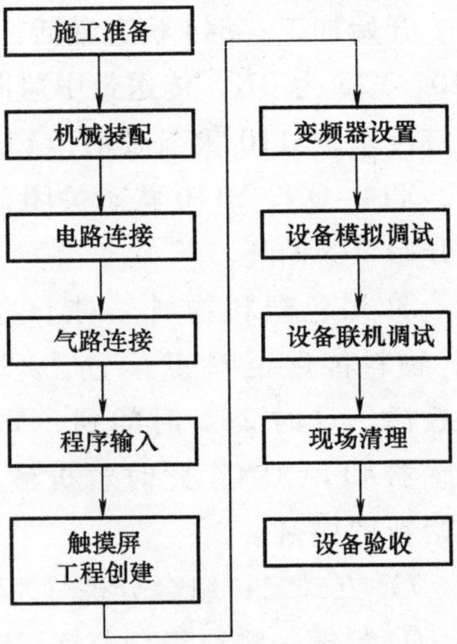

施工准备
机械装配
电路连接
气路连接
程序输入
触摸屏工程创建
变频器设置
设备模拟调试
设备联机调试
现场清理
设备验收

图 8-12　多功能加工及分拣设备的安装与调试流程图

2. 施工准备

（1）设备清点　检查设备部件是否齐全，并归类放置。多功能加工及分拣设备清单见表 8-4。

表 8-3　施工计划表

设 备 名 称		施工日期	总工时/h	施工人数/人	施工负责人	
XXX 多功能加工及分拣设备						
序　号	施工任务			施工人员	工序定额	备注
1	阅读设备技术文件					
2	机械装配、调整					
3	电路连接、检查					
4	气路连接、检查					
5	程序输入					
6	触摸屏工程创建					
7	设置变频器参数					
8	设备模拟调试					
9	设备联机调试					
10	现场清理,技术文件整理					
11	设备验收					

表 8-4　设备清单

序号	名　　称	型号规格	数量	单位	备　注
1	直流减速电动机	24V	1	只	
2	放料转盘		1	个	
3	转盘支架		2	个	
4	物料支架		1	套	
5	警示灯及其支架	两色、闪烁	1	套	
6	伸缩气缸套件	CXSM15-100	1	套	
7	提升气缸套件	CDJ2KB16-75-B	1	套	
8	手爪套件	MHZ2-10D1E	1	套	
9	旋转气缸套件	CDRB2BW20-180S	1	套	
10	机械手固定支架		1	套	
11	缓冲器		2	只	
12	传送线套件	50×700	1	套	
13	推料气缸套件	CDJ2KB10-60-B	3	套	
14	料槽套件		3	套	
15	电动机及安装套件	380V、25W	1	套	
16	落料口		1	只	
17	光电传感器及其支架	E3Z-LS61	1	套	出料口
18		GO12-MDNA-A	1	套	落料口
19	电感式传感器	NSN4-2M60-E0-AM	3	套	
20	光纤传感器及其支架	E3X-NA11	2	套	

（续）

序号	名　　称	型号规格	数量	单位	备　注
21	磁性传感器	D-59B	1	套	手爪紧松
22		SIWKOD-Z73	2	套	手臂伸缩
23		D-C73	8	套	手爪升降推料限位
24	PLC 模块	YL050、FX_{2N}-48MR	1	块	
25	变频器模块	E540、0.75kW	1	块	
26	触摸屏及通信线	eview MT4300C	1	套	
27	按钮模块	YL157	1	块	
28	电源模块	YL046	1	块	
29	螺钉	不锈钢内六角螺钉 M6×12	若干	只	
30		不锈钢内六角螺钉 M4×12	若干	只	
31		不锈钢内六角螺钉 M3×10	若干	只	
32	螺母	椭圆形螺母 M6	若干	只	
33		M4	若干	只	
34		M3	若干	只	
35	垫圈	ϕ4	若干	只	

（2）工具清点　设备组装工具见表 8-5，施工人员应清点工具的数量，同时认真检查其性能是否完好。

表 8-5　工具清单

序　号	名　　称	规格、型号	数　量	单　位
1	工具箱		1	只
2	螺钉旋具	一字、100mm	1	把
3	钟表螺钉旋具		1	套
4	螺钉旋具	十字、150mm	1	把
5	螺钉旋具	十字、100mm	1	把
6	螺钉旋具	一字、150mm	1	把
7	斜口钳	150mm	1	把
8	尖嘴钳	150mm	1	把
9	剥线钳	鸿义	1	把
10	内六角扳手（组套）	PM-C9	1	套
11	万用表	MY60 华谊	1	只

三、实施任务

根据制定的施工计划，按顺序组装多功能加工及分拣设备，施工中应及时调整进度，保证定额。施工时必须严格遵守安全操作规程，加强安全保障措施，确保人身和设备安全。

1. 机械装配

（1）机械装配前的准备

按照要求清理现场，准备图样及工具，并安排装配流程。参考流程如图 8-13 所示。

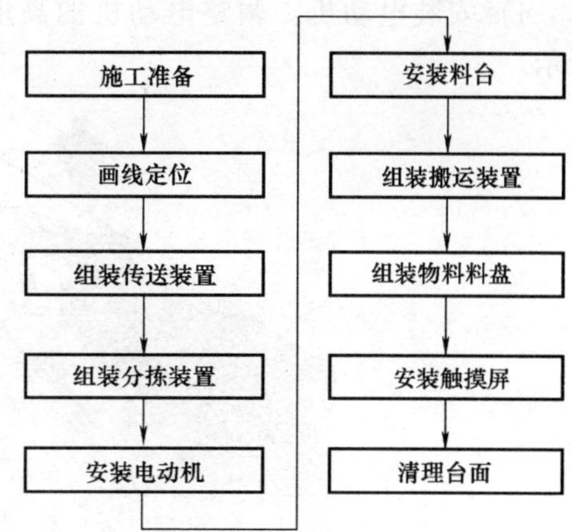

图 8-13　机械装配流程图

（2）机械装配步骤　依据确定的组装顺序，对照设备装配示意图组装多功能加工及分拣设备。

1）画线定位。

2）组装传送装置。参考图 8-14，组装传送装置。

① 安装传送线脚支架。

② 在传送线的右侧（电动机侧）固定落料口，并保证物料落放准确、平稳。

③ 安装落料口传感器。

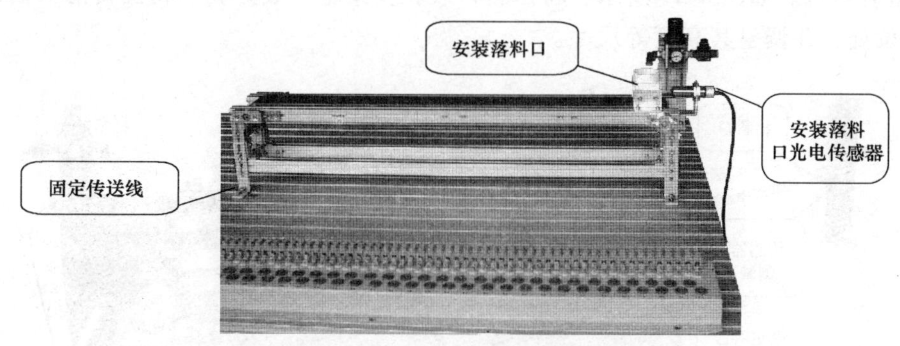

图 8-14　组装传送线

④ 将传送线固定在定位处。

3）组装分拣装置。参考图 8-15，组装分拣装置。

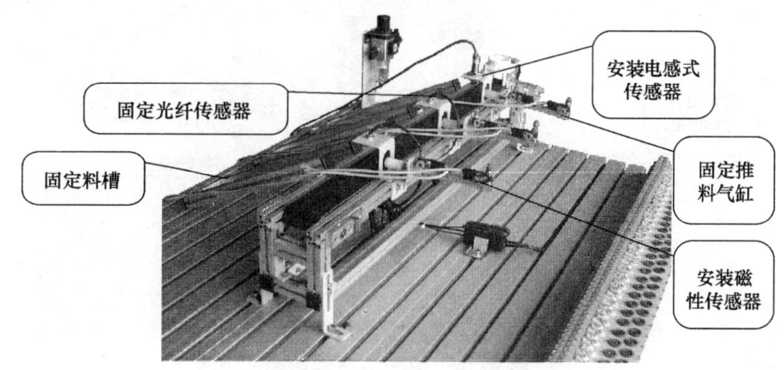

图 8-15　组装分拣装置

① 组装起动推料传感器。

② 组装推料气缸。

③ 固定、调整料槽及其推料气缸为同一中性线。

4）安装电动机。调整电动机的高度、垂直度，直至电动机与传送带同轴，如图 8-16 所示。

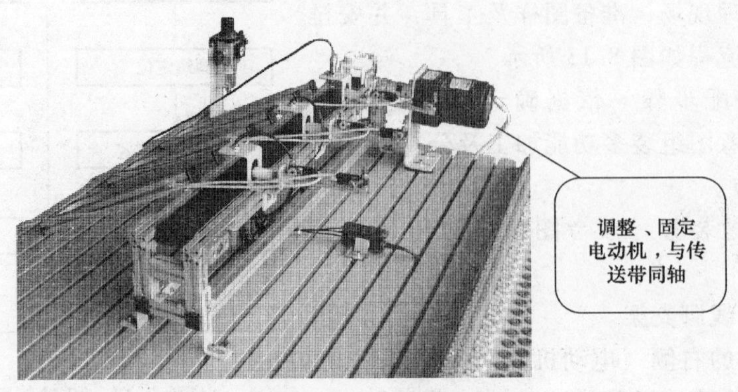

图 8-16　安装电动机

5）组装料台。如图 8-17 所示，将出料口装在支架上，装好物料检测传感器后，将支架固定在定位处，并调整其高度等尺寸。

图 8-17　组装料台

6）将电磁阀阀组固定在定位处，如图 8-18 所示。

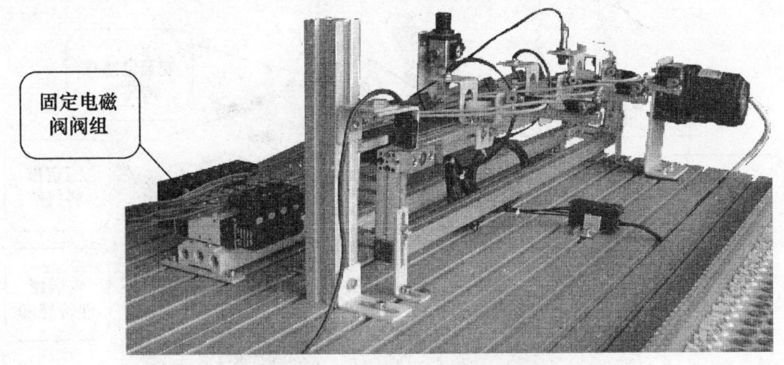

图 8-18　固定电磁阀阀组

7）组装搬运装置。参考图 8-19，组装固定机械手。

① 安装旋转气缸。

② 组装机械手支架。

③ 组装机械手手臂。

④ 组装提升臂。

⑤ 安装手爪。

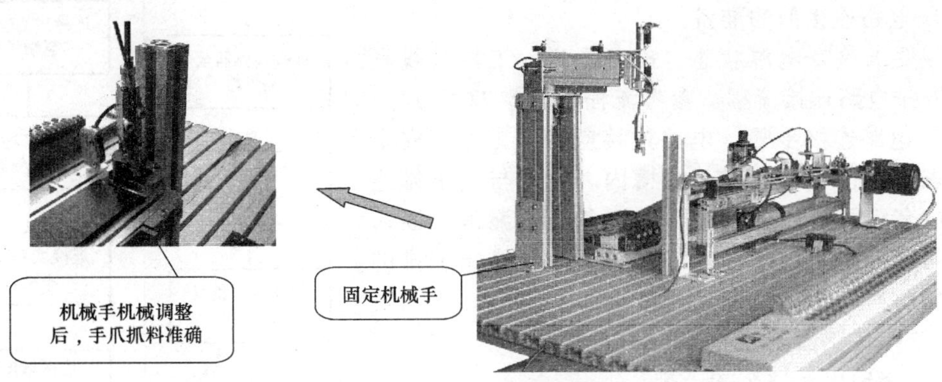

图 8-19　固定、调整机械手

⑥ 固定磁性传感器。

⑦ 固定左右限位装置。

⑧ 固定机械手，调整机械手摆幅、高度等尺寸，使机械手能准确地将料台内的物料取出。

8）固定物料料盘。如图 8-20 所示，装好物料料盘，并将其固定在定位处。调整后，机械手能准确无误地将物料释放至料盘内。

图 8-20　固定物料料盘

9）固定触摸屏和警示灯。如图 8-21 所示，将触摸屏和警示灯固定在定位处。

图 8-21　固定触摸屏和警示灯

10）清理台面，保持台面无杂物或多余部件。

2. 电路连接

（1）电路连接前的准备

按照要求检查电源状态，准备图样、工具及线号管，并安排电路连接流程。参考流程如图 8-22 所示。

（2）电路连接步骤　电路连接应符合工艺、安全规范要求，所有导线应置于线槽内。导线与端子排连接时，应套线号管并及时编号，避免错编漏编。插入端子排的连接线必须接触良好且紧固。接线端子排的布置图如图 8-23 所示。

1）连接传感器至端子排。

2）连接输出元件至端子排。

3）连接电动机至端子排。

4）连接 PLC 的输入信号端子至端子排。

5）连接 PLC 的输入信号端子至按钮模块。

6）连接 PLC 的输出信号端子至端子排。（负载电源暂不连接，待 PLC 模拟调试成功后进行）。

7）连接 PLC 的输出信号端子至变频器。

8）连接变频器至电动机。

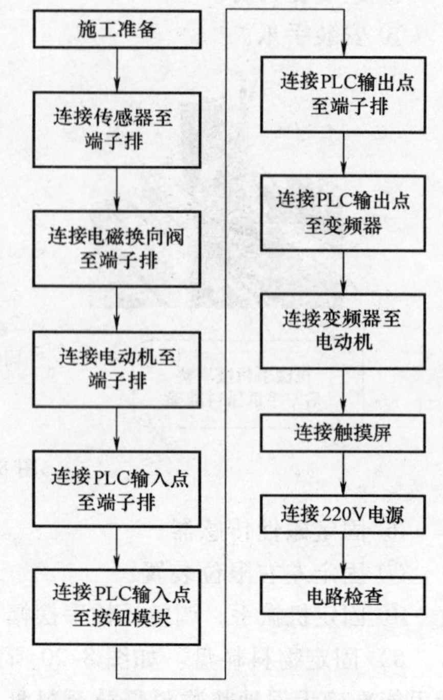

图 8-22　电路连接流程图

9）连接触摸屏的电源输入端子至电源模块中的 24V 直流电源。

10）将电源模块中的单相交流电源引至 PLC 模块。

11）将电源模块中的三相电源和接地线引至变频器的主回路输入端子 L1、L2、L3、PE。

12）电路检查。对照电路图检查是否掉线、错线；是否漏编、错编，接线是否牢固等。

13）清理台面，工具入箱。

3. 气动回路连接

（1）气路连接前的准备

按照要求检查空气压缩机状态、准备图样及工具，并安排气动回路连接步骤。

（2）气路连接步骤　根据气路图连接气路。连接时，应避免直角或锐角弯曲，尽量平行布置，力求走向合理且气管最短，如图 8-24 所示。

1）连接气源。

2）连接执行元件。

3）整理、固定气管。

4）清理杂物，工具入箱。

4. 程序输入

启动三菱 PLC 编程软件，输入梯形图 8-10。

1）启动三菱 PLC 编程软件。

2）创建新文件，选择 PLC 类型。

3）输入程序。

4）转换梯形图。

端子接线布置图

注：

1. 传感器引出线　棕色表示“正”，蓝色表示“负”，黑色表示“输出”。
2. 电控阀分单向和双向，单向一个线圈，双向两个线圈。图中“1”、“2”表示一个线圈的两个接头。

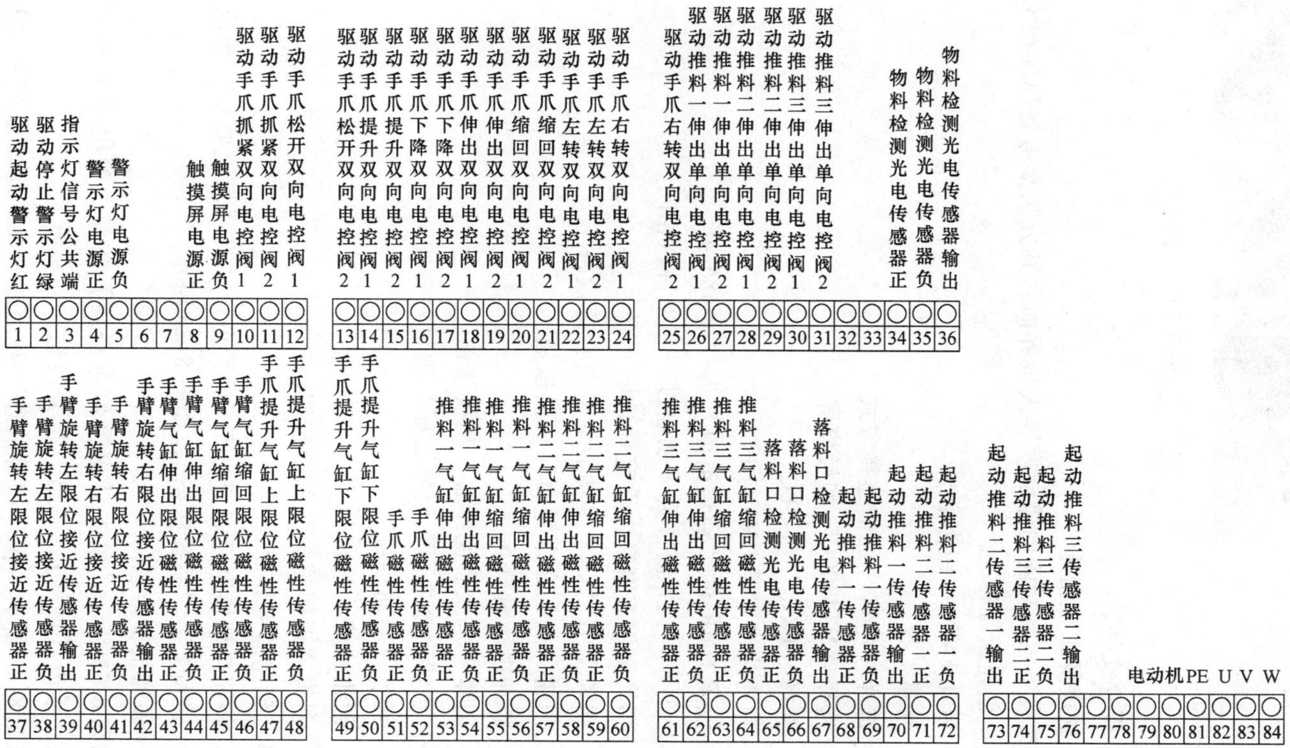

端子	接线
1	驱动起动警示灯红
2	驱动停止警示灯绿
3	指示灯信号公共端
4	警示灯电源正
5	警示灯电源负
6	
7	
8	触摸屏电源正
9	触摸屏电源负
10	驱动手爪抓紧双向电控阀1
11	驱动手爪抓紧双向电控阀2
12	驱动手爪松开双向电控阀1
13	驱动手爪松开双向电控阀2
14	驱动手爪提升双向电控阀1
15	驱动手爪提升双向电控阀2
16	驱动手爪下降双向电控阀1
17	驱动手爪下降双向电控阀2
18	驱动手爪伸出双向电控阀1
19	驱动手爪伸出双向电控阀2
20	驱动手爪缩回双向电控阀1
21	驱动手爪缩回双向电控阀2
22	驱动手爪左转双向电控阀1
23	驱动手爪左转双向电控阀2
24	驱动手爪右转双向电控阀1
25	驱动手爪右转双向电控阀2
26	驱动推料一伸出单向电控阀1
27	驱动推料一伸出单向电控阀2
28	驱动推料二伸出单向电控阀1
29	驱动推料二伸出单向电控阀2
30	驱动推料三伸出单向电控阀1
31	驱动推料三伸出单向电控阀2
32	
33	
34	物料检测光电传感器正
35	物料检测光电传感器负
36	物料检测光电传感器输出
37	手臂旋转左限位接近传感器正
38	手臂旋转左限位接近传感器负
39	手臂旋转左限位接近传感器输出
40	手臂旋转右限位接近传感器正
41	手臂旋转右限位接近传感器负
42	手臂旋转右限位接近传感器输出
43	手臂气缸伸出限位磁性传感器正
44	手臂气缸伸出限位磁性传感器负
45	手臂气缸缩回限位磁性传感器正
46	手臂气缸缩回限位磁性传感器负
47	手爪提升气缸上限位磁性传感器正
48	手爪提升气缸上限位磁性传感器负
49	手爪提升气缸下限位磁性传感器正
50	手爪提升气缸下限位磁性传感器负
51	手爪磁性传感器正
52	手爪磁性传感器负
53	推料一气缸伸出磁性传感器正
54	推料一气缸伸出磁性传感器负
55	推料一气缸缩回磁性传感器正
56	推料一气缸缩回磁性传感器负
57	推料二气缸伸出磁性传感器正
58	推料二气缸伸出磁性传感器负
59	推料二气缸缩回磁性传感器正
60	推料二气缸缩回磁性传感器负
61	推料三气缸伸出磁性传感器正
62	推料三气缸伸出磁性传感器负
63	推料三气缸缩回磁性传感器正
64	推料三气缸缩回磁性传感器负
65	落料口检测光电传感器正
66	落料口检测光电传感器负
67	落料口检测光电传感器输出
68	起动推料一传感器正
69	起动推料一传感器负
70	起动推料一传感器输出
71	起动推料二传感器一正
72	起动推料二传感器一负
73	起动推料二传感器一输出
74	起动推料三传感器二正
75	起动推料三传感器二负
76	起动推料三传感器二输出
77	
78	
79	
80	
81	电动机PE
82	U
83	V
84	W

图 8-23　端子接线布置图

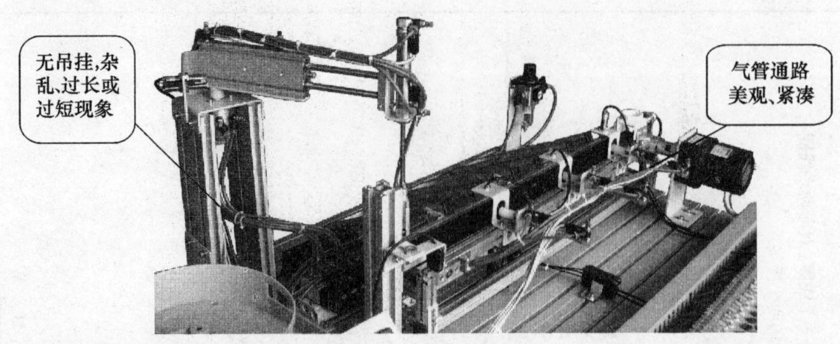

图 8-24 气路连接

5）保存文件。

5. 触摸屏工程创建

根据设备控制功能创建触摸屏人机界面，其方法参考触摸屏技术文件。

（1）创建新工程

1）启动 EV5000 组态软件。

2）新建工程。

3）选择“串口”通信连接方式。

4）选择“MT4300C”型触摸屏。

5）选择“FX_{2N}”型 PLC。

6）用通信线连接 HMI 与 PLC。

7）设置 HMI0 的“通信类型”为“RS485-4”。

（2）创建人机界面首页 创建过程与项目六相同。

1）切换至组态窗口，设定背景填充颜色。

2）插入文字“XXX 多功能加工及分拣设备”。

3）创建“进入命令界面”切换按钮。

4）添加组态窗口 5。

5）创建“进入监视界面”切换按钮。

（3）创建命令界面 创建过程与项目六相同。

1）创建“起动按钮”。

2）创建“停止按钮”。

3）创建“返回首页”切换按钮。

（4）创建监视界面

1）将窗口切换至组态窗口 5，设置窗口“背景填充效果”为淡青色。

2）插入文字“系统状态”，如图 8-25 所示。

3）添加报警信息

如图 8-25 所示，单击【报警信息登录】按钮，弹出图 8-26 所示的“报警信息登录”对话框。单击【增加】，弹出“报警信息”对话框。

如图 8-27 所示，在“报警信息”对话框中设定地址为 Y24，设定属性为开状态报警。

如图 8-28 所示，在内容栏内输入“系统运行中”，设定字号为 24、亮绿色。单击【确定】后，登录框如图 8-29 所示。

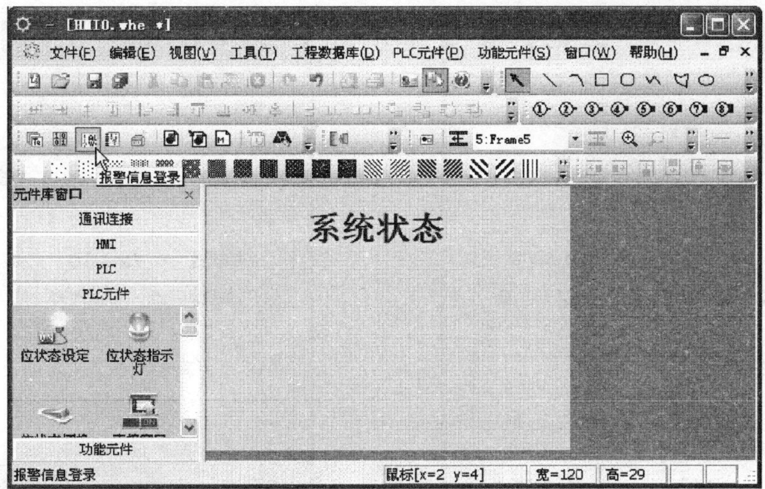

图 8-25　插入文字“系统状态”后的组态窗口

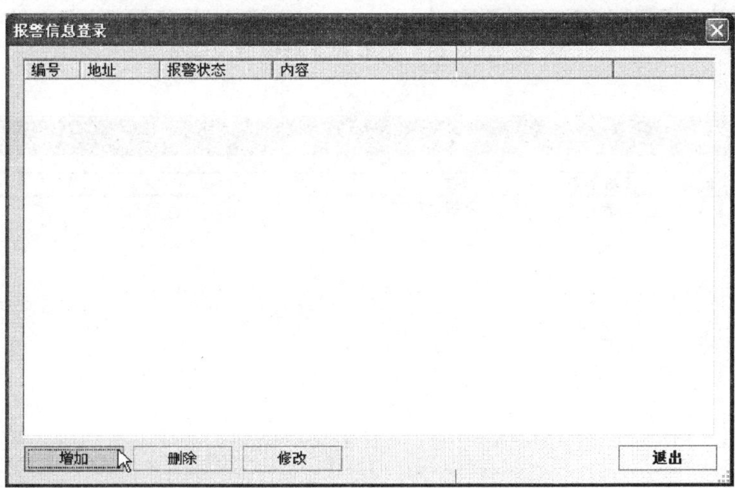

图 8-26　“报警信息登录”对话框

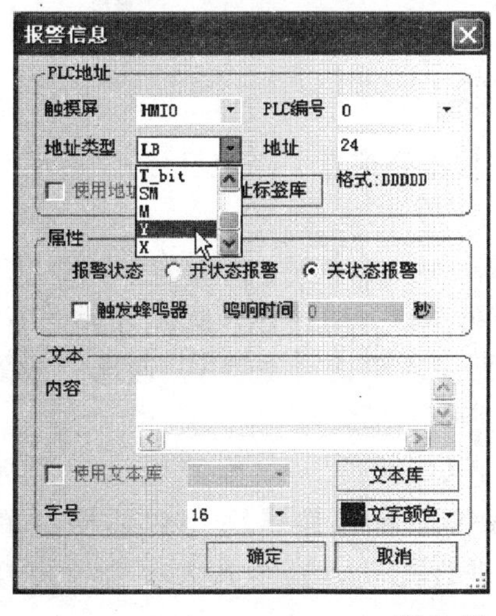

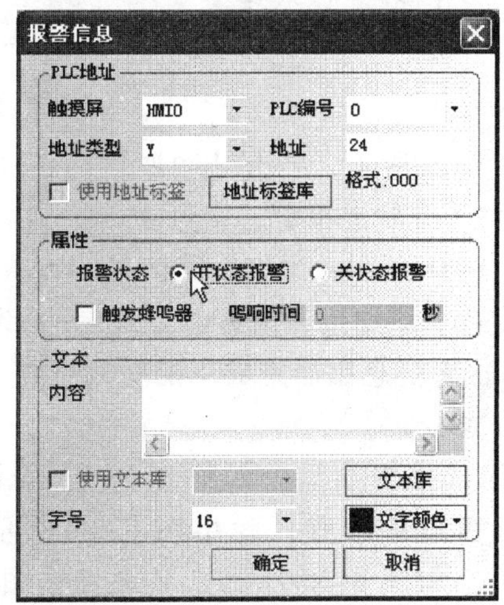

图 8-27　地址和属性设置

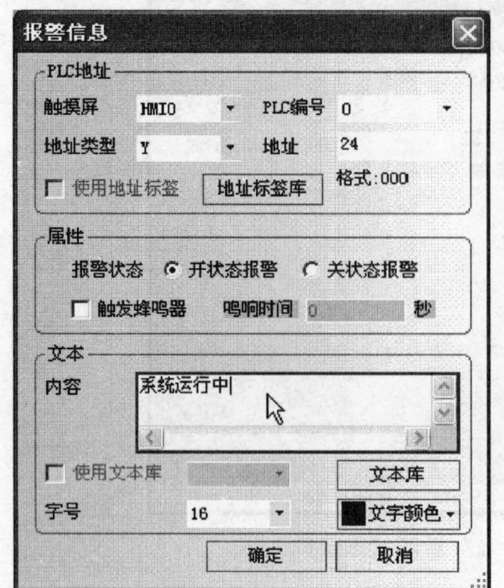

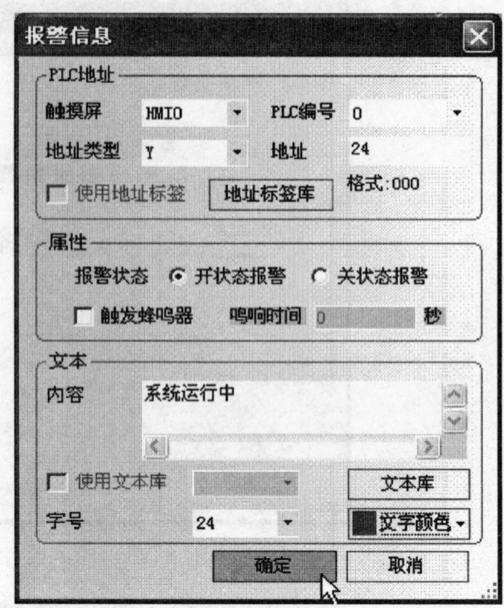

图 8-28　文本和字号设置

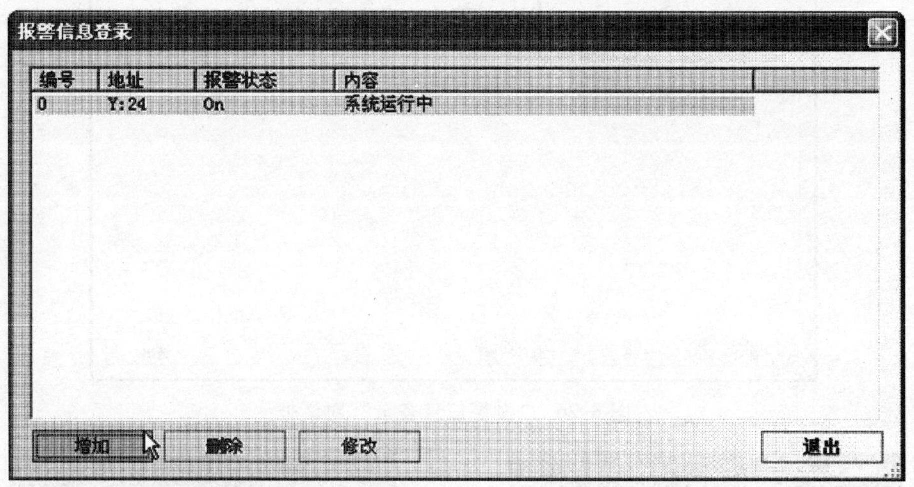

图 8-29　“系统运行中”添加后的登录框

如图 8-29 所示，单击【增加】，同样的方法添加报警信息“系统已停止”，设定地址为 Y25，属性为开状态报警，字号为 24、红色，如图 8-30 所示。

如图 8-31 所示，添加报警信息“方式一”，设定地址为 X24，属性为关状态报警，字号为 24、蓝色。添加报警信息“方式二”，设定地址为 X24，属性为开状态报警，字号为 24、金黄色。报警信息添加完成后的登录框如图 8-32 所示。单击【退出】，退出“报警信息登录”对话框。

4）添加报警显示。如图 8-33 所示，选择“PLC 元件”→“报警显示”图标，将其拖至组态窗口中放置，弹出图 8-34 所示的“报警显示元件属性”对话框，单击【确定】即可。如图 8-35 所示，右键点住图框一角进行拖动，直至其大小合适再释放，便创建完成。

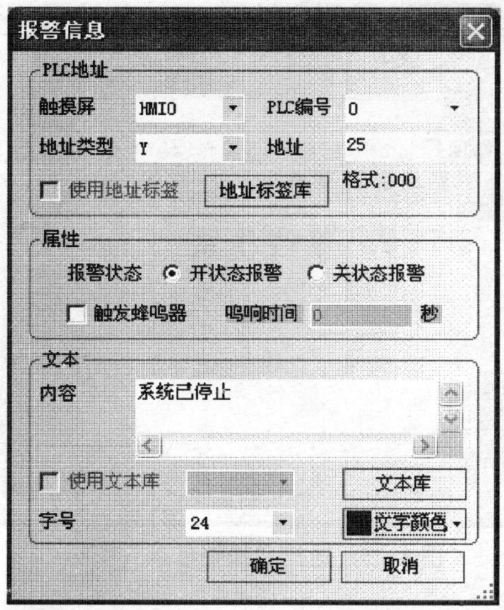

图 8-30 “系统已停止”报警信息的设定

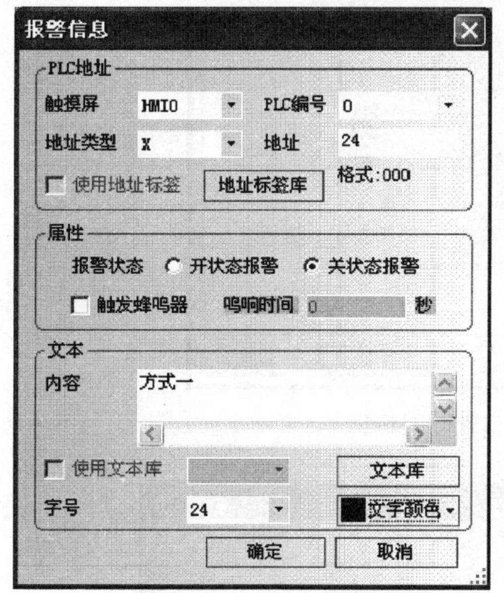

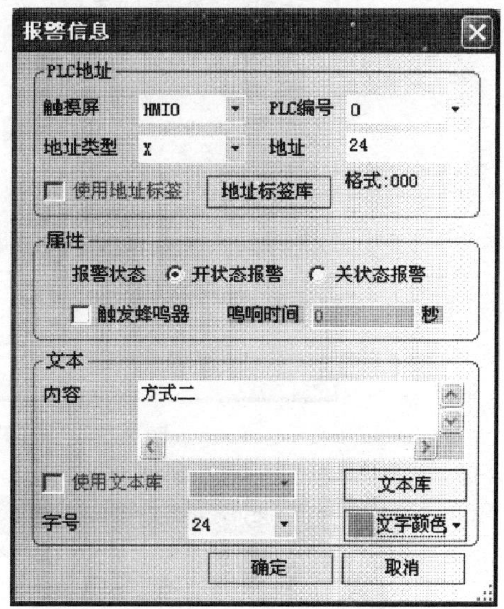

图 8-31 工作方式报警信息的设定

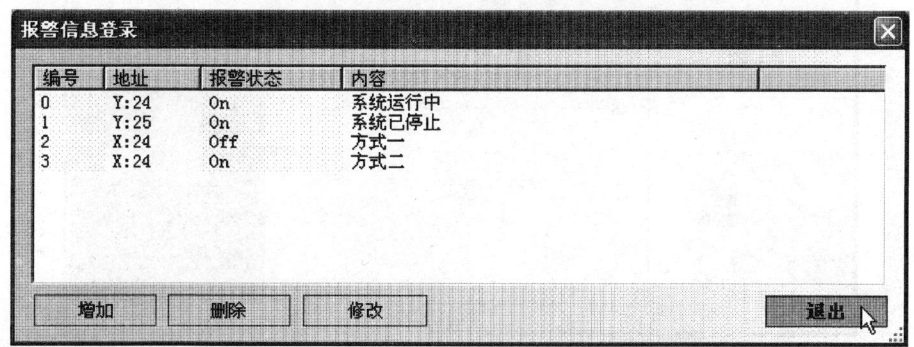

编号	地址	报警状态	内容
0	Y:24	On	系统运行中
1	Y:25	On	系统已停止
2	X:24	Off	方式一
3	X:24	On	方式二

图 8-32 报警信息添加完成后的登录框

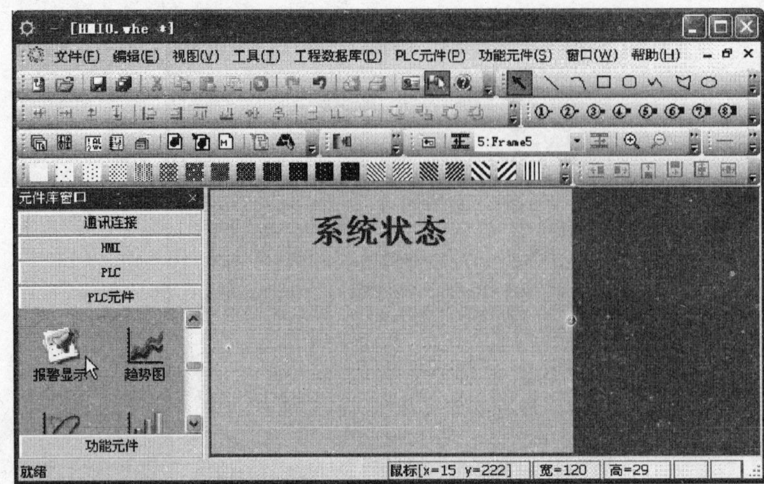

图 8-33　选择“报警显示”图标

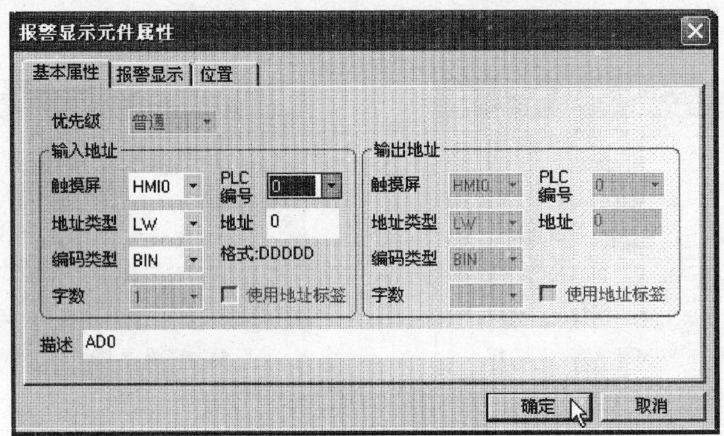

图 8-34　“报警显示元件属性”对话框

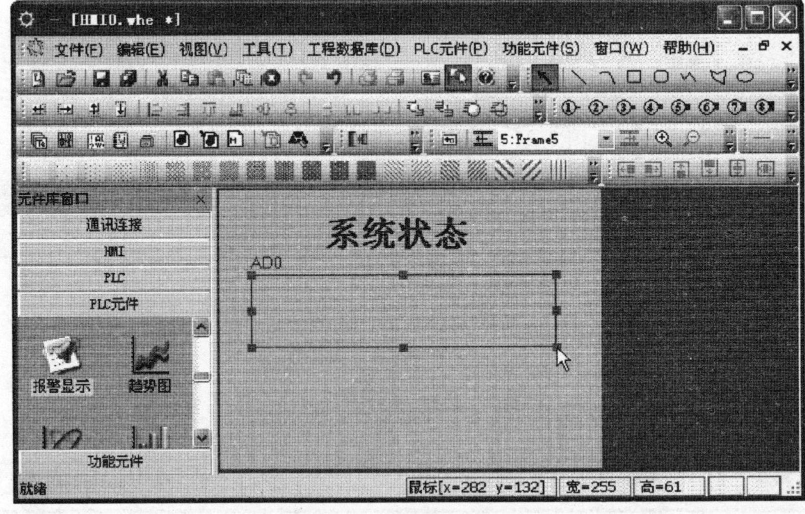

图 8-35　“报警显示”创建完成后的组态窗口

5）创建“返回首页”切换按钮。如图 8-36 所示，监视界面创建完成。

图 8-36　监视界面创建完成后的组态窗口

（5）离线模拟　将工程编译后保存，执行离线模拟命令，即可实现图 8-2、图 8-3 和图 8-4 所示的触摸控制功能。

6. 变频器参数设置

打开变频器面板盖板，按表 8-6 设定参数。

表 8-6　变频器参数设定表

序　　号	参 数 号	名　　称	设 定 值	备　　注
1	Pr. 1	上限频率	50Hz	
2	Pr. 2	下限频率	0Hz	
3	Pr. 4	3 速设定(高速)	35Hz	高速设定
4	Pr. 5	3 速设定(中速)	25Hz	中速设定
5	Pr. 7	加速时间	1s	
6	Pr. 8	减速时间	1s	
7	Pr. 79	操作模式	2	外部操作模式

1）用MODE键将监示显示切换至参数设定模式，再设定操作模式为 PU 操作模式 Pr. 79 = 1。

2）设定上限频率 Pr. 1 = 50。

3）设定下限频率 Pr. 2 = 0。

4）设定 3 速设定（高速）频率 Pr. 4 = 35。

5）设定 3 速设定（中速）频率 Pr. 5 = 25。

6）设定加速时间 Pr. 7 = 1。

7）设定减速时间 Pr. 8 = 1。

8）设定操作模式为外部操作模式 Pr. 79 = 2。

7. 设备调试

(1) 设备调试前的准备

按照要求清理设备、检查机械装配、电路连接、气路连接等情况，确认其安全性、正确性。在此基础上确定调试流程，本设备的调试流程如图 8-37 所示。

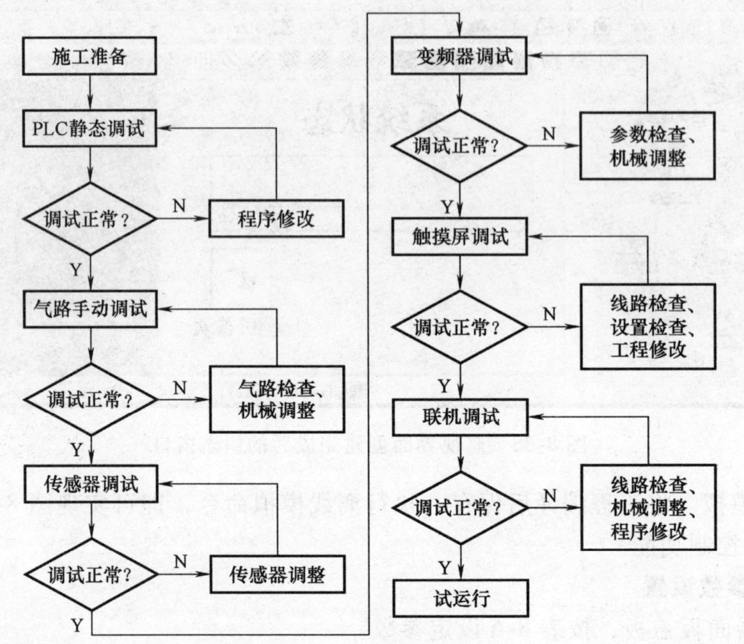

图 8-37　设备调试流程图

(2) 模拟调试

1) PLC 静态调试

① 连接计算机与 PLC。

② 确认 PLC 的输出负载回路电源处于断开状态，并检查空气压缩机出气口的阀门是否关闭。

③ 合上断路器，给设备供电。

④ 写入程序。

⑤ 运行 PLC，按表 8-7、表 8-8 和表 8-9 用 PLC 模块上的钮子开关模拟 PLC 输入信号，观察 PLC 的输出指示 LED。

表 8-7　简单分拣方式静态调试情况记载表

步骤	操作任务	观察任务		备注
		正确结果	观察结果	
1	PLC 上电	Y25 指示 LED 点亮		警示灯红灯点亮，设备停止
2	按下起动按钮 SB1	Y25 指示 LED 熄灭		警示灯红灯熄灭
		Y24 指示 LED 点亮		警示灯绿灯点亮，设备运行
		Y16 指示 LED 点亮		加料指示灯点亮，可以加料
		Y21、Y22 指示 LED 点亮		传送带高速向左运行

（续）

步骤	操作任务	观察任务		备注
		正确结果	观察结果	
3	动作 X23 钮子开关后复位	Y16 指示 LED 熄灭		加料指示灯熄灭，禁止加料
		Y21、Y23 指示 LED 点亮		传送带中速向左传送物料
4	动作 X20、X22 钮子开关后复位	Y21、Y23 指示 LED 熄灭		金属物料至 C 点停止，加工 2s
		2s 后 Y20、Y23 指示 LED 点亮		物料返回
5	动作 X20 钮子开关后复位	Y20、Y23 指示 LED 熄灭		物料返回至 A 点
		Y12 指示 LED 点亮		推入料槽一内
6	动作 X12、X13 钮子开关后复位	Y12 指示 LED 熄灭		推料一气缸缩回
		Y16 指示 LED 点亮		加料指示灯点亮，可以加料
		Y21、Y22 指示 LED 点亮		传送带高速向左运行
7	动作 X23 钮子开关后复位	Y16 指示 LED 熄灭		加料指示灯熄灭，禁止加料
		Y21、Y23 指示 LED 点亮		传送带中速向左传送物料
8	动作 X21、X22 钮子开关后复位	Y21、Y23 指示 LED 熄灭		白色物料至 C 点停止，加工 2s
		2s 后 Y20、Y23 指示 LED 点亮		物料返回
9	动作 X21 钮子开关后复位	Y20、Y23 指示 LED 熄灭		物料返回至 B 点
		Y13 指示 LED 点亮		推入料槽二内
10	动作 X14、X15 钮子开关后复位	Y13 指示 LED 熄灭		推料二气缸缩回
		Y16 指示 LED 点亮		加料指示灯点亮，可以加料
		Y21、Y22 指示 LED 点亮		传送带高速向左运行
11	动作 X23 钮子开关后复位	Y16 指示 LED 熄灭		加料指示灯熄灭，禁止加料
		Y21、Y23 指示 LED 点亮		传送带中速向左传送物料
12	动作 X22 钮子开关后复位	Y21、Y23 指示 LED 熄灭		黑色物料至 C 点停止，加工 2s
		2s 后 Y21、Y23 指示 LED 点亮		传送带中速向左传送物料
13	模拟动作 X11	Y21、Y23 指示 LED 熄灭		传送带停止
14	机械手搬走物料后	Y16 指示 LED 点亮		加料指示灯点亮，可以加料
		Y21、Y22 指示 LED 点亮		传送带高速向左运行

表 8-8　组合分拣方式静态调试情况记载表

步骤	操作任务	观察任务		备注
		正确结果	观察结果	
1	PLC 上电，动作 X24	Y25 指示 LED 点亮		警示灯红灯点亮，设备停止
2	按下起动按钮 SB1	Y25 指示 LED 熄灭		警示灯红灯熄灭
		Y24 指示 LED 点亮		警示灯绿灯点亮，设备运行
		Y16 指示 LED 点亮		加料指示灯点亮，可以加料
		Y21、Y22 指示 LED 点亮		传送带高速向左运行
3	动作 X23 钮子开关后复位	Y16 指示 LED 熄灭		加料指示灯熄灭，禁止加料
		Y21、Y23 指示 LED 点亮		传送带中速向左传送物料

（续）

步骤	操作任务	观察任务		备注
		正确结果	观察结果	
4	动作 X20、X22 钮子开关后复位	Y21、Y23 指示 LED 熄灭		金属物料至 C 点停止，加工 2s
		2s 后 Y20、Y23 指示 LED 点亮		物料返回
5	动作 X20 钮子开关后复位	Y20、Y23 指示 LED 熄灭		物料返回至 A 点
		Y12 指示 LED 点亮		推入料槽一内
6	动作 X12、X13 钮子开关后复位	Y12 指示 LED 熄灭		推料一气缸缩回
		Y16 指示 LED 点亮		加料指示灯点亮，可以加料
		Y21、Y22 指示 LED 点亮		传送带高速向左运行
7	动作 X23 钮子开关后复位	Y16 指示 LED 熄灭		加料指示灯熄灭，禁止加料
		Y21、Y23 指示 LED 点亮		传送带中速向左传送物料
8	动作 X21、X22 钮子开关后复位	Y21、Y23 指示 LED 熄灭		白色物料至 C 点停止，加工 2s
		2s 后 Y20、Y23 指示 LED 点亮		物料返回
9	4.3 后复位	Y20、Y23 指示 LED 熄灭		物料返回至 A 点
		Y12 指示 LED 点亮		推入料槽一内
10	动作 X12、X13 钮子开关后复位	Y12 指示 LED 熄灭		推料一气缸缩回
		Y16 指示 LED 点亮		加料指示灯点亮，可以加料
		Y21、Y22 指示 LED 点亮		传送带高速向左运行
11	动作 X23 钮子开关后复位	Y16 指示 LED 熄灭		加料指示灯熄灭，禁止加料
		Y21、Y23 指示 LED 点亮		传送带中速向左传送物料
12	动作 X20、X22 钮子开关后复位	Y21、Y23 指示 LED 熄灭		金属物料至 C 点停止，加工 2s
		2s 后 Y20、Y23 指示 LED 点亮		物料返回
13	动作 X21 钮子开关后复位	Y20、Y23 指示 LED 熄灭		物料返回至 B 点
		Y13 指示 LED 点亮		推入料槽二内
14	动作 X14、X15 钮子开关后复位	Y13 指示 LED 熄灭		推料二气缸缩回
		Y16 指示 LED 点亮		加料指示灯点亮，可以加料
		Y21、Y22 指示 LED 点亮		传送带高速向左运行
15	动作 X23 钮子开关后复位	Y16 指示 LED 熄灭		加料指示灯熄灭，禁止加料
		Y21、Y23 指示 LED 点亮		传送带中速向左传送物料
16	动作 X21、X22 钮子开关后复位	Y21、Y23 指示 LED 熄灭		白色物料至 C 点停止，加工 2s
		2s 后 Y20、Y23 指示 LED 点亮		物料返回
17	动作 X21 钮子开关后复位	Y20、Y23 指示 LED 熄灭		物料返回至 B 点
		Y13 指示 LED 点亮		推入料槽二内
18	动作 X14、X15 钮子开关后复位	Y13 指示 LED 熄灭		推料二气缸缩回
		Y16 指示 LED 点亮		加料指示灯点亮，可以加料
		Y21、Y22 指示 LED 点亮		传送带高速向左运行
19	调试不合格物料，直至实现功能			

表 8-9　搬运机构静态调试情况记载表

步骤	操作任务	观察任务		备注
		正确结果	观察结果	
1	动作 X2、X0 钮子开关	Y5 指示 LED 点亮		手爪放松
2	复位 X2 钮子开关	Y5 指示 LED 熄灭		放松到位
		Y7 指示 LED 点亮		手爪上升
3	动作 X7 钮子开关	Y7 指示 LED 熄灭		上升到位
		Y11 指示 LED 点亮		手臂缩回
4	动作 X6 钮子开关	Y11 指示 LED 熄灭		缩回到位
		Y0 指示 LED 点亮		手臂右旋
5	动作 X4 钮子开关	Y0 指示 LED 熄灭		右旋到位
6	动作 X11 钮子开关	Y10 指示 LED 点亮		手臂伸出
7	动作 X5 钮子开关，复位 X6 钮子开关	Y10 指示 LED 熄灭		伸出到位
		Y6 指示 LED 点亮		手爪下降
8	动作 X10 钮子开关，复位 X7 钮子开关	Y6 指示 LED 熄灭		下降到位
		Y4 指示 LED 点亮		手爪夹紧
9	动作 X2 钮子开关，0.5s 后	Y7 指示 LED 点亮		手爪上升
10	动作 X7 钮子开关，复位 X10 钮子开关	Y7 指示 LED 熄灭		上升到位
		Y11 指示 LED 点亮		手臂缩回
11	动作 X6 钮子开关，复位 X5 钮子开关	Y11 指示 LED 熄灭		缩回到位
		Y2 指示 LED 点亮		手臂左旋
12	动作 X3 钮子开关，复位 X4 钮子开关	Y2 指示 LED 熄灭		左旋到位
13	0.5s 后	Y10 指示 LED 点亮		手臂伸出
14	动作 X5 钮子开关，复位 X6 钮子开关	Y10 指示 LED 熄灭		伸出到位
		Y5 指示 LED 点亮		手爪放松
15	复位 X2 钮子开关	Y5 指示 LED 熄灭		放松到位
		Y11 指示 LED 点亮		手臂缩回
16	动作 X6 钮子开关，复位 X5 钮子开关	Y11 指示 LED 熄灭		缩回到位
		Y0 指示 LED 点亮		手臂右旋
17	动作 X4 钮子开关，复位 X3 钮子开关	Y0 指示 LED 熄灭		右旋到位

⑥ 将 PLC 的 RUN/STOP 开关置“STOP”位置。

⑦ 复位 PLC 模块上的钮子开关。

2）气动回路手动调试

① 接通空气压缩机电源，起动空压机压缩空气，等待气源充足。

② 调整气源压力至 0.4～0.5MPa，开启气动二联件上的阀门给系统供气。为确保调试安全，施工人员需观察气路系统有无泄漏现象，若有，应立即解决。

③ 手动调试气动回路动作，直至机构动作完全正常为止。

④ 调整节流阀至合适开度，使各气缸的运动速度趋于合理。

3）传感器调试。调整传感器的位置，观察 PLC 的输入指示 LED。

① 料台放置物料，调整、固定物料检测传感器。

② 手动机械手，调整、固定各限位传感器。

③ 在落料口中先后放置三类物料，调整、固定落料口检测光电传感器。

④ 在 A 点位置放置金属物料，调整、固定电感式传感器。

⑤ 分别在 B 点和 C 点位置放置白色塑料物料、黑色塑料物料，调整固定光纤传感器。

⑥ 手动推料气缸，调整、固定磁性传感器。

4）变频器调试。若电动机反转，须关闭电源，改变输出电源 U、V、W 相序后重新调试。

① 闭合变频器模块上的钮子开关 STR、RH，电动机 35Hz 运转，传送带自右向左高速运行。

② 闭合变频器模块上的钮子开关 STR、RM，电动机 25Hz 运转，传送带自右向左中速运行。

③ 闭合变频器模块上的钮子开关 STF、RM，电动机 25Hz 运转，传送带自左向右中速运行。

5）触摸屏调试。拉下设备断路器，关闭设备总电源。

① 用 MT54-FX-M 通信线连接触摸屏与 PLC。

② 用 MT5000-USB 下载线连接计算机与触摸屏。

③ 接通设备总电源。

④ 设置下载选项，选择下载设备为 USB。

⑤ 下载触摸屏程序。

⑥ 调试触摸屏程序。运行 PLC，进入命令界面，触摸起动按钮，PLC 输出指示 LED 显示设备开始工作；进入监视界面，观察监视信息是否正确；触摸命令界面上的停止按钮，设备停止工作。

（3）联机调试　模拟调试正常后，接通 PLC 输出负载的电源回路，便可联机调试。调试时，要求施工人员认真观察设备的运行情况，若出现问题，应立即解决或切断电源，避免扩大故障范围。调试观察的主要部位如图 8-38 所示。

表 8-10 为联机调试的正确结果，若调试中有与之不符的情况，施工人员首先应根据现场情况，判断是否需要切断电源，在分析、判断故障形成的原因（机械、电路、气路或程序问题）的基础上，进行调整、检修、解决，然后重新调试，直至设备完全实现功能。

（4）试运行　施工人员操作多功能加工及分拣设备，运行、观察一段时间，确保设备合格、稳定、可靠。

8. 现场清理

设备调试完毕，施工人员应清点工量具、归类整理资料，并清扫现场卫生。

1）清点工量具。对照清单清点工具，并按要求装入工具箱。

2）资料整理。整理归类技术说明书、电气元件明细表、施工计划表、设备电路图、梯

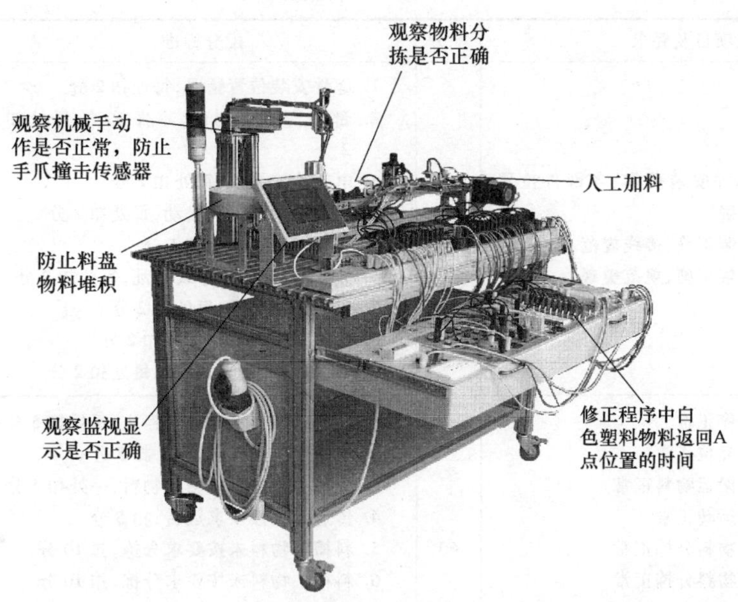

图 8-38 多功能加工及分拣设备调试主要观察点

形图、气路图、安装图等资料。

表 8-10 联机调试结果一览表

步骤	操作过程	设备实现的功能	备注
1	按下 SB1 或触摸起动按钮	机械手复位	
		警示灯绿灯点亮	运行
2	人工加料(方式一)	金属物料,高速传送至 C 点加工 2s,返回至 A 点位置,推入料槽一内	加工分炼
		白色塑料物料,高速传送至 C 点加工 2s,返回至 B 点位置,推入料槽二内	
		黑色塑料物料,高速传送至 C 点加工 2s,传送至料台内,由机械手搬运至料盘中	
3	人工加料(方式二)	料槽一内:金白组合 料槽二内:金白组合 料槽三内:不符合要求的金属和白色塑料物料	组合分拣
		黑色塑料物料被传送至料台内,由机械手搬运至料盘中	搬运
4	重新加料,按下 SB2 或触摸停止按钮,设备完成当前工作循环后停止工作		

3）清扫设备周围卫生，保持环境整洁。

4）填写设备安装登记表，记载设备调试过程中出现的问题及解决的办法。

9. 设备验收

设备质量验收见表 8-11。

表 8-11　设备质量验收表

<table>
<tr><th colspan="2">验收项目及要求</th><th>配分</th><th>配分标准</th><th>扣分</th><th>得分</th><th>备注</th></tr>
<tr><td>设备组装</td><td>1. 设备部件安装可靠，各部件位置衔接准确
2. 电路安装正确，接线规范
3. 气路连接正确，规范美观</td><td>35</td><td>1. 部件安装位置错误，每处扣 2 分
2. 部件衔接不到位、零件松动，每处扣 2 分
3. 电路连接错误，每处扣 2 分
4. 导线反圈、压皮、松动，每处扣 2 分
5. 错、漏编号，每处扣 1 分
6. 导线未入线槽、布线零乱，每处扣 2 分
7. 气路连接错误，每处扣 2 分
8. 气路漏气、掉管，每处扣 2 分
9. 气管过长、过短、乱接，每处扣 2 分</td><td></td><td></td><td></td></tr>
<tr><td>设备功能</td><td>1. 设备起停正常
2. 机械手复位正常
3. 机械手搬运物料正常
4. 传送带运转正常
5. 料槽一物料分拣正常
6. 料槽二物料分拣正常
7. 料槽三物料分拣正常
8. 变频器参数设置正确
9. 触摸屏人机界面触摸正常</td><td>60</td><td>1. 设备未按要求起动或停止，每处扣 5 分
2. 机械手未按要求复位，扣 5 分
3. 机械手未按要求搬运物料，一处扣 5 分
4. 传送带未按要求运转，扣 5 分
5. 料槽一物料未按要求分拣，扣 10 分
6. 料槽二物料未按要求分拣，扣 10 分
7. 料槽三物料未按要求分拣，扣 10 分
8. 变频器参数未按要求设置，扣 5 分
9. 人机界面未按要求创建，扣 5 分</td><td></td><td></td><td></td></tr>
<tr><td>设备附件</td><td>资料齐全，归类有序</td><td>5</td><td>1. 设备组装图缺少，每处扣 2 分
2. 电路图、气路图、梯形图缺少，每处扣 2 分
3. 技术说明书、工具明细表、元件明细表缺少，每处扣 2 分</td><td></td><td></td><td></td></tr>
<tr><td>安全生产</td><td>1. 自觉遵守安全文明生产规程
2. 保持现场干净整洁，工具摆放有序</td><td></td><td>1. 漏接接地线一处扣 5 分
2. 每违反一项规定，扣 3 分
3. 发生安全事故，0 分处理
4. 现场凌乱、乱摆放工具、丢杂物、完成任务后不清理现场扣 5 分</td><td></td><td></td><td></td></tr>
<tr><td>时间</td><td>8h</td><td></td><td>提前正确完成，每 5min 加 5 分
超过定额时间，每 5min 扣 2 分</td><td></td><td></td><td></td></tr>
<tr><td colspan="2">开始时间：</td><td>结束时间：</td><td colspan="4">实际时间：</td></tr>
</table>

四、设备改造

多功能加工及分拣设备的改造。改造要求及任务如下：

（1）功能要求

1）起停控制。按下 SB1 或触摸人机界面上的起动按钮，机械手复位：手爪放松、手爪上伸、手臂缩回、手臂右旋至限位处；设备开始工作，警示灯绿灯点亮，变频器以 35Hz 运行，电动机反转，传送带自右向左高速传动。

按下 SB2 或触摸人机界面上的停止按钮，警示灯红色灯点亮，当前物料处理完毕，且各气缸回到原位后，设备停止工作。

2）物料加工功能。设备起动后，入料指示灯 HL1 点亮，表示可向落料口人工加料。加料后，HL1 熄灭，表示禁止加料，此时变频器的运行频率变为 25Hz，传送带便由高速转为中速运行。当物料至 C 点位置时，传送带停止，加工物料。2s 后加工结束，设备进入物料分拣程序。

3）分拣功能。设备具有两种分拣功能，方式选择只能在设备停止时进行。

分拣方式一。当转换开关 SA1 置于“方式一”位置时，设备实现简单分拣功能，工作过程如下：

① 若加工的是金属物料，则在 C 点位置加工完成后，传送带以 25Hz 的速度将它输送到 A 点位置后停止，推料一气缸伸出，将其推入料槽一内。

② 若加工的是白色塑料物料，则在 C 点位置加工完成后，以同样的速度将它输送到 B 点位置后停止，推料二气缸伸出，将其推入料槽二内。

③ 若加工的是黑色塑料物料，则在 C 点位置加工完成后，传送带以 25Hz 的速度将它输送到 D 点料台后，输送带停止，机械手开始搬运。手臂伸出→手臂下降→手爪夹紧，抓取物料→0.5s 后手臂上升→手臂缩回→手臂左旋→0.5s 后手臂伸出→手爪放松，物料掉入物料盘内→手臂缩回→机械手右转至原位后停止。当物料被机械手取走后，变频器运行频率恢复到 35Hz，传送带自右向左高速传动，HL1 点亮，等待加料。

分拣方式二。当转换开关 SA1 置于“方式二”位置时，设备实现组合分拣功能，其中黑色塑料物料视为不合格物料，白色塑料物料和金属物料视为合格物料。

① 合格物料的分拣。对于符合要求的合格物料在 C 点位置完成加工后，传送带以 25Hz 的速度将它向右输送，再根据料槽一和料槽二的物料情况进行分拣。所谓符合要求是指：料槽一和料槽二内推入的物料均为白色塑料物料与金属物料的组合（第一个物料必须是白色物料），且两槽逐一完成。

② 合格物料逐槽分拣组合，自动交替进行。当料槽一完成了一次物料的分拣组合后，便进行槽内物料的包装，在此期间进行料槽二的分拣组合；同样当料槽二完成了一次物料的分拣组合后，便进行槽内物料的包装，在此期间设备又重复料槽一的分拣组合工作，如此自动交替进行。每个物料分拣完毕，变频器的运行频率都会恢复为 35Hz，传送带自右向左高速传动，HL1 点亮，等待加料。

③ 对于不符合要求的合格物料，则在 C 点位置完成加工后，直接由推料三气缸推入料槽三内。

④ 不合格物料的处理。对于黑色塑料物料，在 C 点位置完成加工后，由传送带以 25Hz 的速度输送到料台后，输送带停止，机械手将它搬运至料盘中。同样当物料被机械手取走后，变频器运行频率恢复 35Hz，传送带自右向左高速传动，HL1 点亮，等待加料。

4）触摸屏功能

① 人机界面首页设有“XXX 多功能加工及分拣设备”的字样，并有界面切换按钮“进入命令界面”和“进入监视界面”。

② 命令界面上设有“起动按钮”与“停止按钮”。

③ 监视界面的上方设有“系统状态”的字样，下方显示系统当前状态：系统运行中、

系统已停止、方式一和方式二。

（2）技术要求

1）设备的起停控制要求

① 按下 SB1 或触摸人机界面上的起动按钮，设备开始工作。

② 按下 SB2 或触摸人机界面上的停止按钮，设备完成当前工作循环后停止。

③ 按下急停按钮，设备立即停止工作。

2）电气线路的设计符合工艺要求、安全规范。

3）气动回路的设计符合控制要求、正确规范。

（3）工作任务

1）按设备要求画出电路图。

2）按设备要求画出气路图。

3）按设备要求编写 PLC 控制程序。

4）改装多功能加工及分拣设备实现功能。

5）绘制设备装配示意图。

第二单元 机电设备装调工考级训练（中级）

项目九　物料加工及分拣设备的安装与调试

项目十　物料分拣及组合设备的安装与调试

项目十一　自动送料生产加工设备的安装与调试

项目十二　人工送料生产加工设备的安装与调试（一）

项目十三　人工送料生产加工设备的安装与调试（二）

项目十四　物料搬运、分拣及组合设备的安装与调试（一）

项目十五　物料搬运、分拣及组合设备的安装与调试（二）

项目十六　物料搬运、分拣及组合设备的安装与调试（三）

项目九 物料加工及分拣设备的安装与调试

一、设备简介

物料加工及分拣设备的功能是将人工放入落料口的物料送至生产线加工，并按其类别推入相应的料库。如图 9-1 所示，设备主要由物料落料口、传送线、推料气缸及料库等组成。按从左到右的顺序，物料加工位置、料库和推料气缸的编号分别为加工位置 A、B、C，料库一、二、三，推料气缸（简称气缸）Ⅰ、Ⅱ、Ⅲ；位置 A、B、C 分别设有电感式传感器（金属）、光纤传感器（白色）、光纤传感器（黑色）。设备清单见表 9-1。

表 9-1 设备清单

序号	名　称	型号规格	数量	单位	备注
1	单控电磁换向阀		3	只	
2	推料气缸套件	CDJ2KB10-60-B	3	套	
3	料库套件		3	套	
4	传送线套件		1	套	
5	电动机及安装套件	380V、25W	1	套	
6	落料口		1	只	
7	光电传感器	GO12-MDNA-A	1	套	落料口
8	电感式传感器及其支架	NSN4-2M60-E0-AM	1	套	
9	光纤传感器及其支架	E3X-NA11	2	套	
10	磁性传感器	D-C73	6	套	
11	PLC 模块	YL050、FX_{2N}-48MR	1	块	
12	变频器模块	E540、0.75kW	1	块	
13	按钮模块	YL157	1	块	
14	电源模块	YL046	1	块	

二、设备工作流程

（1）设备起停　若设备的三个推料气缸均为缩回到位状态，按下起动按钮 SB1，设备开始工作。按下停止按钮 SB2，设备完成当前传送、加工、分拣任务且气缸缩回到位后停止。

（2）传送、加工及分拣流程　当传送带落料口有物料时，变频器起动，驱动三相异步

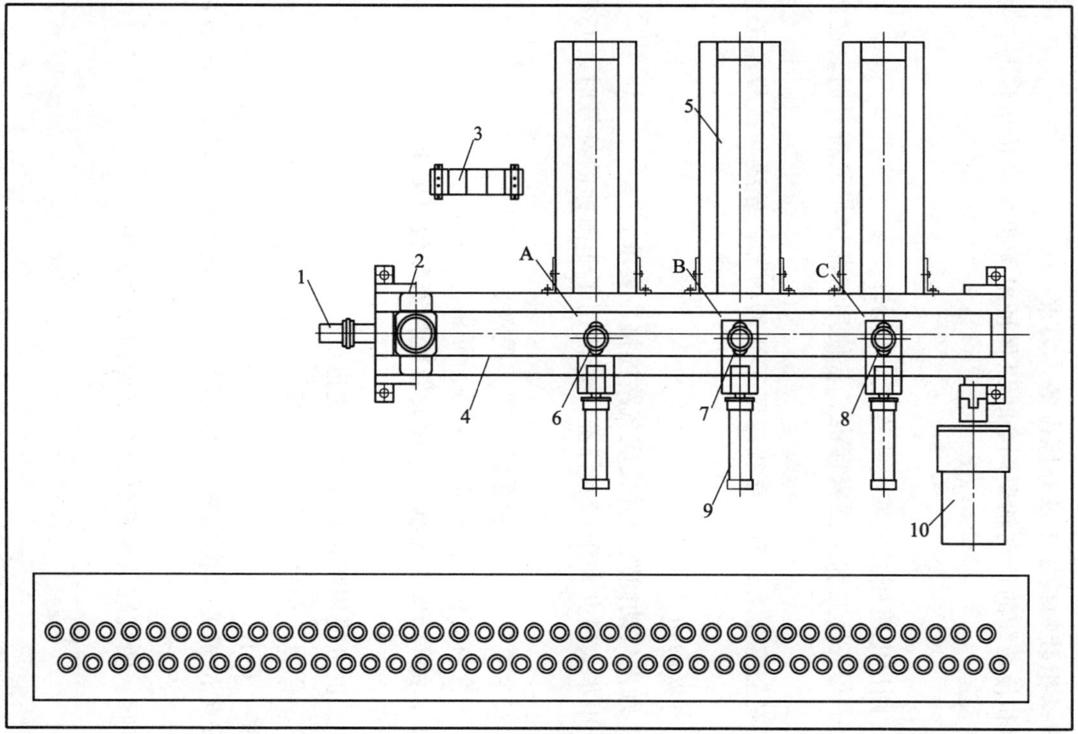

序号	名称	数量
10	三相交流电动机	1
9	推料气缸	3
8	光纤传感器(黑)	1
7	光纤传感器(白)	1
6	电感式传感器	1
5	料库	3
4	传送线	1
3	电磁阀阀组	1
2	落料口	1
1	落料口检测光电传感器	1

标记	处数	更改文件号	签字	日期	设备布局图	×××公司
设计		标准化				
核对		（审定）				物料加工及分拣设备
审核					图样标记　数样 1　重量　比例	
工艺		日期				

图 9-1　物料加工及分拣设备布局图

电动机以 20Hz 的频率正转运行，传送带自左向右传送物料。

1）传送、加工及分拣金属物料。金属物料被传送至加工位置 A→传送带停止，进行第一次加工→2s 后以 20Hz 的频率继续向右传送至位置 B→传送带停止，进行第二次加工→2s 后以 35Hz 的频率返回至位置 A 后停止→推料气缸Ⅰ伸出，将它推入料库一内→伸出到位后，气缸Ⅰ缩回。

2）传送、加工及分拣白色塑料物料。白色塑料物料被传送至加工位置 B→传送带停止，进行第一次加工→2s 后以 20Hz 的频率继续向右传送至位置 C→传送带停止，进行第二次加工→2s 后以 35Hz 的频率返回至位置 B 停止→推料气缸Ⅱ伸出，将它推入料库二内→伸出到位后，气缸Ⅱ缩回。

3）分拣黑色塑料物料。黑色塑料物料假设为不合格物料，当它被传送至位置 C 时→传送带停止，推料气缸Ⅲ伸出，直接将它推入料库三内→伸出到位后，气缸Ⅲ缩回。

三、施工任务

任务一：根据装配示意图 9-2 组装物料加工及分拣设备。要求：

1）三相异步电动机的转轴和传送线的传动轴要同心，以保证电动机拖动传送带时，不会发生振动现象。

2）严格按照标注尺寸安装。

任务二：按设备工作要求，画出电路图并完成电路连接。要求：

1）文字、图形符号应符合中华人民共和国国家标准。若使用了非国标的符号时，必须说明参照的标准名称。

2）电路连接应符合工艺、安全等要求，所有导线应置于线槽内部，导线与接线端子连接处应套线号管并正确编号。

3）元器件的金属外壳，应可靠接地。

任务三：按设备工作要求，画出气动回路图并完成气路连接。要求：

1）文字、图形符号应符合中华人民共和国国家标准。若使用了非国标的符号时，必须说明参照的标准名称。

2）气路连接应符合工艺、安全等要求，气管通路合理、美观、紧凑。

3）气动回路无漏气现象，气管与管接头的连接应牢固、可靠。

任务四：根据设备工作要求，编写 PLC 控制程序和设置变频器参数。要求：

1）编写程序时，应及时保存。

2）编写程序可用基本指令，也可使用步进指令或功能指令。

3）变频器的参数设置正确、合理，符合设备运行要求。

任务五：调试设备实现功能。要求：

1）传感器及机械部件的安装位置要与控制程序相互配合，协调动作，以保证设备传送、加工、分拣准确。

2）调节气路中的流量调节阀，使气缸活塞杆伸出和缩回的速度适中。

四、施工验收标准

施工验收标准见表 9-2。

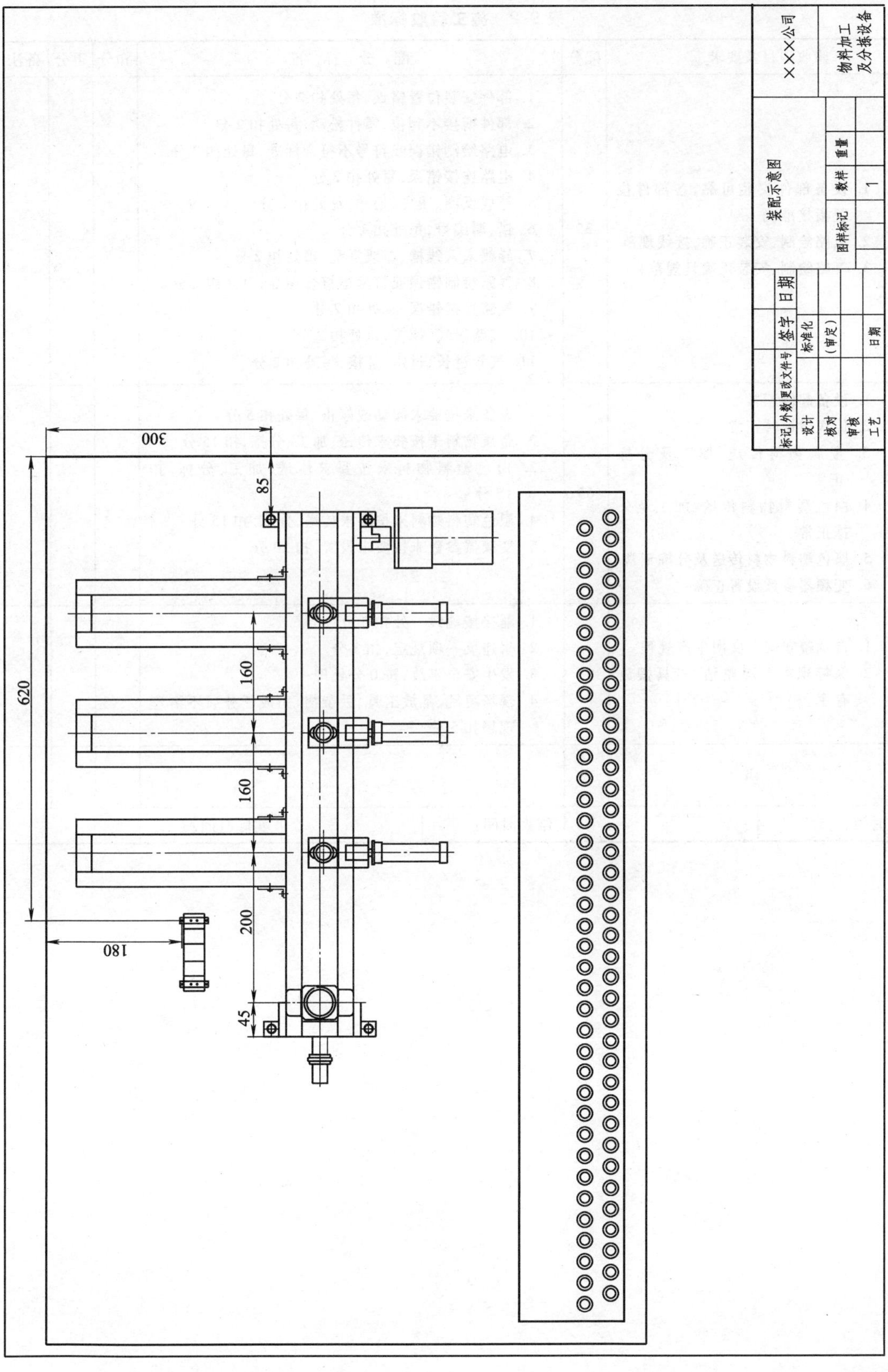

620　180　300　45　200　160　160　85

标记	外数	更改文件号	签字	日期	装配示意图			×××公司
设计		标准化						
核对		（审定）			图样标记	数样	重量	物料加工及分拣设备
审核								
工艺		日期				1		

图 9-2　物料加工及分拣设备装配示意图

表 9-2　施工验收标准

<table>
<tr><th colspan="2">验收项目及要求</th><th>配分</th><th>配 分 标 准</th><th>扣分</th><th>得分</th><th>备注</th></tr>
<tr><td>设备组装</td><td>1. 设备部件安装可靠，各部件位置衔接准确
2. 电路绘制、安装正确，接线规范
3. 气路绘制、安装正确且规范</td><td>35</td><td>1. 部件安装位置错误，每处扣 2 分
2. 部件衔接不到位、零件松动，每处扣 2 分
3. 电路绘制错误或符号不符合标准，每处扣 2 分
4. 电路连接错误，每处扣 2 分
5. 导线反圈、压皮、松动，每处扣 2 分
6. 错、漏编号，每处扣 1 分
7. 导线未入线槽、布线零乱，每处扣 2 分
8. 气路绘制错误或符号不符合标准，每处扣 2 分
9. 气路连接错误，每处扣 2 分
10. 气路漏气、掉管，每处扣 2 分
11. 气管过长、过短、乱接，每处扣 2 分</td><td></td><td></td><td></td></tr>
<tr><td>设备功能</td><td>1. 设备起停正常
2. 传送带运转正常
3. 金属物料传送、加工及分拣正常
4. 白色塑料物料传送、加工及分拣正常
5. 黑色塑料物料传送及分拣正常
6. 变频器参数设置正确</td><td>65</td><td>1. 设备未按要求起动或停止，每处扣 5 分
2. 金属物料未按要求传送、加工、分拣，扣 15 分
3. 白色塑料物料未按要求传送、加工、分拣，扣 15 分
4. 黑色塑料物料未按要求传送、分拣，扣 15 分
5. 变频器参数未按要求设置，扣 10 分</td><td></td><td></td><td></td></tr>
<tr><td>安全生产</td><td>1. 自觉遵守安全文明生产规程
2. 保持现场干净整洁，工具摆放有序</td><td></td><td>1. 漏接接地线一处扣 5 分
2. 每违反一项规定，扣 3 分
3. 发生安全事故，按 0 分处理
4. 现场凌乱、乱放工具、丢杂物、完成任务后不清理现场扣 5 分</td><td></td><td></td><td></td></tr>
<tr><td>时间</td><td>4h</td><td></td><td></td><td></td><td></td><td></td></tr>
<tr><td colspan="2">开始时间：</td><td colspan="2">结束时间：</td><td colspan="3">实际时间：</td></tr>
</table>

项目十

物料分拣及组合设备的安装与调试

一、设备简介

物料分拣及组合设备的功能是将人工放入落料口的物料送至生产线输送，并按一定的顺序推入料槽进行组合。其结构布局、设备部件与项目九相同，主要由物料落料口、传送线、推料气缸及料库等组成。同样按从左到右的顺序，物料分拣位置、料库和推料气缸的编号分别为位置A、B、C，料库一、二、三，推料气缸Ⅰ、Ⅱ、Ⅲ；位置A、B、C分别设有电感式传感器（金属）、光纤传感器（白色）、光纤传感器（黑色）。设备的部件清单见表9-1。

二、设备工作流程

物料有三种：金属物料（简称甲），白色塑料物料（简称乙），黑色塑料物料（简称丙）。

（1）设备起停　若设备的三个推料气缸均为缩回到位状态，按下起动按钮SB1，设备开始工作，变频器起动，以10Hz运行，传送带自左向右低速运转，等待物料。

按下停止按钮SB2，设备完成当前传送、分拣任务且气缸缩回到位后停止。

（2）传送功能　当落料口检测到物料时，变频器运行频率变为25Hz，传送带自左向右中速输送物料。为了判别物料性质，若需传送带反向运行，其速度也为中速。物料分拣完毕，推料气缸缩回到位后，传送带又转为低速运行。

（3）组合分拣功能

1）组合功能。料库一内推入的物料为甲—乙—甲—乙组合（第一个物料必须为甲）；料库二内推入的物料为乙—丙—乙—丙组合（第一个物料必须为乙）。

2）位置A分拣功能。对于位置A符合要求的物料由推料气缸Ⅰ推入料库一内，而不符合要求的物料则继续以25Hz的频率向右传送。

3）位置B分拣功能。对于位置B符合要求的物料由推料气缸Ⅱ推入料库二内，而不符合要求的物料则继续以25Hz的频率向右传送。

4）位置C分拣功能。当所有不符合的物料到达位置C时，由推料气缸Ⅲ推入料库三内。

三、施工任务

任务一：根据装配示意图9-2组装物料分拣及组合设备。要求：

1）三相异步电动机的转轴和传送线的传动轴要同心，以保证电动机拖动传送带时，不会发生振动现象。

2）严格按照标注尺寸安装。

任务二：按设备工作要求，画出电路图并完成电路连接。要求：

1）文字、图形符号应符合国家标准。若使用了非国标的符号时，必须说明参照的标准名称。

2）电路连接应符合工艺、安全等要求，所有导线应置于线槽内部，导线与接线端子连接处应套线号管并正确编号。

3）元件、器件的金属外壳，应可靠接地。

任务三：按设备工作要求，画出气动回路图并完成气路连接。要求：

1）文字、图形符号应符合国家标准。若使用了非国标的符号时，必须说明参照的标准名称。

2）气路连接应符合工艺、安全等要求，气管通路合理、美观、紧凑。

3）气动回路无漏气现象，气管与管接头的连接应牢固、可靠。

任务四：根据设备工作要求，编写PLC控制程序和设置变频器参数。要求：

1）编写程序时，应及时保存。

2）编写程序可用基本指令，也可使用步进指令或功能指令。

3）变频器的参数设置正确、合理，符合设备运行要求。

任务五：调试设备实现功能。要求：

1）传感器及机械部件的安装位置要与控制程序相互配合，协调动作，以保证设备传送、分拣准确。

2）调节气路中的流量调节阀，使气缸活塞杆伸出和缩回的速度适中。

四、施工验收标准

施工验收标准见表10-1。

表10-1 施工验收标准

验收项目及要求		配分	配 分 标 准	扣分	得分	备注
设备组装	1. 设备部件安装可靠，各部件位置衔接准确 2. 电路绘制、安装正确、接线规范 3. 气路绘制、安装正确、规范	35	1. 部件安装位置错误，每处扣2分 2. 部件衔接不到位、零件松动，每处扣2分 3. 电路绘制错误或符号不符合标准，每处扣2分 4. 电路连接错误，每处扣2分 5. 导线反圈、压皮、松动，每处扣2分 6. 错、漏编号，每处扣1分 7. 导线未入线槽、布线零乱，每处扣2分 8. 气路绘制错误或符号不符合标准，每处扣2分 9. 气路连接错误，每处扣2分 10. 气路漏气、掉管，每处扣2分 11. 气管过长、过短、乱接，每处扣2分			

（续）

验收项目及要求		配分	配分标准	扣分	得分	备注
设备功能	1. 设备起停正常 2. 传送带运转正常 3. 料库一分拣正常 4. 料库二分拣正常 5. 不符合物料分拣正常 6. 变频器参数设置正确	65	1. 设备未按要求起动或停止，每处扣 5 分 2. 传送带未按要求运转，每处扣 10 分 3. 料库一内的物料未按要求分拣，扣 15 分 4. 料库二内的物料未按要求分拣，扣 15 分 5. 不符合要求的物料未按要求分拣，扣 10 分 6. 变频器参数未按要求设置，扣 5 分			
安全生产	1. 自觉遵守安全文明生产规程 2. 保持现场干净整洁，工具摆放有序		1. 漏接接地线一处扣 5 分 2. 每违反一项规定，扣 3 分 3. 发生安全事故，0 分处理 4. 现场凌乱、乱放工具、丢杂物、完成任务后不清理现场扣 5 分			
时间	4h					
开始时间：		结束时间：		实际时间：		

项目十一 自动送料生产加工设备的安装与调试

一、设备简介

自动送料生产加工设备的功能是将料盘内的物料自动送料后，搬运至生产线加工，并按其类别推入相应的料槽存放。如图 11-1 所示，设备主要由送料装置、出料口、机械手搬运装置、传送线及分拣装置等组成。按从左到右的顺序，物料加工位置、料槽和推料气缸的编号分别为加工位置 A、B、C，料槽一、二、三，推料气缸Ⅰ、Ⅱ、Ⅲ；位置 A、B、C 分别设有电感式传感器（金属）、光纤传感器（白色）、光纤传感器（黑色）。设备清单见表 11-1。

表 11-1 设备清单

序号	名 称	型号规格	数量	单位	备注
1	直流减速电动机	24V	1	台	
2	放料转盘及其支架		1	套	
3	物料支架		1	套	
4	警示灯及其支架	两色、闪烁	1	套	
5	传送线及其支架		1	套	
6	伸缩气缸套件	CXSM15-100	1	套	
7	提升气缸套件	CDJ2KB16-75-B	1	套	
8	手爪套件	MHZ2-10D1E	1	套	
9	旋转气缸套件	CDRB2BW20-180S	1	套	
10	机械手固定支架		1	套	
11	缓冲器		2	只	
12	落料口		1	只	
13	传送线套件	50×700	1	套	
14	电动机及安装套件	380V、25W	1	套	
15	推料气缸套件	CDJ2KB10-60-B	3	套	
16	料槽套件		3	套	
17	光电传感器及其支架	E3Z-LS61	1	套	出料口
18		GO12-MDNA-A	1	套	入料口
19	电感式传感器	NSN4-2M60-E0-AM	3	套	
20	光纤传感器及其支架	E3X-NA11	2	套	

（续）

序号	名　　称	型号规格	数量	单位	备注
21	磁性传感器	D-59B	1	套	手爪紧松
22		SIWKOD-Z73	2	套	手臂伸缩
23		D-C73	8	套	手爪升降推料限位
24	PLC 模块	YL050、FX_{2N}-48MR	1	块	
25	变频器模块	E540、0.75kW	1	块	
26	按钮模块	YL157	1	块	
27	电源模块	YL046	1	块	

二、设备工作流程

设备上电工作，警示灯绿灯点亮；设备停止，警示灯红灯点亮。

（1）起停控制　按下起动按钮 SB1，设备开始工作，机械手复位：机械手手爪放松、手爪上伸、手臂缩回、手臂左旋至左限位处停止。按下停止按钮 SB2，设备完成当前工作循环后停止。

（2）送料功能　系统起动后，送料机构开始检测物料支架上的物料。若无物料，PLC 便起动送料电动机（直流减速电动机）工作，驱动放料转盘的扇页旋转，物料从转盘内移至出料口。当传感器检测到物料时，转盘扇页停止旋转。若送料电动机运行 10s 后，仍未检测到物料，则说明转盘内已无物料，此时机构停止工作并发出报警。

（3）搬运功能　出料口有物料→机械手臂伸出→手爪下降→手爪夹紧抓物→0.5s 后手爪上升→手臂缩回→手臂右旋→0.5s 后手臂伸出→手爪下降→0.5s 后，若传送带上无物料，则手爪放松、释放物料→手爪上升→手臂缩回→左旋至左侧限位处停止。

（4）传送、加工及分拣功能　系统起动后，变频器以 10Hz 驱动电动机旋转，传送带低速向右运行，等待传送物料。当传送带落料口有物料时，变频器运行频率变为 20Hz，传送带向右中速传送物料。

1）传送、加工及分拣金属物料。金属物料被传送至位置 A→输送带停止，进行第一次加工→2s 后以 10Hz 的频率继续向右传送至位置 B→传送带停止，进行第二次加工→ 2s 后以 20Hz 的频率继续向右传送至位置 C→传送带停止，进行第三次加工→2s 后以 35Hz 的频率返回至位置 A 后停止→推料气缸 Ⅰ 伸出，将它推入料槽一内。

2）传送、加工及分拣白色塑料物料。白色塑料物料被传送至位置 B→传送带停止，进行第一次加工→2s 后以 10Hz 的频率继续向右传送至位置 C→传送带停止，进行第二次加工→2s 后以 35Hz 的频率返回至位置 B 停止→推料气缸 Ⅱ 伸出，将它推入料槽二内。

3）传送及分拣黑色塑料物料。黑色塑料物料被传送至位置 C→传送带停止，推料气缸 Ⅲ 伸出，将它推入料槽三内。

每一次物料分拣完毕，推料气缸缩回到位后，传送带都以低速向右运行，等待传送物料。

三、施工任务

任务一：根据装配示意图 11-2 组装自动送料生产加工设备。要求：

1）机械手能把物料准确地从送料机构出料口搬运到传送带的落料口内。

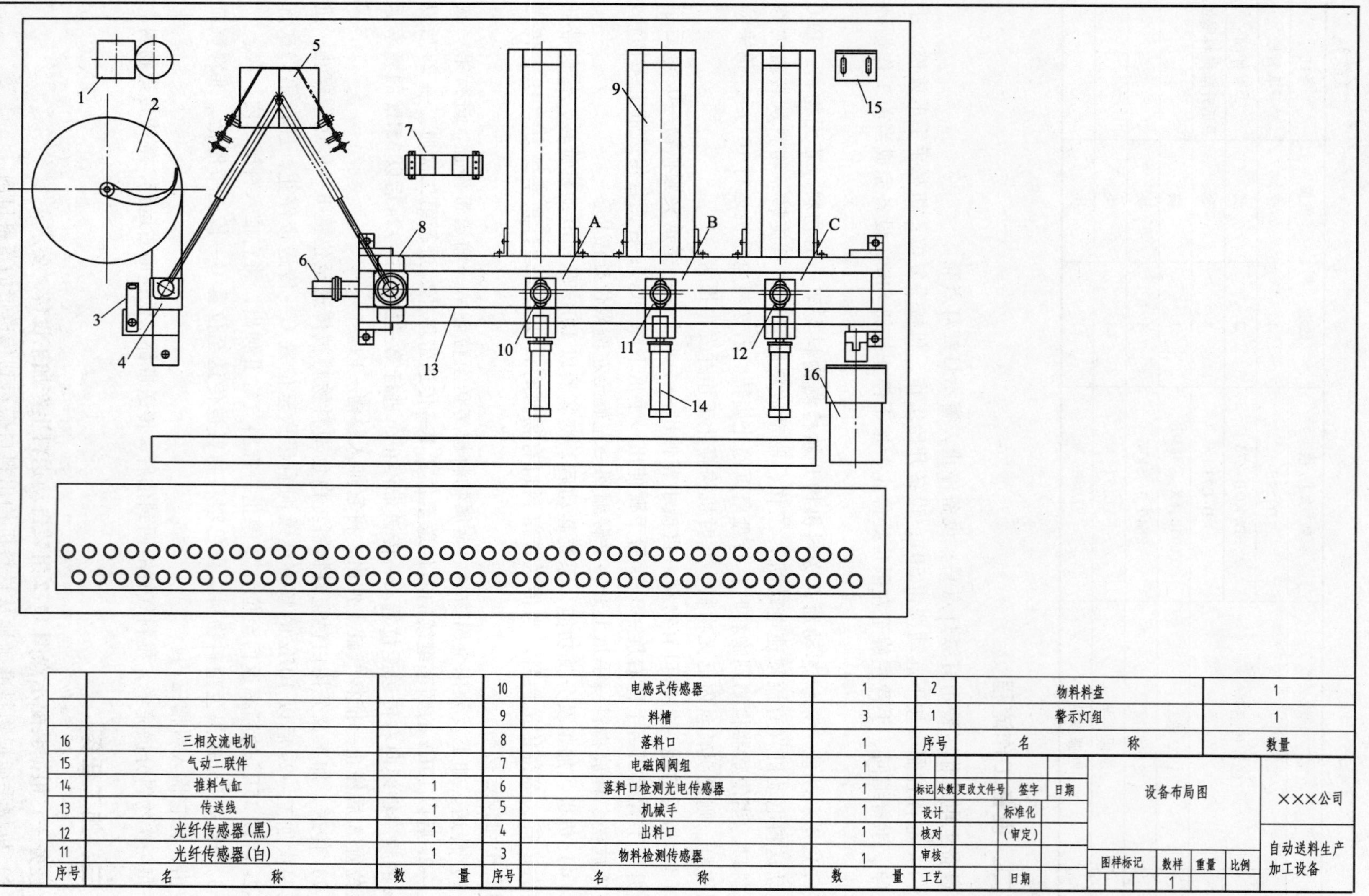

图 11-1 自动送料生产加工设备布局图

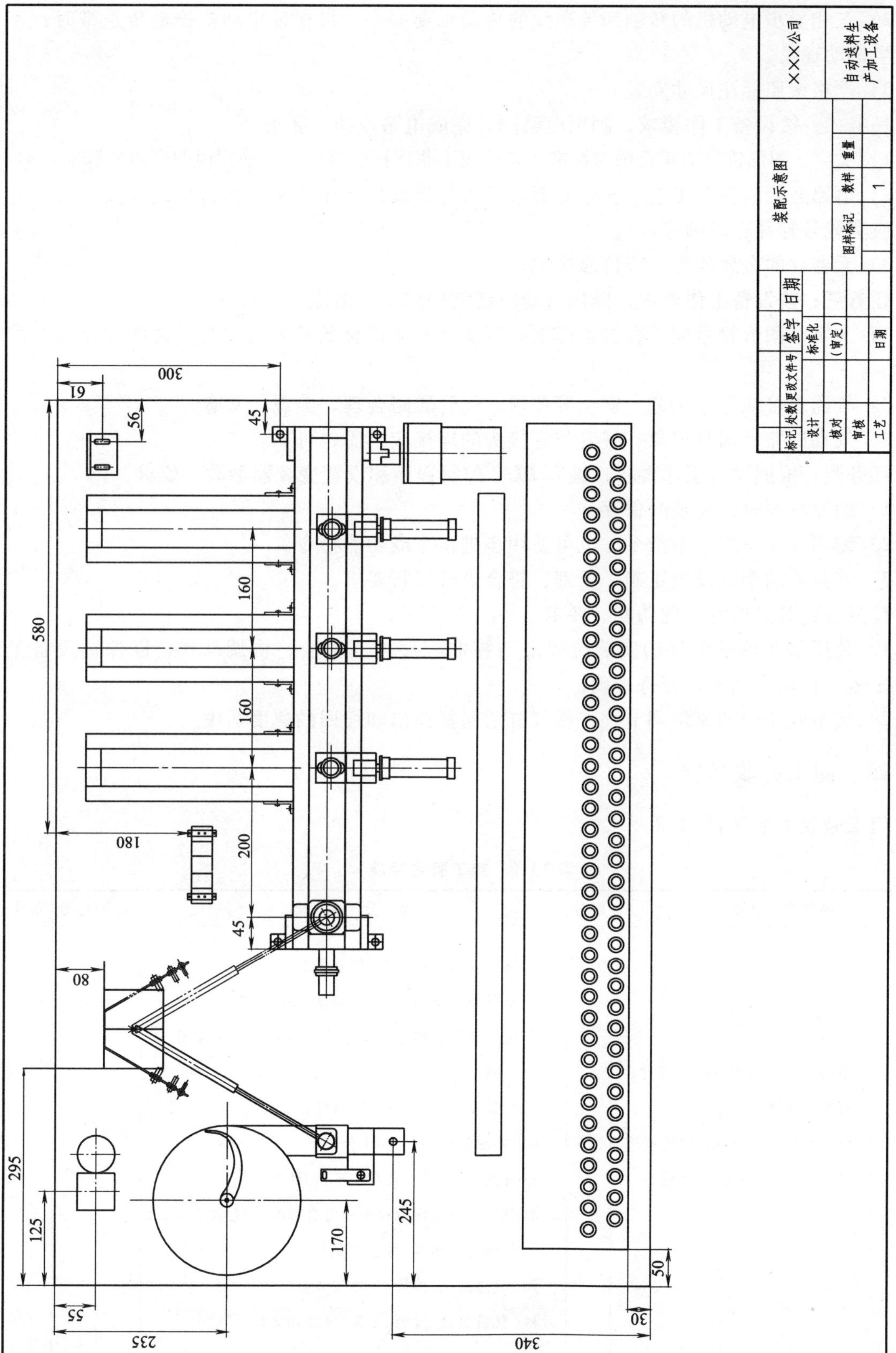

×××公司

自动送料生产加工设备

装配示意图

图样标记	数样	重量
	1	

标记	处数	更改文件号	签字	日期
设计		标准化		
校对		(审定)		
审核				
工艺		日期		

图 11-2　自动送料生产加工设备装配示意图

2）三相异步电动机的转轴和传送线的传动轴要同心，以保证电动机拖动传送带时，不会发生振动现象。

3）严格按照标注尺寸安装。

任务二：按设备工作要求，画出电路图并完成电路连接。要求：

1）文字、图形符号应符合国家标准。若使用了非国标的符号时，必须说明参照的标准名称。

2）电路连接应符合工艺、安全等要求，所有导线应置于线槽内部，导线与接线端子连接处应套线号管并正确编号。

3）元器件的金属外壳，应可靠接地。

任务三：按设备工作要求，画出气动回路图并完成气路连接。要求：

1）文字、图形符号应符合国家标准。若使用了非国标的符号时，必须说明参照的标准名称。

2）气路连接应符合工艺、安全等要求，气管通路合理、美观、紧凑。

3）气动回路无漏气现象，气管与管接头的连接应牢固、可靠。

任务四：根据设备工作要求，编写 PLC 控制程序和设置变频器参数。要求：

1）编写程序时，应及时保存。

2）编写程序可用基本指令，也可使用步进指令或功能指令。

3）变频器的参数设置正确、合理，符合设备运行要求。

任务五：调试设备实现功能。要求：

1）传感器及机械部件的安装位置要与控制程序相互配合，协调动作，以保证设备上料、搬运、传送、加工、分拣准确。

2）调节气路中的流量调节阀，使气缸活塞杆伸出和缩回的速度适中。

四、施工验收标准

施工验收标准见表 11-2。

表 11-2　施工验收标准

验收项目及要求		配分	配分标准	扣分	得分	备注
设备组装	1. 设备部件安装可靠，各部件位置衔接准确 2. 电路绘制、安装正确、接线规范 3. 气路绘制、安装正确、规范	35	1. 部件安装位置错误，每处扣 2 分 2. 部件衔接不到位、零件松动，每处扣 2 分 3. 电路绘制错误或符号不符合标准，每处扣 2 分 4. 电路连接错误，每处扣 2 分 5. 导线反圈、压皮、松动，每处扣 2 分 6. 错、漏编号，每处扣 1 分 7. 导线未入线槽、布线零乱，每处扣 2 分 8. 气路绘制错误或符号不符合标准，每处扣 2 分 9. 气路连接错误，每处扣 2 分 10. 气路漏气、掉管，每处扣 2 分 11. 气管过长、过短、乱接，每处扣 2 分			

（续）

验收项目及要求		配分	配 分 标 准	扣分	得分	备注
设备功能	1. 设备起停正常 2. 送料机构送料正常 3. 警示灯、报警指示工作正常 4. 机械手搬运物料正常 5. 传送带运转正常 6. 金属物料传送、加工及分拣正常 7. 白色塑料物料传送、加工及分拣正常 8. 黑色塑料物料传送及分拣正常 9. 变频器参数设置正确	65	1. 设备未按要求起动或停止，每处扣2分 2. 警示灯、报警指示未按要求工作，每处扣2分 3. 送料机构未按要求送料，扣10分 4. 机械手未按要求搬运物料，扣10分 5. 传送带未按要求运转，扣5分 6. 金属物料未按要求传送、加工及分拣，扣10分 7. 白色塑料物料未按要求传送、加工及分拣，扣10分 8. 黑色塑料物料未按要求传送、分拣，扣5分 9. 变频器参数未按要求设置，扣5分			
安全生产	1. 自觉遵守安全文明生产规程 2. 保持现场干净整洁，工具摆放有序		1. 漏接接地线一处扣5分 2. 每违反一项规定，扣3分 3. 发生安全事故，0分处理 4. 现场凌乱、乱放工具、丢杂物、完成任务后不清理现场扣5分			
时间	4h					
开始时间：			结束时间：　　　　　　实际时间：			

项目十二 人工送料生产加工设备的安装与调试（一）

一、设备简介

人工送料生产加工设备的功能是将料台内的物料搬运至生产线加工，并按其类别推入相应的料槽存放。如图 12-1 所示，设备主要由料台、机械手搬运装置、传送线及分拣装置等组成。按从右到左的顺序，物料加工位置、料槽和推料气缸的编号分别为加工位置 A、B、C，料槽一、二、三，推料气缸Ⅰ、Ⅱ、Ⅲ；位置 A、B、C 分别设有电感式传感器、光纤传感器（白色）、光纤传感器（黑色）。设备清单见表 12-1。

表 12-1　设备清单

序号	名　称	型号规格	数量	单位	备注
1	警示灯及其支架	两色、闪烁	1	套	
2	物料支架		1	套	
3	传送线及其支架		1	套	
4	伸缩气缸套件	CXSM15-100	1	套	
5	提升气缸套件	CDJ2KB16-75-B	1	套	
6	手爪套件	MHZ2-10D1E	1	套	
7	旋转气缸套件	CDRB2BW20-180S	1	套	
8	机械手固定支架		1	套	
9	缓冲器		2	只	
10	落料口		1	只	
11	传送线套件	50×700	1	套	
12	电动机及安装套件	380V、25W	1	套	
13	推料气缸套件	CDJ2KB10-60-B	3	套	
14	料槽套件		3	套	
15	光电传感器及其支架	E3Z-LS61	1	套	出料口
16		GO12-MDNA-A	1	套	入料口
17	电感式传感器	NSN4-2M60-E0-AM	3	套	

（续）

序号	名　　称	型号规格	数量	单位	备注
18	光纤传感器及其支架	E3X-NA11	2	套	
19	磁性传感器	D-59B	1	套	手爪紧松
20		SIWKOD-Z73	2	套	手臂伸缩
21		D-C73	8	套	手爪升降 推料限位
22	PLC 模块	YL050、FX_{2N}-48MR	1	块	
23	变频器模块	E540、0.75kw	1	块	
24	触摸屏及通信线	eview MT4300C	1	套	
25	按钮模块	YL157	1	块	
26	电源模块	YL046	1	块	

二、设备工作流程

设备送料由人工进行。设备上电工作，警示灯绿灯点亮；设备停止，警示灯红灯点亮。

（1）起停控制　按下起动按钮 SB1，设备开始工作，机械手复位：机械手手爪放松、手爪上伸、手臂缩回、手臂右旋至右侧限位处停止。按下停止按钮 SB2，设备完成当前工作循环后停止。

（2）搬运功能　料台内有物料→机械手臂伸出→手爪下降→手爪夹紧抓物→ 0.5s 后手爪上升→手臂缩回→手臂左旋→0.5s 后手臂伸出→手爪下降→0.5s 后，若传送带上无物料，则手爪放松、释放物料→手爪上升→手臂缩回→右旋至右侧限位处停止。

（3）传送、加工及分拣功能　当传送带落料口有物料时，变频器起动，以频率 10Hz 运行，传送带自右向左低速传送物料。

1）传送、加工及分拣金属物料。金属物料被传送至位置 A→传送带停止，进行第一次加工→2s 后仍以 10Hz 的频率向左传送至位置 B→传送带停止，进行第二次加工→ 2s 后以 20Hz 的频率继续向左传送至位置 C→传送带停止，进行第三次加工→2s 后以 35Hz 的频率返回至位置 A 停止→推料气缸 Ⅰ 伸出，将它推入料槽一内。

2）传送、加工及分拣白色塑料物料。白色塑料物料被传送至位置 B→传送带停止，进行第一次加工→2s 后以 20Hz 的频率继续向左传送至位置 C→传送带停止，进行第二次加工→2s 后以 35Hz 的频率返回至位置 B 停止→推料气缸 Ⅱ 伸出，将它推入料槽二内。

3）传送及分拣黑色塑料物料。黑色塑料物料被传送至位置 C→传送带停止，推料气缸 Ⅲ 伸出，将它推入料槽三内。

（4）触摸屏控制　触摸屏人机界面设有起动按钮和停止按钮，可控制设备起停。

三、施工任务

任务一：根据装配示意图 12-2 组装人工送料生产加工设备。要求：

1）机械手能把物料准确地从料台搬运到传送带的落料口内。

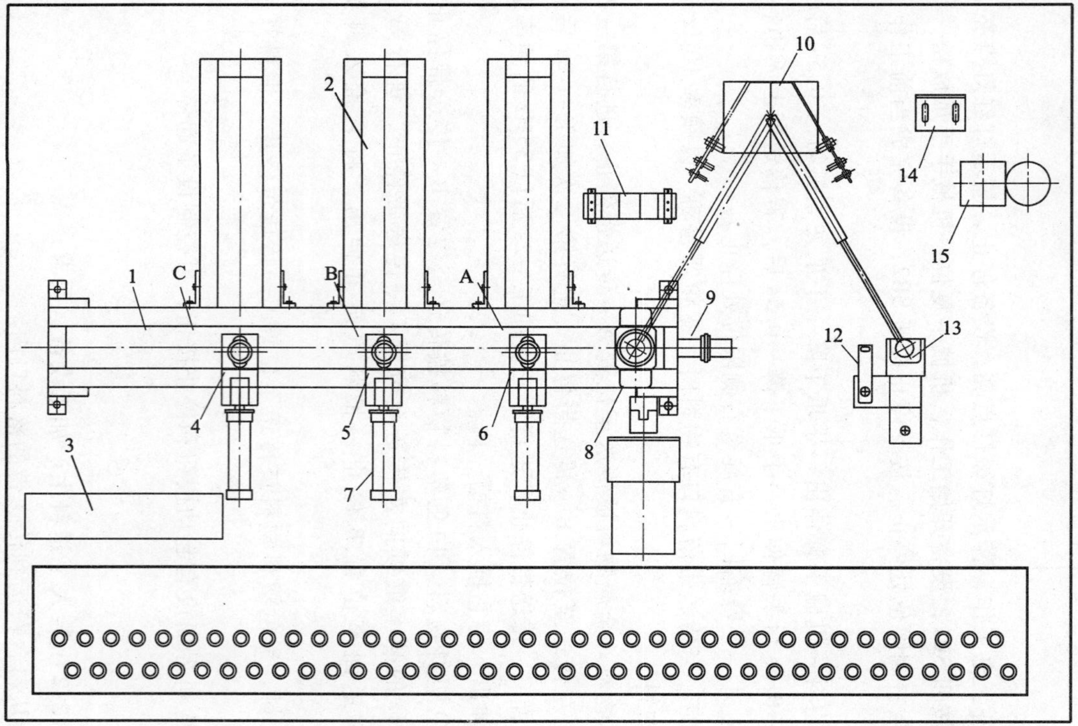

序号	名称	数量	序号	名称	数量
15	警示灯	1	8	落料口	3
14	气动二联件	1	7	推料气缸	1
13	入料口	1	6	电感式传感器	1
12	入料口光电传感器	1	5	光纤传感器（白）	1
11	电磁阀阀组	1	4	光纤传感器（黑）	1
10	机械手	1	3	触摸屏	1
9	落料口检测光电传感器	1	2	料槽	3

序号	名称	数量
1	传送线	1

标记	处数	更改文件号	签字	日期
设计		标准化		
核对		（审定）		
审核				
工艺		日期		

布局图

图样标记	数样	重量	比例
	1		

×××公司

人工送料生产加工设备

图 12-1 人工送料生产加工设备布局图

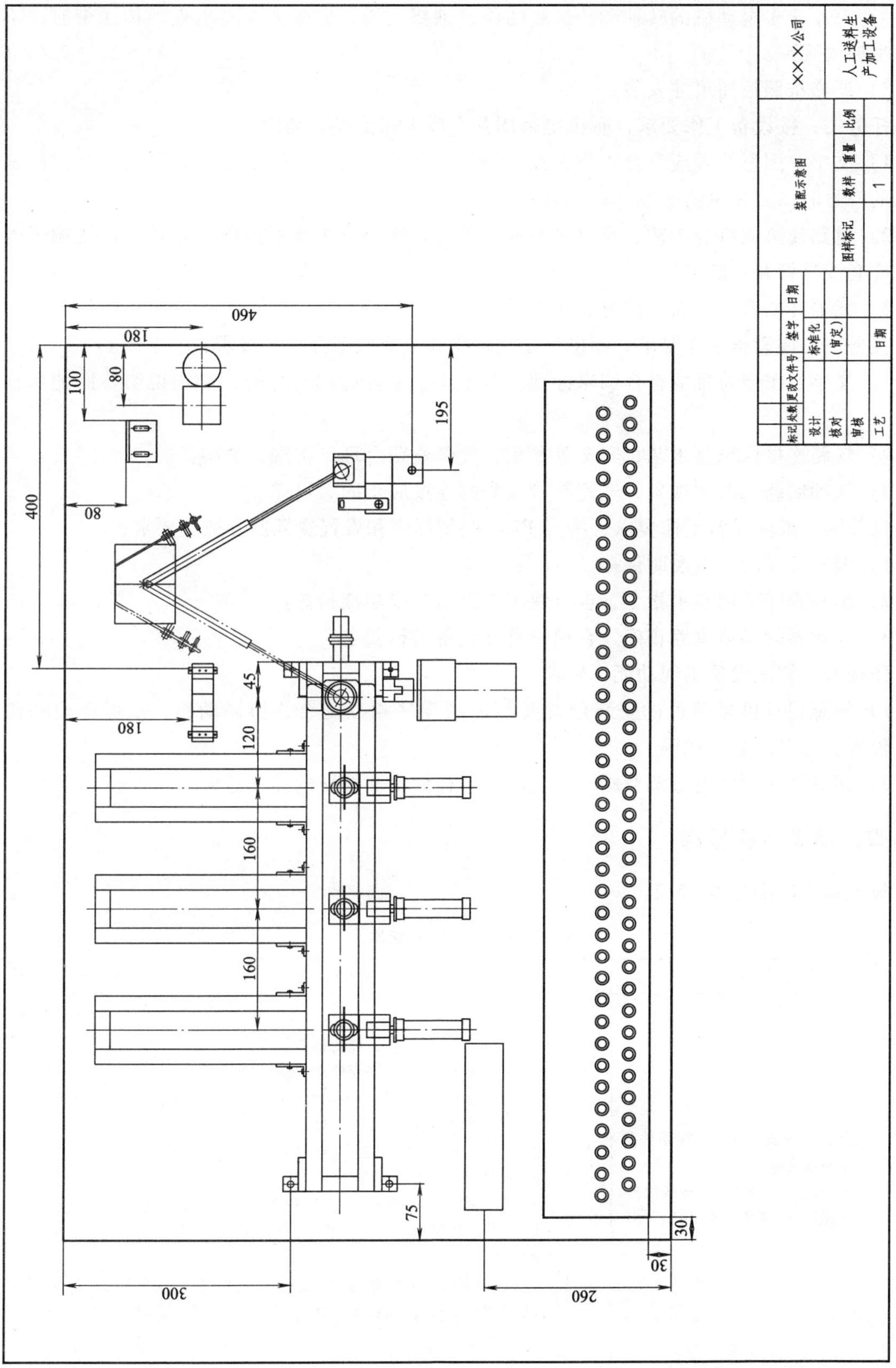

图 12-2　人工送料生产加工设备装配示意图

2）三相异步电动机的转轴和传送线的传动轴要同心，以保证电动机拖动传送带时，不会发生振动现象。

3）严格按照标注尺寸安装。

任务二：按设备工作要求，画出电路图并完成电路连接。要求：

1）文字、图形符号应符合中华人民共和国国家标准。若使用了非中华人民共和国国家标准的符号时，必须说明参照的标准名称。

2）电路连接应符合工艺、安全等要求，所有导线应置于线槽内部，导线与接线端子连接处应套线号管并正确编号。

3）元器件的金属外壳，应可靠接地。

任务三：按设备工作要求，画出气动回路图并完成气路连接。要求：

1）文字、图形符号应符合国家标准。若使用了非国标的符号时，必须说明参照的标准名称。

2）气路连接应符合工艺、安全等要求，气管通路合理、美观、紧凑。

3）气动回路无漏气现象，气管与管接头的连接应牢固、可靠。

任务四：根据设备工作要求，编写 PLC 控制程序和设置变频器参数。要求：

1）编写程序时，应及时保存。

2）编写程序可用基本指令，也可使用步进指令或功能指令。

3）变频器的参数设置正确、合理，符合设备运行要求。

任务五：调试设备实现功能。要求：

1）传感器及机械部件的安装位置要与控制程序相互配合，协调动作，以保证设备搬运、传送、加工、分拣准确。

2）调节气路中的流量调节阀，使气缸活塞杆伸出和缩回的速度适中。

四、施工验收标准

施工验收标准见表 12-2。

表 12-2　施工验收标准

验收项目及要求		配分	配分标准	扣分	得分	备注
设备组装	1. 设备部件安装可靠，各部件位置衔接准确 2. 电路绘制、安装正确、接线规范 3. 气路绘制、安装正确、规范	35	1. 部件安装位置错误，每处扣 2 分 2. 部件衔接不到位、零件松动，每处扣 2 分 3. 电路绘制错误或符号不符合标准，每处扣 2 分 4. 电路连接错误，每处扣 2 分 5. 导线反圈、压皮、松动，每处扣 2 分 6. 错、漏编号，每处扣 1 分 7. 导线未入线槽、布线零乱，每处扣 2 分 8. 气路绘制错误或符号不符合标准，每处扣 2 分 9. 气路连接错误，每处扣 2 分 10. 气路漏气、掉管，每处扣 2 分 11. 气管过长、过短、乱接，每处扣 2 分			

（续）

验收项目及要求		配分	配分标准	扣分	得分	备注
设备功能	1. 设备起停正常 2. 警示灯工作正常 3. 机械手搬运物料正常 4. 传送带运转正常 5. 金属物料传送、加工及分拣正常 6. 白色塑料物料传送、加工及分拣正常 7. 黑色塑料物料传送及分拣正常 8. 变频器参数设置正确	65	1. 设备未按要求起动或停止，每处扣2分 2. 警示灯未按要求亮灭，每处扣2分 3. 机械手未按要求搬运物料，扣10分 4. 传送带未按要求运转，扣5分 5. 金属物料未按要求传送、加工及分拣，扣15分 6. 白色塑料物料未按要求传送、加工及分拣，扣15分 7. 黑色塑料物料未按要求传送、分拣，扣5分 8. 变频器参数未按要求设置，扣5分			
安全生产	1. 自觉遵守安全文明生产规程 2. 保持现场干净整洁，工具摆放有序		1. 漏接接地线一处扣5分 2. 每违反一项规定，扣3分 3. 发生安全事故，0分处理 4. 现场凌乱、乱放工具、丢杂物、完成任务后不清理现场扣5分			
时间	4h					
开始时间：			结束时间：		实际时间：	

项目十三

人工送料生产加工设备的安装与调试（二）

一、设备简介

人工送料生产加工设备的功能是将料台内的物料搬运至生产线加工，并按其类别推入相应的料槽存放。如图 13-1 所示，设备主要由料台、机械手搬运装置、传送线及分拣装置等组成。按从左到右的顺序，物料加工位置、料槽和推料气缸的编号分别为加工位置 A、B、C，料槽一、二、三，推料气缸Ⅰ、Ⅱ、Ⅲ；位置 A、B、C 分别设有电感式传感器、光纤传感器（黑色）、光纤传感器（白色）。设备清单见表 13-1。

表 13-1　设备清单

序号	名　　称	型号规格	数量	单位	备注
1	警示灯及其支架	两色、闪烁	1	套	
2	物料支架		1	套	
3	传送线及其支架		1	套	
4	伸缩气缸套件	CXSM15-100	1	套	
5	提升气缸套件	CDJ2KB16-75-B	1	套	
6	手爪套件	MHZ2-10D1E	1	套	
7	旋转气缸套件	CDRB2BW20-180S	1	套	
8	机械手固定支架		1	套	
9	缓冲器		2	只	
10	落料口		1	只	
11	传送线套件	50×700	1	套	
12	电动机及安装套件	380V、25W	1	套	
13	推料气缸套件	CDJ2KB10-60-B	3	套	
14	料槽套件		3	套	
15	光电传感器及其支架	E3Z-LS61	1	套	出料口
16		GO12-MDNA-A	1	套	落料口

（续）

序号	名　称	型号规格	数量	单位	备注
17	电感式传感器	NSN4-2M60-E0-AM	3	套	
18	光纤传感器及其支架	E3X-NA11	2	套	
19	磁性传感器	D-59B	1	套	手爪夹紧
20		SIWKOD-Z73	2	套	手臂伸缩
21		D-C73	8	套	手爪升降、推料限位
22	PLC 模块	YL050、FX_{2N}-48MR	1	块	
23	变频器模块	E540、0.75kW	1	块	
24	按钮模块	YL157	1	块	
25	电源模块	YL046	1	块	

二、设备工作流程

设备送料由人工进行。设备上电工作，警示灯绿灯点亮；设备停止，警示灯红灯点亮。

（1）起停控制　按下起动按钮 SB1，设备开始工作，机械手复位：机械手手爪放松、手爪上伸、手臂缩回、手臂左旋至左侧限位处停止。按下停止按钮 SB2，设备完成当前工作循环后停止。

（2）搬运功能　料台内有物料→机械手臂伸出→手爪下降→手爪夹紧抓物→ 0.5s 后手爪上升→手臂缩回→手臂右旋→0.5s 后手臂伸出→手爪下降→0.5s 后，若传送带上无物料，则手爪放松、释放物料→手爪上升→手臂缩回→左旋至左侧限位处停止。

（3）传送、加工及分拣功能　当传送带落料口有物料时，变频器起动，以频率 10Hz 运行，传送带自右向左低速传送物料。

1）传送、加工及分拣金属物料。金属物料被传送至位置 A→传送带停止，进行第一次加工→2s 后仍以 10Hz 的频率向右传送至位置 B→传送带停止，进行第二次加工→ 2s 后以 20Hz 的频率继续向右传送至位置 C→传送带停止，进行第三次加工→2s 后以 35Hz 的频率返回至位置 A 停止→推料气缸 Ⅰ 伸出，将它推入料槽一内。

2）传送、加工及分拣白色塑料物料。白色塑料物料被传送至位置 B→传送带停止，进行加工→2s 后以 20Hz 的频率继续向右传送至位置 C，传送带停止→推料气缸 Ⅲ 伸出，将它推入料槽三内。

3）传送及分拣黑色塑料物料。黑色塑料物料被传送至位置 B→传送带停止，推料气缸 Ⅱ 伸出，将它推入料槽二内。

三、施工任务

任务一：根据装配示意图 13-2 组装人工送料生产加工设备。要求：

1）机械手能把物料准确地从料台搬运到传送带的落料口内。

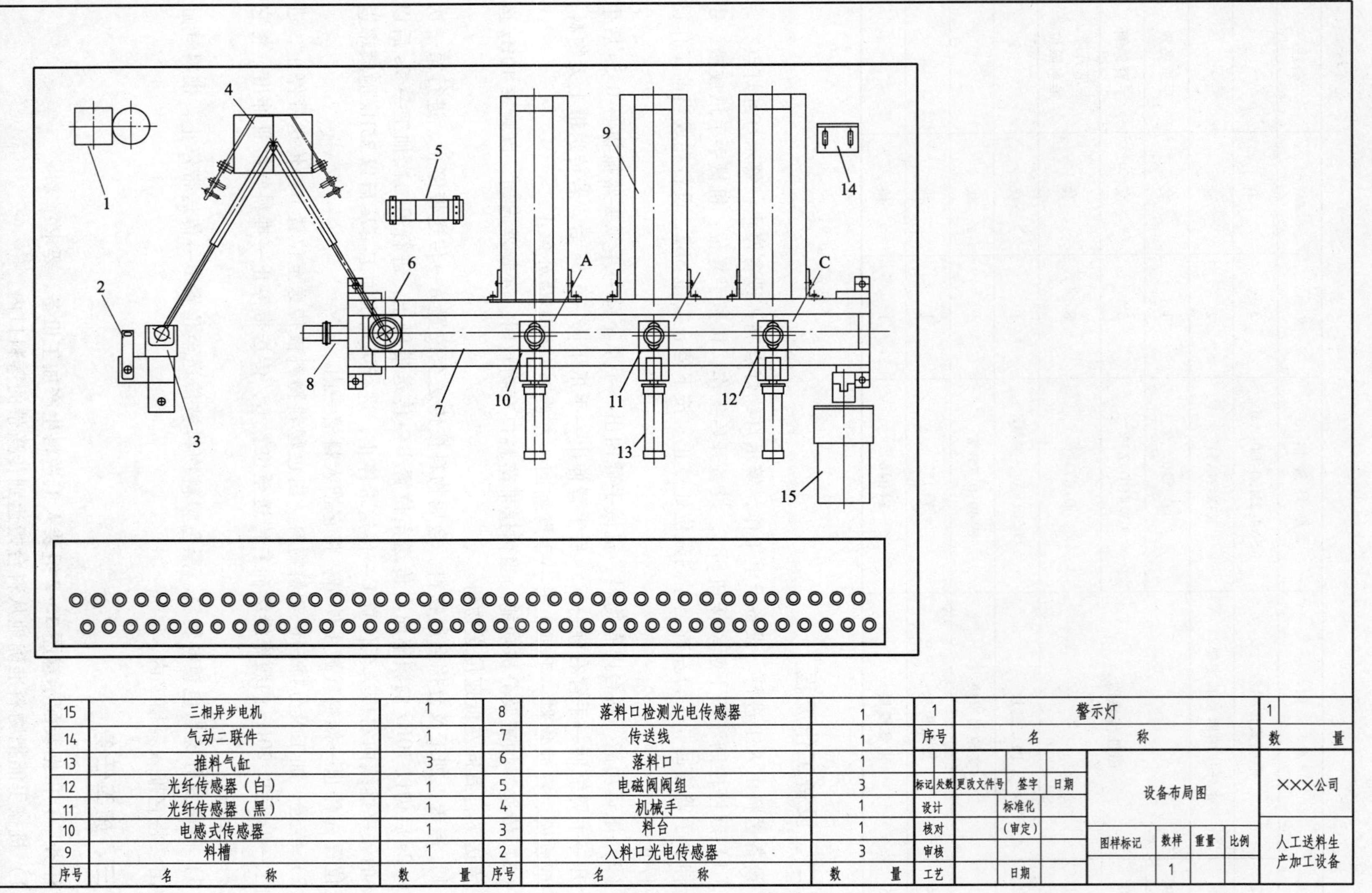

序号	名称	数量	序号	名称	数量
15	三相异步电机	1	8	落料口检测光电传感器	1
14	气动二联件	1	7	传送线	1
13	推料气缸	3	6	落料口	1
12	光纤传感器（白）	1	5	电磁阀阀组	3
11	光纤传感器（黑）	1	4	机械手	1
10	电感式传感器	1	3	料台	1
9	料槽	1	2	入料口光电传感器	3

序号	名称	数量
1	警示灯	1

标记	处数	更改文件号	签字	日期	设备布局图				×××公司
设计			标准化		图样标记	数样	重量	比例	人工送料生产加工设备
核对			（审定）			1			
审核									
工艺			日期						

图 13-1　人工送料生产加工设备布局图

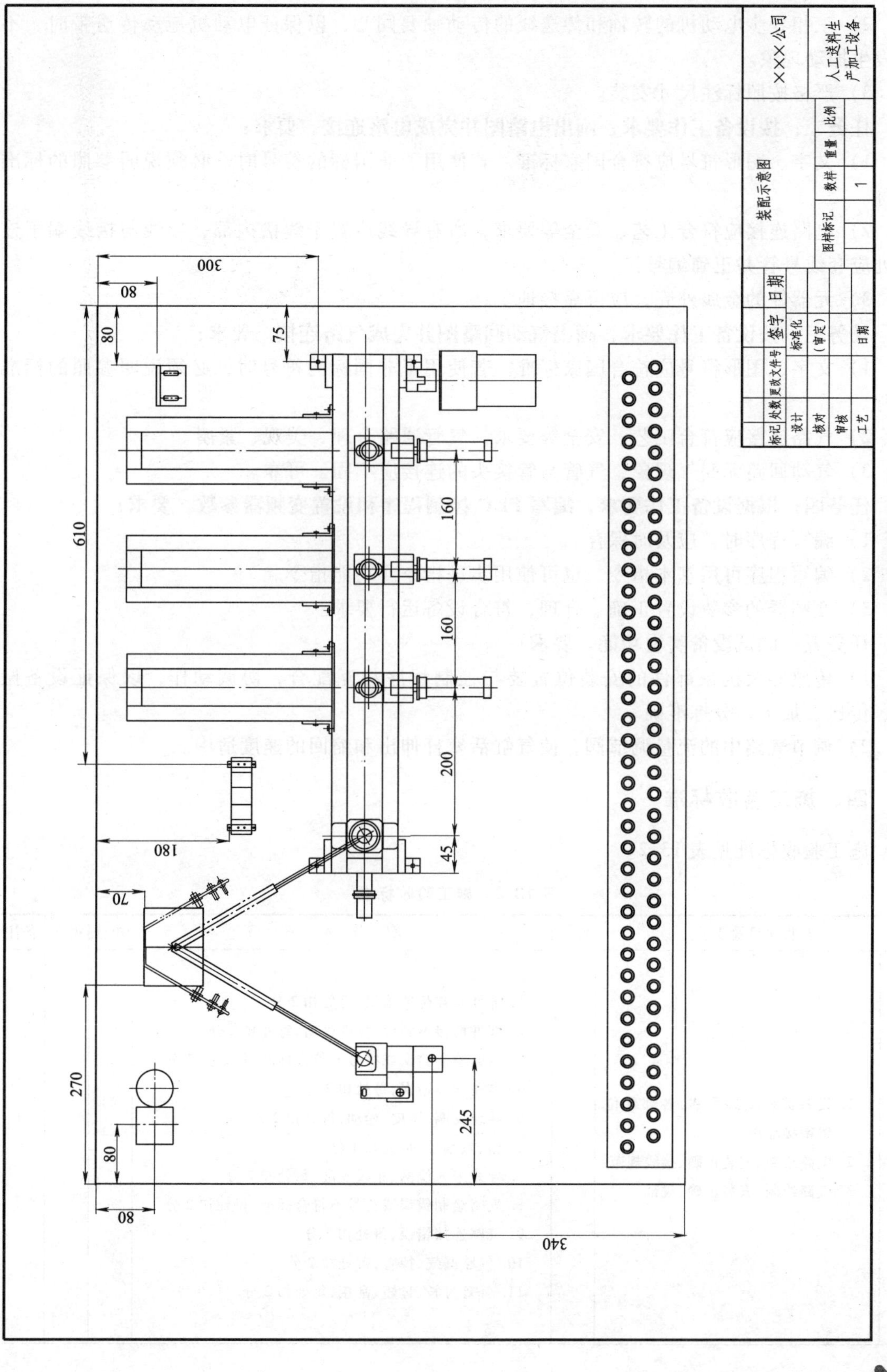

图 13-2　人工送料生产加工设备装配示意图

2）三相异步电动机的转轴和传送线的传动轴要同心，以保证电动机拖动传送带时，不会发生振动现象。

3）严格按照标注尺寸安装。

任务二：按设备工作要求，画出电路图并完成电路连接。要求：

1）文字、图形符号应符合国家标准。若使用了非国标的符号时，必须说明参照的标准名称。

2）电路连接应符合工艺、安全等要求，所有导线应置于线槽内部，导线与接线端子连接处应套线号管并正确编号。

3）元器件的金属外壳，应可靠接地。

任务三：按设备工作要求，画出气动回路图并完成气路连接。要求：

1）文字、图形符号应符合国家标准。若使用了非国标的符号时，必须说明参照的标准名称。

2）气路连接应符合工艺、安全等要求，气管通路合理、美观、紧凑。

3）气动回路无漏气现象，气管与管接头的连接应牢固、可靠。

任务四：根据设备工作要求，编写 PLC 控制程序和设置变频器参数。要求：

1）编写程序时，应及时保存。

2）编写程序可用基本指令，也可使用步进指令或功能指令。

3）变频器的参数设置正确、合理，符合设备运行要求。

任务五：调试设备实现功能。要求：

1）传感器及机械部件的安装位置要与控制程序相互配合，协调动作，以保证设备搬运、传送、加工、分拣准确。

2）调节气路中的流量调节阀，使气缸活塞杆伸出和缩回的速度适中。

四、施工验收标准

施工验收标准见表 13-2。

表 13-2　施工验收标准

验收项目及要求		配分	配　分　标　准	扣分	得分	备注
设备组装	1. 设备部件安装可靠，各部件位置衔接准确 2. 电路绘制、安装正确、接线规范 3. 气路绘制、安装正确、规范	35	1. 部件安装位置错误，每处扣 2 分 2. 部件衔接不到位、零件松动，每处扣 2 分 3. 电路绘制错误或符号不符合标准，每处扣 2 分 4. 电路连接错误，每处扣 2 分 5. 导线反圈、压皮、松动，每处扣 2 分 6. 错、漏编号，每处扣 1 分 7. 导线未入线槽、布线零乱，每处扣 2 分 8. 气路绘制错误或符号不符合标准，每处扣 2 分 9. 气路连接错误，每处扣 2 分 10. 气路漏气、掉管，每处扣 2 分 11. 气管过长、过短、乱接，每处扣 2 分			

（续）

验收项目及要求		配分	配　分　标　准	扣分	得分	备注
设备功能	1. 设备起停正常 2. 警示灯工作正常 3. 机械手搬运物料正常 4. 传送带运转正常 5. 金属物料传送、加工及分拣正常 6. 白色塑料物料传送、加工及分拣正常 7. 黑色塑料物料传送及分拣正常 8. 变频器参数设置正确	65	1. 设备未按要求起动或停止，每处扣2分 2. 警示灯未按要求亮灭，每处扣2分 3. 机械手未按要求搬运物料，扣10分 4. 传送带未按要求运转，扣5分 5. 金属物料未按要求传送、加工及分拣，扣15分 6. 白色塑料物料未按要求传送、加工及分拣，扣15分 7. 黑色塑料物料未按要求传送、分拣，扣5分 8. 变频器参数未按要求设置，扣5分			
安全生产	1. 自觉遵守安全文明生产规程 2. 保持现场干净整洁，工具摆放有序		1. 漏接接地线一处扣5分 2. 每违反一项规定，扣3分 3. 发生安全事故，0分处理 4. 现场凌乱、乱放工具、丢杂物、完成任务后不清理现场扣5分			
时间	4h					
开始时间：		结束时间：		实际时间：		

项目十四 物料搬运、分拣及组合设备的安装与调试（一）

一、设备简介

物料搬运、分拣及组合设备的功能是输送人工放入落料口的物料，并将符合要求的物料按一定的顺序推入料槽内进行组合，将不符合要求的物料搬运至料盘中。如图 14-1 所示，设备主要由落料口、传送线、分拣装置、料台、机械手搬运装置及物料料盘等组成。按从右到左的顺序，物料分拣位置、料槽和推料气缸的编号分别为分拣位置 A、B、C，料槽一、二、三，推料气缸Ⅰ、Ⅱ、Ⅲ；位置 A、B、C 分别设有电感式传感器（金属）、光纤传感器（白色）、光纤传感器（黑色）。设备清单见表 14-1。

表 14-1　设备清单

序号	名　称	型号规格	数量	单位	备注
1	警示灯及其支架	两色、闪烁	1	套	
2	传送线及其支架		1	套	
3	物料支架		1	套	
4	物料料盘及其支架		1	套	
5	伸缩气缸套件	CXSM15-100	1	套	
6	提升气缸套件	CDJ2KB16-75-B	1	套	
7	手爪套件	MHZ2-10D1E	1	套	
8	旋转气缸套件	CDRB2BW20-180S	1	套	
9	机械手固定支架		1	套	
10	缓冲器		2	只	
11	落料口		1	只	
12	传送线套件	50×700	1	套	
13	电动机及安装套件	380V、25W	1	套	
14	推料气缸套件	CDJ2KB10-60-B	3	套	
15	料槽套件		3	套	
16	光电传感器及其支架	E3Z-LS61	1	套	出料口
17		GO12-MDNA-A	1	套	落料口
18	电感式传感器	NSN4-2M60-E0-AM	3	套	
19	光纤传感器及其支架	E3X-NA11	2	套	
20	磁性传感器	D-59B	1	套	手爪紧松
21		SIWKOD-Z73	2	套	手臂伸缩
22		D-C73	8	套	手爪升降推料限位

（续）

序号	名　　称	型号规格	数量	单位	备注
23	PLC 模块	YL050、FX_{2N}-48MR	1	块	
24	变频器模块	E540、0.75kW	1	块	
25	按钮模块	YL157	1	块	
26	电源模块	YL046	1	块	

二、设备工作流程

设备分拣的物料有三种：金属物料（简称甲），白色塑料物料（简称乙），黑色塑料物料（简称丙），加料方式为人工加料。设备上电工作，警示灯红灯点亮。

（1）初始状态　设备的初始状态是指机械手的悬臂停在右侧限位处，手臂伸缩气缸的活塞杆缩回到位，且手爪松开，三个推料气缸的活塞杆都缩回到限位处。初始状态时，警示灯绿灯点亮，设备方可起动；若它们不在初始位，警示灯绿灯熄灭，请自行选择一种复位方式进行复位。

（2）起停控制　按下起动按钮 SB1，设备开始工作，起动变频器以 35 Hz 运行，传送带自右向左高速运转，等待人工加料。物料分拣完毕，推料气缸缩回到位或物料取走后，传送带又转为高速运行。

按下停止按钮 SB2，设备完成当前工作循环后停止。

（3）传送加工功能　若传送带的落料口有料，其运行频率变为 25Hz，以中速向左传送物料。物料到达位置 C 时，传送带停止，进行加工 3s。

（4）组合分拣功能

1）组合功能。料槽一内推入的物料为甲—乙组合（第一个物料必须为甲）；料槽二内推入的物料为乙—丙组合（第一个物料必须为乙）；料槽三内推入的物料为丙—甲组合（第一个物料必须为丙）。

2）位置 A 分拣功能。对于位置 A 符合要求的物料中速返回后，由推料气缸Ⅰ推入料槽一内，而不符合要求的物料则继续以 25Hz 的频率向左传送。

3）位置 B 分拣功能。对于位置 B 符合要求的物料中速返回后，由推料气缸Ⅱ推入料槽二内，而不符合要求的物料则继续以 25Hz 的频率向左传送。

4）位置 C 分拣功能。对于位置 C 符合要求的物料直接由推料气缸Ⅲ推入料槽三内，而不符合要求的物料则继续以 25Hz 的频率向左传送。

（5）搬运功能　不符合要求的物料被送入料台时，传送带停止工作→机械手臂伸出→手爪下降→手爪夹紧抓物→0.5s 后手爪上升→手臂缩回→手臂左旋→0.5s 后手臂伸出→手爪放松、释放物料→手臂缩回→右旋至右侧限位处停止。

三、施工任务

任务一：根据装配示意图 14-2 组装物料搬运、分拣及组合设备。要求：

1）机械手能把物料准确地从料台搬运到料盘内。

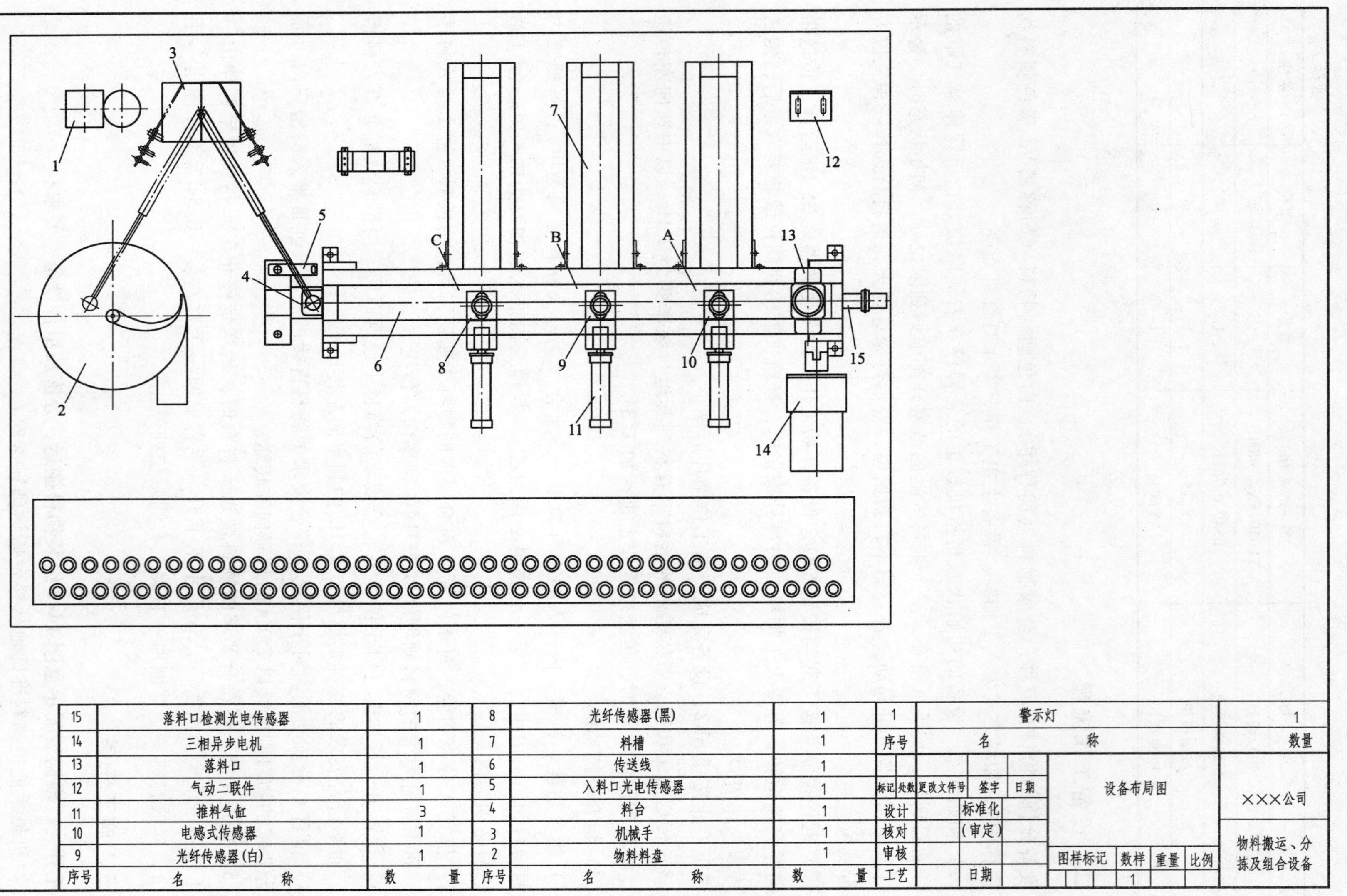

序号	名称	数量	序号	名称	数量
15	落料口检测光电传感器	1	8	光纤传感器(黑)	1
14	三相异步电机	1	7	料槽	1
13	落料口	1	6	传送线	1
12	气动二联件	1	5	入料口光电传感器	1
11	推料气缸	3	4	料台	1
10	电感式传感器	1	3	机械手	1
9	光纤传感器(白)	1	2	物料料盘	1

序号	名称	数量
1	警示灯	1

标记	处数	更改文件号	签字	日期	设备布局图	×××公司
设计		标准化				
核对		（审定）			图样标记 / 数样 1 / 重量 / 比例	物料搬运、分拣及组合设备
审核						
工艺		日期				

图 14-1　物料搬运、分拣及组合设备布局图

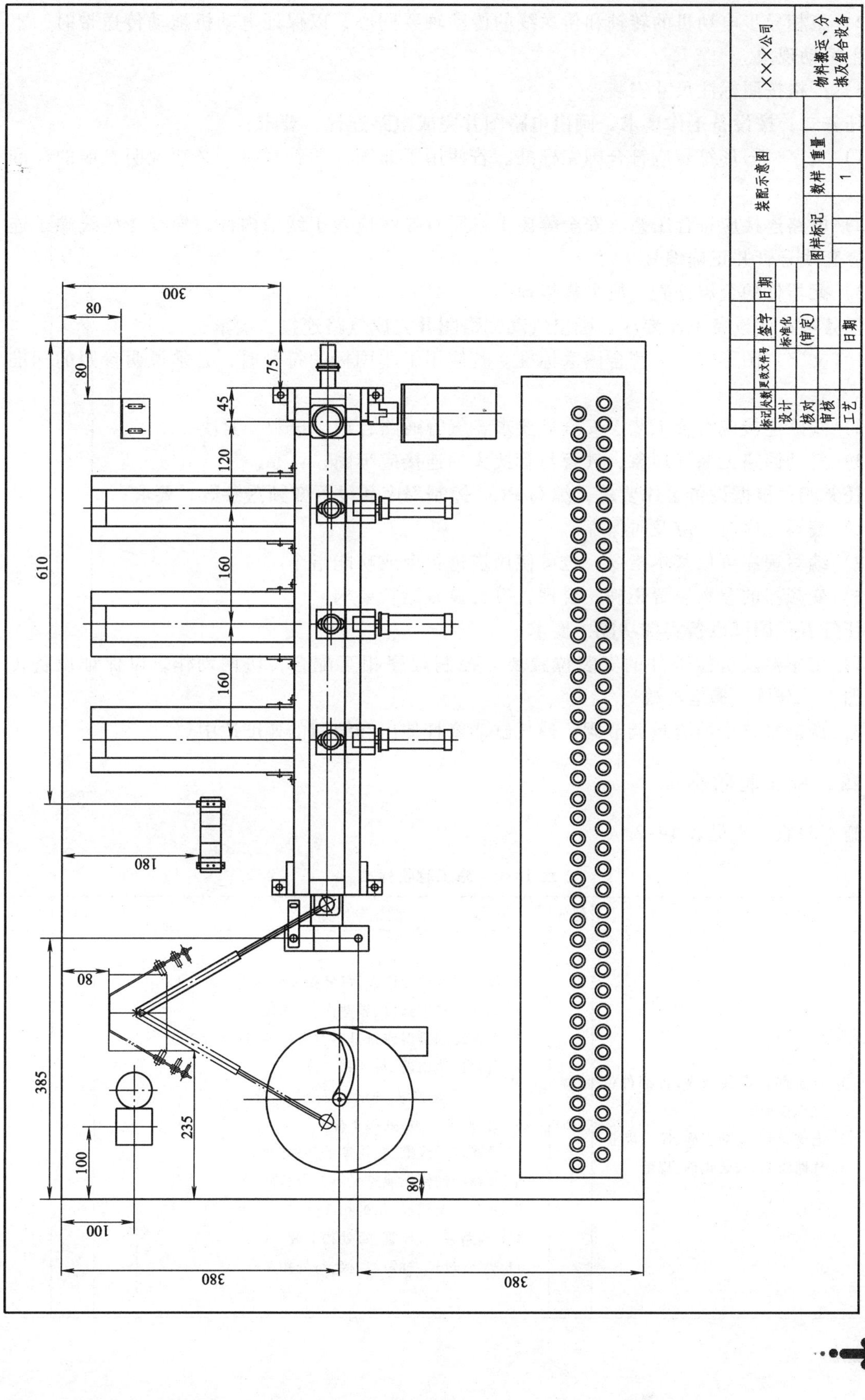

×××公司

物料搬运、分拣及组合设备

装配示意图

图样标记　数样　重量

1

标记　处数　更改文件号　签字　日期

设计　标准化

校对　（审定）

审核

工艺　日期

图 14-2　物料搬运、分拣及组合设备装配示意图

2）三相异步电动机的转轴和传送线的传动轴要同心，以保证电动机拖动传送带时，不会发生振动现象。

3）严格按照标注尺寸安装。

任务二：按设备工作要求，画出电路图并完成电路连接。要求：

1）文字、图形符号应符合国家标准。若使用了非国标的符号时，必须说明参照的标准名称。

2）电路连接应符合工艺、安全等要求，所有导线应置于线槽内部，导线与接线端子连接处应套线号管并正确编号。

3）元器件的金属外壳，应可靠接地。

任务三：按设备工作要求，画出气动回路图并完成气路连接。要求：

1）文字、图形符号应符合国家标准。若使用了非国标的符号时，必须说明参照的标准名称。

2）气路连接应符合工艺、安全等要求，气管通路合理、美观、紧凑。

3）气动回路无漏气现象，气管与管接头的连接应牢固、可靠。

任务四：根据设备工作要求，编写 PLC 控制程序和设置变频器参数。要求：

1）编写程序时，应及时保存。

2）编写程序可用基本指令，也可使用步进指令或功能指令。

3）变频器的参数设置正确、合理，符合设备运行要求。

任务五：调试设备实现功能。要求：

1）传感器及机械部件的安装位置要与控制程序相互配合，协调动作，以保证设备传送、加工、分拣、搬运准确。

2）调节气路中的流量调节阀，使气缸活塞杆伸出和缩回的速度适中。

四、施工验收标准

施工验收标准见表 14-2。

表 14-2 施工验收标准

验收项目及要求		配分	配分标准	扣分	得分	备注
设备组装	1. 设备部件安装可靠，各部件位置衔接准确 2. 电路绘制、安装正确、接线规范 3. 气路绘制、安装正确、规范	35	1. 部件安装位置错误，每处扣 2 分 2. 部件衔接不到位、零件松动，每处扣 2 分 3. 电路绘制错误或符号不符合标准，每处扣 2 分 4. 电路连接错误，每处扣 2 分 5. 导线反圈、压皮、松动，每处扣 2 分 6. 错、漏编号，每处扣 1 分 7. 导线未入线槽、布线零乱，每处扣 2 分 8. 气路绘制错误或符号不符合标准，每处扣 2 分 9. 气路连接错误，每处扣 2 分 10. 气路漏气、掉管，每处扣 2 分 11. 气管过长、过短、乱接，每处扣 2 分			

（续）

验收项目及要求		配分	配 分 标 准	扣分	得分	备注
设备功能	1. 设备起停正常 2. 警示灯工作正常 3. 传送带运转正常 4. 物料传送、加工正常 5. 料槽一分拣正常 6. 料槽二分拣正常 7. 料槽三分拣正常 8. 不符合要求的物料搬运正常 9. 变频器参数设置正确	65	1. 设备未按要求起动或停止，每处扣2分 2. 警示灯未按要求亮灭，每处扣2分 3. 传送带未按要求运转，扣5分 4. 物料未按要求传送、加工，扣10分 5. 料槽一内的物料未按要求分拣，扣10分 6. 料槽二内的物料未按要求分拣，扣10分 7. 料槽三内的物料未按要求分拣，扣10分 8. 不符合要求的物料未按要求搬运，扣5分 9. 变频器参数未按要求设置，扣5分			
安全生产	1. 自觉遵守安全文明生产规程 2. 保持现场干净整洁，工具摆放有序		1. 漏接接地线一处扣5分 2. 每违反一项规定，扣3分 3. 发生安全事故，0分处理 4. 现场凌乱、乱放工具、丢杂物、完成任务后不清理现场扣5分			
时间	4h					
开始时间：			结束时间：		实际时间：	

项目十五

物料搬运、分拣及组合设备的安装与调试（二）

一、设备简介

物料搬运、分拣及组合设备的功能是输送人工放入落料口的物料，并将符合要求的物料按一定的顺序推入料槽内进行组合，将不符合要求的物料推入料台后，由机械手搬运至料盘中。如图 15-1 所示，设备主要由落料口、传送线、分拣装置、料台、机械手搬运装置及物料料盘等组成。按从左到右的顺序，物料分拣位置、料槽和推料气缸的编号分别为分拣位置 A、B、C，料槽一、二，推料气缸Ⅰ、Ⅱ、Ⅲ；位置 A、B、C 分别设有电感式传感器（金属）、光纤传感器（白色）、光纤传感器（黑色）。设备清单见表 15-1。

表 15-1　设备清单

序号	名　称	型号规格	数量	单位	备注
1	警示灯及其支架	两色、闪烁	1	套	
2	传送线及其支架		1	套	
3	物料支架		1	套	
4	物料料盘及其支架		1	套	
5	伸缩气缸套件	CXSM15-100	1	套	
6	提升气缸套件	CDJ2KB16-75-B	1	套	
7	手爪套件	MHZ2-10D1E	1	套	
8	旋转气缸套件	CDRB2BW20-180S	1	套	
9	机械手固定支架		1	套	
10	缓冲器		2	只	
11	落料口		1	只	
12	传送线套件	50×700	1	套	
13	电动机及安装套件	380V、25W	1	套	
14	推料气缸套件	CDJ2KB10-60-B	3	套	
15	料槽套件		2	套	
16	光电传感器及其支架	E3Z-LS61	1	套	出料口
17		GO12-MDNA-A	1	套	落料口

（续）

序号	名　　称	型号规格	数量	单位	备注
18	电感式传感器	NSN4-2M60-E0-AM	3	套	
19	光纤传感器及其支架	E3X-NA11	2	套	
20	磁性传感器	D-59B	1	套	手爪紧松
21		SIWKOD-Z73	2	套	手臂伸缩
22		D-C73	8	套	手爪升降推料限位
23	PLC 模块	YL050、FX_{2N}-48MR	1	块	
24	变频器模块	E540、0.75kW	1	块	
25	按钮模块	YL157	1	块	
26	触摸屏及通信线	eview　MT4300C	1	套	
27	电源模块	YL046	1	块	

二、设备工作流程

设备分拣的物料有三种：金属物料（简称甲），白色塑料物料（简称乙），黑色塑料物料（简称丙），加料方式为人工加料。设备上电工作，警示灯红灯点亮。

（1）初始状态　设备的初始状态是指机械手的悬臂停在左限位处，手臂伸缩气缸的活塞杆缩回到位，且手爪松开，三个推料气缸的活塞杆都缩回到限位处。初始状态时，警示灯绿灯点亮，设备方可起动；若它们不在初始位，警示灯绿灯熄灭。请自行选择一种复位方式进行复位。

（2）起停控制　按下起动按钮 SB1，设备开始工作；按下停止按钮 SB2，设备完成当前工作循环后停止。

（3）传送功能　若传送带的落料口有料，变频器起动，以频率 20Hz 运行，驱动传送线向右输送物料。物料分拣完毕，推料气缸活塞杆缩回到位或物料被取走时，传送带停止。

（4）组合分拣功能

1）组合功能。料槽一内推入的物料为甲—乙组合（第一个物料必须为甲）；料槽二内推入的物料为乙—丙组合（第一个物料必须为乙）。

2）位置 A 分拣功能。对于位置 A 符合要求的物料由推料气缸Ⅰ推入料槽一内，而不符合要求的物料则继续以 20Hz 的频率向右传送。

3）位置 B 分拣功能。对于位置 B 符合要求的物料由推料气缸Ⅱ推入料槽二内，而不符合要求的物料则继续以 20Hz 的频率向右传送。

4）位置 C 推料功能。不符合要求的物料被传送至位置 C 时，由推料气缸Ⅲ推入料台内。

（5）搬运功能　料台有料时→机械手臂伸出→手爪下降→手爪夹紧抓物→0.5s 后手爪上升→手臂缩回→手臂右旋→0.5s 后手臂伸出→手爪放松、释放物料→手臂缩回→左旋至左侧限位处停止。

三、施工任务

任务一：根据装配示意图 15-2 组装物料搬运、分拣及组合设备。要求：

1）机械手能把物料准确地从料台搬运到料盘内。

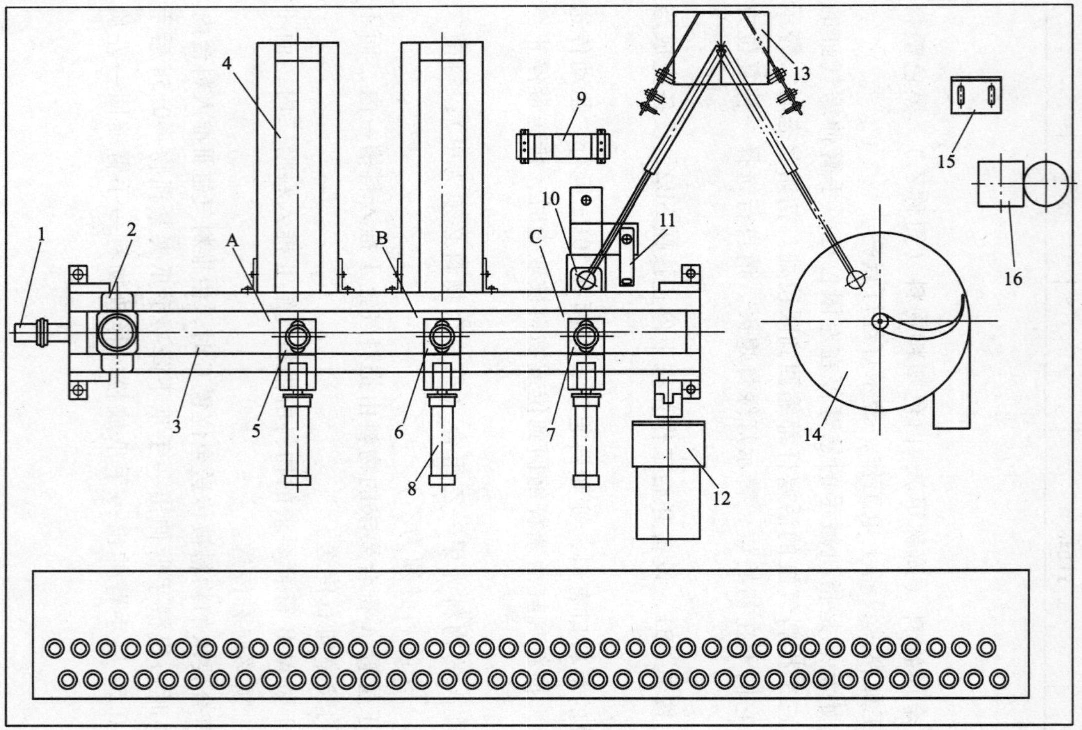

序号	名称	数量	序号	名称	数量	序号	名称	数量
			10	出料台	1	2	落料口	1
			9	电磁阀阀组	1	1	落料口检测光电传感器	1
16	警示灯	1	8	推料气缸	3			
15	气动二联件	1	7	光纤传感器(黑)	1			
14	物料料盘	1	6	光纤传感器(白)	1			
13	机械手	1	5	电感式传感器	1			
12	三相异步电动机	1	4	料槽	1			
11	物料检测光电传感器	3	3	传送线	1			

标记	处数	更改文件号	签字	日期	设备布局图				×××公司
设计			标准化						
核对			（审定）						物料搬运、分拣及组合设备
审核					图样标记	数样	重量	比例	
工艺			日期			1			

图 15-1　物料搬运、分拣及组合设备布局图

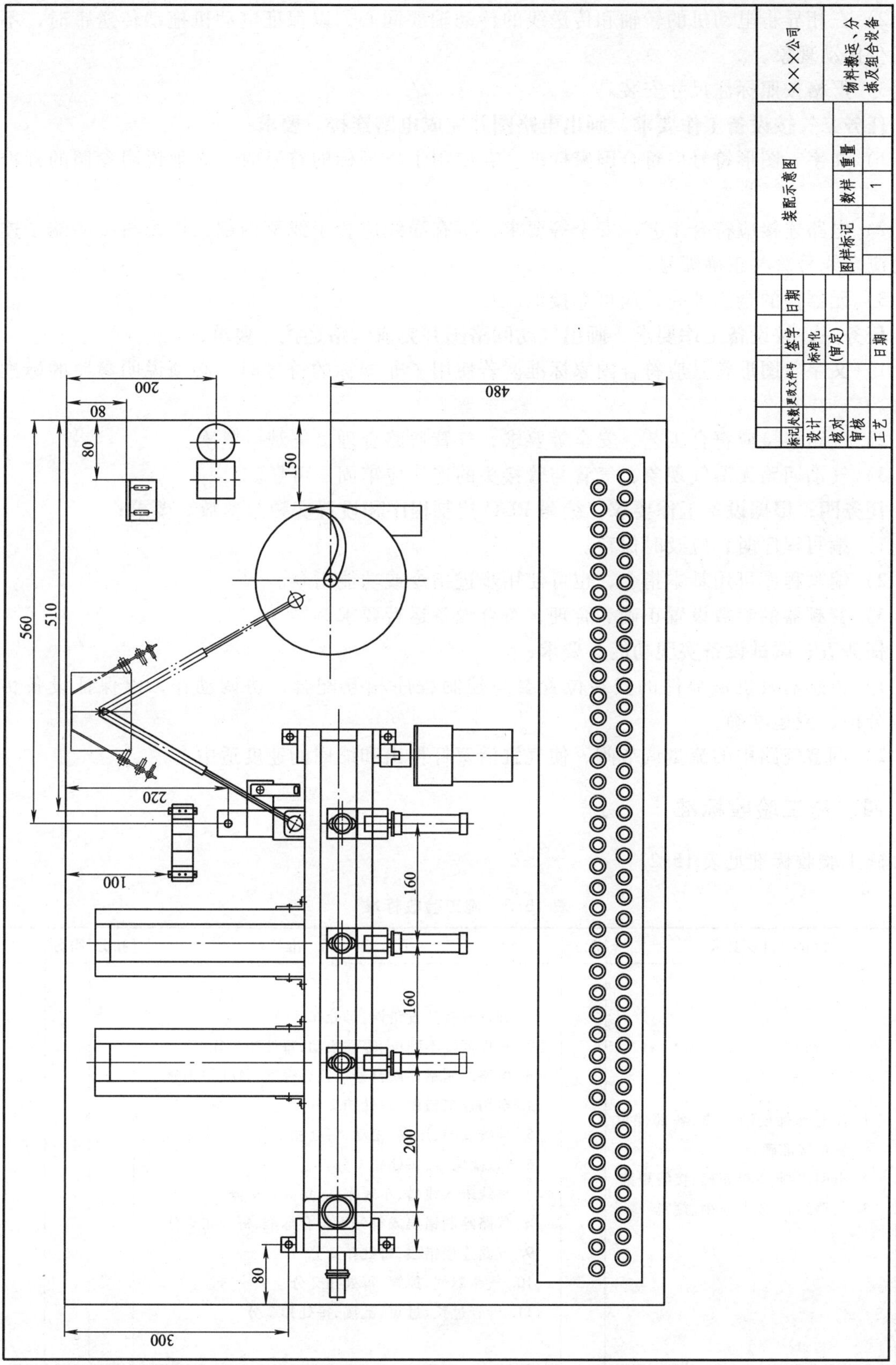

图 15-2　物料搬运、分拣及组合设备装配示意图

2）三相异步电动机的转轴和传送线的传动轴要同心，以保证电动机拖动传送带时，不会发生振动现象。

3）严格按照标注尺寸安装。

任务二：按设备工作要求，画出电路图并完成电路连接。要求：

1）文字、图形符号应符合国家标准。若使用了非国标的符号时，必须说明参照的标准名称。

2）电路连接应符合工艺、安全等要求，所有导线应置于线槽内部，导线与接线端子连接处应套线号管并正确编号。

3）元器件的金属外壳，应可靠接地。

任务三：按设备工作要求，画出气动回路图并完成气路连接。要求：

1）文字、图形符号应符合国家标准。若使用了非国标的符号时，必须说明参照的标准名称。

2）气路连接应符合工艺、安全等要求，气管通路合理、美观、紧凑。

3）气动回路无漏气现象，气管与管接头的连接应牢固、可靠。

任务四：根据设备工作要求，编写 PLC 控制程序和设置变频器参数。要求：

1）编写程序时，应及时保存。

2）编写程序可用基本指令，也可使用步进指令或功能指令。

3）变频器的参数设置正确、合理，符合设备运行要求。

任务五：调试设备实现功能。要求：

1）传感器及机械部件的安装位置要与控制程序相互配合，协调动作，以保证设备传送、分拣、搬运准确。

2）调节气路中的流量调节阀，使气缸活塞杆伸出和缩回的速度适中。

四、施工验收标准

施工验收标准见表 15-2。

表 15-2　施工验收标准

验收项目及要求		配分	配　分　标　准	扣分	得分	备注
设备组装	1. 设备部件安装可靠，各部件位置衔接准确 2. 电路绘制、安装正确、接线规范 3. 气路绘制、安装正确、规范	35	1. 部件安装位置错误，每处扣 2 分 2. 部件衔接不到位、零件松动，每处扣 2 分 3. 电路绘制错误或符号不符合标准，每处扣 2 分 4. 电路连接错误，每处扣 2 分 5. 导线反圈、压皮、松动，每处扣 2 分 6. 错、漏编号，每处扣 1 分 7. 导线未入线槽、布线零乱，每处扣 2 分 8. 气路绘制错误或符号不符合标准，每处扣 2 分 9. 气路连接错误，每处扣 2 分 10. 气路漏气、掉管，每处扣 2 分 11. 气管过长、过短、乱接，每处扣 2 分			

（续）

验收项目及要求		配分	配　分　标　准	扣分	得分	备注
设备功能	1. 设备起停正常 2. 警示灯工作正常 3. 物料传送正常 4. 料槽一分拣正常 5. 料槽二分拣正常 6. 不符合要求的物料分拣正常 7. 不符合要求的物料搬运正常 8. 变频器参数设置正确	65	1. 设备未按要求起动或停止，每处扣 2 分 2. 警示灯未按要求亮灭，每处扣 2 分 3. 物料未按要求传送，扣 5 分 4. 料槽一内的物料未按要求分拣，扣 15 分 5. 料槽二内的物料未按要求分拣，扣 15 分 6. 不符合要求的物料未按要求分拣，扣 5 分 7. 不符合要求的物料未按要求搬运，扣 10 分 8. 变频器参数未按要求设置，扣 5 分			
安全生产	1. 自觉遵守安全文明生产规程 2. 保持现场干净整洁，工具摆放有序		1. 漏接接地线一处扣 5 分 2. 每违反一项规定，扣 3 分 3. 发生安全事故，0 分处理 4. 现场凌乱、乱放工具、丢杂物、完成任务后不清理现场扣 5 分			
时间	4h					
开始时间：		结束时间：		实际时间：		

项目十六

物料搬运、分拣及组合设备的安装与调试（三）

一、设备简介

物料搬运、分拣及组合设备的功能是送料机构将物料送至出料口后，由机械手将其搬运至传送带进行输送，并将符合要求的合格物料按一定的顺序推入特定料槽内进行组合；将不符合要求的合格物料推入其他料槽存放；不合格的物料则由机械手搬运至料盘中。如图 16-1所示，设备主要由送料装置、出料口、机械手搬运装置、传送线、分拣装置等组成。按从左到右的顺序，物料分拣位置、料槽和推料气缸的编号分别为分拣位置 A、B、C，料槽一、二、三，推料气缸Ⅰ、Ⅱ、Ⅲ；位置 A、B、C 分别设有电感式传感器（金属）、光纤传感器（白色）、光纤传感器（黑色）。设备部件清单见表 16-1。

表 16-1　设备部件清单

序号	名　称	型号规格	数量	单位	备注
1	警示灯及其支架	两色、闪烁	1	套	
2	传送线及其支架		1	套	
3	物料支架		1	套	
4	物料料盘及其支架		1	套	
5	伸缩气缸套件	CXSM15-100	1	套	
6	提升气缸套件	CDJ2KB16-75-B	1	套	
7	手爪套件	MHZ2-10D1E	1	套	
8	旋转气缸套件	CDRB2BW20-180S	1	套	
9	机械手固定支架		1	套	
10	缓冲器		2	只	
11	落料口		1	只	
12	传送线套件	50×700	1	套	
13	电动机及安装套件	380V、25W	1	套	
14	推料气缸套件	CDJ2KB10-60-B	3	套	
15	料槽套件		2	套	

（续）

序号	名　　称	型号规格	数量	单位	备注
16	光电传感器及其支架	E3Z-LS61	1	套	出料口
17		GO12-MDNA-A	1	套	落料口
18	电感式传感器	NSN4-2M60-E0-AM	3	套	
19	光纤传感器及其支架	E3X-NA11	2	套	
20	磁性传感器	D-59B	1	套	手爪紧松
21		SIWKOD-Z73	2	套	手臂伸缩
22		D-C73	8	套	手爪升降 推料限位
23	PLC 模块	YL050、FX_{2N}-48MR	1	块	
24	变频器模块	E540、0.75kW	1	块	
25	按钮模块	YL157	1	块	
26	电源模块	YL046	1	块	

二、设备工作流程

设备分拣的物料有三种：金属物料（简称甲），白色塑料物料（简称乙），黑色塑料物料（简称丙）。设备上电工作，警示灯红灯点亮。

（1）初始状态　设备的初始状态是指机械手的悬臂停在左侧限位处，手臂伸缩气缸的活塞杆缩回到位，且手爪松开，三个推料气缸的活塞杆都缩回到限位处。初始状态时，警示灯绿灯点亮，设备方可起动；若它们不在初始位，警示灯绿灯熄灭，请自行选择一种复位方式进行复位。

（2）起停控制　按下起动按钮 SB1，设备开始工作；按下停止按钮 SB2，设备完成当前工作循环后停止。

（3）送料功能　系统起动后，送料机构开始检测物料支架上的物料。若无物料，PLC便起动送料电动机工作，驱动放料转盘的扇页旋转，物料从转盘内移至出料口。当传感器检测到物料时，转盘扇页停止旋转。若送料电动机运行 10s 后，仍未检测到物料，则说明转盘内已无物料，此时机构停止工作并发出报警声。

（4）搬运功能

1）上料搬运。料台有料时，若传送带上无料→手爪下降→手爪夹紧抓物→0.5s 后手爪上升→手臂缩回→手臂右旋→0.5s 后手臂伸出→手爪下降→手爪放松、释放物料→手爪上升→手臂缩回→左旋至左侧限位处停止。

2）不合格物料搬运。若不合格物料返回至传送带落料处→手臂右旋→手臂伸出→手爪下降→手爪夹紧抓料→手爪上升→手臂缩回→手臂左旋→手臂伸出→手爪放松、释放物料→手臂缩回后停止。

（5）传送功能　机械手将物料搬运至传送带上后，变频器起动，以频率 20Hz 运行，驱动传送带向右输送物料。物料分拣完毕，推料气缸活塞杆缩回到位或物料被取走时，传送带停止。

（6）组合分拣功能　甲、乙为合格物料，丙为不合格物料。

1）合格物料的组合功能。料槽一内推入的物料为甲—乙组合（第一个物料必须为甲）；料槽二内推入的物料为乙—甲组合（第一个物料必须为乙）。

2）位置 A 分拣功能。对于位置 A 符合要求的合格物料由推料气缸Ⅰ推入料槽一内，而不符合要求的物料则继续以 20Hz 的频率向右传送。

3）位置 B 分拣功能。对于位置 B 符合要求的合格物料由推料气缸Ⅱ推入料槽二内，而不符合要求的物料则继续以 20Hz 的频率向右传送。

4）位置 C 推料功能。不符合要求的合格物料被传送至位置 C 时，由推料气缸Ⅲ推入料台内。

5）不合格物料的处理。对于不合格的物料被传送至位置 C 后，以同样的速度返回至落料处停止，由机械手搬运到料盘内。

三、施工任务

任务一：根据装配示意图 16-2 组装物料搬运、分拣及组合设备。要求：

1）机械手能准确地将送料机构出料口的物料搬运至传送带的落料处，并能将皮带落料处的物料准确地搬运到料盘内。

2）三相异步电动机的转轴和传送线的传动轴要同心，以保证电动机拖动传送带时，不会发生振动现象。

3）严格按照标注尺寸安装。

任务二：按设备工作要求，画出电路图并完成电路连接。要求：

1）文字、图形符号应符合国家标准。若使用了非国标的符号时，必须说明参照的标准名称。

2）电路连接应符合工艺、安全等要求，所有导线应置于线槽内部，导线与接线端子连接处应套线号管并正确编号。

3）元器件的金属外壳，应可靠接地。

任务三：按设备工作要求，画出气动回路图并完成气路连接。要求：

1）文字、图形符号应符合国家标准。若使用了非国标的符号时，必须说明参照的标准名称。

2）气路连接应符合工艺、安全等要求，气管通路合理、美观、紧凑。

3）气动回路无漏气现象，气管与管接头的连接应牢固、可靠。

任务四：根据设备工作要求，编写 PLC 控制程序和设置变频器参数。要求：

1）编写程序时，应及时保存。

2）编写程序可用基本指令，也可使用步进指令或功能指令。

3）变频器的参数设置正确、合理，符合设备运行要求。

任务五：调试设备实现功能。要求：

1）传感器及机械部件的安装位置要与控制程序相互配合，协调动作，以保证设备送料、传送、分拣、搬运准确。

2）调节气路中的流量调节阀，使气缸活塞杆伸出和缩回的速度适中。

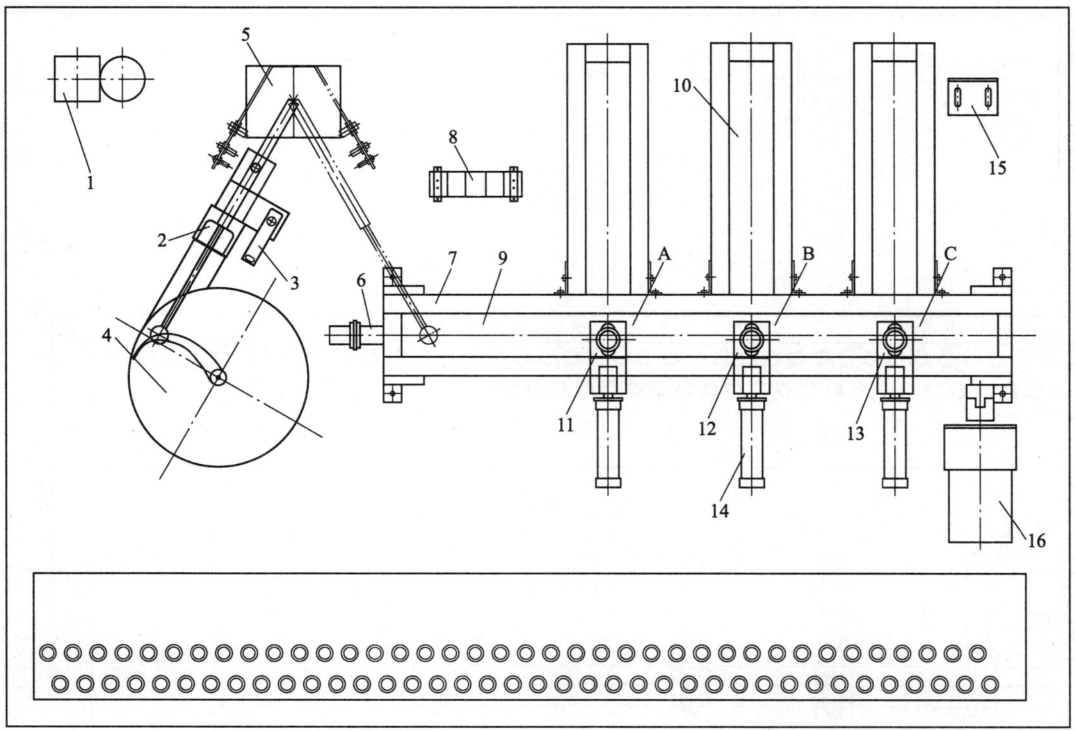

序号	名称	数量	序号	名称	数量	序号	名称	数量
			10	料槽		2	出料口	
			9	传送线		1	警示灯组	
16	三相异步电机		8	电磁阀阀组				
15	气动二联件		7	落料处				
14	推料气缸		6	落料口检测光电传感器				
13	光纤传感器(黑)		5	机械手				
12	光纤传感器(白)		4	物料料盘				
11	电感式传感器		3	物料检测光电传感器				

标记	处数	更改文件号	签字	日期	设备布局图				×××公司
设计		标准化			图样标记	数样	重量	比例	物料搬运、分拣及组合设备
核对		(审定)							
审核									
工艺		日期				1			

图 16-1　物料搬运、分拣及组合设备布局图

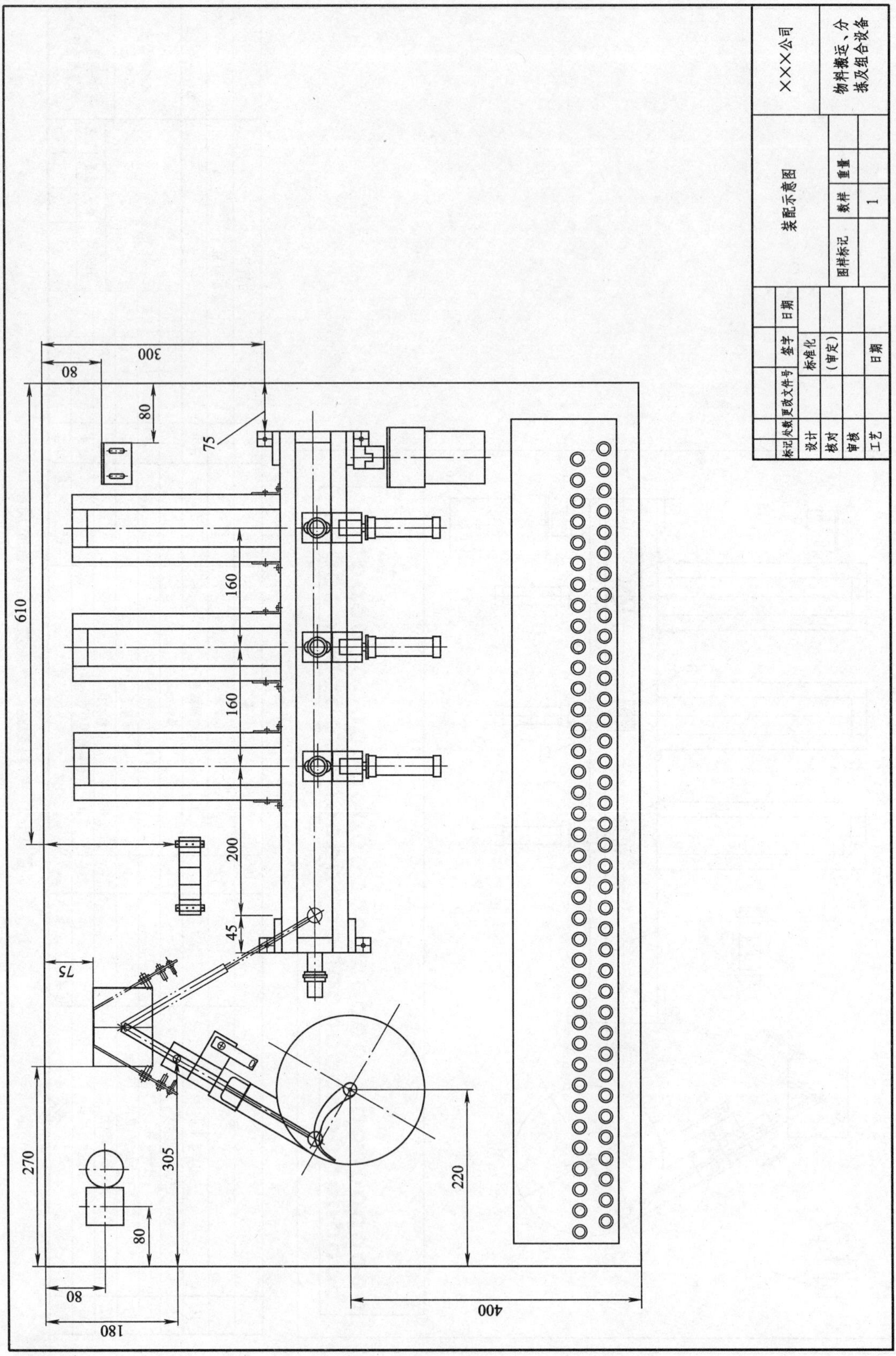

图 16-2 物料搬运、分拣及组合设备装配示意图

四、施工验收标准

施工验收标准见表 16-2。

表 16-2　施工验收标准

验收项目及要求		配分	配　分　标　准	扣分	得分	备注
设备组装	1. 设备部件安装可靠，各部件位置衔接准确 2. 电路绘制、安装正确、接线规范 3. 气路绘制、安装正确、规范	35	1. 部件安装位置错误，每处扣 2 分 2. 部件衔接不到位、零件松动，每处扣 2 分 3. 电路绘制错误或符号不符合标准，每处扣 2 分 4. 电路连接错误，每处扣 2 分 5. 导线反圈、压皮、松动，每处扣 2 分 6. 错、漏编号，每处扣 1 分 7. 导线未入线槽、布线零乱，每处扣 2 分 8. 气路绘制错误或符号不符合标准，每处扣 2 分 9. 气路连接错误，每处扣 2 分 10. 气路漏气、掉管，每处扣 2 分 11. 气管过长、过短、乱接，每处扣 2 分			
设备功能	1. 设备起停正常 2. 警示灯工作正常 3. 送料正常 4. 机械手上料搬运正常 5. 物料传送正常 6. 料槽一分拣正常 7. 料槽二分拣正常 8. 料槽三分拣正常 9. 不符合要求的物料搬运正常 10. 变频器参数设置正确	65	1. 设备未按要求起动或停止，每处扣 2 分 2. 警示灯未按要求亮灭，每处扣 2 分 3. 送料机构未按要求工作，扣 5 分 4. 机械手未按要求上料搬运，扣 5 分 5. 物料未按要求传送，扣 5 分 6. 料槽一内的物料未按要求分拣，扣 15 分 7. 料槽二内的物料未按要求分拣，扣 15 分 8. 料槽三内的物料未按要求分拣，扣 5 分 9. 不符合要求的物料未按要求搬运，扣 10 分 10. 变频器参数未按要求设置，扣 5 分			
安全生产	1. 自觉遵守安全文明生产规程 2. 保持现场干净整洁，工具摆放有序		1. 漏接接地线一处扣 5 分 2. 每违反一项规定，扣 3 分 3. 发生安全事故，0 分处理 4. 现场凌乱、乱放工具、丢杂物、完成任务后不清理现场扣 5 分			
时间	4h					
开始时间：		结束时间：		实际时间：		

附录

附录A　机电设备安装与调试竞赛常用图形符号

附录B　FX系列PLC的指令列表

附录C　三菱FR-E540型变频器的参数设定表

附录A 机电设备安装与调试竞赛常用图形符号

组装和调试机电一体化设备过程中，设备涉及的元器件的图形符号，统一使用中华人民共和国国家标准中规定的图形符号。国家标准中没有而竞赛又需要的图形符号，使用大赛指定的图形符号。竞赛试题中的电路图、气动回路图等，按印发的图形符号绘制；选手制图，也应按印发的图形符号绘制。下面表 A-1 和 A-2 列出了本书及全国职业教育技能大赛相关比赛项目所涉及到的电气及气动图形符号。

一、电气图形符号

表 A-1 电气图形符号

引用标准及序号	图形符号	说明	备注
GB/T 4728.6—2000 06-04-01	*	电机的一般符号，符号内的星号用下述字母之一代替：C 旋转变流机，G 发电机，M 电动机，MG 能作为发电机或电动机使用的电机，MS 同步电动机	
GB/T 4728.6—2000 06-05-01	M	直流串励电动机	
GB/T 4728.6—2000 06-05-02	M	直流并励电动机	
GB/T 4728.6—2000 06-08-01	M 3～	三相笼型异步电动机	

（续）

引用标准及序号	图形符号	说　明	备　注
GB/T 4728.6—2000 06-08-02	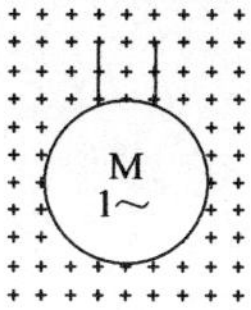	单相笼型异步电动机	
GB/T 4728.7—2000 07-02-01	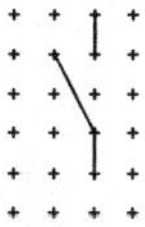	动合（常开）触点 本符号也可用作开关的一般符号	
GB/T 4728.7—2000 07-02-02	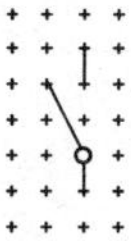	动合（常开）触点 本符号也可用作开关的一般符号	
GB/T 4728.7—2000 07-02-03	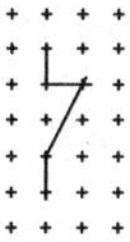	动断（常闭）触点	
GB/T 4728.7—2000 07-06-01	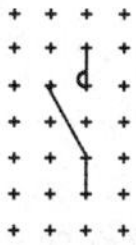	有自动返回的动合触点	
GB/T 4728.7—2000 07-06-02	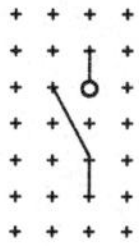	无自动返回的动合触点	
GB/T 4728.7—2000 07-06-03	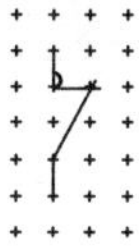	有自动返回的动断触点	
GB/T 4728.7—2000 07-07-01	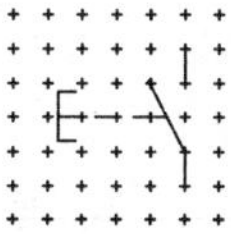	具有动合触点且自动复位的按钮开关	
※	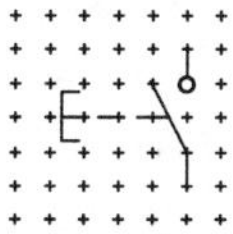	具有动合触点不能自动复位的按钮开关	全国技能大赛组委会指定
GB/T 4728.7—2000 07-07-06	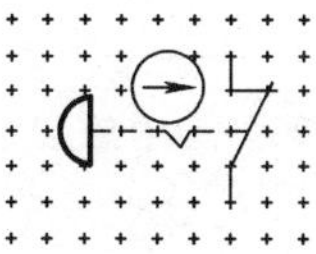	具有正向操作的动断触点且有保持功能的紧急停车开关（操作蘑菇头）	

（续）

引用标准及序号	图形符号	说明	备注
GB/T 4728.7—2000 07-15-01	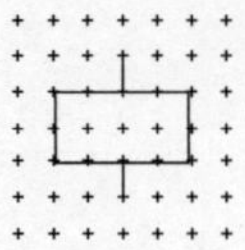	操作器件一般符号 继电器线圈一般符号	
GB/T 4728.7—2000 07-05-02	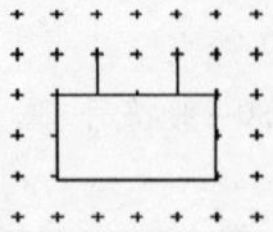	操作器件一般符号 继电器线圈一般符号	
GB/T 4728.7—2000 07-19-01	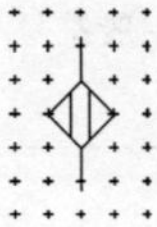	接近传感器	
GB/T 4728.7—2000 07-19-02	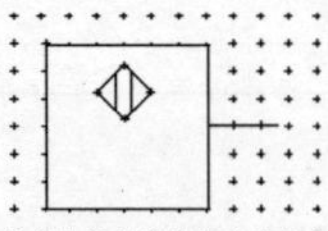	接近传感器器件方框符号 操作方法可以表示出来	
07-19-03	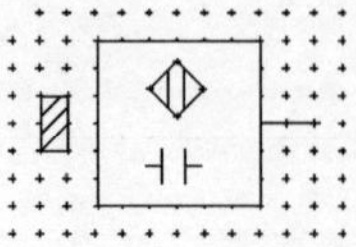	示例:固体材料接近时操作的电容的接近检测器	
GB/T 4728.7—2000 07-19-04	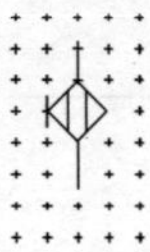	接触传感器	
GB/T 4728.7—2000 07-20-01	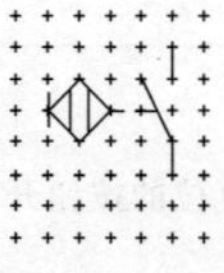	接触敏感开关动合触点	
GB/T 4728.7—2000 07-20-02	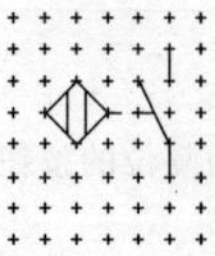	接近开关动合触点	
GB/T 4728.7—2000 07-20-03	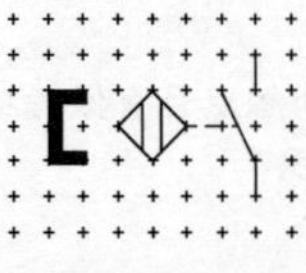	磁铁接近动作的接近开关,动合触点	

（续）

引用标准及序号	图 形 符 号	说　明	备　注
GB/T 4728.7—2000 07-20-04	Fe	铁接近时动作的接近开关，动断触点	
※		光电传感器动合触点	光纤传感器借用此符号 全国技能大赛组委会指定
GB/T 4728.8—2000 08-10-01		灯，一般符号；信号灯，一般符号 如果要求指示颜色，则在靠近符号处标出下列代码：RD-红，YE-黄，GN-绿，BU-蓝，WH-白	
GB/T 4728.8—2000 08-10-02		闪光型信号灯	
GB/T 4728.8—2000 08-10-06		电铃	
GB/T 4728.8—2000 08-10-10		蜂鸣器	
GB/T 4728.8—2000 08-10-13		由内置变压器供电的指示灯	

二、气动元件图形符号（节选自 GB 786. 1-1993）

表 A-2　气动图形符号

名　称	图形符号	说　明
单向阀	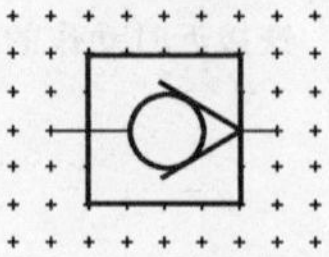	
溢流阀	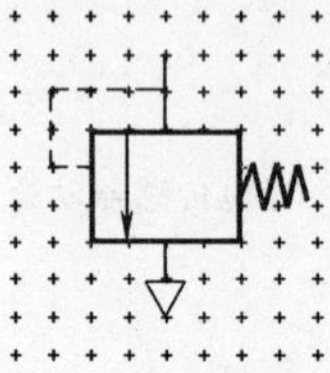	外控溢流阀
溢流阀	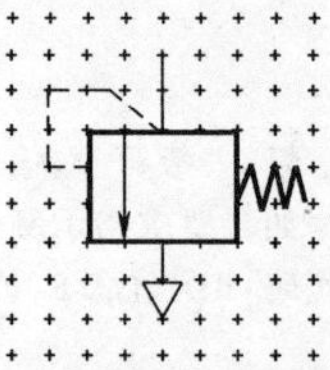	内控溢流阀
减压阀	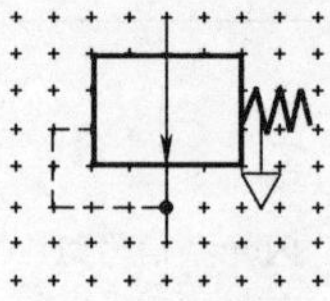	
节流阀	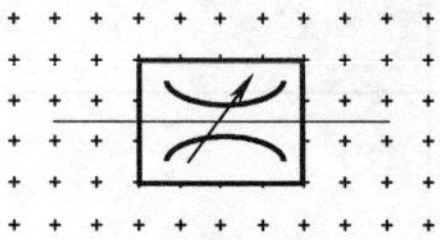	
二位五通单线圈电磁方向控制阀	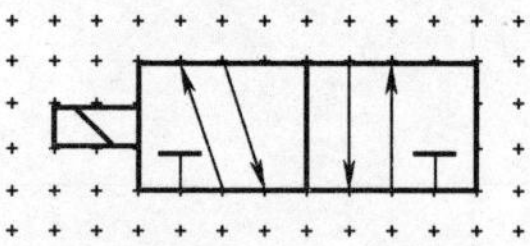	
二位五通双线圈电磁方向控制阀	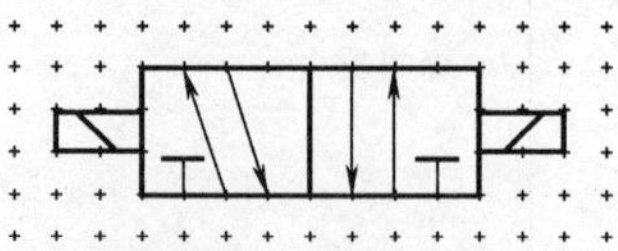	
双作用单出单杆气缸	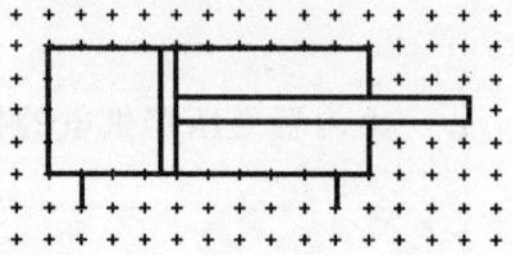	

（续）

名　　称	图 形 符 号	说　　明
双作用单出双杆气缸	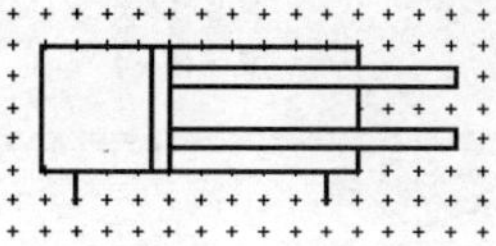	
※气手指气缸	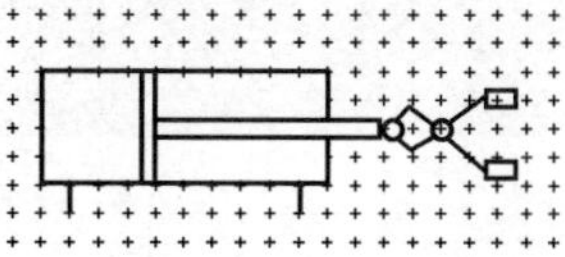	全国技能大赛组委会指定
※气动摆动马达		全国技能大赛组委会指定
气动双向定量马达	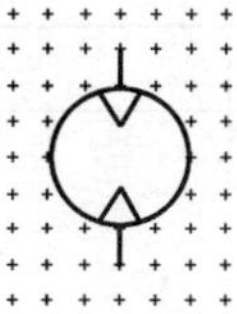	
气动双向变量马达	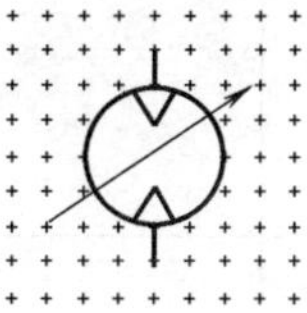	
空气过滤器		
组合元件	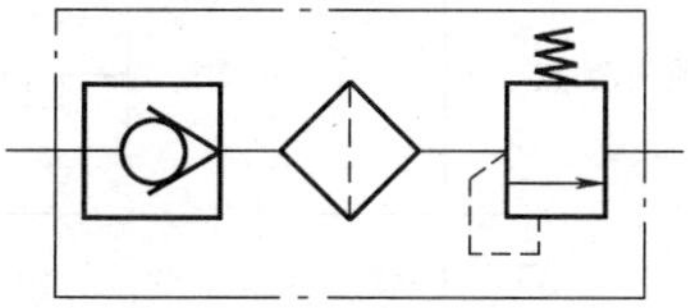	由单向阀、过滤器和外控溢流阀组成的器件

附录B FX系列PLC的指令列表

一、基本指令

三菱 FX 系列 PLC 的基本指令见表 B-1。

表 B-1 基本指令

助记符、名称	功能	回路表示和对象软元件
LD 取	运算开始常开触点	XYMSTC
LDI 取反	运算开始常闭触点	XYMSTC
LDP 取脉冲	上升沿检出运算开始	XYMSTC
LDF 取脉冲	下降沿检出运算开始	XYMSTC
AND 与	串联连接常开触点	XYMSTC
ANI 与非	串联连接常闭触点	XYMSTC
ANDP 与脉冲	上升沿检出串联连接	XYMSTC

（续）

助记符、名称	功　能	回路表示和对象软元件
ANDF 与脉冲	下降沿检出串联连接	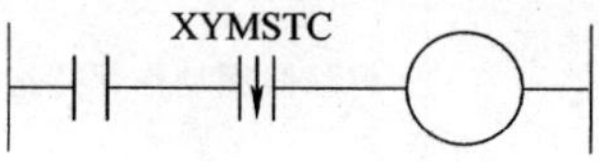 XYMSTC
OR 或	并联连接常开触点	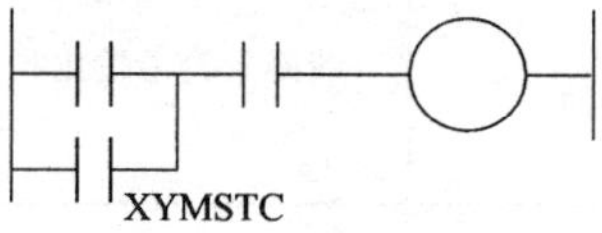 XYMSTC
ORI 或非	并联连接常闭触点	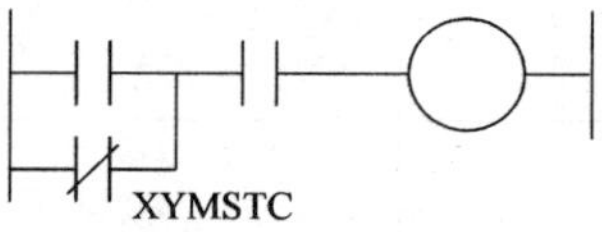 XYMSTC
ORP 或脉冲	上升沿检出并联连接	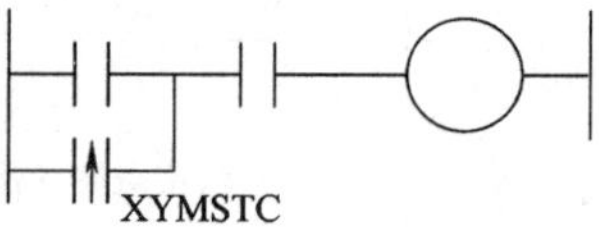 XYMSTC
ORF 或脉冲	下降沿检出并联连接	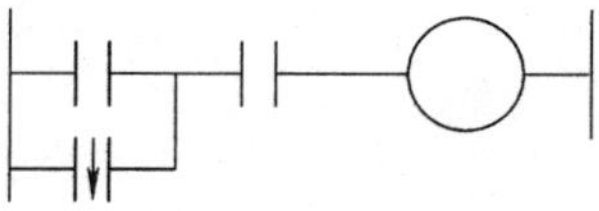
ANB 回路块与	回路块之间串联连接	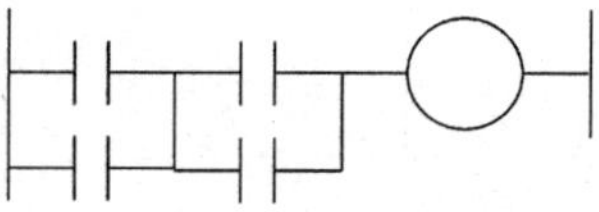
ORB 回路块或	回路块之间并联连接	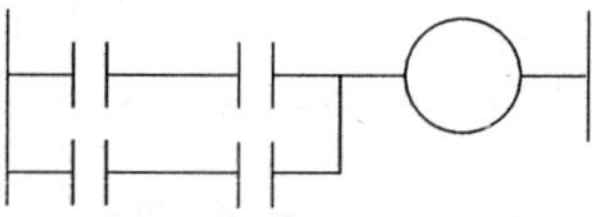
OUT 输出	线圈驱动指令	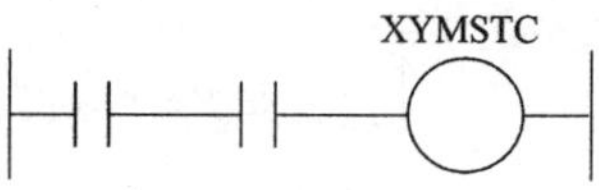 XYMSTC
SET 置位	线圈动作保持指令	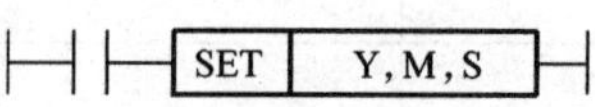 SET　Y,M,S

（续）

助记符、名称	功　能	回路表示和对象软元件
RST 复位	解除线圈动作保持指令	RST　Y,M,S,T,C,D,V,Z
PLS 上升沿脉冲	线圈上升沿输出指令	PLS　Y,M
PLF 下降沿脉冲	线圈下降沿输出指令	PLF　Y,M
MC 主控	公共串联接点用线圈指令	MC　N　Y,M
MCR 主控复位	公共串联接点解除指令	MCR　N
MPS 进栈	运算存储	MPS MRD MPP
MRD 读栈	存储读出	
MPP 出栈	存储读出和复位	
INV 取反	运算结果取反	INV
NOP 空操作	无动作	程序清除或空格用
END 结束	程序结束	程序结束，返回0步

二、步进指令

三菱 FX 系列 PLC 的基本指令见表 B-2。

表 B-2　步进指令

助记符、名称	功　能	回路表示和对象软元件
STL 步进接点	步进梯形图开始	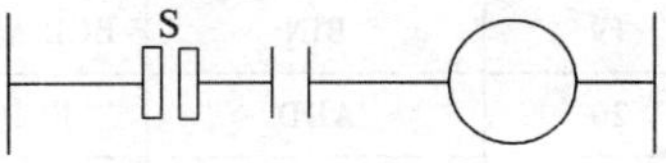 S
RET 步进返回	步进梯形图结束	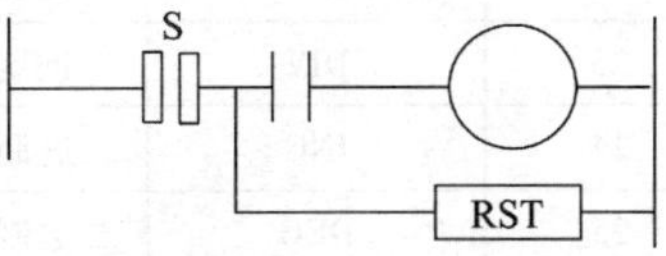 S RST

三、功能指令

三菱 FX 系列 PLC 的基本指令见表 B-3。

表 B-3　功能指令

类别	FNC NO.	指令助记符	指令功能说明	系列				
				FX_{0S}	FX_{0N}	FX_{1S}	FX_{1N}	FX_{2N} FX_{2NC}
程序流程	00	CJ	条件跳转	○	○	○	○	○
	01	CALL	子程序调用	×	×	○	○	○
	02	SRET	子程序返回	×	×	○	○	○
	03	IRET	中断返回	○	○	○	○	○
	04	EI	开中断	○	○	○	○	○
	05	DI	关中断	○	○	○	○	○
	06	FEND	主程序结束	○	○	○	○	○
	07	WDT	监视定时器刷新	○	○	○	○	○
	08	FOR	循环的起点与次数	○	○	○	○	○
	09	NEXT	循环的终点	○	○	○	○	○
传送与比较	10	CMP	比较	○	○	○	○	○
	11	ZCP	区间比较	○	○	○	○	○
	12	MOV	传送	○	○	○	○	○
	13	SMOV	位传送	×	×	×	×	○
	14	CML	取反传送	×	×	×	×	○
	15	BMOV	成批传送	×	○	○	○	○
	16	FMOV	多点传送	×	×	×	×	○

（续）

类别	FNC NO.	指令助记符	指令功能说明	系列				
				FX_{0S}	FX_{0N}	FX_{1S}	FX_{1N}	FX_{2N} FX_{2NC}
传送与比较	17	XCH	交换	×	×	×	×	○
	18	BCD	二进制转换成 BCD 码	○	○	○	○	○
	19	BIN	BCD 码转换成二进制	○	○	○	○	○
算术与逻辑运算	20	ADD	二进制加法运算	○	○	○	○	○
	21	SUB	二进制减法运算	○	○	○	○	○
	22	MUL	二进制乘法运算	○	○	○	○	○
	23	DIV	二进制除法运算	○	○	○	○	○
	24	INC	二进制加 1 运算	○	○	○	○	○
	25	DEC	二进制减 1 运算	○	○	○	○	○
	26	WAND	字逻辑与	○	○	○	○	○
	27	WOR	字逻辑或	○	○	○	○	○
	28	WXOR	字逻辑异或	○	○	○	○	○
	29	NEG	求二进制补码	×	×	×	×	○
循环与移位	30	ROR	循环右移	×	×	×	×	○
	31	ROL	循环左移	×	×	×	×	○
	32	RCR	带进位右移	×	×	×	×	○
	33	RCL	带进位左移	×	×	×	×	○
	34	SFTR	位右移	○	○	○	○	○
	35	SFTL	位左移	○	○	○	○	○
	36	WSFR	字右移	×	×	×	×	○
	37	WSFL	字左移	×	×	×	×	○
	38	SFWR	FIFO(先入先出)写入	×	×	○	○	○
	39	SFRD	FIFO(先入先出)读出	×	×	○	○	○
数据处理	40	ZRST	区间复位	○	○	○	○	○
	41	DECO	解码	○	○	○	○	○
	42	ENCO	编码	○	○	○	○	○
	43	SUM	统计 ON 位数	×	×	×	×	○
	44	BON	查询位某状态	×	×	×	×	○
	45	MEAN	求平均值	×	×	×	×	○
	46	ANS	报警器置位	×	×	×	×	○
	47	ANR	报警器复位	×	×	×	×	○
	48	SQR	求平方根	×	×	×	×	○
	49	FLT	整数与浮点数转换	×	×	×	×	○

（续）

类别	FNC NO.	指令助记符	指令功能说明	系列				
				FX_{0S}	FX_{0N}	FX_{1S}	FX_{1N}	FX_{2N} FX_{2NC}
高速处理	50	REF	输入输出刷新	○	○	○	○	○
	51	REFF	输入滤波时间调整	×	×	×	×	○
	52	MTR	矩阵输入	×	×	○	○	○
	53	HSCS	比较置位（高速计数用）	×	○	○	○	○
	54	HSCR	比较复位（高速计数用）	×	○	○	○	○
	55	HSZ	区间比较（高速计数用）	×	×	×	×	○
	56	SPD	脉冲密度	×	×	○	○	○
	57	PLSY	指定频率脉冲输出	○	○	○	○	○
	58	PWM	脉宽调制输出	○	○	○	○	○
	59	PLSR	带加减速脉冲输出	×	×	○	○	○
方便指令	60	IST	状态初始化	○	○	○	○	○
	61	SER	数据查找	×	×	×	×	○
	62	ABSD	凸轮控制（绝对式）	×	×	○	○	○
	63	INCD	凸轮控制（增量式）	×	×	○	○	○
	64	TTMR	示教定时器	×	×	×	×	○
	65	STMR	特殊定时器	×	×	×	×	○
	66	ALT	交替输出	○	○	○	○	○
	67	RAMP	斜波信号	○	○	○	○	○
	68	ROTC	旋转工作台控制	×	×	×	×	○
	69	SORT	列表数据排序	×	×	×	×	○
外部I/O设备	70	TKY	10 键输入	×	×	×	×	○
	71	HKY	16 键输入	×	×	×	×	○
	72	DSW	BCD 数字开关输入	×	×	○	○	○
	73	SEGD	七段码译码	×	×	×	×	○
	74	SEGL	七段码分时显示	×	×	○	○	○
	75	ARWS	方向开关	×	×	×	×	○
	76	ASC	ASCII 码转换	×	×	×	×	○
	77	PR	ASCII 码打印输出	×	×	×	×	○
	78	FROM	BFM 读出	×	○	×	○	○
	79	TO	BFM 写入	×	○	×	○	○
外围设备	80	RS	串行数据传送	×	○	○	○	○
	81	PRUN	八进制位传送（#）	×	×	○	○	○
	82	ASCI	16 进制数转换成 ASCII 码	×	○	○	○	○
	83	HEX	ASCII 码转换成 16 进制数	×	○	○	○	○

（续）

类别	FNC NO.	指令助记符	指令功能说明	系列				
				FX_{0S}	FX_{0N}	FX_{1S}	FX_{1N}	FX_{2N} FX_{2NC}
外围设备	84	CCD	校验	×	○	○	○	○
	85	VRRD	电位器变量输入	×	×	○	○	○
	86	VRSC	电位器变量区间	×	×	○	○	○
	87	—	—					
	88	PID	PID 运算	×	×	○	○	○
	89	—	—					
浮点数运算	110	ECMP	二进制浮点数比较	×	×	×	×	○
	111	EZCP	二进制浮点数区间比较	×	×	×	×	○
	118	EBCD	二进制浮点数→十进制浮点数	×	×	×	×	○
	119	EBIN	十进制浮点数→二进制浮点数	×	×	×	×	○
	120	EADD	二进制浮点数加法	×	×	×	×	○
	121	EUSB	二进制浮点数减法	×	×	×	×	○
	122	EMUL	二进制浮点数乘法	×	×	×	×	○
	123	EDIV	二进制浮点数除法	×	×	×	×	○
	127	ESQR	二进制浮点数开平方	×	×	×	×	○
	129	INT	二进制浮点数→二进制整数	×	×	×	×	○
	130	SIN	二进制浮点数 Sin 运算	×	×	×	×	○
	131	COS	二进制浮点数 Cos 运算	×	×	×	×	○
	132	TAN	二进制浮点数 Tan 运算	×	×	×	×	○
	147	SWAP	高低字节交换	×	×	×	×	○
定位	155	ABS	ABS 当前值读取	×	×	○	○	×
	156	ZRN	原点回归	×	×	○	○	×
	157	PLSY	可变速的脉冲输出	×	×	○	○	×
	158	DRVI	相对位置控制	×	×	○	○	×
	159	DRVA	绝对位置控制	×	×	○	○	×
时钟运算	160	TCMP	时钟数据比较	×	×	○	○	○
	161	TZCP	时钟数据区间比较	×	×	○	○	○
	162	TADD	时钟数据加法	×	×	○	○	○
	163	TSUB	时钟数据减法	×	×	○	○	○
	166	TRD	时钟数据读出	×	×	○	○	○
	167	TWR	时钟数据写入	×	×	○	○	○
	169	HOUR	计时仪	×	×	○	○	○

（续）

类别	FNC NO.	指令助记符	指令功能说明	系列				
				FX_{0S}	FX_{0N}	FX_{1S}	FX_{1N}	FX_{2N} FX_{2NC}
外围设备	170	GRY	二进制数→格雷码	×	×	×	×	○
	171	GBIN	格雷码→二进制数	×	×	×	×	○
	176	RD3A	模拟量模块(FX0N-3A)读出	×	○	×	○	×
	177	WR3A	模拟量模块(FX0N-3A)写入	×	○	×	○	×
触点比较	224	LD=	(S1)=(S2)时起始触点接通	×	×	○	○	○
	225	LD>	(S1)>(S2)时起始触点接通	×	×	○	○	○
	226	LD<	(S1)<(S2)时起始触点接通	×	×	○	○	○
	228	LD<>	(S1)<>(S2)时起始触点接通	×	×	○	○	○
	229	LD≦	(S1)≤(S2)时起始触点接通	×	×	○	○	○
	230	LD≧	(S1)≥(S2)时起始触点接通	×	×	○	○	○
	232	AND=	(S1)=(S2)时串联触点接通	×	×	○	○	○
	233	AND>	(S1)>(S2)时串联触点接通	×	×	○	○	○
	234	AND<	(S1)<(S2)时串联触点接通	×	×	○	○	○
	236	AND<>	(S1)<>(S2)时串联触点接通	×	×	○	○	○
	237	AND≦	(S1)≤(S2)时串联触点接通	×	×	○	○	○
	238	AND≧	(S1)≥(S2)时串联触点接通	×	×	○	○	○
	240	OR=	(S1)=(S2)时并联触点接通	×	×	○	○	○
	241	OR>	(S1)>(S2)时并联触点接通	×	×	○	○	○
	242	OR<	(S1)<(S2)时并联触点接通	×	×	○	○	○
	244	OR<>	(S1)<>(S2)时并联触点接通	×	×	○	○	○
	245	OR≦	(S1)≤(S2)时并联触点接通	×	×	○	○	○
	246	OR≧	(S1)≥(S2)时并联触点接通	×	×	○	○	○

附录 C

三菱FR-E540型变频器的参数设定表

功能	参数号	名　称	设定范围	最小设定单位	出厂设定
基本功能	0	转速提升①	0~30%	0.1%	6%/4⑦
	1	上限频率	0~120Hz	0.01Hz③	120Hz
	2	下限频率	0~120Hz	0.01Hz③	0Hz
	3	基准频率①	0~400Hz	0.01Hz③	50Hz
	4	3速设定(高速)	0~400Hz	0.01Hz③	50Hz
	5	3速设定(中速)	0~400Hz	0.01Hz③	30Hz
	6	3速设定(低速)	0~400Hz	0.01Hz③	10Hz
	7	加速时间	0~3600s/0~360s	0.1s/0.01s	5s/10④
	8	减速时间	0~3600s/0~360s	0.1s/0.01s	5s/10④
	9	电子过电流保护	0~500A	0.01A	稳定输出电流⑤
标准运行功能	10	直流动作频率	0~120Hz	0.01Hz	3Hz
	11	直流制动动作时间	0~10s	0.1s	0.5s
	12	直流制动电压	0~30%	0.1%	6%
	13	起动频率	0~60Hz	0.01Hz③	0.5Hz
	14	适用负荷选择	0~3	1	0
	15	点动频率	0~400Hz	0.01Hz③	5Hz
	16	点动加速时间	0~3600s/0~360s	0.1s/0.01s	0.5s
	18	高速上限频率	120~400Hz	0.1Hz③	120Hz
	19	基准频率电压	0~1000V,8888,9999	0.1V	9999
	20	加减速基准频率	1~400Hz	0.01Hz③	50Hz
	21	加减速时间单位	0, 1	1	0
	22	失速防止动作水平	0~200%	0.1%	150%
	23	倍速时失速防止动作水平补正系数⑥	0~200%,9999	0.1%	9999
	24	多段速度设定(速度4)	0~400Hz,9999	0.01Hz③	9999
	25	多段速度设定(速度5)	0~400Hz,9999	0.01Hz③	9999
	26	多段速度设定(速度6)	0~400Hz,9999	0.01Hz③	9999

（续）

功能	参数号	名　称	设定范围	最小设定单位	出厂设定
标准运行功能	27	多段速度设定(速度7)	0~400Hz,9999	0.01Hz③	0
	29	加减速曲线	0,1,2	1	0
	30	再生功能选择	0,1	1	0
	31	频率跳变1A	0~400Hz,9999	0.01Hz③	9999
	32	频率跳变1B	0~400Hz,9999	0.01Hz③	9999
	33	频率跳变2A	0~400Hz,9999	0.01Hz③	9999
	34	频率跳变2B	0~400Hz,9999	0.01Hz③	9999
	35	频率跳变3A	0~400Hz,9999	0.01Hz③	9999
	36	频率跳变3B	0~400Hz,9999	0.01Hz③	9999
	37	旋转速度表示	0,0.01~9998	0.001r/min	0
	38	5V(10V)输入时频率	1~400Hz	0.01Hz③	50Hz②
	39	20mA输入时频率	1~400Hz	0.01Hz③	50Hz②
输出端子功能	41	频率到达动作范围	0~100%	0.1%	10%
	42	输出频率检测	0~400Hz	0.01Hz③	6Hz
	43	反转时输出频率检测	0~400Hz,9999	0.01Hz③	9999
第二功能	44	第二加减速时间	0~3600s/0~360s	0.1s/0.01s	5s/10⑧
	45	第二减速时间	0~3600s/0~360s,9999	0.1s/0.01s	9999
	46	第二转矩提升	0~30%,9999	0.1%	9999
	47	第二V/F(基准频率)①	0~400Hz,9999	0.01Hz③	9999
	48	第二电子过流保护	0~500A,9999	0.01A	9999
显示功能	52	操作面板/PU主显示数据选择	0,23,100	1	0
	55	频率监视基准	0~400Hz	0.01Hz③	50Hz
	56	电流监视基准	0~500A	0.01A	额定输出电流
自动再启动功能	57	再起动惯性运行时间	0~5s,9999	Hz	9999
	58	再起动上升时间	0~60s	0.1s	1.0s
附加功能	59	遥控设定功能选择	0,1,2	1	0
运行选择功能	60	最短加减速模式	0,1,2,11,12	1	0
	61	基准电流	0~500A,9999	0.01A	9999
	62	加速时电流基准值	0~200%,9999	1%	9999
	63	减速时电流基准值	0~200%,9999	1%	9999
	65	再试选择	0,1,2,3	1	0
	66	失速防止动作降低开始频率⑥	0~400Hz	0.01Hz③	50Hz
	67	报警发生时再试次数	0~10,101~110	1	0
	68	再试等待时间	0.1~360s	0.1s	1s

（续）

功能	参数号	名　称	设定范围	最小设定单位	出厂设定
运行选择功能	69	再试次数显示和消除	0	1	0
	70	特殊再生制动使用率	0~30%	0.1%	0%
	71	适用电机	0,1,3,5, 6,13,15,16, 101,103,105, 106,113,115, 116,123	1	0
	72	PWM 频率选择	0~15	1	1
	73	0~5V/0~10V 选择	0,1	1	0
	74	输入滤波器时间常数	0~8	1	1
	75	复位选择/PU 脱离检测/PU 停止选择	0~3,14~17	1	14
	77	参数写入禁止选择	0,1,2	1	0
	78	反转防止选择	0,1,2	1	0
	79	操作模式选择	0~4,6~8	1	0
通用磁通矢量控制	80	电机容量[6]	0.2~7.5kW,9999	0.01kW	9999
	82	电机励磁电流	0~500A,9999	0.01A	9999[3]
	83	电机额定电压[6]	0~1000V	0.1V	200V/400V
	84	电机额定频率[6]	50~120Hz	0.01Hz	50Hz
	90	电机常数(R1)	0~50Ω,9999	0.001Ω	9999
	96	自动调整设定/状态[6]	0,1	1	0
通信功能	117	通信站号	0~31	1	0
	118	通信速度	48,96,192	1	192
	119	停止位长	0,19(数据长 8) 10,11(数据长 7)	1	1
	120	有无奇偶校验	0,1,2	1	2
	121	通信再试次数	0~10,9999	1	1
	122	通信校验时间间隔	0,0.1~999.8s,9999	0.1s	9999
	123	等待时间设定	0~150,9999	1	9999
	124	有无 CR,LF 选择	0,1,2	1	1
PID 控制	128	PID 动作选择	0,20,21	1	0
	129	PID 比例常数	0.1~1000%,9999	0.1%	100%
	130	PID 积分时间	0.1~3600s,9999	0.1s	1s
	131	上限	0~100%,9999	0.1%	9999
	132	下限	0~100%,9999	0.1%	9999
	133	PU 操作时的 PID 目标设定值	0~100%	0.01%	0%
	134	PID 微分时间	0.01~10.00s,9999	0.01 s	9999
附加功能	145	选件(FR-PU04-CH)用参数			
	146	厂家设定用参数,请不要设定			

（续）

功能	参数号	名　称	设定范围	最小设定单位	出厂设定
电流检测	150	输出电流检测水平	0~200%	0.1%	150%
	151	输出电流检测周期	0~10s	0.1s	0s
	152	零电流检测水平	0~200.0%	0.1%	5.0%
	153	零电流检测周期	0.05~1s	0.01s	0.5s
子功能	156	失速防止动作选择	0~31,100	1	0
	158	AM 端子功能选择	0,1,2	1	0
附加功能	160	用户参数组读选择	0,1,0,11	1	0
	168	厂家设定用参数，请不要设定			
	169				
监视器初始化	171	实际运行时间清零	0	—	0
用户功能	173	用户第一组参数注册	0~999	1	0
附加功能	174	用户第一组参数删除	0~999,9999	1	0
	175	用户第二组参数注册	0~999	1	0
	176	用户第二组参数删除	0~999,9999	1	0
端子安排功能	180	RL 端子功能选择⑥	0~8,16,18	1	0
	181	RM 端子功能选择⑥	0~8,16,18	1	1
	182	RH 端子功能选择⑥	0~8,16,18	1	2
	183	MRS 端子功能选择⑥	0~8,16,18	1	6
	190	RUN 端子功能选择⑥	0~99	1	0
	191	FU 端子功能选择⑥	0~99	1	4
	192	A,B,C 端子功能选择⑥	0~99	1	99
多段速度运行	232	多端速度设定(8 速)	0~400Hz,9999	0.01Hz③	9999
	233	多端速度设定(9 速)	0~400Hz,9999	0.01Hz③	9999
	234	多端速度设定(10 速)	0~400Hz,9999	0.01Hz③	9999
	235	多端速度设定(11 速)	0~400Hz,9999	0.01Hz③	9999
	236	多端速度设定(12 速)	0~400Hz,9999	0.01Hz③	9999
	237	多端速度设定(13 速)	0~400Hz,9999	0.01Hz③	9999
	238	多端速度设定(14 速)	0~400Hz,9999	0.01Hz③	9999
	239	多端速度设定(15 速)	0~400Hz,9999	0.01Hz③	9999
子功能	240	Soft-PWM 设定	0,1	1	1
	244	冷却风扇动作选择	0,1	1	0
	245	电机额定滑差	0~50%,9999	0.01%	9999
	246	滑差补正响应时间	0.01~10s	0.01s	0.5s
	247	恒定输出领域滑差补正选择	0,9999	1	9999

（续）

功能	参数号	名　称	设定范围		最小设定单位	出厂设定	
停止选择	250	停止选择	0~100s,1000~1100s,8888,9999		1	9999	
附加功能	251	输出欠相保护选择	0,1		1	1	
	342	E2PROM 写入有无选择	0,1		1	0	
校准功能	901	AM 端子校准	—		—	—	
	902	频率设定电压偏置	0~10V	0~60Hz	0.01Hz	0 V	0 Hz
	903	频率设定电压增益	0~10V	1~400Hz	0.01Hz	5 V	50Hz
	904	频率设定电流片置	0~20mA	0~60Hz	0.01Hz	4mA	0Hz
	905	频率设定电流增益	0~20mA	1~400Hz	0.01Hz	20mA	50Hz
	990	选件(FR-PU04-CH)用参数					
	991						

① 表示当选择通用磁通矢量控制模式时，忽略该参数设定。

② 因为是校正后出厂的，每台变频器的设定值稍微有些差异。将频率设定的稍高于 50Hz。

③ 使用操作面板时，设定值在 100Hz 以上时，设定单位为 0.1Hz。
由通信进行设定时，最小设定单位为 0.01Hz。

④ 因变频器的容量不同，设定值有所不同，为（0.4~3.7K）/（5.5K，7.5K）的设定值。

⑤ 0.4K~0.75K 的设定值为变频器额定电流的 85%。

⑥ 即使将 Pr.77 “参数写入禁止选择” 设定为 “2”，也不能在运行中更改设定值。
（但是，Pr.72、Pr.240 仅在 PU 运行中可变更。）

⑦ 变频器容量的不同其设定值也不同，FR-E540-5.5K，7.5K-CHT 为 4%。

⑧ FR-E540-5.5K，7.5K-CHT 出厂设定为 10s。

参 考 文 献

[1] 肖前慰. 机电设备安装维修工实用技术手册 [M]. 南京：江苏科学技术出版社，2007.

[2] 周建清. PLC 应用技术 [M]. 北京：机械工业出版社，2007.

[3] 周建清. 机床电气控制 [M]. 北京：机械工业出版社，2008.

[4] 亚龙科技集团有限公司. 亚龙 YL-235 型光机电一体化实训考核装置实训指导书.

[5] 三菱电机（中国）有限公司. 三菱 FX_{2N}系列微型可编程控制器编程手册.

[6] 三菱电机（中国）有限公司. 三菱变频调速器 FR-E540 使用手册.

[7] 深圳市步科电气有限公司. *eView* MT5000/MT4000 系列触摸屏使用手册.